色谱分析法

苏立强 主　编 ／ 郑永杰 副主编

第2版

清华大学出版社
北京

内容简介

本书在阐述基本理论的基础上，兼顾实际应用和学科发展的重点内容，对色谱分析法分类、不同分离模式的原理及方法发展、学科最新研究动态进行系统介绍。全书共分10章，主要内容包括：色谱法概述、色谱基本理论、气相色谱法、高效液相色谱法、平面液相色谱法、超临界流体色谱法、毛细管电泳、色谱的定性和定量分析方法、色谱联用技术、液相色谱样品预处理等。

本书可用作高等学校理工科专业的教材，也可供色谱分析工作者参考。

版权所有，侵权必究。举报：010-62782989，beiqinquan@tup.tsinghua.edu.cn。

图书在版编目(CIP)数据

色谱分析法/苏立强主编. —2版. —北京：清华大学出版社，2017 (2024.8重印)
ISBN 978-7-302-46028-2

Ⅰ. ①色… Ⅱ. ①苏… Ⅲ. ①色谱法－化学分析－高等学校－教材 Ⅳ. ①O657.7

中国版本图书馆CIP数据核字(2016)第316318号

责任编辑：柳 萍
封面设计：常雪影
责任校对：刘玉霞
责任印制：曹婉颖

出版发行：清华大学出版社
网 址：https://www.tup.com.cn，https://www.wqxuetang.com
地 址：北京清华大学学研大厦A座　邮 编：100084
社 总 机：010-83470000　邮 购：010-62786544
投稿与读者服务：010-62776969，c-service@tup.tsinghua.edu.cn
质量反馈：010-62772015，zhiliang@tup.tsinghua.edu.cn
印 装 者：涿州市般润文化传播有限公司
经 销：全国新华书店
开 本：185mm×260mm　印 张：22　字 数：534千字
版 次：2009年5月第1版　2017年4月第2版　印 次：2024年8月第8次印刷
定 价：68.00元

产品编号：063355-03

序

FOREWORD

色谱法是分析化学中发展最快、应用最广的一门技术。作为一种多组分混合物的分离、分析强有力的工具，经过100余年的发展，尤其是近年来随着科学技术的突飞猛进，色谱分析从理论到技术也得到较快发展，超临界流体色谱、毛细管电泳、毛细管电色谱、微流控芯片等新型高效分离模式相继问世，极大地拓宽了其研究与应用领域。目前，色谱法已经成为分析化学学科一个重要分支，在化学、化工、轻工、石油、环保和医药等几乎所有科学领域内得到广泛应用，为信息科学、生命科学、材料科学、环境科学等新兴学科的发展作出了重要贡献。

我国的色谱研究与应用始于20世纪50年代，经过几代人的努力，在理论研究与分析实践等方面皆取得了系列成果。这些成就的取得，得益于人才的培养。从半个世纪以前的色谱讲习班，到现在的几乎所有高校都开设“色谱分析”课程，一大批高水平色谱分析人才脱颖而出，为色谱学科的发展与壮大奠定了基础。

虽然近几十年来，国内已有许多优秀的色谱法专著和参考书出版，但高校本科学生教材却只有有限几本，尤其是关于基本原理及方法发展方面的书更少，不能满足应用型色谱学人才培养的需要。本书作者从事色谱法教学和科研20多年，教学经验丰富。本书旨在推动色谱法的本科教学。全书内容丰富，通俗易懂，理论联系实际，也对最新的仪器、技术、方法与应用作了浅显的介绍。相信它的问世，定会受到广大师生和有关专业读者的欢迎，并在教学实践中发挥重要作用。

中国色谱学会理事长
中国科学院院士

2009年4月

第2版前言

PREFACE

《色谱分析法》一书自2009年5月出版以来连年重印，至2016年已第6次印刷，一些高等院校每年选其作为教材。在此期间，有关色谱分析方法、技术、仪器及应用等方面都有较大的发展，而学生的基础水平亦在提高。根据各兄弟院校在使用本教材中提出的意见以及编者在教学过程中发现的问题，深感有必要对本书进行修订再版，使之有利于跟上学科的发展，提高学生的基础水平和扩大知识面。

本次再版仍保持第1版的指导思想，即作为高校教材，应保证基础理论，精选内容，深入浅出，启发思考，使之适合于教学。在第1版基础上，除对全书的一些细节、习题及参考文献进行全面修订外，还适当修改和补充了一些内容：

(1) 近几年互联网发展迅猛，网络资源丰富且变化较快，因此对第1版中第1章的网络文献检索网址进行了修改和适当增加。

(2) 调整了部分超临界流体色谱的应用内容，补充了毛细管电色谱的应用。

(3) 增加全二维气相色谱法的内容，同时增加了液相色谱法的双光路双流路紫外/荧光检测器、安培检测器、激光诱导荧光检测器、电喷雾检测器的介绍。补充液相色谱-原子吸收光谱联用、色谱-核磁共振联用、色谱-色谱联用的简介。

本次再版工作由苏立强、王颖、初红涛进行，苏立强对全书统稿。

作者水平有限，书中疏漏与错误之处在所难免，衷心欢迎读者批评指正，不胜感谢。

编　者

2016年12月

第1版前言

PREFACE

色谱学是分析化学的一个重要分支，已经成为现代科学研究等前沿领域不可或缺的关键技术手段，在现代工业、农业、生命科学、环境科学等领域中正发挥着重要作用。

有关色谱学理论及应用方面的专著国内外已经出版了很多种，然而，适合于高等学校本科相关专业使用的色谱分析教材很少，十余年前史景江先生主编，作者参加部分编写工作的《色谱分析法》一书目前仍在许多院校采用，这显然已不能反映当今色谱学的最新发展，编写一本适应形势发展的本科教科书已十分必要。

本书充分考虑到本科教学的特征，在阐述基本理论的基础上，兼顾实际应用和学科发展的重点内容，尤其注意教材的特点，力求做到简明扼要、深入浅出。主要内容包括：色谱法概述、色谱基本理论、气相色谱法、高效液相色谱法、平面液相色谱法、超临界流体色谱法、毛细管电泳、色谱的定性和定量分析方法、色谱联用技术、液相色谱样品预处理等。经过对本书的系统学习，可以对色谱分析法的基本原理与方法有系统全面的了解，为实际应用奠定基础。

本书第1,3,4章由齐齐哈尔大学苏立强编写，第2章由齐齐哈尔大学王颖编写，第5章由齐齐哈尔大学杨铁金编写，第6章由齐齐哈尔大学杨长龙编写，第7,9章由齐齐哈尔大学郑永杰编写，第8章由齐齐哈尔大学初红涛编写，第10章由华东理工大学、国家色谱中心张维冰编写。全书由苏立强、张维冰统稿。

编者力求结合多年的教学与科学经验，将本书编好，但限于水平及时间有限，书中错误与不足在所难免，恳请读者批评指正。

编　者

2009年4月

目录

CONTENTS

第1章

概　论

1.1 色谱分析法的历史

为了弄清楚混合物中的各组分是何种物质及含量是多少，可以采用的方法之一是先将各组分分离，然后对已分离的组分进行测定，色谱分析法就属于这种方法。色谱分析法的原理可以简述为：被分离的各组分是在两相之间反复进行分配的，其中一相静止不动，称为固定相，另一相是携带被分离组分流过固定相的流体，称为流动相。被分离组分与流动相和固定相都可能发生作用，但被分离的各组分的结构和性质不同，决定了它们与流动相和固定相之间的作用力也不同，导致各组分在固定相与流动相之间的分配系数有差异，经过反复多次的分配，随流动相向前移动，各组分运动的速度不同，彼此分离。

虽然关于色谱法的创立与起源在说法上略有不一，但人们基本上认为俄国植物学家茨维特(M. S. Tswett)是色谱法的创始人。因为他从 1901 年起研究用所谓"色谱法"分离、提纯植物色素。他在 1903 年 3 月 21 日于华沙自然科学学会生物学会会议上，提出题目为《一种新型吸附现象及其在生化分析上的应用》论文，叙述了应用吸附剂分离植物色素的新方法。他将叶绿素的石油醚抽提液倒入装有碳酸钙吸附剂的玻璃柱管上端，然后用石油醚进行淋洗，结果不同色素按吸附顺序在管内形成相应的彩色环带，就像光谱一样。他在 1906 年发表的另一篇文章中，命名这些色带为色谱图，称此方法为色谱法；在 1907 年于德国生物学会会议上，展示过有色带的柱管和提纯的植物色素溶液。

英国人马丁(A. J. P. Martin)与辛格(R. L. M. Synge)在 1941 年首次提出液液色谱法，使用装在粗柱管中的粗粒度填料，流动相种类少且只在重力的作用下流过固定相，又没有高性能的检测器，因此柱效及检测灵敏度均较低。液液色谱法在此后较长的一段时间内无显著改善，即现在所说的经典液相色谱法。

1952 年马丁与辛格又研究了在惰性载体表面上涂渍一层均匀的有机化合物液膜，以此作固定相，并以气体作流动相，创立了气相色谱法中应用极为广泛的气液色谱法。马丁首次应用该方法成功地分离了脂肪酸混合物。

1956 年马丁提出使用小口径(0.2mm)色谱柱的建议。

1957 年美国学者 Golay 首先应用小口径毛细管进行色谱分离试验，获得了高于填充柱的分辨率和柱效能，并从理论上加以初步论述。

1959 年 Porath 和 Flodin 提出了具有化学惰性的多孔凝胶作为固定相的空间排阻色谱法，根据固定相孔隙尺寸的不同而具有不同的选择性渗透能力，对分子质量及分子尺寸不同的组分具有选择性，适合测定聚合物的分子质量分布。

1970 年以后逐渐发展了高效液相色谱法以及各种模式、多种高性能的检测器和联用手段，使液相色谱技术逐步产生了实质性的改进和极为广泛的应用。

1975 年 H. Small 及其合作者发表了第一篇离子色谱论文，同年商品仪器问世。初期，离子色谱主要是用于阴离子的分析，目前已经成为在无机和有机阴、阳离子混合物分析中起重要作用的分析技术。

1979 年弹性石英毛细管色谱柱商品化，使气相色谱的应用再次发生了飞跃。

虽然毛细管电泳以及后来发展的各种模式的相关技术可以上溯到 20 世纪 60 年代甚至 50 年代，但是迅速发展还是在 80 年代。1981 年，Jorgenson 和 Lukacs 使用 75μm 直径的熔融石英毛细管做 CZE(毛细管区带电泳)，利用电迁移进样和荧光检测，在 30kV 的电压下获得了 4×10^5 塔板/m 的柱效，成为毛细管电泳发展史上的里程碑。之后发展了胶束电动色谱、毛细管凝胶色谱、毛细管电色谱等模式。主要应用领域是蛋白质分离、糖分析、DNA 测序、手性分离、单细胞分析等。

我国色谱研究工作起步于 1954 年，由中国科学院大连化学物理研究所做出首张色谱图，并进行了早期的色谱理论和技术研究工作。半个世纪以来，全国范围内的多家高校、科研院所、仪器厂商等单位相继开展了众多的色谱法研究和应用工作。近年来，国际性、全国性、省级及区域性的各种色谱学术会议频繁举行，我国色谱工作者在色谱的基础理论和应用研究方面已经取得一些接近国际先进水平的成果，在仪器制造方面近年来积极引进、学习和吸收国外的先进技术，亦取得了显著的成就。

1.2 色谱法的分类

色谱法有多种类型，从不同角度出发，有各种色谱分类法。

1.2.1 按流动相和固定相的物态分类

按流动相的状态，色谱法可分为气相色谱法(gas chromatography，GC，流动相为气体)、液相色谱法(liquid chromatography，LC，流动相为液体)和超临界流体色谱法；按固定相的状态，又可分为气固色谱法、气液色谱法、液固色谱法和液液色谱法等，见表 1-1。

表 1-1　按流动相和固定相的物态分类的色谱法

种　类	流 动 相	固 定 相	
		固　体	液　体
气相色谱法	气体	气固吸附色谱法	气液分配色谱法
液相色谱法	液体	液固吸附色谱法	液液分配色谱法
超临界流体色谱法	超临界流体		

固定相为固体吸附剂，流动相为气体时，称为气固吸附色谱法。固定相是液体，而流动相是气体时，称为气液分配色谱。这时，该液体固定相附着在一种惰性的担体上(如硅藻土、玻璃微球等)，装填到色谱柱中，起分配作用的是这层液体，因此这种色谱法叫气液色谱。

超临界流体色谱技术采用了近乎临界状态的稠密气体为流动相。这种状态下，流动相对多种物质具有良好的溶解性，因此许多在气相色谱过程中不稳定的化合物，以及在液相色谱上难以分离的化合物可以采用超临界流体色谱技术分析。这种技术介乎液相色谱和气相色谱之间，但不能取代其他种类的色谱技术。

1.2.2 按分离的原理分类

利用组分在流动相和固定相之间的分离原理不同来分类，可以将色谱法分为吸附色谱法、分配色谱法、离子交换色谱法、凝胶渗透色谱法、离子色谱法等10余种方法。

吸附色谱法是利用吸附剂对样品的吸附性能不同达到分离的。它可分为气固吸附色谱和液固吸附色谱。吸附剂是利用表面的性质来吸附化合物的，表面积越大的吸附剂，吸附能力越强。

分配色谱法的分离原理是试样组分在固定相和流动相之间的溶解度存在差异，因而溶质在两相间进行分配。

离子交换色谱法是基于离子交换树脂上可电离的离子与流动相中具有相同电荷的溶质离子进行可逆交换，依据这些离子对交换剂具有不同的亲和力而将它们分离。

凝胶渗透(体积排阻)色谱法，以凝胶为固定相。它的分离机理与其他色谱法完全不同。它类似于分子筛的作用，但凝胶的孔径比分子筛要大得多，一般为数纳米到数百纳米。溶质在两相之间不是靠其相互作用力的不同来分离，而是按分子大小进行分离。

1.2.3 按固定相使用的方式分类

根据固定相在色谱分离系统中使用的方式，可分为柱色谱法、纸色谱法和薄层色谱法。

柱色谱是指将固定相放在玻璃、不锈钢、石英等管中，该管子叫做色谱柱，这种色谱法叫柱色谱。

如果固定相是用一张纸，并在上面涂以固定液。一般就是在纸上吸上水，成为纸上的固定液。当然要有一定的处理方法，利用纸上吸的水，再用另一种溶剂作冲洗剂。这种方法就叫做纸上层析，也叫纸色谱。

将固定相均匀地涂在玻璃或其他材料的平板上，形成一个固定相的薄层，用来进行色谱分离，称为薄层色谱。

1.2.4 按色谱动力学过程分类

根据流动相洗脱的动力学过程不同，可分为冲洗色谱法、顶替色谱法和迎头色谱法等。目前，色谱分析中主要用的是冲洗法，顶替法和迎头法虽然还在用，但是用得很少。

冲洗法就是把样品加在固定相上，然后用流动相冲洗。根据吸附能力和分配系数的不同,按次序洗脱出来。分配系数最小的先出来。冲洗剂,或者是气体,或者是液体,是不断加上去的。这是一种最简单的方法。

还有一种方法,就是把样品加到固定相上以后,例如把烷烃、烯烃和芳烃的混合样品加到硅胶上,再加入甲醇。由于甲醇的吸附能力较强,它一进去后就在所有的过程中把其他东西往下顶,但是由于芳烃的吸附能力比烯烃强,烯烃的吸附能力又比烷烃强,因此,甲醇首先顶的是芳烃,芳烃下来又顶烯烃。所以经过一段时间以后,流出的次序是:烷烃走在最前面,烯烃走在中间,芳烃走在最后,再后面就是甲醇。这就是顶替法。

如果不加顶替剂,而是让样品连续地通过色谱柱,首先出来的还是烷烃。因为在柱子所吸附的样品中,烷烃的吸附能力最小,最容易饱和,因此烷烃先出来,接着就是烯烃。因为是连续进样,所以第二个出来的是烷烃和烯烃的混合物,而不是纯烯烃。同样,最后出来的是烷烃、烯烃和芳烃的混合物,而不是纯芳烃。这就像波浪一样迎头而来,所以叫做迎头法。顶替法和迎头法在气相色谱中现在用得很少,但在生化样品的制备色谱中,仍用得较多。

1.2.5 按色谱技术分类

为提高组分的分离效能和选择性,采取了许多技术措施,根据这些色谱技术的性质不同而形成了多种色谱种类,包括程序升温气相色谱法、反应气相色谱法、裂解气相色谱法、顶空气相色谱法、毛细管气相色谱法、多维气相色谱法、制备色谱法 7 种方法。

程序升温气相色谱法,是沸点范围较宽的试样适宜采用的一种方法。即柱温按预定的加热速度,随时间线性或非线性地增加。升温的速度一般呈线性,即单位时间内上升的温度是恒定的,例如 2℃/min,4℃/min,6℃/min 等。在较低的初始温度,沸点较低的组分,即最早流出的峰可以得到良好的分离。随柱温增加,较高沸点的组分也能较快地流出,并和低沸点组分一样也能得到分离良好的尖峰。

反应气相色谱法是利用适当的化学反应将难挥发试样转化为易挥发的物质,然后以气相色谱法分析。这样使那些原本不适用于气相色谱分析的物质也能进行色谱分析,扩大了色谱法的应用范围。

裂解气相色谱法是将分子质量较大的物质在高温下裂解后进行分离检定,已应用于聚合物的分析。同样,使色谱法的应用范围得以延伸。

顶空气相色谱法,严格来讲,是一种进样技术。即不直接将样品进入色谱柱,而是将固体或液体样品置于密闭的容器中,在一定的温度下,使气、固或气、液两相达到平衡,然后吸取上端的气体进样,通过平衡气体的分析结果来确定实际样品的组成和含量的分析方法。

毛细管气相色谱法是采用高分辨能力的毛细管色谱柱来代替填充柱分离复杂组分的色谱法。虽然毛细管柱每米理论塔板数与填充柱相近,但可以使用 50~100m 的柱子,而柱压降只相当于 4m 长的填充柱,总理论塔板数可达 10 万~30 万。毛细管柱气相色谱法是一种高效、快速、高灵敏的分离分析方法。

多维气相色谱法,指在使用多柱或多检测器的基础上,还要使用多通阀或通过改变串联双柱前后压力的办法来改变载气在柱内的流向。也就是说,样品可在经过第一次分离后,又通过改变载气流向的办法,使样品全部或部分经过第二柱进行第二次分离或部分从第一柱前反吹出去,从而大大提高了色谱的分离能力。这样,经第一根色谱柱没有得到分离的样品，可通过改变载气流向的办法，使样品进入第二根色谱柱重新进行分离，以得到比单柱系统更多的分离信息。

制备色谱法是以色谱技术来分离、制备较大量纯组分的有效方法。在现代科学研究工作中，经常期望采用有效方法获得需要的较高纯度的标准物（色谱纯），制备色谱法提供了这种可能。

1.3 色谱分析法的特点与局限性

1. 色谱法的特点

1）选择性好

通过选择对组分有不同作用力的液体、固体作为固定相，在适当的操作温度下，使组分的分配系数有较大差异，从而将物理、化学性质相近的组分分离开，如恒沸混合物、沸点相近的物质、同位素、空间异构体、同分异构体、旋光异构体等。

2）分离效率高，分析速度快

对于气相色谱，由于气体黏度小，用其作为流动相时样品组分在两相之间可很快进行分配；并且通过盛有固定相管柱的阻力小，即可用较长的色谱柱，使分配系数相差很小的组分，可在较短时间内分离开。对于高效液相色谱，液体流动相在高压泵驱动下能够快速通过粒度非常细的填料，高效并且快速。

3）灵敏度高、样品用量少

使用高灵敏度检测器，可以完成痕量样品的检测。如用热导池检测器可检出微克级的组分；氢火焰离子化检测器可检测出百万分之几的杂质；电子俘获检测器与火焰光度检测器可检测出十亿分之几的杂质。

4）应用范围广

气相色谱在柱温度条件下，可分析有一定蒸气压且热稳定性好的样品，可直接进样分析气体和易于挥发的有机物；对于不易挥发或易分解的物质，可转化成易挥发和热稳定性好的衍生物进行分析；部分物质可采取热裂解的办法，分析裂解后的产物。高效液相色谱结合多种检测器可直接分析不易挥发或易分解的物质，高沸点物质、高分子或大分子化合物、部分糖类物质，尤其是在药物分析方面应用极为广泛。现在色谱法在分析方面应用的领域主要有石油工业、环境保护、临床化学、药物与药剂、农药、食品、卫生防疫理化检验、司法检验等。

2. 色谱法的局限性

1）色谱法本身不能够直接给出定性结果，需要用已知标准物质或将数据与标准数据对比，或与其他方法，如质谱（mass spectrometry，MS）、红外光谱等联用才能获得较可靠的结果。

2）定量测定时需要用标准物质对检测器信号进行修正。

3）对某些异构体、某些固体物质的分析能力较差。

1.4 色谱图和相关术语

1. 色谱图

进样后记录仪器记录下来的检测器响应信号随时间或载气流出体积而分布的曲线图(即色谱柱流出物通过检测器系统时所产生的响应信号对时间或载气流出体积的曲线图),称为色谱图。分离过程为冲洗法的色谱分析法,经常使用微分型检测器进行组分测定和长图记录器作记录,得到如图 1-1 所示的色谱图。

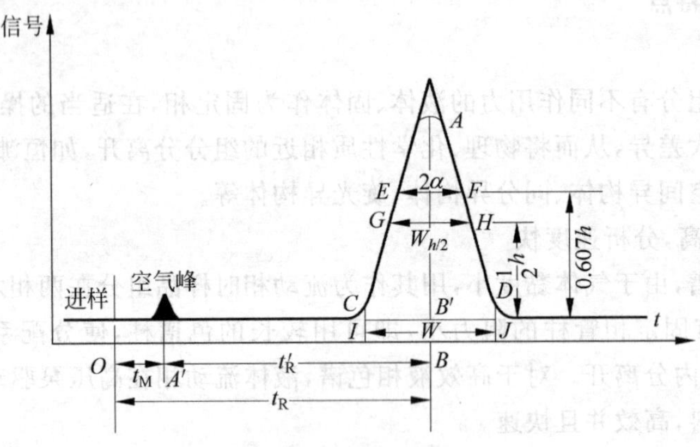

图 1-1 色谱流出曲线

2. 基线

当没有组分进入检测器时,色谱流出曲线是一条只反映仪器噪声随时间变化的曲线(即在正常操作条件下,仅有载气通过检测器系统时所产生的响应信号曲线),称为基线。操作条件变化不大时,常可得到如同一条直线的稳定基线。

3. 色谱峰(peak)

有组分流出时,出现的峰状微分流出曲线。

4. 峰面积

组分的流出曲线与基线所包围的面积(即峰与峰底之间的面积),称为该组分的峰面积。图 1-1 中曲线 *CGEAFHD* 所包围的峰面积,就是那个组分的峰面积,常用符号 *A* 表示。

5. 峰底

色谱峰下面的基线延长线(即从峰的起点与终点之间连接的直线),称为峰底,图 1-1 中的线段 *CD* 就是该色谱峰的峰底。

6. 峰高

色谱峰最高点至峰底的垂直距离,称为峰高。图 1-1 中的 AB' 就是该色谱峰的峰高,常用符号 h 表示。

7. 峰宽

沿色谱峰两侧拐点处所作的切线与峰底相交两点之间的距离，称为峰宽，如图1-1的IJ，常用符号W表示。

8. 半高峰宽

在峰高为0.5h处的峰宽GH，称为半高峰宽，常用符号$W_{h/2}$表示。

9. 标准偏差

在峰高0.607h处峰宽EF的一半，称为标准偏差，常用符号σ表示，$W=4\sigma$。

10. 保留时间(retention time)

组分从进样到出现峰最大值所需的时间，称为该组分的保留时间，常用符号t_R表示。

11. 死时间(dead time)

不被固定相滞留的物质(如空气等)的保留时间称为死时间，常用符号t_M表示。

12. 调整保留时间(adjusted retention time)

组分保留时间减去死时间后的值称为该组分的调整保留时间，常用符号t'_R表示。

13. 保留体积(retention volume)

组分从进样到出现峰最大值所需的载气体积，称为该组分的保留体积，常用符号V_R表示。

14. 死体积(dead volume)

不被固定相滞留的物质的保留体积称为死体积，常用符号V_M表示。

15. 调整保留体积(adjusted retention volume)

组分保留体积减去死体积后的值称为该组分的调整保留体积，常用符号V'_R表示。

1.5 色谱现代发展及相关联用技术

色谱法从俄国植物学家Tswett首先提出到现在已一个世纪，近40年来，各种色谱理论、色谱技术和色谱仪器发展迅猛，种类繁多，在此从3个方面简介如下。

1. 理论方面

色谱法的提出是从Tswett提出的经典色谱开始，但其理论发展是从气相色谱开始，并且在不断发展完善。色谱理论的本质是研究色谱热力学、色谱动力学以及将热力学与动力学有机结合来寻求色谱分离的最佳化途径。色谱热力学研究色谱峰间的距离，而色谱动力学研究的是色谱峰宽窄的问题。要达到多组分复杂混合物的理想分离，就必须从热力学及动力学两方面考虑，找出最佳分离条件，也就是达到优化的目的，这样就形成了较完善的色谱理论。

近年来，色谱理论的模型有很多，主要是从色谱过程热力学和色谱过程动力学两方面出发，前者多涉及组分保留值与热力学参数以及组分结构之间的构效关系规律，主要用于定性；后者多研究色谱流出曲线的形状、谱带展宽等的影响因素。从最早的平衡理论、塔板理论、纵向扩散理论、速率理论到块状液膜模型、分子顶替模型、定标粒子理论模型以及最新的各种保留值预测理论，等等。

2. 技术方面

近年来色谱技术得到快速发展。超临界流体色谱、微型色谱、高速气相色谱、高温气相色谱、多维色谱、快速扫描色质联用、毛细管电动色谱、保留时间锁定、生物芯片、液相色谱微柱、GC-MS-MS(或 LC-MS-MS)、LC-GC-MS、集束式毛细管、Merck 整体硅胶棒柱等技术已经商品化。

1）超临界流体色谱

使用超过临界温度和临界压力的流体(称为超临界流体，supercritical fluid)作流动相的色谱法称为超临界流体色谱法(supercritical fluid chromatography，SFC)。超临界流体就是物质(气体或液体)处于临界温度和临界压力以上，既不是液体也不是通常的气体，而是单一相态的流体。这种流体既具有气体的低黏度和高扩散系数，又具有类似液体的强溶解能力，且又参与溶质的分配作用。因此，超临界色谱同时具备气相色谱和液相色谱的优点。

通过变更流动相压力、温度等参数可以改变超临界流体的密度，即可改变它的溶解能力、黏度和扩散系数，因此可以程度不同地改善色谱分离效能。

SFC 法的产生及其发展，是由它本身的特点所决定的。它是难挥发、易热解高分子化合物和天然产物等物质有效而快速的分析方法。

由于流动相无毒，而且可以低温、常温蒸发，冷凝亦容易控制，耗能极少。所以特别适合具有难挥发、易热解、易氧化等特性的高分子和天然产物的实验室或工业规模的制备。

2）微型色谱

目前的微型色谱一般有两种开发方式，一种是在常规仪器基础上将部件按比例缩小后制造的小型化仪器，如某些便携式色谱仪等。该类开发方式注重于仪器的质量和体积小型化，主要用于野外或某些移动场所，在性能和用途上并没有实质性的改变。

另一种微型色谱是将色谱原理和仪器原理与微制造技术结合，对常规色谱的各个部件和环节进行重新设计后制造的色谱仪器系统。这种微型色谱并不是简单的常规色谱在尺寸上按比例地缩小，而是一种再创造和设计的产物。在某种程度上类似于台式计算机和笔记本计算机的关系。

3）高速气相色谱

又称为快速气相色谱，可以理解为分析速度相对快的气相色谱。但是从出峰速度的角度加以定义应该是较准确的。从手段上，目前一般微填充柱或微细毛细柱与电子程序压力流量控制系统和耐高压的仪器气路系统相结合可以实现高速气相色谱。由于采用了 50μm 或 100μm 的微细柱，柱内流量只有 0.2～0.5mL/min，因此，如果不进行电子程序压力流量控制则难以实现。0.8～1.0MPa 的压力要求高密封性的气路系统。在上述条件下，可以使分析速度提高 5～10 倍，分辨率提高 3～5 倍。

4）高温气相色谱

目前，GC 的应用范围越来越宽，对难挥发的化合物可采用高温 GC 来解决。比如，石油行业需要分析高沸点的脂肪烃。若用高压液相色谱(HPLC)分析，检测灵敏度和分析成本均是要考虑的问题，所以人们希望用 GC 进行分析。这就推动了高温 GC 的不断发展。

所谓高温 GC 常指色谱柱温度超过 300℃的分析。一般 GC 仪器的柱箱操作温度均可达到 400℃。关键问题在于色谱柱。常规熔融石英毛细管柱的外面涂敷的聚酰亚胺，其耐温通常不超过 360℃，常用交联固定液(如聚硅氧烷类)的最高使用温度也只能达到 350℃，恒温使用往往在 330℃以下。因此，实现高温色谱的关键问题是固定液和柱材料的耐高温性能。高温固定液的开发工作一直是色谱工作者所关心的课题。历史上出现过各种各样的高温固定液，但真正适用的并不多。因为高温固定液不仅要耐高温，而且必须具备普通固定液所具有的一些性能，如在毛细管表面的涂渍性能、分离性能等。经过研究，人们把注意力集中到开发基于聚硅氧烷的高温固定液。在常规 GC 中，聚二甲基硅氧烷就是一种热稳定性最好的固定液，且可通过取代基的改性获得不同极性的固定液。

在高温柱材料方面，近年来采用镀铝层替代聚酰亚胺涂层，可以应用到 420℃，但是镀铝层与石英的膨胀系数相差较大，容易剥落。日本 Frontier Lab 公司的"超合金"高温柱，采用不锈钢内衬石英，并在二者之间有一个过渡层。该过渡层的热膨胀系数正好从不锈钢过渡到石英，因而较好地解决了这个问题，既发挥了不锈钢的耐高温性，又利用了石英材料的涂渍性能，与高温固定液结合，可以使用到 450℃或更高。

5) 多维色谱

虽然现代毛细管 GC 是一种高效分离技术，但对于非常复杂的混合物(如石油样品)，仅用一根色谱柱往往达不到完全分离的目的。于是有人提出用多根色谱柱的组合来实现完全分离。第二根色谱柱与第一根具有不同的固定相或选择性。这样，混合物在第一根色谱柱上预分离后，将需进一步分离的组分转移到第二根柱上进行更为有效的分离，这就是多维 GC 的基本思想。多维技术不仅有 GC-GC，还有 LC-LC 和 LC-GC 等多种组合方式。

6) 快速扫描色质联用

对于峰宽小于 1s 或更窄的色谱峰，常规的 5 张质谱图/s 的采集速度常会丢失有用数据信息。近年来，高速数据采集技术的产生促成了高速色谱和高速质谱的发展。它可以和飞行时间质谱、高速色谱联用产生更好的技术组合。

7) 毛细管电动色谱

毛细管电动色谱(capillary electrochromatography，CEC)是近年来发展起来的一种新型高效微分离技术。它是把高效液相色谱的固定相填充在毛细管内或键合、交联在毛细管的内表面，以电渗流为流动相的推动力，根据样品中各组分在电场中迁移速度的不同或在两相间分配系数的差异而进行分离的。因此，毛细管电动色谱可以看成高效液相色谱和毛细管区带电泳相结合的产物。毛细管电动色谱具有高效液相色谱的高选择性和毛细管区带电泳的高效性，克服了胶束电动色谱中表面活性剂种类有限的缺点，应用日趋广泛。

8) 保留时间锁定

保留时间的重现性在相当长的一段时期内始终未得到妥善解决，这在很大程度上使 GC 在定性鉴定方面处于劣势。应该说，正常情况下同一台仪器使用同一根色谱柱时，保留时间是完全可以重复的。但若换一根标称规格完全相同的色谱柱时，保留时间就不一定能够重现了。至于不同仪器、不同实验室之间要获得重现的保留时间就更不容易了。这就使得色谱工作者不得不采用别的参数，如保留指数、相对保留时间来校正保留时间，以达到定性应用的目的。而这样做又必须用一系列标准样品，工作效率受到影响。而且即使是重现性较好的保留指数，不同实验室之间的重现性也会存在一定问题。同时也使耗费了大量人力物力获取的文献中的保留数据不能被充分利用。

保留时间锁定就是针对上述问题提出的一种解决方案。所谓保留时间锁定，就是使特定化合物的保留时间在不同仪器、不同色谱柱(标称固定相和相比相同)之间保持不变。这一技术的基本原理是根据在一定范围内色谱操作条件(如柱前压等)对保留时间的影响规律,通过调整色谱操作条件(如柱前压等)来修正保留时间,使不同仪器、不同色谱柱之间的保留时间趋向一致。影响保留时间主要有3方面的因素:组分性质、固定液与柱条件以及仪器操作条件。对于特定的组分和色谱仪器系统与色谱柱子,前两个方面的因素通常是不变的,容易调整的只有操作条件,如载气压力、流速、柱温等。

9) 生物芯片

生物芯片的概念来自计算机芯片,发展至今不过十几年,但发展速度极快。芯片分析的实质是在面积不大的基片表面上,有序地点阵排列一系列固定于一定位置的可寻址的识别分子,在相同的条件下进行结合或反应。反应的结果采用同位素法、化学荧光法、化学发光法或酶标法等显示,然后用精密的扫描仪或高分辨率摄像技术记录。通过计算机软件分析,综合成可读的IC总信息。生物芯片的应用具有十分巨大的潜力。在后基因组研究、新药研究、生物物种改良、疑难疾病的病因研究和医学诊断等方面可提供大量有价值的信息。

10) 液相色谱微柱

近年来由于人们对色谱理论的深入研究,高效填料的制造越来越受到重视,国外很多厂家都在积极研制开发作为高效液相色谱填料的硅胶,并制造出超纯、颗粒均匀的高效硅胶,为高效微柱的发展奠定了基础。现在作为色谱的微柱长只有3~5cm,内径仅0.5~1.0mm,这样短而细的色谱柱必须使用高效填料。使用微柱的好处是节省流动相,减少污染,可快速分析,便于与气相色谱和质谱联用。

11) GC-MS-MS(或 LC-MS-MS)

GC-MS-MS(或 LC-MS-MS)是指 GC(或 LC)与串联质谱法联用。串联质谱法是将两台质谱计串联使用,第一台质谱计用于分离复杂样品中各组分的分子离子,获得分子离子的裂解碎片质谱图;被区分开的分子离子再依次导入第二台质谱计中,进一步裂解,获得分子离子的裂解碎片质谱图。串联质谱法可以获得比单级质谱法更高的工作效率。

12) LC-GC-MS

LC 与 GC 联用的目的主要是针对复杂的含有不同族组分的样品,首先利用 LC 分离出各族物质,然后选择所需要的族组分切换到 GC 中进一步分离出该族物质的各个组分,再与 MS 联用。

13) 集束式毛细管

尽管毛细管柱柱效高,分离能力好,但是承载样品量非常少,有时还必须采用分流技术,以免柱子过载。为了克服单根毛细管柱的这个缺点,发展了集束式毛细管柱,它是由几十根甚至上百根毛细管组成的柱子,既能体现毛细管柱的高效性,又能体现类似填充柱承载样品负载大的优点。同时,非常适合与常规流速的高效液相色谱仪器联用。

具体的商品集束毛细管柱并不是简单地将多根毛细管并联捆绑成束,而是在内径较大的石英截面上并行打通孔制成的一定长度的束状管。

14) Merck 整体硅胶棒柱

2000 年德国 Merck 公司出品的填料整体化的 Chromlith™ 柱是一种具有整体结构的硅胶棒,由大孔和中孔两种结构组成。其中大孔结构是直通型的,主要决定柱子的渗透性;而中孔位于硅胶骨架中,用来提供色谱分离过程中足够的表面积。该结构的多孔率比传统的颗粒型柱子高15%，从而极大程度地降低了柱子的反压，在较低的柱压力下可以获得较高的流速和柱效，柱平衡时间短而柱寿命长。

3. 仪器方面

色谱仪器制造是色谱领域中最富有活力的分支，各领域对色谱分析应用的需要和色谱仪器的高利润是色谱仪器制造的动力；计算机硬件和软件、计算方法、自动控制等技术的快速发展是高性能色谱仪器商品化的技术支持。目前，全微机化控制和数据处理的多功能色谱仪器已成为主流产品，智能化、微型化、专业化以及电器化等新理念的色谱仪器也有较快的发展，预计不久会渗透到更多的应用领域。

1.6 有关色谱的中文工具书和国内外主要色谱期刊

1. 有关色谱的中文工具书

李浩春主编. 分析化学手册(第二版)——气相色谱分析. 北京:化学工业出版社,1999.

张玉奎主编. 分析化学手册(第二版)——液相色谱分析. 北京:化学工业出版社,2000.

朱良漪主编. 分析仪器手册. 北京:化学工业出版社,1997.

张庆合主编. 高效液相色谱实用手册. 北京:化学工业出版社,2008.

色谱技术丛书(第一版,全13册). 北京:化学工业出版社,2000.

色谱技术丛书(第二版,全23册). 北京:化学工业出版社,2007.

2. 国内外主要的有关色谱期刊

分析化学，1973年创刊，现为月刊，有一定数量的色谱方面的论文；

色谱，1984年创刊，现为双月刊，有关色谱的专业性期刊；

分析测试学报，1982年创刊，现为月刊，有一定数量的色谱方面的论文；

药物分析杂志，1981年创刊，现为月刊，有一定数量的色谱方面的论文；

分析试验室，1982年创刊，现为月刊，有一定数量的色谱方面的论文；

分析科学学报，1985年创刊，现为双月刊，有一定数量的色谱方面的论文；

Journal of Chromatography，荷兰出版的国际性色谱杂志，1958年创刊，原为月刊，1968年(32卷)起改为双周刊，分A辑和B辑，B辑刊登生物色谱方面的文章，是目前国际上发表色谱文章最多的期刊；

Journal of Chromatographic Science，美国出版的国际性色谱杂志，1963年创刊，原名为Journal of Gas Chromatography，1969年改为现名，现为月刊；

Journal of High Resolution Chromatography，HRC，在德国出版的国际性色谱杂志，1978年创刊，现为月刊。最初刊名为Journal of High Resolution Chromatography & Chromatography Communication，HRC&CC，1989年改为现名，2002年并入Journal of Separation Science；

Chromatographia，在德国出版的国际性色谱杂志，1968年创刊，半月刊，一年有多卷；

Journal of Liquid Chromatography & Related Techniques，1978年创刊，开始为一年9期，后改为14期，1996年以前的刊名为：Journal of Liquid Chromatography，论文以液相色

谱为主，也有毛细管电泳方面的论文；

Journal of Separation Science，在德国出版的国际性色谱杂志，2001 年创刊，涵盖所有的色谱和电泳方面的理论、应用和仪器方面的论文；

Biomedical Chromatography，在英国出版的国际性色谱杂志，1986 年创刊，刊登各种色谱方法在生物医学中的应用文章；

LC-GC(北美)，月刊，免费性期刊，从网上可以下载全文，刊登概念性色谱方面的文章；

LC-GC(欧洲)，月刊，免费性期刊，从网上可以下载全文，刊登概念性色谱方面的文章；

Electrophoresis，月刊，在德国出版的国际性杂志，刊载电泳方面的重要论文，其中的综述很好；

Journal of Capillary Electrophoresis，1984 年创刊，双月刊；

Analytical Chemistry，美国化学会出版的分析化学，1929 年创刊，为双周刊，有一定数量色谱方面的创造性论文；

Analyst，月刊，在英国出版的国际性杂志，有一定数量色谱和电泳方面的论文；

Analytica Chimica Acta，在荷兰出版的国际性杂志，有一定数量色谱方面的论文。

3. 在互联网上查阅色谱文献

计算机和国际互联网的发展使文献查阅更为方便和快捷，通过很多渠道可以实现网上检索并得到期刊上的全文文献，文献检索的网址见表 1-2。

表 1-2　文献检索的网址

检索机构	网　址
国家科技文献图书中心	http://www. nstl. gov. cn/
中国国家图书馆	http:// www. nlc. gov. cn/
国家科技文献图书中心原文提供	http://www. nstl. gov. cn/nstl/user/ywjsdg. jsp
复旦化学文献检索	http://www. chemistry. fudan. edu. cn/usr2000/refroom/wxjs/wxjs. htm
复旦大学化学化工期刊检索	http://202. 120. 227. 59/navigator/ejournals/listcata. asp? cat=化学化工
中国知网	http:// www. cnki. net/
万方数据库	http://www. wanfangdata. com. cn/
国际化学网	https://www. chemweb. com/
Beilstein 数据库	https://www. chemweb. com/databases/belabs
北大天网搜索	http://e. pku. edu. cn/
ChemNet (化学网)	http://www. chemnet. com/
Wiley 数据库	http://www. interscience. wiley. com/
ISI 检索	http://www. webofknowledge. com/
IUPAC 色谱名词术语网址	http://old. iupac. org/reports/1993/6511smith/index. html
Scirus 科学信息检索网	http://www. scirus. com/
百度搜索网	http://www. baidu. com
google 搜索网	http://www. google. com
CA 期刊表及相应的网址	http://www. cas. org/fulltext/cas-full-text-options＃
Springer 公司搜索网	http://www. springer. com/cn/

习　　题

1-1　什么是色谱法？色谱分离的原理是什么？

1-2　简述色谱法的分类。

1-3　绘一典型的色谱流出曲线，写出色谱流出曲线有关名词和色谱基本参数的代表符号及定义。

1-4　简述色谱分析法的主要特点。

第2章

基本理论

2.1 概述

色谱法研究的基本点是首先要使混合物得到分离，然后再对各组分分别进行定性、定量分析或收集。要对某一样品进行色谱分析，首先需要知道在什么模式上各组分能完全流出，流出来的组分是否能被分离和定性。要想使两物质(即“物质对”)分开，就要使它们的流出峰彼此相隔足够远，而且峰宽要窄。两物质流出峰之间距离的大小与它们在两相(固定相和流动相)中的分配系数有关，组分是否能被保留或流出，也与分配系数有关。而在研究平衡时物质在两相中的分配系数与物质(包括研究对象、固定相和流动相)的分子结构和物质间的关系时，必须首先研究分配过程的热力学，这是色谱学理论研究的第一个问题。它是发展和选择高选择性色谱柱和进行色谱定性的理论基础。

两个色谱峰之间具有一定的距离还不一定能完全解决“物质对”的分离问题。例如，即使两峰间有较大的距离，但是因为每一个峰的宽度很宽，以至于相互重叠，这时两物质仍然分离不开。因此，为了得到良好的分离，除要满足两峰间有足够的距离外，还要求峰宽要窄。色谱分析的定量是根据峰的形状和面积而进行的。为了准确地定量也要求峰宽要窄，峰形要好。峰的形状和面积是色谱定量的基础。峰形的预测是最佳条件选择的基础。色谱峰的宽窄与峰形和物质在色谱过程中的运动情况有关，即和物质在流动相、固定相中的扩散和运输速率有关，也与柱外效应有关。这是色谱过程动力学的研究课题，也就是色谱学理论研究的第二个问题。它是发展和选择高效能色谱柱与高效能色谱方法以及进行色谱峰形预测的理论基础。

在选择色谱最佳操作条件时仅考虑这两方面问题还不够，因为当改变操作条件(如柱长、柱温、流动相组成、流动相线速)或模式时，色谱峰宽与峰间距离可以起变化。例如当提高气相色谱柱温，记录器显示的峰形变尖，峰宽变窄，但是两峰间的距离也缩短了。另一方面，在解决多元混合物的分离问题时，选择适当的条件可使某“物质对”分离，然而另一“物质对”又可能发生重叠现象。因此在选择操作条件时就应当针对最难分离的“物质对”，不但要考虑到热力学因素对分离的影响，还要考虑到动力学因素对分离的影响。此外，随着快速色谱分析的迅速发展，人们不但要求解决混合物的分离问题，而且希望所花时间越短越好，这就使得单凭实验来提供大量数据的方法不能满足要求，人们迫切希望能从理论上进行分析指导。更重要的是，色谱操作系统条件的优化只能是在正确选择最佳色谱分离模式和柱系统的基础上才有实际意义。最佳柱系统的比较应在各自最佳操作条件前提下才能得到正确的结论。概而言之，色谱方法的智能优化必须包括色谱模式推荐、色谱柱系统推荐、色谱分离条件推荐3个主要方面。于是色谱方法优化就成了色谱学理论研究的第三个问题。这个问题的研究是多元混合物分离的理论基础，也是色谱分离模式、柱系统、分离条件智能优化的理论基础。

2.2　平衡理论

色谱分离是非常复杂的过程，它是色谱体系热力学过程和动力学过程的综合表现。热力学过程是指与组分在体系中分配系数相关的过程，动力学过程是指组分在该体系两相间扩散和传质的过程。组分、流动相和固定相三者的热力学性质使不同组分在流动相和固定相中具有不同的分配系数，分配系数的大小反映了组分在固定相上的溶解-挥发或吸附-解吸的能力。分配系数大的组分在固定相上的溶解或吸附能力强，因此在柱内的移动速度慢；反之，分配系数小的组分在固定相上的溶解或吸附能力弱，在柱内的移动速度快。经过一定时间后，由于分配系数的差别，使各组分在柱内形成差速移行，达到分离目的。

2.2.1　分配系数

在色谱分配过程中，假设考虑柱内极小一段的情况(见图2-1)。在一定的温度、压力条件下，组分在该一小段柱内发生的溶解-挥发或吸附-解吸的过程称为分配过程。针对分配过程，Wilson等人早在1940年就提出了平衡色谱理论，即假设组分以脉冲形式进入色谱柱端点后，组分在流动相和固定相之间的分配平衡在整个色谱过程中均能瞬间达成。当分配达平衡时，组分在两相间的浓度之比为一常数，该常数称为分配系数(distribution coefficient)，用K表示，即

$$K=\frac{\text{组分在固定相中的浓度}}{\text{组分在流动相中的浓度}}=\frac{c_s}{c_m} \tag{2-1}$$

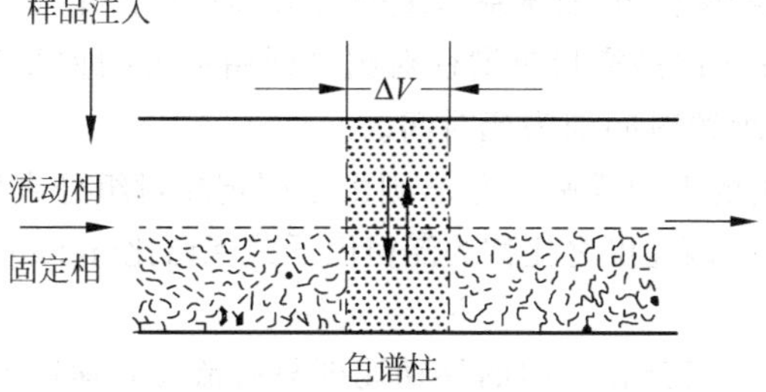

图2-1　色谱柱柱内的分配平衡

分配系数决定于组分和两相的热力学性质。在一定温度下，分配系数K小的组分在流动相中浓度大，先流出色谱柱；反之，后流出色谱柱。两组分K值之比大(不是指每一组分

的 K 的绝对值大),是获得良好色谱分离的关键。柱温是影响分配系数的一个重要参数,在其他条件一定时,分配系数与柱温的关系为

$$\ln K = -\frac{\Delta_r G_m}{RT_c} \tag{2-2}$$

这是色谱分离的热力学基础。式中,$\Delta_r G_m$ 为标准状态下组分的自由能; R 为摩尔气体常数; T_c 为柱温。

组分在固定相中的 $\Delta_r G_m$ 通常是负值,所以分配系数与温度成反比,升高温度,分配系数变小。在气相色谱分离中,柱温是一个很重要的操作参数,对分离度影响很大,而温度对液相色谱分离的影响小。

2.2.2 分配比

一定的温度、压力条件下,分配达平衡时,组分在两相中的质量比称分配比 k'(distribution ratio),又称容量因子(capacity factor):

$$k' = \frac{\text{组分在固定相中的质量}}{\text{组分在流动相中的质量}} = \frac{m_s}{m_m} \tag{2-3}$$

k'与 K 的关系为

$$K = \frac{c_s}{c_m} = \frac{m_s V_m}{m_m V_s} = k' \frac{V_m}{V_s} = k'\beta \tag{2-4}$$

或

$$k' = K\frac{V_s}{V_m} = \frac{K}{\beta} \tag{2-5}$$

式中,V_m,V_s 分别为流动相和固定相的体积; $\beta=V_m/V_s$ 为色谱柱的相比率(phase ratio),在气相色谱法中,V_m 可用 V_g 表示,它反映了各种色谱柱柱型及其结构的重要特性。例如,填充柱的 β 值为 6~35,毛细管的 β 值为 50~1500。

由式(2-4)及式(2-5)可见:

(1) 分配系数是组分在两相中的浓度之比,分配比则是组分在两相中的分配总量之比,它们都与组分及固定相的热力学性质有关,并随柱温、柱压的变化而变化。

(2) 分配系数只决定于组分和两相性质,与两相体积无关。分配比不仅决定于组分和两相性质,且与相比有关,亦即组分的分配比随固定相的量而改变。

(3) 对于一给定色谱体系(分配体系),组分的分离最终决定于组分在每相中的相对量,而不是相对浓度,因此分配比是衡量色谱柱对组分保留能力的重要参数。k'越大,保留时间越长; k'为零的组分,其保留时间即为死时间。

(4) 若流动相在柱内的平均线速度为 u,则由于固定相对组分有保留作用,组分在柱内的平均线速度 u_i 将小于 u,则两速度之比称为滞留因子或保留比(retention ratio),用 R_i 表示:

$$R_i = u_i/u \tag{2-6}$$

若组分的 $R_i=1/3$,表明该组分在柱内的移动速度只有流动相速度的 1/3,显然 R_i 亦可用质量分数表示:

$$R_i = \frac{m_m}{m_s + m_m} = \frac{1}{1+\frac{m_s}{m_m}} = \frac{1}{1+k'} \tag{2-7}$$

组分和流动相通过长度为 L 的色谱柱,所需时间分别为

$$t_R = \frac{L}{u_i} \tag{2-8}$$

$$t_M = \frac{L}{u} \tag{2-9}$$

由式(2-6)、式(2-7)、式(2-8)及式(2-9)可得

$$t_R = t_M(1 + k') \tag{2-10}$$

$$k' = \frac{t_R - t_M}{t_M} = \frac{t'_R}{t_M} \tag{2-11}$$

可见,k'可根据式(2-11)由实验测得。

2.2.3 分配等温线

分配等温线是描述柱内气液平衡状态下,组分分子在两相中分配的行为。在色谱体积中,由于组分量在柱中反映极其微小,在液相分配过程中构成了“无限稀释”的理想稀溶液,所以在正常情况下能符合线性等温线的条件,色谱峰呈对称分布。但由于在液相中分配的许多复杂原因,本来应对称的峰形也会出现某种程度的偏差,这就要用图解法来阐述组分在两相间分配的状态。

由于气液色谱柱中 c_m 值很小,流动相又多为惰性气体,因此二者间相互作用力可忽略不计,视为理想气体状态。可借助理想气体状态方程式来描述组分分子在气相中的行为。但对液相而言,情况就大不一样了。固定液多是分子量较大的有机化合物或高分子聚合物,其沸点、分子大小、分子形状、极性等都与组分分子截然不同,所以说,柱液相多为非理想溶液,分别简述如下。

1. 气液平衡

恒温密封容器中的任一挥发性组分,其溶液上面的蒸气压为

$$p = ax_m p^0 \tag{2-12}$$

式中,p 为组分分子在气相中的蒸气分压; x_m 为组分在液相中的摩尔分数; p^0 为该柱温下纯组分的饱和蒸气压; a 为活度系数,是组分分子与固定液分子相互作用的量度。当 a 值改变,则式(2-12)p 值就发生相应改变,从而可以表示所有柱系统的气液平衡。当 a 值为常数时,可将式(2-12)简化为亨利(Henry)定律形式; 当 $a=1$ 时,式(2-12)又可变成拉乌尔(Rault)定律形式,三者之间的关系可以用 a 值变化相关联。

2. 拉乌尔定律

它是描述理想溶液蒸气压性质的定律。在理想溶液中各组分分子间作用力,同纯组分分子间的相互作用力是一样的,所以活度系数 $a=1$。假如溶液中只有两组分,且它们易挥发,则可按拉乌尔定律来说明,即“在等温等压下,组分的蒸气压等于纯溶质的蒸气压乘以溶液内组分的摩尔分数”:

$$p_A = p_A^0 x_A, \quad p_B = p_B^0 x_B \tag{2-13}$$

式中,p_A,p_B 为 A,B 组分的蒸气压; p_A^0,p_B^0 为纯 A,B 组分的饱和蒸气压; x_A,x_B 为 A,B 组

分的摩尔分数。

由此得到溶液的总蒸气压 p：

$$p = p_A + p_B$$

因 $x_A + x_B = 1$，所以

$$p = p_A^0 + (p_B^0 - p_A^0)x_B \tag{2-14}$$

故 p-x 为一直线方程，说明每组分的分压及其总压与溶液浓度呈线性关系，如图 2-2 所示。

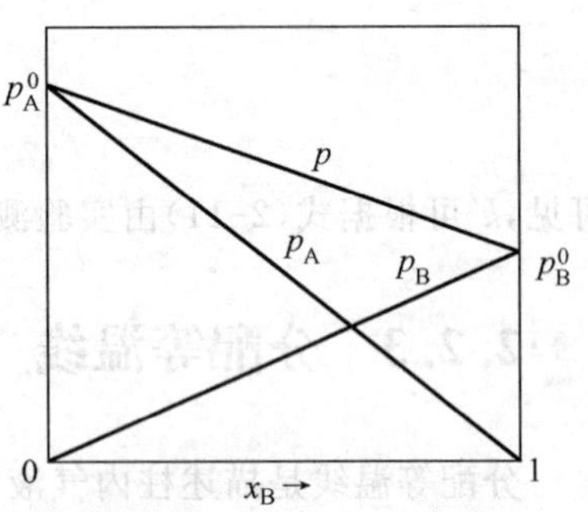

图 2-2 拉乌尔定律双组分溶液蒸气压图

拉乌尔定律描述的二元组分理想溶液只能是那些分子大小、构型、沸点、极性等都很相似的物质对，但这毕竟是少数情况。对气液色谱而言，组分的性质与固定液的性质截然不同，故所构成溶液的体积效应和热效应常发生变化，因为这种溶液实际均属于非理想溶液。非理想溶液与理想溶液之间存在着正、负偏差，观其蒸气分压或总压，与其拉乌尔定律相比较，高者为正，低者为负；正偏差 $a>1$，负偏差 $a<1$（见图 2-3）。从图 2-3 中看出，在稀浓度区间内的组分蒸气压与理想溶液分压（虚线）相重合，这就是稀溶液的特性，对微量组分进行气液色谱分析时就类似此种情况。

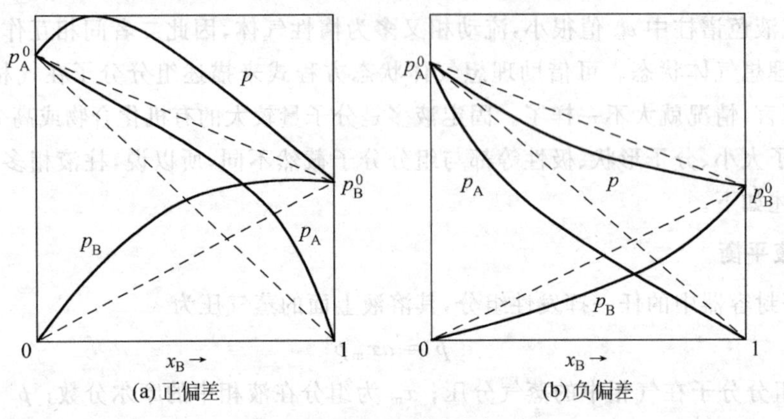

图 2-3 非理想溶液蒸气压

3. 亨利定律

它描述稀溶液中溶质的性质：“在一定温度下，一种气体在溶液里的溶解度（摩尔分数）与该气体的平衡压力成正比”，其公式为

$$p_B = kx_B \tag{2-15}$$

式中，x_B 为所溶解气体的摩尔分数；p_B 为平衡时该气体分压；k 为比例常数（亨利常数），可由实验测得。很显然 $k=p_B/x_B$。而拉乌尔定律的比例常数是纯溶剂的饱和蒸气压（p^0）值，二者之间存在很大差别。

由图 2-3 还可以展开引出一种组分在两种不同溶液中蒸气分压与其组成浓度的关系——分配等温线，见图 2-4。

在图 2-4 中明显看到，当 x 值很小时，即在溶液无限稀释状态下，与拉乌尔曲线（Ⅰ）的

正偏差(Ⅱ)及负偏差(Ⅲ)在一小段范围内,曲线与切线近于重合,此时活度系数保持常数。一般而言,气液色谱常在该浓度范围内。如果气液色谱分析的进样量在亨利定律线性区域内,即为线性等温分配,色谱峰为对称峰形;如果进样量超出此范围,不服从亨利定律,则为非线性分配,出现不对称峰形。故从分配等温线角度分析,气液色谱进样量过大,即超过稀溶液界限时,则正态分配等温线就会发生偏离。

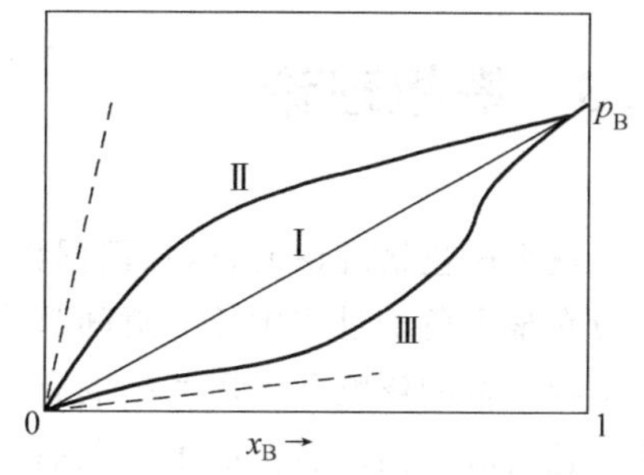

图 2-4 亨利定律——单组分蒸气压图

从以上讨论可以看出,如果组分分子与固定液分子形成理想溶液,则 t_R 值正比于组分蒸气压,即亨利常数 k,按沸点流出。而对非理想溶液,其 k 值主要决定于组分分子与溶剂分子之间的相互作用力。

2.2.4 对色谱峰峰形的解释

根据分配系数定义可知,具有相同分配系数的物质在色谱柱内移动的速度是相同的,故它们没有被分离的可能性。具有不同分配系数的物质,虽然从理论上讲有可能得到分离,但在实际情况下分离也不一定能成功,其原因是物质在移动过程中伴随而来的区域扩张,对分离过程带来不利影响。根据平衡色谱理论,在线形分配等温线的条件下,流出的色谱峰形应与进样峰形一致。当进样是一等浓度脉冲时,流出峰形也应为脉冲形。而影响色谱过程中区域扩张的主要因素是分配等温线的非线性,对于具有凹形分配等温线的物质,其流出曲线形状前沿陡峭而后缘拖“尾巴”;对于具有凸形分配等温线的物质,其流出曲线的形状为后缘陡峭而前沿伸“舌头”。如果是一脉冲进样信号,进入色谱柱以后浓度是一定的,移动的速度也就固定了,峰形应当不变,因此产生“拖尾”和伸“舌头”还是承认有其他扩张因素存在。关于分配等温线与组分流出曲线间的关系可参见图 2-5。

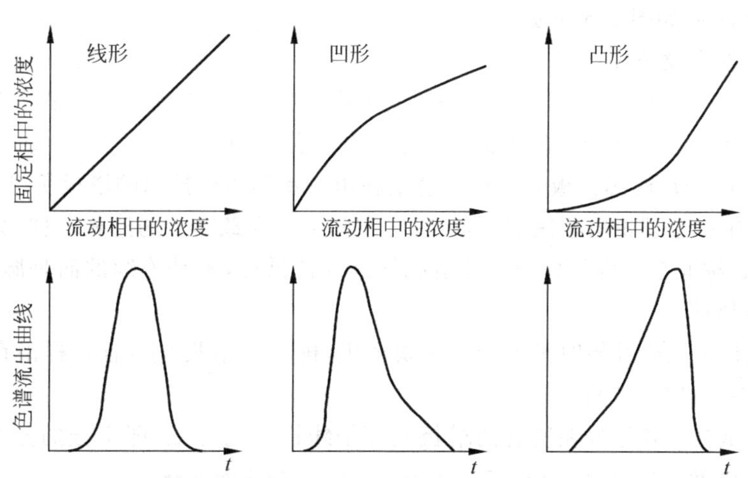

图 2-5 色谱流出曲线与分配等温线形状的关系

2.3 塔板理论

就平衡色谱理论而言,只根据物料平衡原理导出组分在柱中区域移动的关系式。假设组分在整个色谱过程中任一瞬间都能达成分配平衡,因此,它无法说明组分纵向弥散因素对色谱峰展宽的影响和传质速率的有限性对组分传质过程的影响。这样,平衡色谱理论说明不了色谱流出曲线展宽的本质及曲线变化形状的影响因素,也说明不了各种实验操作条件变化所引起色谱区域宽度变化的原因。从严格的色谱动力学观点讲,应当根据色谱柱内组分移动的实际情况列出相应的偏微分方程组,然后求解这些偏微分方程组而获得描述色谱流出曲线状态的关系式。通过这种切合实际的色谱流出曲线关系式,解析影响色谱区域宽度的各种因素,从而为得到高效能色谱柱系统及高效能色谱方法提供理论上的指导。然而在色谱系统实际工作中,色谱动力学偏微分方程组直接求解仍十分困难,因此色谱工作者不得不采用较简便的模拟方法作为研究色谱动力学过程的手段。Martin 和 Synge 在平衡色谱理论的基础上,提出了塔板理论。塔板理论是把色谱柱与蒸馏塔相比拟为出发点的半经验理论,为广大色谱工作者所承认和通用。

2.3.1 塔板理论假说

塔板理论是将色谱分离过程比作蒸馏过程,因而直接引用了处理蒸馏过程的概念、理论和方法来处理色谱过程,即将连续的色谱过程看作是许多小段平衡过程的重复。这个半经验理论把色谱柱比作一个分馏塔,这样,色谱柱可由许多假想的塔板组成(即色谱柱可分成许多个小段),在每一小段(塔板)内,一部分空间为涂在载体上的液相占据,另一部分空间充满着蒸气(气相),载气占据的空间称为板体积 ΔV。当欲分离的组分随载气进入色谱柱后,就在两相间进行分配。由于流动相在不停地移动,组分就在这些塔板间隔的气、液两相间不断地达到分配平衡,如图 2-6 所示。

塔板理论的假设条件:

(1) 将色谱柱分为若干小段,在一小段间隔内,气相平均组成与液相平均组成可以很快地达到分配平衡。这样达到分配平衡的一小段柱长称为理论塔板高度(height equivalent to theoretical plate) H,简称为板高。整个色谱柱由一系列顺序排列的塔板所组成。

(2) 在柱中每个理论塔板区域内,一部分空间为涂在载体上的液相占据,另一部分空间为载气所占据,称此空间为板体积。假定载气进入色谱柱,不是连续的而是脉动式的,每次进气为一个板体积。

(3) 假定柱中试样开始时都处于第一块塔板(即 0 号塔板)上,且试样沿色谱柱方向的扩散(纵向扩散)可略而不计。

(4) 假定试样中各组分在所有的塔板上都是线性等温分配,即组分的分配系数(K)在各塔板上均为常数,且不随组分在某一塔板上的浓度变化而变化。

为简单起见,设定某一根色谱柱由 5 块塔板[$n=5$,n 为柱子的理论塔板数(number of theoretical plate)]组成,并以 r 表示塔板编号,r 值等于 $0,1,2,\cdots,n-1$,某组分的分配比是

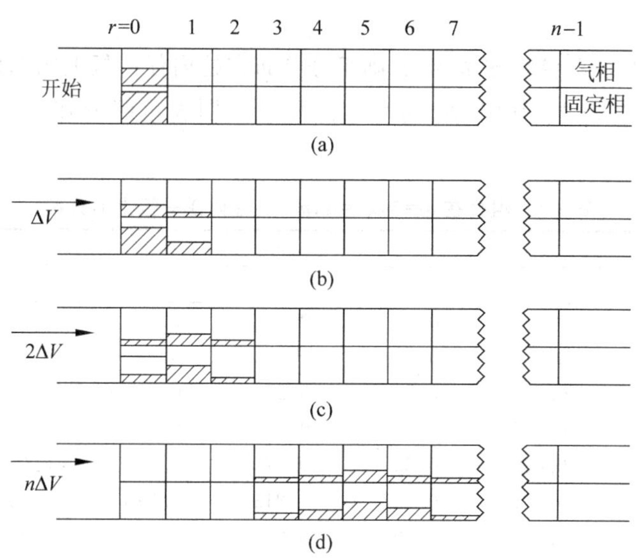

图 2-6　组分在色谱柱中分配示意图

$k'=1$。根据上述基本假设条件，在色谱分离过程中组分的分布可计算如下：

开始时，若有单位质量，即 $m=1$(1mg 或 1μg) 的该组分加到第 0 号塔板上，分配达平衡后，由于 $k'=1$，即 $m_s=m_m$，故 $m_s=m_m=0.5$。

当一个板体积($1\Delta V$)的载气以脉动形式进入 0 号板时，就将气相中含有 m_m 部分组分的载气顶到 1 号板上，此时 0 号板液相中 m_s 部分组分及 1 号板气相中的 m_m 部分组分，将各自在两相间重新分配，故 0 号板上所含组分总量为 0.5，其中气、液两相各为 0.25；而 1 号板上所含总量同样为 0.5，气、液两相亦各为 0.25。

以后每当一个新的板体积载气以脉动式进入色谱柱时，上述过程就重复一次，如下所示：

塔板号 r		0	1	2	3
进样	m_m / m_s	$\frac{0.5}{0.5}$			
进气 $1\Delta V$	m_m / m_s	$\frac{0.25}{0.25}$	$\frac{0.25}{0.25}$		
进气 $2\Delta V$	m_m / m_s	$\frac{0.125}{0.125}$	$\frac{0.125+0.125}{0.125+0.125}$	$\frac{0.125}{0.125}$	
进气 $3\Delta V$	m_m / m_s	$\frac{0.063}{0.063}$	$\frac{0.063+0.125}{0.125+0.063}$	$\frac{0.125+0.063}{0.063+0.125}$	$\frac{0.063}{0.063}$

按上述分配过程，对于 $n=5$，$k'=1$，$m=1$ 的体系，随着脉动式进入柱中板体积载气的增加，组分分布在柱内任一板上的总量(气相、液相的总质量)见表 2-1。由表中数据可见，当 $n=5$ 时，即 5 个板体积载气进入柱子后，组分就开始在柱出口出现，进入检测器产生

信号。

设 $k'=p/q$,如果 $k'\neq 1$,即 $p\neq q$,则组分分布在柱内任一板上的总量,是符合 $(p+q)^n$ 二项式规律的,见表 2-2。其中,$p+q=1$,p 和 q 分别表示组分在液相和气相中的质量分数。

表 2-1　组分在 $n=5,k'=1,m=1$ 柱内任一板上的分配

载气板体积数 n	r					柱出口
	0	1	2	3	4	
0	1	0	0	0	0	0
1	0.5	0.5	0	0	0	0
2	0.25	0.5	0.25	0	0	0
3	0.125	0.375	0.375	0.125	0	0
4	0.063	0.25	0.375	0.25	0.063	0
5	0.032	0.157	0.313	0.313	0.157	0.032
6	0.016	0.095	0.235	0.313	0.235	0.079
7	0.008	0.056	0.116	0.274	0.274	0.118
8	0.004	0.032	0.086	0.196	0.274	0.133
9	0.002	0.018	0.059	0.141	0.236	0.138
10	0.001	0.010	0.038	0.100	0.189	0.118
11	0	0.005	0.024	0.069	0.145	0.095
12	0	0.002	0.016	0.046	0.107	0.073
13	0	0.001	0.008	0.030	0.076	0.054
14	0	0	0.004	0.019	0.053	0.038
15	0	0	0.002	0.012	0.036	0.028
16	0	0	0.001	0.008	0.024	0.018

表 2-2　组分在 $n=7,k'=p/q$ 柱内任一板上的分配

载气板体积数 n	r						
	0	1	2	3	4	5	6
0	1						
1	p	q					
2	p^2	$2pq$	q^2				
3	p^3	$3p^2q$	$3pq^2$	q^3			
4	p^4	$4p^3q$	$4p^2q^2$	$4pq^3$	q^4		
5	p^5	$5p^4q$	$10p^3q^2$	$10p^2q^3$	$5pq^4$	q^5	
6	p^6	$6p^5q$	$15p^4q^2$	$20p^3q^3$	$16p^2q^4$	$6pq^5$	q^6

如果把表 2-1 中离开色谱柱物质的质量分数作纵坐标,把进入柱子的载气塔板体积作横坐标画成曲线,得到如图 2-7 所示的曲线。它就是一种物质为溶质流过色谱柱后的流出曲线,也就是色谱图。这一色谱图看起来是不对称的,但从实际和理论上都可证明,当理论塔板数大于 100 时,这个流出曲线就是对称的了。在气相色谱中,n 值是很大的,为 $10^3\sim10^6$,因而这时的流出曲线可趋近于正态分布曲线。

溶质在气、液两相的分配方式符合数学上的"二项式分配"。从二项式分配可以导出流出曲线的数学表达式,即

$$c = \frac{m\sqrt{n}}{V_R\sqrt{2\pi}}\exp\left[-\frac{1}{2}n\left(\frac{V_R - V}{V_R}\right)^2\right] \tag{2-16}$$

此式称为色谱流出曲线方程式。式中，c 为色谱流出曲线上任一点样品的浓度；n 为理论塔板数；m 为溶质的质量；V_R 为溶质的保留体积；V 为色谱流出曲线上任意一点的保留体积。

以上讨论了单一组分在色谱柱中的分配过程。若试样为多组分混合物，则经过很多次的分配平衡后，如果各组分的分配系数有差异，则在柱出口处出现最大浓度时所需的载气板体积数亦将不同。假如有 A，B 二物质，A 的 $K=3$，B 的 $K=1/3$，假定色谱柱的固定液和气相有相同的体积，这个色谱柱的理论塔板数是 11，那么这两个物质经过色谱柱之后的流出曲线如图 2-8 所示。

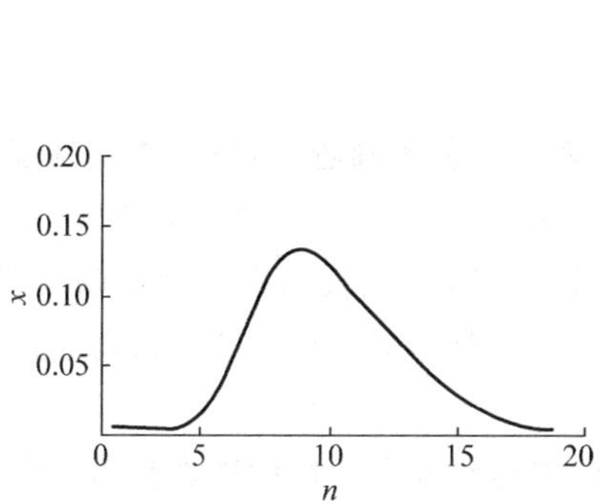

图 2-7 组分从 $r=5$ 柱中流出曲线图

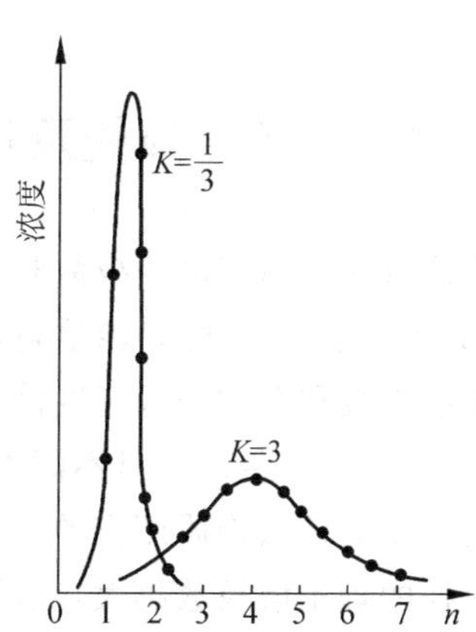

图 2-8 两种物质的流出曲线

从图 2-8 可以看出：由于分配系数不同，两物质经过色谱柱之后，就出现两个未完全分离开的峰，因为所使用色谱柱的理论塔板数只有 11，而一般的填充色谱柱的理论塔板数范围是从几百到几千，甚至几十万，在这样大的理论塔板数的柱子里分离上述两物质，就可得到完全分开的色谱峰了。

2.3.2 基本关系式

虽然理论塔板数的概念是借助于蒸馏理论而来的，但在数值上，色谱中的塔板数与蒸馏中的塔板数是完全不同的，根据概率论，可以从色谱流出曲线方程式推导出理论塔板数的公式，即

$$n = 16\left(\frac{t_R}{W}\right)^2 \tag{2-17}$$

$$n = 8\ln 2\left(\frac{t_R}{W_{h/2}}\right)^2 = 5.54\left(\frac{t_R}{W_{h/2}}\right)^2 \tag{2-18}$$

理论塔板高度和理论塔板数之间的关系为

$$H = \frac{L}{n} \tag{2-19}$$

由于死时间 t_M（或死体积 V_M）的存在，它包括在 t_R 中，而 t_M（或 V_M）不参加柱内分配，

所以往往计算出来的 n 尽管很大,H 很小,但色谱柱表现出来的实际分离效能却并不好,特别是对流出色谱柱较早(t_R 较小)的组分更为突出。因而理论塔板数 n、理论塔板高度 H 并不能真实反映色谱柱分离的好坏。因此引入了将 t_M 除外的有效塔板数(effective plate number)n_{eff} 和有效塔板高度(effective plate height)H_{eff} 两个概念。

有效塔板数和有效塔板高度的计算公式为

$$n_{eff}=16\left(\frac{t'_R}{W}\right)^2 \tag{2-20}$$

$$n_{eff}=5.54\left(\frac{t'_R}{W_{h/2}}\right)^2 \tag{2-21}$$

$$H_{eff}=\frac{L}{n_{eff}} \tag{2-22}$$

2.3.3 色谱柱效能及评价

色谱柱效能常用理论塔板数和理论塔板高度表示。色谱峰越窄,塔板数 n 越多,理论塔板高度 H 就越小,此时柱效能越高,因而 n 或 H 可作为描述柱效能的一个指标。

有效塔板数和有效塔板高度消除了死时间的影响,因而能较为真实地反映柱效能的好坏。应该注意,同一色谱柱对不同物质的柱效能是不一样的,当用这些指标表示柱效能时,必须说明这是对什么物质而言的。

色谱柱的理论塔板数越大,表示组分在色谱柱中达到分配平衡的次数越多,固定相的作用越显著,因而对分离有利。但还不能预言并确定各组分是否有被分离的可能,因为分离的可能性决定于试样混合物在固定相中分配系数的差别,而不是决定于分配次数的多少,因此不应把 n_{eff} 看作有无实现分离可能的依据,而只能把它看作是在一定条件下柱分离能力发挥程度的标志。

2.3.4 塔板理论的作用与不足

1. 塔板理论在色谱分析法中的地位与作用

通过以上对塔板理论的讨论和研究,可以得出以下结论:

(1) 从塔板理论方程式来看它描述的色谱流出曲线应该是正态分布函数,与实际记录的色谱流出曲线相符合,说明此方程是准确的,且对色谱分配系统有理论指导意义。

(2) 由塔板理论推导出来计算柱效能的理论塔板数计算公式,是行之有效的。长期以来用 n 数值的大小评价色谱柱是成功的,是不可缺少的计算公式。

(3) 按塔板理论模型所建立起来的一些方程式讨论了某些色谱参数对组分色谱峰区域半宽度的影响,均符合流出曲线半高峰宽变化的实际。特别是,塔板理论提出了理论塔板高度 H 对色谱峰区域宽度的影响,这一点很重要。

综上所述,塔板理论虽为半经验理论,但在色谱学发展中起到了率先作用和对实际工作的指导作用,所以至今沿用不衰,为广大色谱工作者承认。

2. 塔板理论存在的不足

(1) 塔板理论是模拟在一些假设条件下而提出的，假设同实际情况有差距，所以它所描述的色谱分配过程定量关系会有不准确的地方。

(2) 对于塔板高度 H 这个抽象的物理量究竟是由哪些参变量决定的，H 又将怎样影响色谱峰扩张等一些实质性的较深入的问题，塔板理论未能回答。

(3) 为什么流动相线速度(u)不同，柱效能(n)不同；而有时当 u 值由很小一下变得很大时，n 指标并未变化许多，但峰宽各异。这些现象塔板理论也不能解释。

(4) 塔板理论忽略了组分分子在柱中塔板间的纵向扩散作用，特别当传质速率很快时，其纵向扩散作用为主导方面，这一关键问题并未阐述。

2.4 速率理论

由于塔板理论有所缺欠，它不能较全面地说明色谱流出曲线各种行为的内在原因。特别对 H 值受哪些因素决定的本质问题；流动相线速度(u)或体积流速(F_c)不同时，为什么可以测得不同理论板数(n)或在流速相差较大的两区间内又能测得相近的理论板数(见图 2-9)等问题，塔板理论显得弱不能解。

实际工作中，用来评价色谱柱效能指标的理论塔板数主要由两个参数决定，即保留值和峰宽度。其中保留值主要由固定相的性质、组分的性质及柱温决定。这意味着组分在柱内极大点浓度移动是受热力学因素控制的；而色谱峰宽的扩展则是受载气流速、溶质的传质、扩散作用等动力学因素控制。塔板理论不足之处，已在上述说明，所以说它是很不全面的理论，只在定性概念方面对 H 值加以描述，未深入追究柱过程影响 H 值变化的众多因素。但是，塔板理论毕竟提出了许多成功的理论，并认为 H 值对峰扩张有直接影响，因此为后来提出动力学理论奠定了基础。

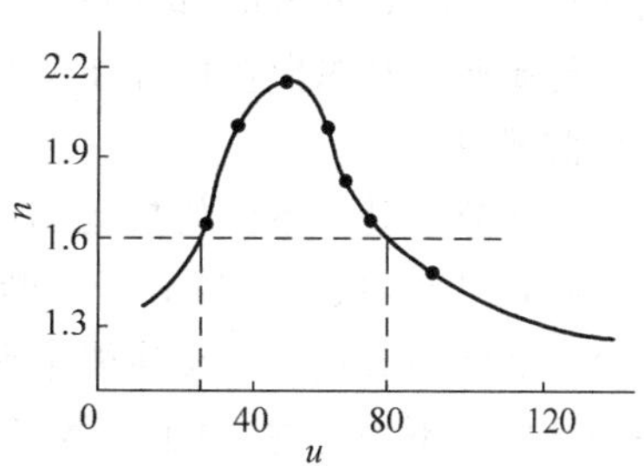

图 2-9　流动相线速度对 n 值的影响

2.4.1 色谱过程中的传质与扩散

塔板理论中，曾假设溶质在气、液两相间的分配是瞬时完成的，且相邻塔板间没有纵向扩散，但实际的色谱过程中这两条假设是不成立的。因为一种物质溶解在某种溶剂中，要达到平衡总是需要一定时间的，不可能瞬时完成；另一方面，一种气体混入另外一种气体中，气体分子总会受热运动的影响而向四面八方扩散，即从高浓度区向低浓度区扩散。所以溶质在载气中运动时总是存在纵向扩散的。色谱过程是溶质在载气的带动下流过色谱柱，溶质遇到固定液就按分配系数在固定液中溶解，但往往是在未达到平衡时(即液相中溶质浓度与气相中溶质的浓度之比小于分配系数)载气就把气相中的溶质往前推进了。因此要想让气、液两相间的分配达到平衡，就应当把载气气流速度放慢。而且当载气把气相中的溶质带走之后，已经溶有溶质的固定液又要向气相中扩散一些溶质(即按分配系数达到液相和气相中浓度之比等于K)，但是未等到平衡时，新的载气又把已扩散出来的溶质带走了，因此要想让这一过程达到平衡也要求载气流速慢一些。如果载气流速不够慢，溶质在柱中的分布就会变宽，即峰宽增加，这是问题的一个方面；另一方面，要使溶质在色谱柱中的纵向扩散变小，载气的流速就要加快，也就是载气带着溶质前进时，尽量使溶质减少向前向后扩散(即溶质运动时有少数分子运动速度超过载气速度，有些分子运动速度低于载气运动速度)，因此要减小纵向扩散就应当让载气流速加快。这样一来就和上边谈到的情况正好相反。即要使溶解过程达到平衡，就要载气流速慢；要使溶质纵向扩散减小，载气流速要快。要使二者统一就要有一个最佳的载气流速，表 2-3 中的数据即说明这一问题。

表 2-3　载气流速对柱效的影响

载气流速/(mL/min)	n	载气流速/(mL/min)	n
20	1409	60	2049
30	1967	92	1592
45	2144	145	1309

表 2-3 中的数据说明，载气流速从 20mL/min 变化到 145mL/min 时，理论塔板数有一个极大点，大于或小于此流速时柱效均下降，即流速大于 45mL/min 对溶质在固定液中扩散(或称为传质速率)适应分配平衡的要求，即传质速率是影响柱效的主要矛盾。相反，当载气流速小于 45mL/min 时，纵向扩散的影响加大，使色谱峰加宽成为影响柱效的主要矛盾。

传质速率和纵向扩散都涉及“扩散”这一概念，为了便于学习，应该了解在气相和液相中的扩散现象。

气体分子处于不停的热运动中，一方面，各个分子常常会从一个位置移动到另一个位置，因而不同区域的气体分子不断地互相掺和；另一方面，各个分子经常相互碰撞，因而每个分子经常与其他分子交换能量和动量，同时改变它的速度和方向。所以气体中各区域如果一开始是不均匀的，由于扩散，经过一段时间会趋于均匀一致。例如在一个小的有隔板的箱子里，一边装 CO_2，另一边装 N_2，当把中间隔板抽开后，CO_2 就会由于热运动向 N_2 那边跑，N_2 同样也会向 CO_2 那边跑，经过一段时间，箱子的各角落都有 CO_2 和 N_2，这就是“扩散”现象。

扩散所遵循的规律叫扩散定律，或叫菲克定律。这里包含一个扩散系数，用 D 表示，它与气体的性质和状态有关。扩散系数(D)在数值上等于浓度梯度为 1，在单位时间里扩散通过单位面积的物质量。

2.4.2　速率理论方程

1. Van Deemter 方程式的理论模型

被分析物质谱带在柱里运动过程中，实际上不可能在流动相与固定相间瞬时达到平衡，即意味着组分分子在两相中交换时，其传质速度并非无限大，真的实现组分分配平衡需要花费一定的时间才能达到。那么组分分子在柱中分离移动规律是怎样的呢？其行为大致是这样的：组分气态分子由载气携带纵向前进，而固定液分子却拉着它不许前进，但因为载气是连续不断地向柱出口处冲洗，固定液分子毕竟不能将组分分子久留而逐渐释放，由于各组分在固定相中的溶解度不同，故各组分在柱中滞留时间就不同，结果运行速度不同，在组分分子运行过程中，还会受到载体的阻力、气相浓差扩散及传质阻力等影响，因此使之达到柱终端时间延缓，造成谱峰扩张。组分在柱中这种无规则的运行，早年 Giddings 提出了随机行走理论模型，描述随机行走过程总是导致高斯分布。形象一点说，随机理论模型所描述的一个运动着的组分分子，似一名醉汉，在色谱柱中迈着无规则的向前或向后的步子，而且只能在一维空间或在直线上按随机的可能行走，不同的柱过程都有其一定的平均步长 l，组分分子在柱中停留时间共走了 N_l 步。对一个分子而言，行走 N_l 步，每步步长为 l，则一定时间后它会距原点相当距离；多个分子如此随机行走，它们在一定时间后，由于 N_l 和 l 的不同，离开原点便会有一个分布，这种距离偏差，可用正态分布标准偏差 σ 来表示：

$$\sigma = \sqrt{N_l}l \tag{2-23}$$

或

$$\sigma^2 = N_l l^2 \tag{2-24}$$

称 σ^2 为变度，式(2-24)如引申到各个随机过程，则总变度就等于各个独立变度之和。或者说，色谱峰的总偏差等于各独立影响因素偏差之和，即

$$\sigma^2 = \sigma_1^2 + \sigma_2^2 + \sigma_3^2 + \sigma_4^2 \tag{2-25}$$

随机理论模型指出，组分在柱中发生的不同随机过程，各自具有不同的 N_l 值和 l 值。我们的工作在于区别鉴定各种过程和计算出相应的 N_l，l 值，并给出相关联的偏差。

根据随机行走模型的探测，知色谱分离过程中的柱效率的独立影响因素为涡流扩散、分子扩散、气相传质及液相传质阻力，但实际上，决定柱效的是单位柱长的总偏差(σ^2/L)，而不是各独立因素项的偏差。

因为有

$$n = 16\left(\frac{t_R}{W}\right)^2, \quad W = 4\sigma$$

其中 t_R 可用保留距离单位柱长来表示，则

$$n = 16\left(\frac{L}{4\sigma}\right)^2 = \frac{L^2}{\sigma^2} \tag{2-26}$$

又

$$H = \frac{L}{n} = \frac{\sigma^2}{L} \tag{2-27}$$

所以，此时色谱柱的总板高就等于各独立影响因素对板高贡献的和：

$$H = \frac{\sigma^2}{L} = \frac{\sigma_1^2}{L} + \frac{\sigma_2^2}{L} + \frac{\sigma_3^2}{L} + \frac{\sigma_4^2}{L} \tag{2-28}$$

式(2-28)可能有两个因素相互影响，对 H 产生交界贡献或偶合贡献，但该式应看作是随机理论模型的基本解释式。

2. Van Deemter 方程式的导出

描述速率理论诸因素同塔板高度之间关系的方程式，称为速率理论方程式。因由荷兰学者 Van Deemter 等提出(1956 年)，故又称范氏(范第姆特)方程。该方程主要讨论组分在色谱柱内几种传质过程所引起理论塔板高度(H)增加(即柱效能 n 降低)，从而导致峰展宽，

使柱选择性、分离度等变差。该方程可用来指导实际色谱操作过程,选择色谱系统最佳操作参数,使 Van Deemter 方程中诸因素向降低理论塔板高度方面转化,以保证获得良好的柱效和理想的色谱峰。

该方程主要讨论组分在柱内的4种传质过程:填充物多径性使流动相移动发生偏差;组分在气相中发生的浓差分子纵向扩散;组分在气相中传质阻力和组分在液相中的传质阻力。现分别讨论如下。

1) 涡流扩散项(A)

由于填充柱中固定相颗粒装填不均匀,颗粒直径的大小不一,载气在柱中向前移动时碰到固定相就会有不同路径,不断地改变流动方向,从而使组分在气相中形成紊乱而似"涡流"形的流动,故此项也称为多径项。由于固定相颗粒之间填充时形成的孔隙大小各异,同一组分的分子流动的路径会不同,有的走大孔隙先到终点;有的碰到许多粒阻,绕行走小孔隙,花费较长时间才抵终点;介于二者平均路径的分子,则处于中间。假若以组分分子中间路径为准,那么某些分子显然或前或后到达柱末端,使冲洗它们的时间产生一个统计分布,即色谱峰具有一定展宽,如图 2-10 所示。

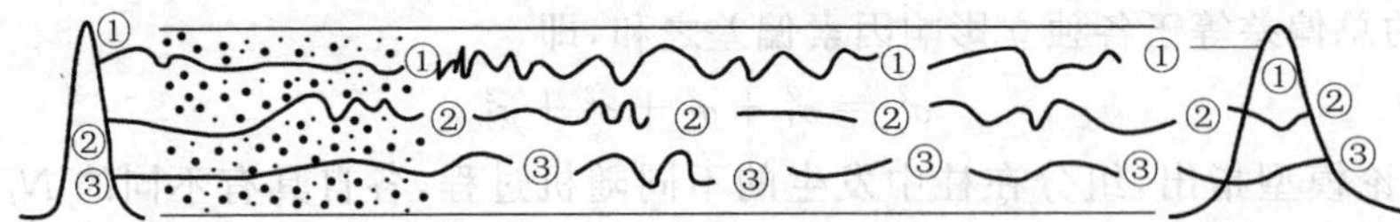

图 2-10 组分涡流扩散示意图

这种扩张展宽纯属流动状态造成的,与固定液性质及含量无关,只取决于固定相颗粒的几何形状和填充均匀性。其中重要的是载体颗粒直径(d_p)。按随机理论模型观点,每步长正比于 d_p 值,而步数应正比于柱长 L,则移动距离偏差 $\sigma_1^2=2L\lambda d_p$,其中 λ 为填充不规则因子,故单位柱长的距离偏差应为

$$\frac{\sigma_1^2}{L}=2\lambda d_p=A \tag{2-29}$$

λ 数值反映柱内填充物的不均匀程度。固定相间孔隙越不一致,分子走过的流路差别越大,则距离偏差越大,峰形越加宽,此时 λ 就大。粗粒度固定相虽较细粒度固定相易填充均匀,λ 值小,但由于 d_p 小的颗粒相,组分分子移动步幅小,不仅可以补偿由于固定相颗粒小而使不均匀因子 λ 值的增加,而且可以使整个 A 值下降。所以,在柱色谱系统可能的条件下,尽量选择细颗粒固定相,填充均匀。不同颗粒直径载体对 A 项的影响,见表 2-4。从以上看出,当一根填充柱制备完成后,其 A 值就是常数。

表 2-4 d_p 值对 A 项的贡献

λ	d_p/mm	筛 目	A/cm
1	0.4～0.8	20～40	0.12
2	0.15～0.3	50～100	0.14
3	0.04～0.07	200～400	0.09

2) 分子扩散项(B)

当样品以"塞子"状态注入色谱柱后,由于组分分子并不能充满整个色谱柱(只能占柱中

很小一部分)，因此组分在轴向存在着浓差梯度，向前运动着的分子势必要产生浓度之差的扩散作用(高浓度向前进方向的低浓度扩散)，并且是沿着轴向而加速，故称此为纵向扩散或轴向扩散。组分分子扩散与组分在气相中停留的时间(t_M)成正比，所以分子扩散所引起的距离偏差为：$\sigma^2=2D_g t_M$，其中 D_g 为气相扩散系数，t_M 为载气在柱中的停留时间，即为组分在气相中停留的时间，它受载气线速度(u)影响。因为 $t_M=L/u$，则 $\sigma^2=2D_g L/u$。就是说，分子扩散项与 u 值成反比，u 越小，组分在柱中停留的时间 t_M 越长，则扩散作用越加剧。由于气相流路在柱中也有很大弯曲性，所以 u 必须加以校正，即引入弯曲校正因子 γ 值，此时的 $t_M=L/(u/\gamma)=L\gamma/u$ 。故由分子扩散项引起的单位柱长的距离偏差：

$$\frac{\sigma_2^2}{L}=\frac{2D_g t_M}{\dfrac{t_M}{u/\gamma}}=\frac{2\gamma D_g}{u} \tag{2-30}$$

令

$$B=2\gamma D_g \tag{2-31}$$

γ 值表示由于柱中的载体存在，障碍组分分子不能自由扩散而使扩散距离下降，故用 γ 几何因子校正。γ 值通常小于 1，在硅藻土类载体中 γ 值在 0.5～0.7 之间，它反映了填充物的空间结构。在毛细管中因无填充物的扩散阻碍，所以 $\gamma=1$。D_g 与组分的性质、载气的性质、柱温柱压力有关。组分分子质量大，则 D_g 值小；D_g 又与载气分子质量 M 的平方根成反比，即 $D_g \propto 1/\sqrt{M}$，所以用分子质量大的载气可以降低 B 值。D_g 随 T_c 增加而增加，但随 p_c 增加而下降，通常 D_g 为 0.01～1cm^2/s。

3) 气相传质阻力项(C_g)

气相传质项是指气、液或气、固两相交换质量时，所达到的传质阻力。但在早期原 Van Deemter 方程中并未考虑此项传质阻力，因那时经典填充柱的固定液含量较高(20%～30%)，中等线速度，此时 H 值主要受液相传质阻力控制，对气相中的传质阻力就忽略了。但是发展起来的快速色谱分析法中，薄液膜中，高速载气流量的操作条件下，气相传质阻力因素不但不可被忽略，有时甚至成为影响板高的主要参量。经 Golay 和 Desty 等的推导，补充了气相传质阻力项，从而更加完善了速率理论方程式。应该知道，载气在柱中的流动是由多种流线(流路)所组成的。就毛细管柱而言，处在柱中央的气相流速快，处在柱壁的载气由于摩擦作用而使其流速渐渐趋于零；对填充柱而言，由于载体的颗粒床局部性质不同，填充固定相的不均匀性等因素，驱使载气形成不同的局部流速，组分分子在不同的流路中就有多种相对运动速度，造成峰形区域展宽。在柱内气相中也存在不等速的各流路间横向扩散，但与纵向扩散相比就不重要了。总体而言，流出曲线区域扩张与组分在气相中的扩散作用成反比，即在气相传质项中 D_g 越大，则传质阻力对塔板高度的贡献就越小。

以随机行走模型观点分析，行步从一个流路向另一个流路扩散，向前的步子向快流路扩散；向后的步子向慢流路扩散，但综合起来，整个组分分子总是向前运动的。这样一来，步数 N 就等于组分在气相中总停留时间 t_M 除以组分在气相里每走一步所用的时间 t_d，即 $N_1=t_M/t_d$，其中 t_d 的实际意义是组分以一个流路扩散到另一个流路所需的时间，所以 t_d 正比于颗粒直径 d_p，反比于 D_g 值，比例系数为 0.01，即 $t_d=0.01d_p^2/D_g$，故每步步长 l 应等于每步所需时间(t_M/N_1)乘以组分在气相中的线速度$\left(u_g=u-u_l=\dfrac{k'}{1+k'}u\right)$。此时组分传质阻

力偏差 $\sigma_3^2 = N_1 l^2 = t_d u_g^2 t_M$，故得单位柱长气相传质阻力所造成的距离偏差：

$$\frac{\sigma_3^2}{L} = \frac{0.01(k')^2 d_p^2 u}{(1+k')^2 D_g} \tag{2-32}$$

令

$$C_g = \frac{0.01(k')^2 d_p^2}{(1+k')^2 D_g} \tag{2-33}$$

C_g 为气相传质阻力系数，从式(2-33)中明显看出：$C_g \propto d_p^2$，粗颗粒固定相将使 C_g 值增加，所以实际分析工作中，应尽量选用 d_p 小的颗粒为固定相，以降低 C_g 值。

又 C_g 反比 D_g，故增大气相扩散系数 D_g 值可以改善气相传质阻力，所以在快速分析时，选择低分子质量载气为好，如 H_2，He 气等，有利增大 D_g 值，降低 C_g 值，增加柱效率。

4）液相传质阻力项(C_l)

组分混合物在气液色谱柱中的扩散过程可认为是这样的：样品气化后进入柱系统中，首先在气、液两相中进行分配，由于组分分子与固定液分子之间的亲和力，则由气液表面扩散到固定液膜内部，发生质量交换以达到分配平衡。然后由于分子热运动的原因，又扩散回原来气液表面，称此全过程为传质过程。组分在柱内这样的传质过程显然是需要一定时间才能完成的，而且在流动状态下分配平衡也不可能瞬间完成，这就是所谓传质速率的有限性。此传质过程的结果是进入液相且在其中停留一定时间的某组分分子，当返回到气相时，必然要落后于原来在载气中向柱尾端前进的组分，引起谱带变宽。

在随机理论模型中，对组分每一吸收或吸附作用都看作是向后的步伐，而每一析出和解吸过程都看作是向前的步子。这样组分在液相中的总步数 N_l 就等于组分在液相中停留的总时间(t'_R)除以组分在该相中每走一步的时间(t_f)，组分在气相中的停留时间为 t_M，因为 $k' = t'_R / t_M$，而 t_f 正比于固定液膜的厚度 d_f^2，反比于组分在液相中的扩散系数 D_l，其比例常数为 $8/\pi^2$(将固定相颗粒表面液膜看作球面时)或 $2/3$(设液膜表面为平面时)，则 $t_f = 8d_f^2/\pi^2 D_l$。所以

$$N_l = \frac{t'_R}{t_f} = \frac{k'L}{u}\frac{\pi^2 D_l}{8d_f^2} \tag{2-34}$$

那么，组分每步行进长度 l 应为每步行走时间 t'_R/N_l 乘以组分移动速率 u_i。由 $u = L/t_M$ 可知：$L = t_M u = t_R u_i$，所以组分在色谱中的移动速率 $u_i = t_M/(t_R + t'_R) = u/(1+k')$，而组分在气相中的移动速率：$u_g = u - u_l = uk'/(1+k')$，其中 u_l 为组分在液相中的移动速率。因此得到液相扩散单位柱长偏差为

$$\frac{\sigma_4^2}{L} = \frac{N_l l^2}{L} = \frac{8k' d_f^2 u}{\pi^2 (1+k')^2 D_l} = \frac{2k' d_f^2 u}{3(1+k')^2 D_l} \tag{2-35}$$

令 $C_l = 8k' d_f^2 / \pi^2 (1+k')^2 D_l$，从式(2-35)中不难看出：$C_l$ 值正比于 d_f^2 值，说明液膜越厚，则组分在液相中滞留时间越长，传质阻力越大，所以通常在保证容量因子够用的条件下，选择制备薄液膜固定相为宜，可以大幅度降低传质阻力，提高柱效能。选择此种类型的柱子要注意固定相的比表面积，对一定液体载荷量的配比，比表面积大则可以获得较薄的液膜。

C_l 反比于 D_l 值，即 D_l 高则 C_l 值小，传质阻力小。常见的有：非极性低分子质量固定液较极性高分子质量固定液有较大的 D_l 值，较小的 C_l 值；在同系物中，小分子质量比大分子质量的组分 D_l 值大，C_l 值小，因此被选择。

以上讨论的 4 项传质作用都会对板高有贡献，使柱效能下降，所以应控制色谱操作选择参数，使柱效能向有利方向发展。

联合式(2-29)、式(2-30)、式(2-32)、式(2-35)，得速率理论方程式：

$$H = 2\lambda d_p + \frac{2\gamma D_g}{u} + \frac{0.01(k')^2 d_p^2}{(1+k')^2 D_g}u + \frac{2k' d_f^2}{3(1+k')^2 D_l}u \tag{2-36}$$

简化式：

$$H = A + \frac{B}{u} + C_g u + C_l u \tag{2-37}$$

以上二式为色谱工作者公认的 Van Deemter 方程。

3. 速率理论方程式的耦合式

Giddings 曾以严格的科学方法证明影响板高的各独立因素，并不是那么独立的、无关的，而是相互之间有关联的。例如，发生在气相中的涡流扩散项与气相传质阻力项之间就是相互牵连的。试样的组分分子并不是全部时间都在同一流路运动，由于存在横向扩散作用，分子在瞬时可能走绕担体的弯曲流路中；而另一瞬间则又有可能走进担体隙间近流路中，结果使 A 与 C_g 之间发生耦合作用，并且证明二项耦合后对板高的贡献要小于它们单独贡献之和。速率理论方程式耦合后的形式为

$$H = \frac{B}{u} + C_l u + \left(\frac{1}{A} + \frac{1}{C_g u}\right)^{-1} = \frac{B}{u} + C_l u + A' \tag{2-38}$$

式中，$A' = (1/A + 1/C_g u)^{-1}$ 表示耦合项。根据耦合式的关系，作 H-u 关系图，如图 2-11 所示。

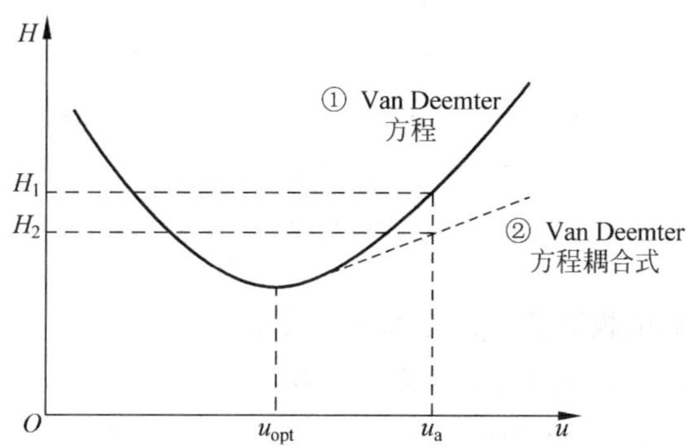

图 2-11　Van Deemter 方程与其耦合式中 H 与 u 之间的关系

从图 2-11 中显而易见，同一线速下(u_a 为选定的分析线速)，原方程传质曲线对应的板高(H_1)要大于 Van Deemter 方程耦合式板高(H_2)，相差 $\Delta H = H_1 - H_2$；当快速分析时，即当线速再增加过 u_a 值后，板高变化曲线趋于平稳，此时柱效能不会出现较大波动，这是所希望的。因此说，Van Deemter 方程耦合式比原方程更具有实际价值，理论上解释也较经典 Van Deemter 方程全面，现已被普遍接受。

Van Deemter 方程是在塔板理论基础上，补充了影响塔板高度的动力学因素而导出的，所以它综合了热力学及动力学两种因素对塔板高度的影响，故较为全面。在推导过程中，除说明的各种因素外，下面再专门讨论载气线速度、分配比及柱温对板高的影响。

1）载气线速度对板高的影响

从式(2-37)中可以看出 A,B,C_g,C_l 与流速无关，只有 u 值是变数。令 $C=C_g+C_l$，则有以下形式 Van Deemter 方程：

$$H = A + B/u + Cu$$

以板高对线速作图，则如图 2-12 所示。由图 2-12 中看到板高 H 对线速 u 的变化是双曲线关系，曲线最低点对应的板高用 H_{min} 表示，H_{min} 为最小板高。此点为所求，它对应的柱效为 n_{max}。它对应的线速点为最佳线速，用 u_{opt} 表示。在 H_{min} 及 u_{opt} 的对应点，将式(2-38)微分，则得

$$\frac{dH}{du} = -\frac{B}{u^2} + (C_g + C_l) = 0$$

故

$$u_{opt} = \sqrt{\frac{B}{C}} = \sqrt{\frac{B}{C_g + C_l}} \tag{2-39}$$

$$H_{min} = A + 2\sqrt{BC} = A + 2\sqrt{B(C_g + C_l)} \tag{2-40}$$

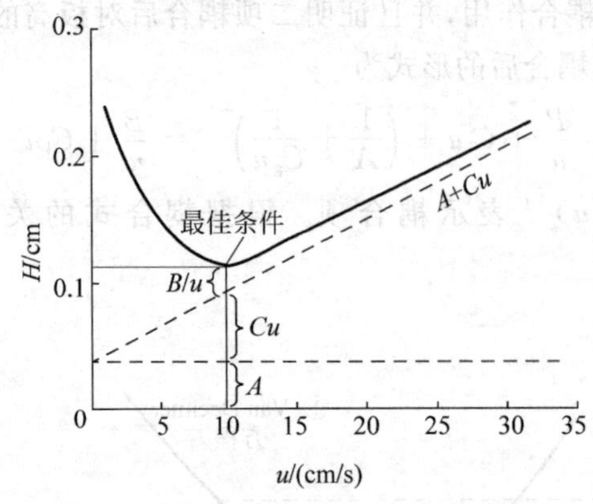

图 2-12　塔板高度与载气线速的关系

从式(2-37)看出，影响板高各因素与线速的关系：

(1) A 项与线速无关，对板高的贡献为一常数。

(2) 从 B/u 说明 H 对 u 的关系成反比，当 u 很小时，$C_g u$ 和 $C_l u$ 两项对板高的贡献可忽略不计，则式(2-37)可写作 $H=A+B/u$，又将得一双曲线，相当于图 2-12 中最佳条件点前那一段对应的 H 变化曲线，此时 B/u 对 H 值的贡献起主导作用。

(3) 传质阻力项中流速对板高的贡献，是正比关系。当选用分析线速大于 u_{opt} 值后，B/u 对H 值的贡献可忽略不计，而 Cu 对 H 的贡献则为主要方面，故可将式(2-37)简化为 $H=A+Cu$，作 H-u 图可为直线，相当于图 2-12 中平直部分的渐近线，其截距为 A(定值)，斜率为 $C=C_g+C_l$。当 $u>u_{opt}$，d_f 大时，C_l 起控制作用，求得斜率主要为 C_l 值；当 $u\gg u_{opt}$，d_f 较小时，则 C_g 起控制作用，求得斜率主要为 C_g 值。

从以上 3 项讨论中得知，当 $u<u_{opt}$，B/u 项起主要作用，图 2-12 中曲线陡峭，u 值越小 H 值变化越大，则柱效下降越快；当 u 增加时，B/u 项对板高贡献明显减少，当 $u>u_{opt}$ 时，B/u 就不起作用了，而 Cu 项起主导作用，其影响程度如上所述；当 $u=u_{opt}$ 时，B/u 和 Cu 二

项对 H 值的贡献都最小，此时可得最高柱效 n_{max}。但是日常工作求出的 u_{opt} 值，流速较慢，为满足快速分析，实用线速要选稍高于 u_{opt} 的 u 值，以 H/u 比值为最小作标准。

例1 长度相等的两色谱柱，其 Van Deemter 方程中的常数 A,B,C 如下表所示：

	A/cm	$B/(cm^2/s)$	C/s
柱Ⅰ	0.16	0.40	0.27
柱Ⅱ	0.080	0.20	0.040

试计算：

(1) 柱Ⅱ的柱效是柱Ⅰ的几倍？

(2) 柱Ⅱ的最佳线速是柱Ⅰ的几倍？

解 (1) 柱效由式(2-40)计算的最小塔板高度表示

柱Ⅰ：$H_{min}=A+2\sqrt{BC}=(0.16+2\sqrt{0.40\times0.27})\text{cm}=0.82\text{cm}$

柱Ⅱ：$H_{min}=(0.080+2\sqrt{0.20\times0.040})\text{cm}=0.26\text{cm}$

$$\frac{n_{Ⅱ}}{n_{Ⅰ}}=\frac{H_{Ⅰ}}{H_{Ⅱ}}=\frac{0.82}{0.26}=3.2$$

所以，柱Ⅱ的柱效是柱Ⅰ的3.2倍。

(2) 由式(2-39)计算最佳线速

柱Ⅰ：$u_{opt}=\sqrt{\frac{B}{C}}=\sqrt{\frac{0.40}{0.27}}\text{cm/s}=1.2\text{cm/s}$

柱Ⅱ：$u_{opt}=\sqrt{\frac{B}{C}}=\sqrt{\frac{0.20}{0.040}}\text{cm/s}=2.3\text{cm/s}$

$$\frac{2.3}{1.2}=1.9$$

即柱Ⅱ的最佳线速是柱Ⅰ的1.9倍。

2) 分配比、柱温对板高的影响

从式(2-36)看到，具有不同 k' 值的组分，其 H 值也是不同的，即 H 值受 k' 值影响，这一点也说明色谱柱过程和精馏塔中的蒸馏过程有本质区别。我们知道，k' 值变化主要影响传质阻力系数 C_l 和 C_g 的变化。

(1) k' 对 C_l 的影响

主要表现在 $k'/(1+k')^2$ 关系式上，见图2-13。当 $k'>1$ 时，k' 增加 C_l 减小，当 k' 足够大时，$k'/(1+k')^2\approx1/k'$；当 $k'\to\infty$ 时，则 $C_l\to0$，此时 C_lu 项就不存在了，当然这是极端情况；当 $k'=1$ 时，则 $C_l=d_f^2/6D_l$ 为最大值，此时 C_l 对 H 值贡献最大，故选取 k' 值时，一定避开 $k'\approx1$ 的数值；$k'<1$ 时，当 k' 减小 C_l 减小；当 $k'\to0$ 时，$C_l\to0$，组分根本未分配，所以此时 C_lu 项对 H 值无贡献了。

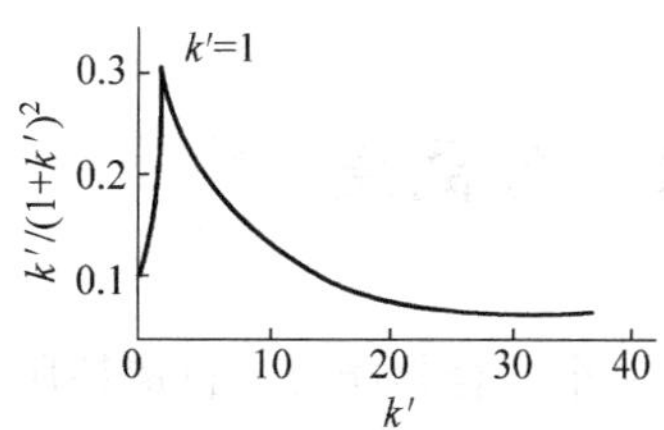

图2-13 C_l 项中 $k'/(1+k')^2$ 随 k' 值增加而变化的曲线

柱温 T_c 对 C_l 的影响并不明显，这是因为 T_c 增加 D_l 增加，T_c 增加 k' 减小，所以 C_l 改变不大；反之，T_c 减小则 D_l 减小，k' 增加，C_l 亦变化不大。但这种矛盾的影响作用，有时也

很难预测究竟 T_c 对 k' 和 D_l 的影响何多何少。总之方向相反,但数值不一定相等,所以说情况较为复杂,应予以注意。

(2) k' 对 C_g 的影响

当液体载荷量很小时,d_f 很小,$C_l \to 0$,此时 C_g 对 H 的贡献起主导作用。k' 对 C_g 的影响同 k' 对 C_l 的影响,在数值上有所区别,k' 增加,$(k')^2/(1+k')^2$ 增加,当 k' 值很大时,此式才近似等于1。

柱温 T_c 对 C_g 的影响,也类似于 T_c 对 C_l 的影响,即当 T_c 增加,D_g 增加,k' 减小,其对 H 的综合作用贡献不明显,也较难准确预测,但一定要明确,对任一线速都客观存在着一最佳柱温,这一点对选择程序升温色谱系统十分重要。

2.4.3 影响色谱峰展宽的其他因素

1. 非线性色谱分配

Van Deemter 方程是在线性等温分配的前提下,讨论了扩散过程阻力项和传质过程阻力项对板高的贡献。而实际工作中非线性等温分配也是常发生的,这样也会引起色谱峰扩展,特别在气固色谱中更明显一些。

2. 载体表面活性吸附中心造成的拖尾

在气液色谱中,当液相载荷量小,即液膜很薄时,样品量也较小,载体表面的活性吸附中心往往拉住某些亲和力较大的组分分子,造成峰形明显拖尾。根据讨论 Van Deemter 方程提出的理由,在现代气液色谱中,不宜选高液相载荷量的固定相。欲克服拖尾因子的影响,常采用的有效办法是改性载体表面性能,去除表面活性中心。

3. 柱外效应

除色谱柱本身以外,在样品气化室入口至检测器出口的系统中,凡引起峰扩张的因素都称为柱外效应,大约有以下几方面:进样器的死体积大小;进样技术的优劣;柱前、后连接管道的长度及管内径的大小,原则上是连接管子越短,内径越细则越好;检测器的死体积;检测器信号输出回路响应时间常数,例如输出回路中消噪声斩波器就可能把信号响应时间拖长,目前仪器厂家都在注意克服这个问题。

2.5 分离度

一个混合物能否为色谱柱所分离,取决于固定相与混合物中各组分分子之间的相互作用的大小是否有区别(对气液色谱)。但在色谱分离过程中各种操作因素的选择是否合适,对于实现分离的可能性也有很大影响。因此在色谱过程中,不但要根据所分离的对象选择适当的固定相,使其中各组分有可能被分离,而且还要创造一定的条件,使这种可能性得以实现,并达到最佳的分离效果。

两个组分怎样才算达到完全分离?首先是两组分的色谱峰之间的距离必须相差足够大。若两峰间仅有一定距离,而每一个峰却很宽,致使彼此重叠,则两组分仍无法完全分离,所以第二是峰必须窄。只有同时满足这两个条件，两组分才能完全分离。图 2-14 说明了柱效和选择性对色谱分离的影响。图(a)中两色谱峰距离近且峰形宽，彼此严重重叠，柱效和选择性都差；图(b)中虽然两峰的距离相距较远，能很好分离，但峰形较宽，表明选择性好，但柱效低；图(c)中的分离情况最为理想，既有良好的选择性，又有高的柱效。图 2-14 中(a)和(c)的相对保留值相同，即它们的选择因子是一样的，但分离情况却截然不同。由此可见，虽然选择性反映了色谱柱对物质保留值的差别，柱效率反映了峰扩展的程度，但都不能表示色谱柱的总分离效能。为了综合考虑保留值的差值和峰宽对分离的影响，需要引入分离度的概念。

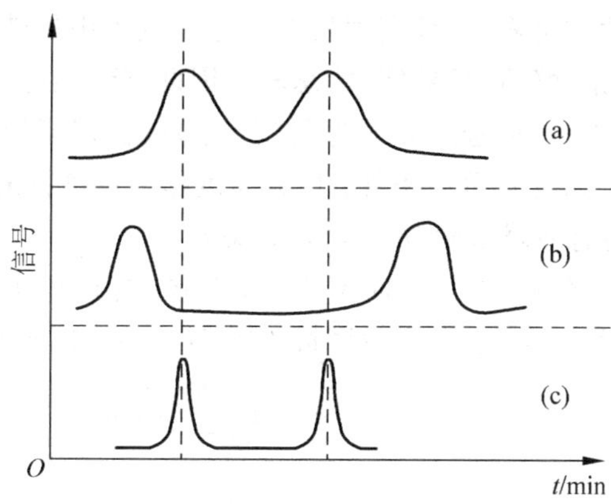

图 2-14　柱效和选择性对色谱分离的影响

2.5.1　分离度的表达

1. 分离度的定义

分离度(resolution)R 又称分辨率，定义为相邻两组分的色谱峰保留值之差与峰底宽总和一半的比值：

$$R=\frac{t_{R(2)}-t_{R(1)}}{\frac{1}{2}(W_1+W_2)}=\frac{2(t_{R(2)}-t_{R(1)})}{W_1+W_2} \tag{2-41}$$

有时也用半高峰宽分离度 $R_{1/2}$ 或峰高分离度 R_h 来表示。

半高峰宽分离度 $R_{1/2}$ 是将式(2-41)中的峰宽 W 用 $W_{h/2}$ 代替而表示的分离度：

$$R_{1/2}=\frac{2(t_{R(2)}-t_{R(1)})}{W_{h/2(1)}+W_{h/2(2)}} \tag{2-42}$$

峰高分离度是用来表示不能完全分离的两组分被分离的程度，其代表峰高如图 2-15 所示。

$$R_h=\frac{h-h_M}{h}\times 100\% \tag{2-43}$$

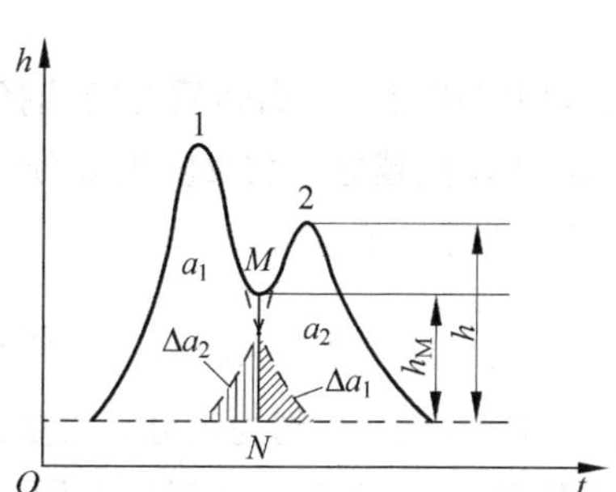

图 2-15　两组分不等面积交叠色谱峰

式中，h 代表交叠二峰中小峰峰高；h_M 代表自二峰交叠点引基线之垂线 MN 的高度。

R,$R_{1/2}$,R_h 三者表示方法明显不同,所取参数也不同,故它们计算的结果是不会等值的,根据各自对应值,有如下等量关系:

$$R_{1/2}=1.7R \tag{2-44}$$

$$R_h=\frac{\sqrt{\ln(2/1+R_{1/2})}+\sqrt{\ln(2/1+R_{1/2})+\ln\Phi}}{2\sqrt{\ln 2}} \tag{2-45}$$

上式中 Φ 为图 2-15 中的峰高比值,即 $\Phi=h/h_M$。

2. 色谱分离基本方程中的某些选择指标

从色谱分离度的表达式可看出,分离度反映了色谱过程中的热力学影响因素(选择性、保留值)和动力学影响因素(峰宽、柱效能)的总和。因此,除正在研究发展的智能色谱系统外,对常规的色谱分析工作,一般选用相对保留值($r_{i,s}$)或保留指数(Kovats 指数 I)来评价固定液;以柱效能(n,n_{eff})来评价分离条件;以分离度作为色谱柱的总分离效能指标参数。

1) 理论塔板数(n)与有效塔板数(n_{eff})之间的关系

用 n 值和 H 值来评价色谱柱时,有时不能全面反映柱内的实际情况。为了更全面地评价柱效能,必须使用有效塔板数 n_{eff} 和有效塔板高度 H_{eff}。n_{eff} 和 n 的关系式为

$$n_{eff}=\left(\frac{t'_R}{t_R}\right)^2 n=\left(\frac{k'}{1+k'}\right)^2 n \tag{2-46}$$

由 n_{eff} 算得 H_{eff}:

$$H_{eff}=\frac{L}{n_{eff}}=\left(\frac{1+k'}{k'}\right)^2 H \tag{2-47}$$

n,n_{eff} 随 k' 的变化关系如图 2-16 所示。

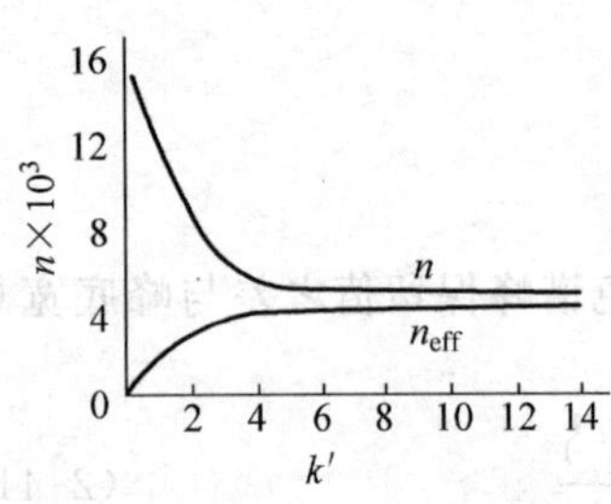

图 2-16　n,n_{eff} 与 k' 之间的变化关系图

由式(2-46)和图 2-16 显而易见,n,n_{eff} 随 k' 变化而变化,当 k' 很大时,即 $t'_R\approx t_R$ 或 $k'/(1+k')\approx 1$ 时,n 与 n_{eff} 才会很接近($n\approx n_{eff}$);在 k' 很小时($k'<2$),n 变得很大,而 n_{eff} 则变得很小,二者差值很高。由式(2-47)中也可看出,在同一色谱条件下,具有不同 k' 值的各组分,测出的 H_{eff} 也是不同的。故当其他条件相对不变时,k' 对 n 和 n_{eff} 起到决定性的作用。

2) 相对保留值($r_{i,s}$)与柱温(T_c)的关系

相对保留值是组分 i 与参比组分 s 的调整保留值之比:

$$r_{i,s}=t'_{R(i)}/t'_{R(s)}=V'_{R(i)}/V'_{R(s)} \tag{2-48}$$

$r_{i,s}$ 是固定相对难分离物质对的选择性保留性能的量度,从式(2-48)中看出,$r_{i,s}$ 越大,则越易分离,选择性越好。它反映组分分子与固定液分子间的热力学性质,故 $r_{i,s}$ 值与柱温(T_c)有着很密切的关系:

$$\lg r_{i,s}=\frac{5(T_{b(i)}-T_{b(s)})}{T_c}+C_s \tag{2-49}$$

式中,$T_{b(i)}$,$T_{b(s)}$ 分别为组分 i 和参比组分 s 的沸点(以热力学温度表示);T_c 为色谱柱温度(以 K 表示);C_s 为一定温度下固定相热力学常数。

从式(2-49)中得知,两组分沸点相差大,柱温低时,相对保留值增大,易分离。

3. 色谱分离基本方程式

对于难分离的物质对，由于它们的保留值差别小，可合理地认为 $W_1 \approx W_2 = W$，$K_1 \approx K_2 = K$。由式(2-41)得

$$R = \frac{2(t_{R(2)} - t_{R(1)})}{2W_2} = \frac{t_{R(2)} - t_{R(1)}}{W_2} \tag{2-50}$$

由式(2-17)得 $n = 16\left(\frac{t_{R(2)}}{W_2}\right)^2$，所以

$$W_2 = \frac{4}{\sqrt{n}} t_{R(2)} \tag{2-51}$$

将式(2-51)代入式(2-50)，得

$$\begin{aligned}
R &= \frac{\sqrt{n}}{4} \frac{t_{R(2)} - t_{R(1)}}{t_{R(2)}} = \frac{\sqrt{n}}{4} \frac{t'_{R(2)} - t'_{R(1)}}{t'_{R(2)} + t_M} \\
&= \frac{\sqrt{n}}{4} \frac{t'_{R(2)} - t'_{R(1)}}{t'_{R(2)}} \frac{t'_{R(2)}}{t'_{R(2)} + t_M} = \frac{\sqrt{n}}{4} \frac{\dfrac{t'_{R(2)} - t'_{R(1)}}{t'_{R(1)}}}{\dfrac{t'_{R(2)}}{t'_{R(1)}}} \frac{\dfrac{t'_{R(2)}}{t_M}}{\dfrac{t'_{R(2)} + t_M}{t_M}} \\
&= \frac{\sqrt{n}}{4} \frac{r_{2,1} - 1}{r_{2,1}} \frac{k'_2}{1 + k'_2} = \frac{\sqrt{n}}{4} \frac{r_{i,s} - 1}{r_{i,s}} \frac{k'}{1 + k'}
\end{aligned} \tag{2-52}$$

式中，$r_{2,1}$ 是两组分的调整保留值之比，即 $r_{2,1} = \frac{t'_{R(2)}}{t'_{R(1)}}$。

变换式(2-52)，得

$$n = 16R^2 \left(\frac{r_{i,s}}{r_{i,s} - 1}\right)^2 \left(\frac{1 + k'}{k'}\right)^2 \tag{2-53}$$

在实际应用中，往往用 n_{eff} 代替 n，将式(2-53)代入式(2-46)，得

$$n_{eff} = \left(\frac{k'}{1 + k'}\right)^2 n = \left(\frac{k'}{1 + k'}\right)^2 16R^2 \left(\frac{r_{i,s}}{r_{i,s} - 1}\right)^2 \left(\frac{1 + k'}{k'}\right)^2 = 16R^2 \left(\frac{r_{i,s}}{r_{i,s} - 1}\right)^2 \tag{2-54}$$

变换式(2-54)，得

$$R = \frac{\sqrt{n_{eff}}}{4} \frac{r_{i,s} - 1}{r_{i,s}} \tag{2-55}$$

式(2-52)和式(2-55)即为色谱分离方程式，是表示诸参数之间关系的分离基本方程式。

R 值越大，表明两组分的分离程度越高。$R = 1.0$ 时，分离程度可达 98%；$R < 1.0$ 时两峰有部分重叠；$R = 1.5$ 时，分离程度达到 99.7%。所以，通常用 $R = 1.5$ 作为相邻两色谱峰完全分离的指标。

由式(2-19)、式(2-22)和式(2-53)、式(2-54)可得到色谱柱长与分离度 R 的关系：

$$L = 16R^2 \left(\frac{r_{i,s}}{r_{i,s} - 1}\right)^2 \left(\frac{1 + k'}{k'}\right)^2 H \tag{2-56}$$

$$L = 16R^2 \left(\frac{r_{i,s}}{r_{i,s} - 1}\right)^2 H_{eff} \tag{2-57}$$

例 2 已知物质 A 和 B 在一根 30.0cm 长的柱上的保留时间分别为 16.40min 和 17.63min。不被保留组分通过该柱的时间为 1.30min。峰底宽度分别为 1.11min 和 1.21min，计算：

(1) 柱对 A,B 的分离度;

(2) 柱的平均塔板数;

(3) 塔板高度;

(4) 达到 1.5 分离度所需的柱长度。

解 (1) 由式(2-41)可得

$$R=\frac{2(t_{R(2)}-t_{R(1)})}{W_1+W_2}=\frac{2(17.63-16.40)}{1.11+1.21}=1.06$$

(2) 由式(2-28)可得

$$n=16\left(\frac{t_R}{W}\right)^2=16\left(\frac{16.40}{1.11}\right)^2=3493 \quad 和 \quad n=16\left(\frac{17.63}{1.21}\right)^2=3397$$

$$n_{平均}=\frac{3493+3397}{2}=3445$$

(3) $H=L/n=(30.0/3445)\text{cm}=8.7\times10^{-3}\text{cm}$

(4) 因 k' 和 $r_{i,s}$ 不随 n 和 L 而变化,因此将 n_1 和 n_2 代入式(2-52),并用一式去除另一式,可得

$$\frac{R_1}{R_2}=\frac{\sqrt{n_1}}{\sqrt{n_2}}$$

此处下角标 1 和 2 分别指原柱和增长后的柱。代入 n_1 和 R_1,R_2 的数据得

$$\frac{1.06}{1.5}=\frac{\sqrt{3445}}{\sqrt{n_2}}$$

$$n_2=3445\times\left(\frac{1.5}{1.06}\right)^2=6.9\times10^3$$

所以

$$L=nH=6.9\times10^3\times8.7\times10^{-3}\text{cm}=60\text{cm}$$

2.5.2 影响分离度的因素

从色谱分离基本方程式不难看出它综合了色谱过程的热力学、动力学的各参数关系,色谱分离总效能指标 R 受到柱效因子 n、柱选择因子 $r_{i,s}$ 及容量因子 k' 的影响,如图 2-17 所示。

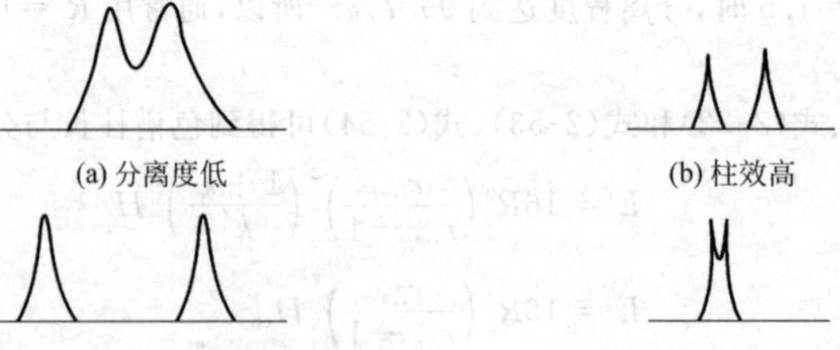

(a) 分离度低　(b) 柱效高　(c) 选择性好,达到较好的分离度(柱效不很高)　(d) 容量因子太小,分离度低

图 2-17 分离度与柱效能、柱选择性和容量因子间的关系图

1. 分离度与柱效的关系(柱效因子)

分离度 R 与$\sqrt{n}$成正比，即 n 增加到原来的 2 倍时，R 只增大至 1.4 倍。尽管如此，提高柱效率是提高分离度的最直接也是最有效的手段。增大柱长可以增加理论塔板数，然而柱长增加意味着各组分的保留时间也会相应增长，这说明用增加柱长来提高分离度并不是理想的方法。所以，设法降低板高 H，提高柱效，才是提高分离度的最好方法。根据速率理论，为了提高柱效率首先需要采用直径较小、粒度均匀的固定相，均匀填充色谱柱。分配色谱还需要控制较薄的液膜厚度，然后选择适宜的操作条件，如流动相的性质、流速、温度等。

2. 分离度与分配比的关系(容量因子)

分离度 R 与 $k'/(1+k')$ 成正比，k'值大一些对分离有利，但并非越大越有利。观察表 2-5 数据，可见 $k'>10$ 时，$k'/(1+k')$的改变不大，对 R 的改进不明显，反而使分析时间大为延长。因此 k'值的最佳范围是 $1<k'<10$，在此范围内，既可得到大的 R，亦可使分析时间不至过长；使峰的扩展不会太严重而对检测发生影响。

表 2-5　k'值对 $k'/(1+k')$的影响

k'	0.5	1.0	3.0	5.0	8.0	10	30	50
$k'/(1+k')$	0.33	0.50	0.75	0.83	0.89	0.91	0.97	0.98

使 k'改变的方法有：改变柱温和相比。前者会影响分配系数而使 k'改变，改变相比包括改变固定相量 V_s 及柱的死体积 V_M。其中 V_M 影响 $k'/(1+k')$，当组分的保留值较大而 V_M 又相当小时，$k'/(1+k')$随 V_M 增加而急剧下降，导致达到相同的分离度所需的 n 值大为增加。由此可见，使用死体积大的柱子，分离度要受到大的损失。采用细颗粒固定相，填充得紧密而均匀，可使柱的死体积降低。

3. 分离度与柱选择性的关系(选择因子)

$r_{i,s}$是柱选择性的量度，$r_{i,s}$越大，柱选择性越好，分离效果越好。在实际工作中，可由一定的 $r_{i,s}$值和所求的分离度，用式(2-54)计算柱子所需的有效塔板数。表 2-6 列出了根据式(2-54)计算得到的一些结果。这些结果表明，分离度从 1.00 增加至 1.5，对应于各 $r_{i,s}$所需的有效塔板数大致增加 1 倍。从表 2-6 还可看出，$r_{i,s}$值为 1.25 时，获得分离度为 1 的色谱柱的有效塔板数为 400，只要把 $r_{i,s}$值增至 1.50，在此柱上的分离度就可增大到 1.50 以上。因此，增大 $r_{i,s}$值是提高分离度的有效办法。

表 2-6　在给定的 $r_{i,s}$值下，获得所需分离度对柱有效塔板数的要求

$r_{i,s}$	n_{eff}	
	$R=1.0$	$R=1.5$
1.00	∞	∞
1.005	650 000	1 450 000
1.01	163 000	367 000
1.02	42 000	94 000
1.05	7100	16 000
1.07	3700	8400

续表

$r_{i,s}$	n_{eff}	
	$R=1.0$	$R=1.5$
1.10	1900	4400
1.15	940	2100
1.25	400	900
1.5	140	320
2.0	65	145

当 $r_{i,s}$值为1时，分离所需的有效塔板数为无穷大，故分离不能实现。在 $r_{i,s}$值相当小的情况下，特别是 $r_{i,s}<1.1$ 时，实现分离所需的有效塔板数很大，此时首要的任务应当是增大 $r_{i,s}$值。如果两相邻的 $r_{i,s}$值已足够大，即使色谱柱的理论塔板数较小，分离亦可顺利地实现。

增加 $r_{i,s}$值简便而有效的方法是通过改变固定相，使各组分的分配系数有较大差别。

习　题

2-1　在色谱流出曲线上，两峰之间的距离取决于相应两组分在两相间的分配系数还是扩散速度？为什么？

2-2　对某一组分来说，在一定的柱长下，色谱峰的宽或窄主要取决于组分在色谱柱中的：

(1)保留值；(2)扩散速度；(3)分配比；(4)理论塔板数。

2-3　当下述参数改变时：(1)柱长缩短；(2)固定相改变；(3)流动相流速增加；(4)相比减小，是否会引起分配系数的变化？为什么？

2-4　当下述参数改变时：(1)柱长增加；(2)固定相量增加；(3)流动相流速减小；(4)相比增大，是否会引起分配比的变化？为什么？

2-5　样品中有a,b,c,d,e和f 6个组分，它们在同一色谱柱上的分配系数分别为370,516,386,475,356和490,请排出它们流出色谱柱的先后次序。

2-6　能否根据理论塔板数来判断分离的可能性？为什么？

2-7　塔板理论的成功和不足是什么？

2-8　怎样理解 Van Deemter 方程式中各项的基本物理意义？

2-9　为什么可用分离度 R 作为色谱柱的总分离效能指标？

2-10　指出下列哪些参数的改变会引起相对保留值的增加：(1)柱长增加；(2)相比率增加；(3)降低柱温；(4)加大色谱柱内径；(5)改变流动相流速。

2-11　在5% DNP 柱上分离苯系物，测得苯、甲苯的保留时间分别为2.5min和5.5min,死时间为1min,问：

(1) 甲苯停留在固定相中的时间是苯的几倍？

(2) 甲苯的分配系数是苯的几倍？

2-12 某色谱柱柱长 50cm，测得某组分的保留时间为 4.59min，峰底宽度为 53s，空气峰保留时间为 30s。假设色谱峰呈正态分布，试计算该组分对色谱柱的有效塔板数和有效塔板高度。

2-13 组分 A 从色谱柱流出需 15.0min，组分 B 需 25.0min，而不被色谱柱保留的组分 P 流出色谱柱需 2.0min。问：

(1) B 组分相对于 A 组分的相对保留时间是多少？

(2) A 组分相对于 B 组分的相对保留时间是多少？

(3) 组分 A 在柱中的容量因子是多少？

(4) 组分 A 通过流动相的时间占通过色谱柱的总时间的百分之几？

(5) 组分 B 在固定相上平均停留的时间是多少？

2-14 根据 Van Deemter 方程，推导出用 A,B,C 常数表示的最佳线速 u_{opt} 和最小板高 H_{min}。

2-15 长度相等的两根色谱柱，其 Van Deemter 方程的常数见下表：

	A/cm	B/(cm^2/s)	C/s
柱 1	0.18	0.04	0.24
柱 2	0.05	0.50	0.10

(1) 如果载气(流动相)流速为 0.50cm/s，那么，这两根柱子给出的理论塔板数哪个大？

(2) 柱子 1 的最佳流速 u_{opt} 是多少？

2-16 在 2m 长的色谱柱上，以氦气为载气，测得不同载气速度下组分的保留时间 t_R 和峰底宽见下表：

u /(cm/s)	t_R/s	W/s
11	2020	223
25	888	99
40	558	68

求：

(1) 范第姆特方程中 A,B,C。

(2) 最佳线速 u_{opt} 和最小板高 H_{min}。

(3) 载气线速 u 在什么范围内仍能保持柱效为原来的 90%？

2-17 在相同的气相色谱操作条件下，分别测定氮气和氢气作流动相时的 H-u 曲线Ⅰ、Ⅱ(见右图)，试说明：

(1) 与 B 点对应的 H 值为什么大于 B' 点对应的 H 值？

(2) 与 A'点对应的 H 值为什么大于 A 点对应的 H 值？

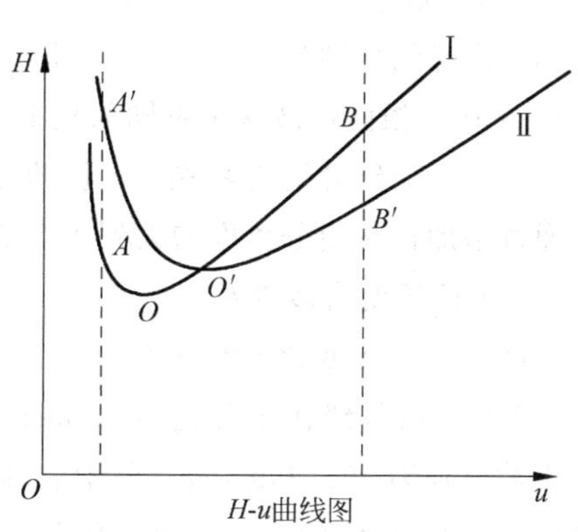

H-u曲线图

(3) Ⅰ的最低点 O 为什么比Ⅱ的最低点 O' 更靠近原点？

(4) 与 O 点对应的 H 值为什么小于与 O' 点对应的 H 值？

2-18 某色谱柱固定相体积为 0.5mL，流动相体积为 2mL。流动相的流速为 0.6mL/min，组分 A 和 B 在该柱上的分配系数分别为 12 和 18，求 A，B 的保留时间和保留体积(提示：流动相的体积即为死体积 V_M，因此 $t_M=V_M/F_c$)。

2-19 在 2m 长的色谱柱上，测得某组分保留时间为 6.6min，峰底宽为 0.5min，死时间为 1.2min，柱出口用皂膜流量计测得载气体积流速为 40mL/min，固定相体积为 2.1mL，求：(1)分配比；(2)死体积；(3)调整保留体积；(4)分配系数；(5)有效塔板数；(6)有效塔板高度。

2-20 组分 A 和 B 在某毛细管柱上的保留时间分别为 14.6min 和 14.8min，理论塔板数对 A 和 B 均为 4200，问：

(1) 组分 A 和 B 能分离到什么程度？

(2) 假定 A 和 B 的保留时间不变，而分离度要求达到 1.5，则需多少塔板数？

2-21 从色谱图上测得组分 A 和 B 的保留时间分别为 10.52min 和 11.36min，两峰的峰底宽分别为 0.38min 和 0.48min，问该两峰是否达到完全分离？

2-22 在一根 3m 长的色谱柱上分离两个组分，得到色谱的有关数据为：$t_M=1\text{min}$，$t_{R(1)}=14\text{min}$，$t_{R(2)}=17\text{min}$，$W_2=1\text{min}$，求：

(1) 两组分的调整保留时间及组分 2 相对于组分 1 的相对保留值。

(2) 用组分 2 计算色谱柱的 n 和 n_{eff} 及分离度 R。

(3) 若需要达到分离度 $R=1.5$，该柱长最短为几米？

2-23 若在 1m 长的色谱柱上测得的两组分的分离度为 0.68，要使二者完全分离，则柱长至少应为多少米？

2-24 已知某色谱柱的理论塔板数为 3600，组分 A 与 B 在该柱上的保留时间分别为 27min 和 30min，求两峰的底宽及分离度。

2-25 有 A，B 两组分，它们的调整保留时间分别为 62s，71.3s，要使 A，B 两组分完全分离，所需的有效塔板数是多少？如果有效塔板高度为 0.2cm，应使用多长的色谱柱？

2-26 在相同的色谱操作条件下，某组分 A 在 5%，10%，20% 的 SE-30 柱测得的死时间和保留时间分别为 1.0min 和 4.5min，1.0min 和 8min，1.0min 和 15min，通过计算说明组分 A 在 3 根固定液含量不同的柱上 n 与 n_{eff} 比值与分配比 k 的规律性。

2-27 两组分混合物在 1m 长的柱子上初试分离，所得分离度为 1，分析时间为 6min；若通过增加柱长使分离度增大到 1.5，问：

(1) 柱长变为多少？

(2) $r_{i,s}$ 有无变化？为什么？

2-28 载气线速率分别为 0.55cm/s，1.65cm/s 和 3.10cm/s 时，所用的色谱柱的理论塔板数分别为 553，969，898。计算：(1)此色谱柱可能的最多理论塔板数是多少？(2)具最多塔板数时，所需的载气线速率是多少？

2-29 在一个理论塔板数为 300 的低压色谱系统上分离 4 组分混合物，已知其容量因子分别为 0.75，1.54，2.38，3.84，问此 4 组分能否达到 $R=1.0$ 的分离？

2-30　测定一根 3.0m 长的聚乙二醇-400 色谱柱的柱效，用戊酮-2 为标准。实验结果：甲烷的保留时间为 104s，戊酮-2 的保留时间为 406s，其半高峰宽为 21s，在此色谱柱上分析一个两组分的混合物，已知两组分的容量因子比为 1.21。计算：

(1) 色谱柱的有效塔板高度；

(2) 在相同柱效下，至少需要多长的色谱柱才能使两组分达到完全分离($R=1.5$)？

第3章

气相色谱法

3.1 气相色谱原理

3.1.1 气相色谱基本流程

无论气相色谱怎么发展，各种型号的气相色谱仪都包括6个基本单元，如图3-1所示。

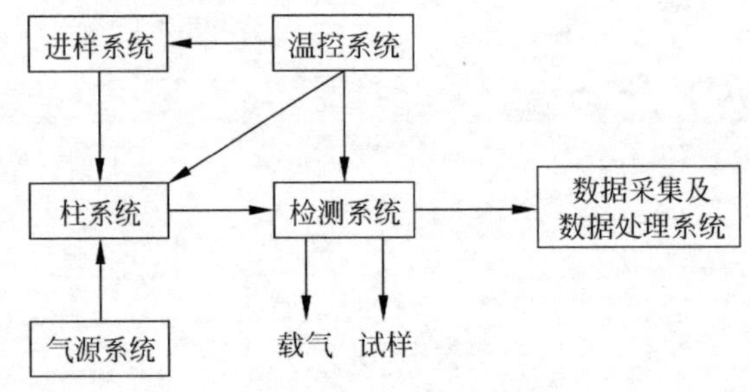

图3-1 气相色谱仪流程

各单元功能如下。

(1) 气源系统

气源分载气和辅助气两种，载气是携带分析试样通过色谱柱，提供试样在柱内运行的动力；辅助气是提供检测器燃烧或吹扫用，有的仪器采用EPC系统对气流进行数字化控制。

(2) 进样系统

引入试样，并保证试样气化，有些仪器还包括试样预处理装置，脱附装置(TD)、裂解装置、吹扫捕集装置、顶空进样装置。

(3) 柱系统

试样在柱内运行的同时得到所需要的分离。

(4) 检测系统

对柱后已被分离的组分进行检测，有的仪器还包括柱后转化(例如硅烷化装置、烃转化装置)。

(5) 数据采集及数据处理系统

采集并处理检测系统输入的信号,给出最后试样定性和定量结果。

(6) 温控系统

控制并显示进样系统、柱箱、检测器及辅助部分的温度。

所有的气相色谱仪都需包括以上 6 个基本单元,其功能都相同,差异只是水平和配置,因此全面了解各单元的组成功能对仪器使用、开发及故障的分析排除都是必要的。

3.1.2　气相色谱分离的原理

色谱法是一种分析技术,以其高分离效能、高检测性能、分析快速而成为现代仪器分析中应用最广泛的一种方法。气相色谱法的应用更为普遍。它的分离原理是,混合物中各组分在两相间进行分配,其中一相是不动的固定相,另一相是携带混合物流过此固定相的流动相气体(也叫载气)。当流动相中所含化合物经过固定相时,就会与固定相发生作用。由于各组分在性质和结构上的差别,与固定相发生作用的大小、强弱有差异,因此,在同一推动力作用下,不同组分在固定相中的滞留时间有长有短,从而,按先后不同的顺序从固定相中流出。

3.1.3　气相色谱常用术语及参数

除 1.4 节中介绍的色谱流出曲线及术语外,这里集中地介绍部分气相色谱法术语的含义,而大部分的术语,将在有关章节中介绍。

1. 色谱图

进样后记录仪器记录下来的检测器响应信号随时间或载气流出体积而分布的曲线图(即色谱柱流出物通过检测器系统时所产生的响应信号对时间或载气流出体积的曲线图),称为色谱图。分离过程为冲洗法的色谱分析法,经常使用微分型检测器进行组分测定和长图记录器作记录,得到如图 1-1 所示的色谱图。

2. 前伸峰(leading peak)

前沿平缓后部陡起的不对称色谱峰。

3. 拖尾峰(tailing peak)

前沿陡起后部平缓的不对称色谱峰。

4. 畸峰(distorted peak)

形状不对称的色谱峰,如前伸峰、拖尾峰。

5. 反峰(negative peak)

出峰方向与通常方向相反的色谱峰。反峰又称倒峰、负峰。形成反峰的原因颇多。

6. 假峰(ghost peak)

除组分正常产生的色谱峰之外,由于各种原因出现的色谱峰。

7. 净保留体积(net retention volume)

用压力梯度校正因子修正的组分调整保留体积,常用符号 V_N 表示。

8. 比保留体积(specific retention volume)

组分在每克固定液校正到 273.15K 时的净保留体积,常用符号 V_g 表示。

9. 相比率(phase ratio)

色谱柱内气相与吸附剂或固定液体积之比,它能反映各种类型色谱柱不同的特点,常用符号 β 表示。对于气固色谱:

$$\beta = \frac{V_G}{V_S}$$

对于气液色谱:

$$\beta = \frac{V_G}{V_L}$$

式中,V_G 是色谱柱内气相空间,mL; V_S 是色谱柱内吸附剂所占体积,mL; V_L 是色谱柱内固定液所占体积,mL。

10. 分配系数(partition coefficient)

在平衡状态时,组分在固定相与流动相中的浓度比。如果在给定柱温下组分在流动相与固定相间的分配达到平衡,对于气固色谱,组分的分配系数为

$$K = \frac{\text{每平方米吸附剂表面所吸附的组分量}}{\text{柱温及平均压力下每毫升载气所含组分量}}$$

对于气液色谱,分配系数为

$$K = \frac{\text{每毫升固定液中所溶解的组分量}}{\text{柱温及柱平均压力下每毫升载气所含组分量}} = \frac{C_L}{C_G}$$

式中,C_L 与 C_G 分别是组分在固定液与载气中的浓度。

11. 容量因子(capacity factor)

容量因子是在平衡状态时,组分在固定液与流动相中的质量比:

$$k' = \frac{W_L}{W_G}$$

它与其他色谱参数有以下一些关系:

$$k' = K\frac{V_L}{V_G} = \frac{K}{\beta} = \frac{t_R - t_M}{t_m}$$

12. 相对保留值(relative retention value)

相对保留值是在相同操作条件下,组分与参比物质的调整保留值之比。常用符号 $r_{i,s}$ 表示:

$$r_{i,s} = \frac{t'_{R(i)}}{t'_{R(s)}} = \frac{V'_{R(i)}}{V'_{R(s)}} = \frac{K_i}{K_s} = \frac{k'_i}{k'_s}$$

13. 柱外效应(extra-column effect)

进样室到检测器之间(色谱柱除外)的气路部分,由于进样方式、柱后扩散等因素对柱效能所产生的影响。

14. 反吹(backflushing)

一些组分被洗脱后,将载气反向通过色谱柱,使另一些组分向相反方向移动的操作,称为反吹。其目的是为了使组分从色谱柱相反方向洗脱,可节省时间,或使组分不进入会受其污染的另一色谱柱。

15. 老化(conditioning)

色谱柱在高于使用柱温下通载气进行处理的过程,称为老化。老化的温度不可超过固定液的允许最高使用温度,老化时间一般 10h 左右。

16. 柱流失(column bleeding)

固定液随载气流出柱外的现象,称为流失。

17. 填充柱(packed column)

填充固定相的色谱柱。

18. 微填充柱(micro-packed column)

填充微粒固定相的色谱柱,其内径一般为 0.5～1mm。

19. 毛细管柱(capillary column)

内径一般为 0.1～0.5mm 的色谱柱,分空心柱和填充毛细管柱两种。

3.2 气相色谱仪

3.2.1 填充柱气相色谱仪

1. 分析单元

1) 气路系统

气相色谱仪的气路系统,是载气连续运行,管路密闭的系统。气路系统的气密性,载气流速的稳定性,以及流量测量的准确性都对色谱实验结果有影响,需要注意控制。

气相色谱中常用的气体有氢气、氮气、氦气、氩气和空气。这些气体除空气可由空压机供给外,一般都由高压钢瓶供给。通常都要经过净化、稳压和控制、测量流量。

在恒温色谱中,色谱柱的渗透性并不改变,因此用一个稳压阀,就可使柱子的进口压力恒定,流速稳定。这样在一定温度下,恒定的流速将在特定的时间内把组分冲洗出来,这个时间即保留时间。测量流速最简便的方法是用皂膜流速计和秒表,单位为 mL/min。

至于选用何种载气,如何纯化,主要取决于选用的检测器和其他因素。

气相色谱仪的气路形式主要有单柱单气路和双柱双气路两种,见图 3-2。前者简单,适于恒温分析;后者适于程序升温,补偿固定液流失,使基线稳定。

2) 进样系统

进样就是把气体、液体或固体样品,快速定量地加到色谱柱头上,进行色谱分离。进样量的大小,进样时间的长短、试样气化速度、试样浓度等都会影响色谱分离效率和定量结果的准确度、重复性。

(1) 气化室

气化室(也叫样品注射室)的作用,是将液体或固体试样,瞬间气化为蒸气。对其总的要求是,热容量较大,死体积较小,无催化效应。常用金属块制成气化室,加热功率 70~100W,可控温范围 50~500℃,当温度高于 250~300℃时,金属加热块表面,就可能有催化效应,使某些试样分解。为此,多采用玻璃插入管气化室,消除金属表面的催化效应,见图 3-3。其中载气经壁管预热到气化室温度,硅橡胶垫要冷却,防止分解或与试样作用,采用长针头将试样打到热区,并减少气化室死体积,以提高柱效率。

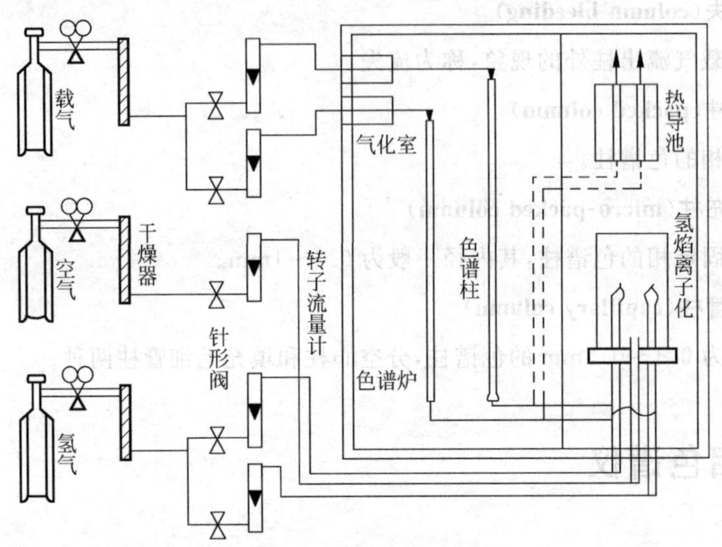

图 3-2　双柱双气路流程图

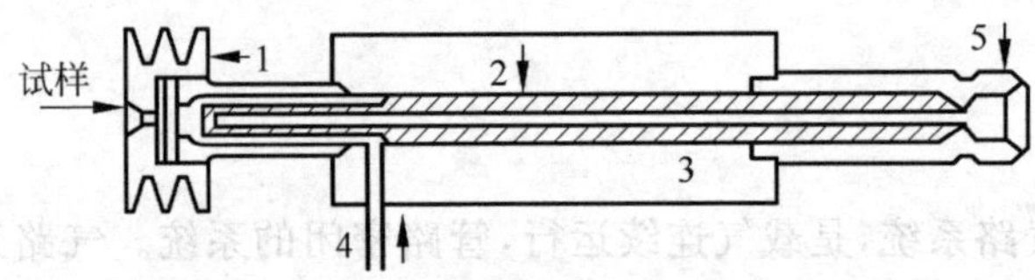

图 3-3　气化室结构示意图

1—散热片；2—玻璃插入器；3—加热器；4—载气入口；5—接色谱柱

(2) 进样

色谱分离要求在最短时间内,以“塞子”形式打进一定量的试样,通常都是用注射器进样。

气体样品可用旋转式六通阀进样。六通阀由不锈钢制成,分阀体和阀瓣两部分。图 3-4(a)代表取样位置。样品取好后,将阀瓣旋转 60°(图 3-4(b))为进样位置,可将样品送入色谱柱中。量气管分 1,3,5,10mL 规格。也可将气体样品吸入 0.2,0.5,1,2,5mL 注射器中,由色谱仪进样口的硅橡胶垫处进样。

液体样品可用微量注射器进样。将样品吸入 0.5,1,5,10,50μL 注射器中,刺入进样口的硅橡胶垫,经气化室气化后,进入色谱柱。

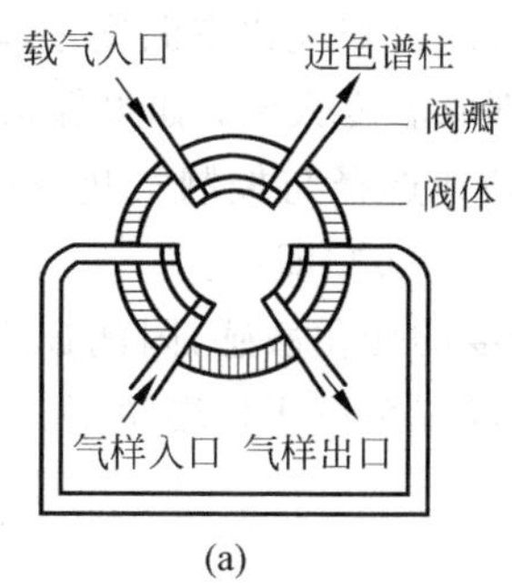

(a)

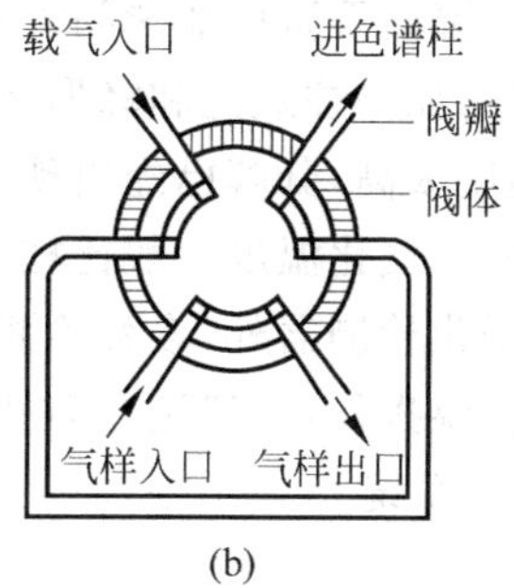

(b)

图 3-4　六通阀结构图

固体样品一般是溶解在液体溶剂中，按液体进样法进样。

3）色谱柱

用于气固色谱的有气固色谱柱，柱内填充一种固体吸附剂的颗粒作为固定相。用于气液色谱的有气液色谱柱，把作为固定相的液体（称为固定液）涂渍在一种惰性固体（称为担体或载体）表面上，然后填充到柱内，这两种柱都称为填充柱。

填充色谱柱的内径为 2～4mm，长度 1～10m，可由不锈钢、铜、玻璃和聚四氟乙烯管制成。根据实验条件，如柱温、柱压高低、样品性质（如有无反应性、腐蚀性）决定选用何种材料的柱子。一般用不锈钢或铜镀镍的柱子。对于有反应性、易分解或具有腐蚀性的样品，可用玻璃柱或聚四氟乙烯柱。柱形有 U 形、圈形及螺旋形数种。当使用 U 形柱时，若需要用长度大于 2m 的，可将几根柱连接起来。

4）检测器

混合物经过色谱柱分离后，通过色谱仪的检测器，把先后流出的各个组分转变为测量信号（如电流、电压等），然后进行定性与定量。对检测器的要求是稳定性好，灵敏度高，响应快，应用范围广。目前最常用的检测器有热导池检测器和氢火焰离子化检测器。

有关检测器的原理、结构及使用性能等在相关章节讨论。

2. 显示记录单元

1）温度控制系统

温度是气相色谱分析的重要操作参数之一，它直接影响到色谱柱的选择性、分离效率以及检测器的灵敏度和稳定性。由于气化室、色谱柱和检测器的温度各有不同的作用，因此要求仪器具有 3 种不同的温度控制。目前色谱仪大都把色谱柱和检测器分别放在色谱柱炉和检测器炉里，便于程序升温。

（1）色谱柱炉

色谱柱炉亦称柱箱，为色谱柱提供均匀、恒定的温度或程序改变的温度环境，来保证仪器的性能稳定和分析数据的准确。这就要求柱箱温度梯度小，保温性能好，控温精度高，升温、降温速度快。为了达到这个目的，许多国产气相色谱仪采用了空气夹层保温炉膛带有强制鼓风与排风装置。

（2）温度选择

柱箱温度选择的基本原则是在保证组分充分分离的前提下，尽量缩短分析时间。一般温度降低 30℃，保留时间将增加 1 倍。

要求在气化室温度下试样能瞬间气化而不分解。检查气化室温度选择是否恰当的方法是再升高气化温度,如果柱效能和峰形有所改进,则原温度太低;如果保留时间,峰面积,峰形激烈变化,则温度太高,分解已经出现。所以正确地选择与控制气化温度,对高沸点和易分解样品尤为重要。气化温度一般比柱箱温度高 10～50℃即可。

除氢火焰离子化检测器外,多种检测器都对温度的变化敏感,因此必须精密地控制检测室的温度。对于恒温操作,一般选在与柱箱温度相同或略高于柱箱温度。

2) 放大与记录系统

(1) 放大器

对于电离式检测器,在外加电场作用下形成的离子流,是缓慢变化的微弱直流信号,只有经过放大后,才能带动二次仪表,由记录器记录。通常离子化检测器的信号测量范围为 10^{-6}～10^{-12} A。由于离子流太弱,信号源内阻又高,故测量用的直流放大器必须具有高灵敏、高输入阻抗,而且响应时间要短。其次,由于待测电流变化范围极大,又具有连续变化的性质,因此还要求放大器有宽大量程、线性响应和足够大的功率输出,以便能带动记录器。另外,还要求稳定性好,结构简单等。

(2) 记录器

由检测器产生的电信号,一般是用长图形电子电位差计(即记录器)记录。比较先进的色谱仪,通常还带有积分仪进行峰面积的测量。

记录器是一般通用成品仪器。在气相色谱分析中选用记录器时应注意下列几项要求。

① 记录器的满标量程:就是记录器的毫伏数。热导池检测器因无放大器,宜用较灵敏,满标量程为 1～5mV 的;而离子化检测器可用 10mV 的。

② 全行程时间:就是记录笔行走满刻度所需要的时间。一般选 1～2.5s。全行程长,对信号的响应慢,不利于记录保留时间小或峰窄的流出曲线。

③ 阻抗匹配:如 EWC-01 型记录器规定输入阻抗小于 100Ω,EWC-200 型小于 1000Ω。应注意与放大器相匹配。一般选用阻抗高的记录器较好。

④ 纸速:要求稳定。填充柱要求 1～2cm/min。

⑤ 灵敏度:应调节到当输入信号短路时,记录器指针不摆动;加入信号时,最后一个色谱峰不出"平头"。调好后就不再动它。在做定量时,一般用改变衰减或控制进样量的方法使色谱峰峰高在记录器满刻度的 30%～80%以内,以减少测量误差。

关于数据处理系统将在相关章节介绍。

3.2.2 毛细管柱气相色谱仪

毛细管柱气相色谱法(capillary column gas chromatography)是用毛细管柱作为气相色谱柱的一种高效、快速、高灵敏的分离分析方法,是 1957 年由戈雷(M. J. E. Golay)首先提出的。他用内壁涂渍一层极薄而均匀的固定液膜的毛细管代替填充柱,解决了组分在填充柱中由于受到大小不均匀载体颗粒的阻碍而造成色谱峰扩展,柱效降低的问题。这种色谱柱的固定液涂布在内壁上,中心是空的,故称开管柱(open tubular column),习惯称毛细管柱。由于毛细管柱具有相比大、渗透性好、分析速度快、总柱效高等优点,因此可以解决原来填充柱色谱法不能解决或很难解决的问题。图 3-5 表示菖蒲油试样分别在毛细管柱和填充柱上

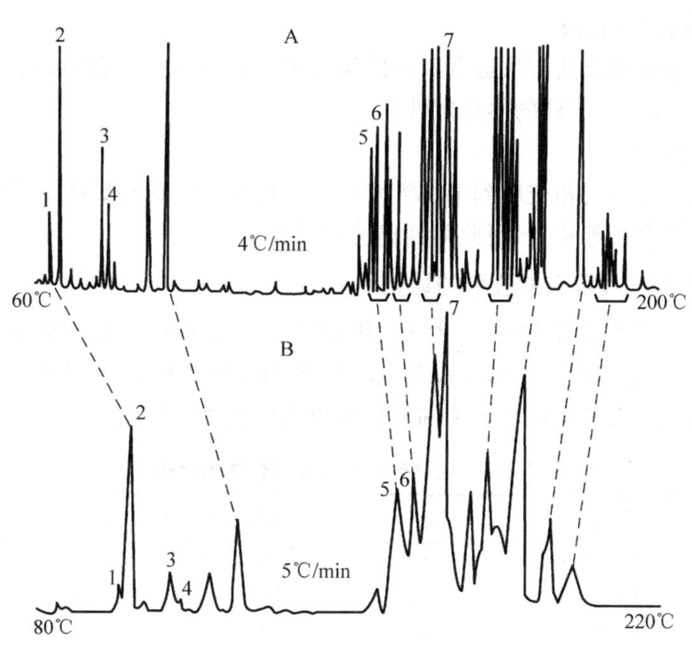

图 3-5　菖蒲油(calmus oil)色谱图

A—使用 50mm×0.3mm(内径),OV-1 玻璃毛细管柱；B—4m×3mm(内径)填充柱,内填 5%OV-1 固定相涂在 60/80 目 Caschrom Q 担体上。两个分析各自选择最佳色谱条件

使用相同固定相在各自的最佳色谱条件时所得色谱图。可见好几对在填充柱上未能分开的峰,如峰 1 与 2、3 与 4、5 与 6 等,在毛细管柱上均被完全分离。由此可见,毛细管柱的应用大大提高了气相色谱法对复杂物质的分离能力。

1. 毛细管色谱柱

毛细管柱可由不锈钢、玻璃等制成,不锈钢毛细管柱由于惰性差,有一定的催化活性,加上不透明,不易涂渍固定液,现已很少使用。玻璃毛细管柱表面惰性较好,表面易观察,因此长期在使用,但易折断,安装较困难,1979 年出现使用熔融石英制作柱子,由于这种色谱柱具有化学惰性、热稳定性及机械强度好并具有弹性,因此它已占主要地位。

毛细管柱按其固定液的涂渍方法可分为如下几种。

1) 壁涂空心柱(wall coated open tubular,WCOT)

将固定液直接涂在毛细管内壁上,这是戈雷最早提出的毛细管柱。由于管壁的表面光滑,润湿性差,对表面接触角大的固定液,直接涂渍制柱,重现性差,柱寿命短,现在的 WCOT 柱,其内壁通常都先经过表面处理,以增加表面的润湿性,减小表面接触角,再涂固定液。

2) 多孔层空心柱(porous layer open tubular,PLOT)

在管壁上涂一层多孔性吸附剂固体微粒,不再涂固定液,实际上是使用开管柱的气固色谱。

3) 载体涂渍空心柱(support coated open tubular,SCOT)

为了增大开管柱内固定液的涂渍量,先在毛细管内壁上涂一层很细的(<2μm)多孔颗粒,然后再在多孔层上涂渍固定液。这种毛细管柱,液膜较厚,因此柱容量较 WCOT 柱高。

4）化学键合相毛细管柱

将固定相用化学键合的方法键合到硅胶涂敷的柱表面或经表面处理的毛细管内壁上。经过化学键合，大大提高了柱的热稳定性。

5）交联毛细管柱

由交联引发剂将固定相交联到毛细管管壁上。这类柱子具有耐高温、抗溶剂抽提、液膜稳定、柱效高、柱寿命长等特点，因此得到迅速发展。

2. 毛细管柱与一般填充柱性能的比较

毛细管柱与一般填充柱在柱长、柱径、固定液膜厚度及柱容量方面有较大的差别，见表 3-1。由表 3-1 可见毛细管柱具有高效、快速、吸附及催化性小的特点。图 3-6 所示两种色谱柱的分离情况更形象地比较了毛细管柱和填充柱的总体性能。

表 3-1　毛细管柱与填充柱性能的比较

色谱柱种类	长度/m	内径/mm	液膜厚度/μm	每个峰的容量/ng	分离能力
毛细管柱 WCOT	10～100	0.1～0.8	0.1～5	<100	高
毛细管柱 SCOT	10～50	0.5～0.8	0.5～0.8	50～300	中
填充柱	1～5	2～4	10	10 000	低

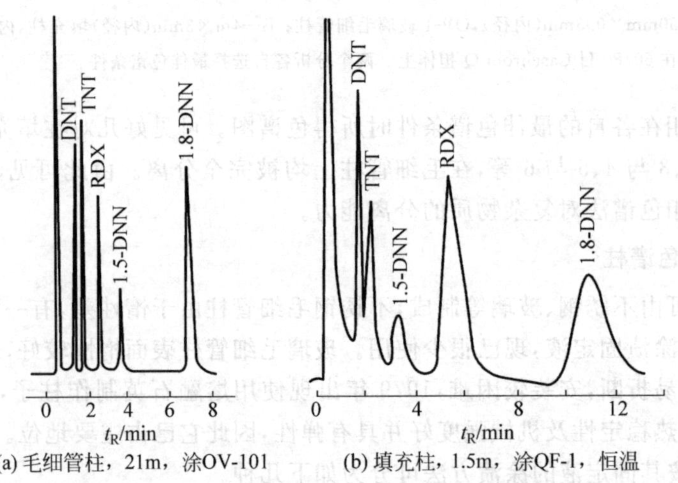

(a) 毛细管柱，21m，涂OV-101　(b) 填充柱，1.5m，涂QF-1，恒温

图 3-6　毛细管柱与填充柱分离一些硝基化合物的比较

3. 毛细管气相色谱仪和填充柱气相色谱仪的比较

现代的实验室用气相色谱仪，大都是既可做填充柱气相色谱，又可以进行毛细管气相色谱的色谱仪，在仪器设计上考虑了毛细管气相色谱仪的特殊要求。毛细管气相色谱仪的进样系统和填充柱气相色谱有较大的差别，色谱柱出口到检测器的连接和填充柱也有些区别，毛细管气相色谱仪的主要部件如图 3-7 所示。

1）气源和流量控制系统

这一部分的部件和填充柱色谱仪没有太大的区别，只是由于毛细管气相色谱要求的载气流量比填充柱小得多(每分钟只有几毫升)，如不用分流进样，则柱前压较小，流量指示部件的数值也很低，对控制和检测部件的要求高，所以毛细管色谱柱前多用分流进样。另一点

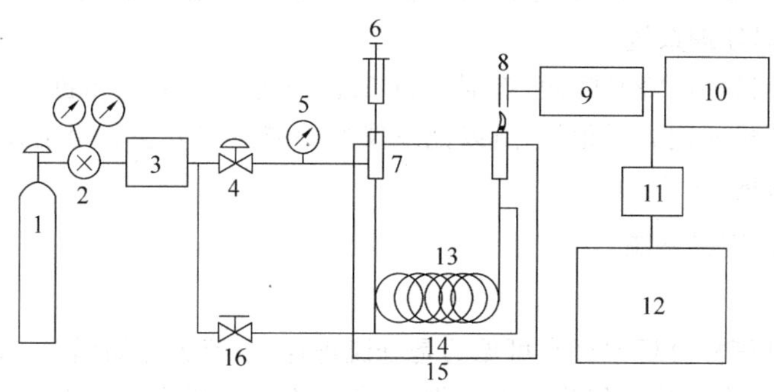

图 3-7 毛细管气相色谱仪示意图

1—载气钢瓶；2—减压阀；3—净化器；4—稳压阀；5—压力表；6—注射器；7—气化室；8—检测器；9—静电计；10—记录仪；11—模数转换；12—数据处理系统；13—毛细管色谱柱；14—补充气(尾吹气)；15—柱恒温箱；16—针形阀

不同是在柱后多一个尾吹装置，目的是减小死体积和柱尾端效应，与高灵敏的检测器相配套。

目前的仪器也可采用电子压力控制系统，提高流量的精度。这种电子压力控制系统如图 3-8 所示。

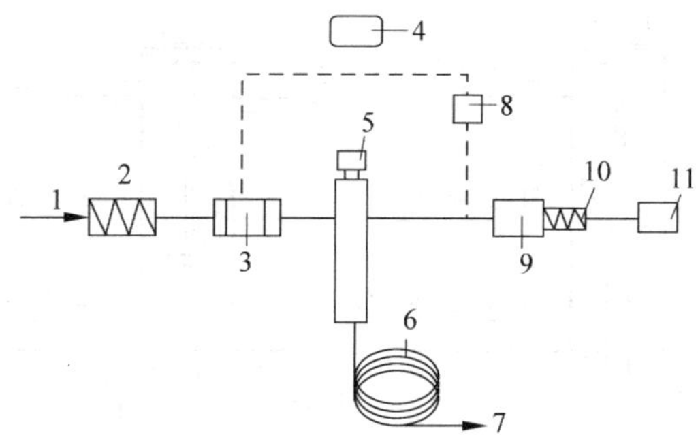

图 3-8 电子压力控制系统的示意图

1—载气；2—限流气(过滤气)；3—电子压力控制阀；4—电子压力控制部件；5—程序控制冷柱头进样；6—色谱柱；7—到检测器；8—压力传感器；9—密封垫吹扫调节器；10—限流器；11—密封垫吹扫气放空

2) 进样系统

毛细管气相色谱仪的进样系统和填充柱色谱仪有较大的差别，为了克服毛细管气相色谱在分流进样中带来的歧视(discrimination)现象，研究了多种进样方法和设备，如分流/不分流进样系统、保留间隙进样系统(retention gap)、程序升温进样系统。

3) 色谱柱系统

这一系统包括色谱柱柱箱、柱接头和色谱柱。柱箱和填充柱色谱仪没有什么区别，柱接头是连接进样系统的，要比填充柱色谱复杂一些。

4) 检测系统

毛细管气相色谱可以使用各种气相色谱检测器，最常用最主要的是 FID，也可以和微型 TCD，ECD，FPD 以及 NPD 相匹配。但是要和毛细管气相色谱仪匹配，检测器的死体积要尽可能地小,比如配微型 TCD 时,它的池体积小到 2.5μL,这样可大大提高灵敏度。

5) 记录和数据处理系统

毛细管气相色谱的出峰时间短,有时不到 1s。因为毛细管气相色谱的柱效高,峰形尖锐,区域宽度小,出峰时间有时很短,所以记录仪的响应速度要快。目前使用的数据处理系统是完全可以适应的。

4. 毛细管色谱进样系统

1) 分流进样

气相色谱毛细管柱分析中经常可见的是分流进样,分流进样如图 3-9(a)所示,这是最经典的进样方式,样品在加热的气化室内气化,气化后蒸气大部分经分流管道放空,只极小一部分被载气带入色谱柱。分流器是设计的关键,要求:

① 样品扩展小,避免初始谱带扩展;

② 样品各组分成线性分流,即样品中各组分都能准确地等比例分流,以保证定量结果的可靠性。

分流进样由于大部分的样品都放空,所以常用于浓度较高的样品,但对于沸程宽、浓度差别大、化学性质各异的样品,非线性分流导致的定量失真(歧视效应)和微量组分检出的困难就不可忽视。为此近年对进样方式的研究与开发十分活跃,常见的还有以下几种。

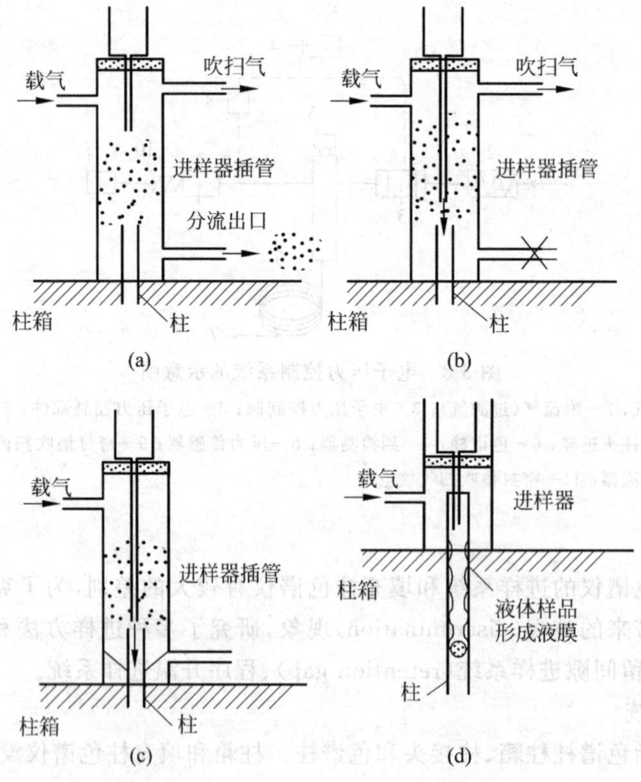

图 3-9 几种不同的进样方式

2) 不分流进样

不分流进样即进样时样品没有分流,如图 3-9(b)所示。当大部分样品进入柱子后才打开分流阀，对进样器进行吹扫。这种方式进样几乎所有的样品都进入柱子，所以适用于痕量分析。但进样时间长达 30～90s，结果引起初始谱带的扩展，必须采用冷阱或溶剂效应消除初始谱带的扩展。由于这种形式的进样对样品没有分流，所以不存在歧视效应，有很好的定量精度和准确度。

采用冷阱消除初始谱带扩展的原理为：进样后，被测组分被冷却捕集在柱头或保护柱，溶剂被吹出；进完样，冷阱迅速升温，短时间将捕集的溶质赶入色谱柱内，相当一次新的进样。最常采用的是溶剂效应，进样时间关闭分流阀，在很低的起始温度下大量溶剂在柱头冷凝形成液膜，对溶质起捕集效应，而后升温将溶质快速从柱头冲入柱内。

起始柱温、溶剂种类和进样量是制约溶剂效应的主要因素，表 3-2 列出常用溶剂使用的起始柱温，也可作为选择溶剂的参考。

表 3-2　常用溶剂使用的起始柱温　　℃

溶剂	沸点	建议使用的起始温度	溶剂	沸点	建议使用的起始温度
二氯甲烷	40	10～30	戊烷	36	10～25
氯仿	61	25～50	乙烷	69	40～60
二硫化碳	46	10～35	异辛烷	99	70～90
乙醚	35	10～25			

一般要求进样时柱温至少比溶剂沸点低 20℃，否则会影响最先冲出的色谱峰。进样量一般为 0.5～3μL，气化室一般在 200～220℃。进样 30～90s 后，打开分流阀以保证 90%～95%的样品进入柱子，最后让一部分样品气放空，以消除溶剂峰拖尾对分离的干扰。

3）直接进样

直接进样与不分流进样相似，如图 3-9(c)所示。其气化室与普通填充柱气化室相同，没有分流系统，进样后没有对气化室进行大量载气吹扫。操作上是采用填充柱气相色谱仪与 0.53mm 大口径毛细管柱直接相连，载气一般采用 10～25mL/min 的高速，以减少初始谱带的扩展，这种进样方式不仅有很好的定量精度和准确度，而且适用于痕量分析。与程序升温进样器(PTV)联用，其柱分离和定量结果都可以达到程序升温柱上进样的水平。

4）冷柱头进样

柱头进样为 Zltkis 于 1959 年首次提出，如图 3-9(d)所示。适用于大口径毛细管柱。样品直接进入未涂固定液的预处理柱或柱入口，进样部分温度相当低，以防止溶剂在进样时在针头气化，样品在冷的柱壁上形成液膜，组分在液膜上气化。目前这已成为分析较高沸点和热不稳定样品最常采用的进样方式，已有许多型号的自动进样器，可用于标准孔径(0.25～0.32mm)毛细管柱柱头进样。

进样器的升温方式有恒温与程序升温两种。程序升温方式公认为是目前最理想的，先进的气相色谱仪都装备 PTV。它最早由 Vogt 提出。采用注射器进行冷进样，以弹道式快速程序升温方式使样品在气化室迅速气化(15s 内可以从 50℃升至 350℃)，样品可以按分流、不分流、直接或冷柱头等方式进样。

目前公认样品失真较少的进样方式为冷柱头程序升温进样，它不仅可以降低分流、不分流进样所带来的歧视、热降解和吸附效应，而且可以使许多复杂的样品(沸程宽、组成复杂、含量差异大)都能得到很好的分离和定量结果。

采用无分流或直接进样,可以将以前进样量上限从 1～2μL 增加到 5～6μL。但是对于痕量杂质,例如环境分析中的有害物的测定,用气相色谱直接测定还是很困难的。目前推出大量试样导入法,将填充预柱与 PTV 相结合,进样量可提高到 1000～2000μL。

使用 PTV 的大量试剂导入法,是在 PTV 用的玻璃衬管中装经惰化处理的石英棉做预浓缩吸附柱,在低温下除去试样中大部分溶剂,只将目的化合物导入分析柱,图 3-10 是其原理图。

图 3-10(a)是最初进样。PTV 保持在接近样品溶剂的沸点处进样,此时分流比较大,溶剂从分流处逸出。在反复多次大量进样后,PTV 升温至高于溶剂沸点 20～30℃,如图 3-10(b)所示,比溶剂沸点高的组分被预处理柱吸附,仅溶剂气化从分流逸出,在此过程高沸点化合物在预处理柱浓缩,当大部分溶剂被排除后,将分流比调小,以 PTV 急速升温的方式,使吸附在预柱中的高沸点化合物脱附,快速冲入分析柱,如图 3-10(c)所示,这样既可大量注入试样,在毛细管柱中色谱峰也不会展宽,可以得到良好的色谱图。结果不仅可以简化样品的萃取浓缩过程,而且具有更高的灵敏度。

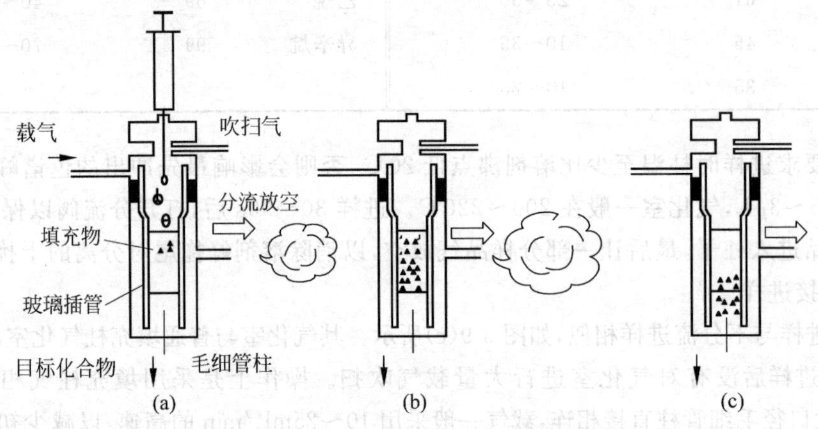

图 3-10　使用 PTV 的大量试样导入法的原理图

下面介绍几种常用的进样方式的适用范围。

(1) 分流进样

若分析样品有较好的热稳定性,质量分数在 0.001%～10%,沸程范围在 C_6～C_{19}(69～330℃),在合适的分析条件下,采用分流进样可以得到满意的定量结果。若组分的沸程很宽,可采用程序升温分流进样。

(2) 不分流进样

当组分沸点较高,沸程接近 C_{10}～C_{26}(174～412℃),而且待测组分的质量分数小于 0.01%,则采用不分流为宜,而且最好采用 H_2 作载气。这样不仅可以缩短分析时间,而且具有很好的色谱分离性能。在采用溶剂聚焦效应时,应注意溶剂种类、进样量、起始柱温、进样温度及放空时间等的选择。

(3) 冷柱头进样

对一些热稳定性和化学稳定性较差的组分的分析,宜采用冷柱头进样,以防止样品的分解或重排。尤其是采用自动进样,可以大体积进样,大大提高了对微量组分的检测能力。

(4) 顶空进样

顶空进样是采用气态进样，可以免除大量样品基体对柱系统的影响。其分析对象有血中毒物，酒及饮料中挥发性香味，食品添加剂的残留溶剂，植物的芳香成分，聚合物中的挥发性组分等。顶空进样可以作为这些样品进样方式的优选方案。

由于毛细管柱低流量、低容量的特点，所以不论采用什么样的进样装置和进样技术，都会给定量带来一定的误差，色谱工作者可以根据具体的分析对象及分析要求，选择适当的进样装置和适当的进样技术，以保证获得满意的定量结果。

3.2.3　色谱固定相

在色谱柱内不移动、起分离作用的物质称为固定相。气固色谱的固定相是具有吸附活性的多孔固体物质(吸附剂)、高分子多孔聚合物、表面被化学键合的固体物质等固相。气液色谱的固定相是在一种惰性固体(通常称为载体)表面涂一层很薄的高沸点有机化合物液膜，这种高沸点有机化合物称为“固定液”。

1. 固体固定相

此类固定相有硅胶等吸附剂、高分子多孔小球、化学键合固定相等。它们大多数具有能在高温下使用的优点，用于分析永久性气体及其他气体混合物、高沸点混合物或极性甚强的物质。前两类由于制备的重复性差，预处理及操作条件有许多特殊要求，严重地影响使用。

1) 吸附剂

固体固定相中，使用最多的是吸附剂。吸附剂有以下特性：

① 吸附性能受预处理条件影响极大，使用时操作条件和环境也常改变其吸附性能。

② 吸附等温线一般是非线性的，故要求进样量很小。

③ 在高温下有催化活性。

气相色谱吸附剂主要有硅胶、活性炭与石墨化炭黑、分子筛、氧化铝。

(1) 硅胶

有粗孔硅胶、细孔硅胶及多孔硅球等品种，化学成分为 $SiO_2 \cdot nH_2O$，具有强极性。现多使用粗孔硅胶(孔径 800～1000Å*，比表面积小于 $300m^2/g$)，可分析 C_1～C_4 气体烃和 N_2O，SO_2，H_2S，SF_6，CF_2Cl_2 等物质。使用前用 1∶1 盐酸浸泡 2h，然后用水洗涤至无 SO_4^{2-} 与 Cl^- 离子，于 200～500℃活化 2h，降温后储存于干燥器中备用，再生时可不用盐酸处理。

(2) 碳素

有活性炭、石墨化炭黑及碳分子筛等，极性很小，化学成分均为碳。活性炭由木材或果壳烧制而成，是无定形碳(微晶碳)，比表面积为 $300～800m^2/g$，可用于分析永久性气体及 C_1～C_2 烃类。使用前用等体积的苯冲洗 3 次，经空气吹干后，通水蒸气，在 450℃活化 2h，并在水蒸气中降温至 150℃，再改用空气吹干，再生时可省去用苯冲洗。石墨化炭黑是将炭黑置于惰性气体保护下，在 2500～3000℃下煅烧而成，是石墨状细晶，比表面积小于 $100m^2/g$，可用于分析硫化氢、二氧化硫、痕量 C_1～C_{10} 醇类、低级脂肪酸、酚、胺类。分析酸

* $1Å=10^{-10}m$，下同。

性物质时，须用磷酸处理；分析碱性物质时，用碳酸钠处理。碳分子筛是将聚偏二氯乙烯高温热解灼烧后的残留物(天津化学试剂二厂生产的碳分子筛其商品牌号为 TDX)，比表面积 $800\sim1000m^2/g$，孔径 15～20Å，可用于稀有气体、空气、一氧化碳、二氧化碳及 $C_1\sim C_3$ 气体烃的分析。使用前须在 180℃下通氮气活化 4h。

(3) 氧化铝

气相色谱用的主要是γ型氧化铝，属于中等极性，其活性随含水量有颇大的变化。使用前应在 450～1350℃活化 2h，降温后储存于干燥器中备用。使用期间含水量要保持稳定(可将载气通过 $Na_2SO_4 \cdot H_2O$)，主要用于分析 $C_1\sim C_4$ 气体烃。用氢氧化钠和金属盐改性的氧化铝，可在 250℃分析 $C_{15}\sim C_{23}$ 的碳氢化合物。

(4) 分子筛

分子筛是人工合成的泡沸石，具有特殊的性能，其化学组成为$[M_2M']O \cdot Al_2O_3 \cdot xSiO_2 \cdot yH_2O$，其中 M 是 Na^+，K^+，Li^+ 等一价阳离子，M' 是 Ca^{2+}，Sr^{2+}，Ba^{2+} 等两价阳离子。气相色谱中用的分子筛有 Na 型的 4A 与 13X 分子筛和Ca 型的 5A 与 10X 分子筛。这里 Ca 型是将 Na 型中$\frac{1}{4}\sim\frac{3}{4}$的 Na^+ 用 Ca^+ 取代而成。A 型分子筛中 Al_2O_3 与 SiO_2 的比例为 1∶2，而 X 型中硅铝比更高一些。

4A，5A 等分别表示该分子筛的平均孔径为 4Å，5Å。分子筛的外表面积只有 $1\sim3m^2/g$，而内表面积有 $700\sim800m^2/g$，孔径一定，分布均匀。一般认为，分子筛分离组分的机理是以吸附为主。分子筛可吸附的物质如表 3-3 所示。使用前应于 550℃活化 2h(或在减压下于 350℃活化 2h)，严密地储存于干燥器内。使用时勿使分子筛吸水，否则会失效，但可再活化使用。应注意有些物质，如二氧化碳会被不可逆吸附。

表 3-3　分子筛可吸附的物质

分子筛①	可吸附的物质②
4A	He，Ne，Ar，Kr，Xe，H_2，O_2，N_2，CH_4，CO，H_2O，NH_3，H_2S，CS_2，N_2O_2，C_2H_6，C_2H_4，CH_3OH，CH_3CN，CH_3NH_2，CH_3Cl，CH_3Br
5A	C_3H_8、C_4 以上正构烷烯烃、C_2H_5Cl、C_2H_5OH、CH_2Cl_2 以及 4A 分子筛可吸附者
13X	异构烷烯烃、异构醇类、苯类、环烷类以及 5A 分子筛可吸附者

① 4A 分子筛的组成：$Na_2O \cdot Al_2O_3 \cdot 2SiO_2 \cdot 4H_2O$；
5A 分子筛的组成：$0.7CaO \cdot 0.3Na_2O \cdot Al_2O_3 \cdot 2SiO_2 \cdot 4H_2O$；
13X 分子筛的组成：$Na_2O \cdot Al_2O_3 \cdot 2.5SiO_2 \cdot 64H_2O$。

② 其中有些物质是不可逆吸附。

2) 高分子多孔小球

这种多孔聚合物是由苯乙烯或乙基乙烯苯等单体与交联剂二乙烯苯交联共聚而成，具有以下特性：

① 用不同的单体及共聚条件，可共聚成极性及物理结构(如比表面积和孔径分布)均不相同的小球，且有不同的分离效能。

② 机械强度好，不易破碎。

③ 具有疏水性能，对水的保留能力比绝大多数有机化合物小，适于快速测定样品中的微量水。

④ 有的具有耐腐蚀性能，可用于分析氨、氯气、氯化氢等，有的可分离多种气体、腈、卤

代烷、烃类以及醇、醛、酮、酸、酯等含氧有机化合物。

天津化学试剂二厂与上海化学试剂一厂等生产此类固定相，其商品名分别为 GDX 和 400 系列有机载体。国外重要的产品有美国的 Porapak 与 Chromosorb 系列。

3）化学键合固定相

这种固定相是由一些化学试剂与硅胶表面的硅醇基经化学键合而成。其特点是：用这些化学试剂涂渍所成的固定相使用温度范围宽和高；不会被溶剂抽提掉；传质速度快，在很高的载气线速下使用时柱效下降很小。目前化学键合固定相有 4 种类型。

（1）Si—O—Si—C 键合相

用有机氯硅烷或有机烷氧基硅烷反应而成，热稳定性好。在气相色谱和液相色谱中广泛使用。

（2）Si—O—C 键合相

有两种合成方法：一是硅胶与过量的醇在加压下于 280℃反应 12h；另一是硅胶氯化物与过量的醇在吡啶存在下于 80℃反应 4h。这种键合相易水解，热稳定性较 Si—O—Si—C 差。

（3）Si—N—C 键合相

将硅胶氯化物与伯胺在干燥的溶剂中于 100℃下反应 10h 而成，其热稳定性颇差。

（4）Si—C 键合相

将硅胶氯化物与有机锂化合物或格氏试剂反应而成，由于制备手续麻烦，很少使用。

化学键合固定相若按结构可分为两类：一为"刷型"，即被键合的有机物的纵轴垂直地与硅胶表面的硅烷醇基团形成单分子层；另一为"层型"，即被键合的有机物在硅胶表面上形成一层或数层。一般，Si—O—Si—C 键合相主要是"层型"，其他 3 种键合相主要是"刷型"。不同有机物与硅胶化学键合的化学键合固定相极性不相同。

2. 气液色谱固定相

气相色谱法用于分析时，绝大多数是用气液色谱，这是因为色谱固定液在使用时有如下的优点：

① 在通常操作条件下，可获得较对称的色谱峰；

② 有众多的固定液可供选用，在分离难分离组分时易于选取最适宜的固定液；

③ 有质量高的载体与纯度好的固定液供使用，因而色谱保留值的重复性极好；

④ 可在一定范围内调节固定液液膜厚度。

1）载体

载体的作用是使固定相与流动相之间有尽可能大的接触面积。理想的载体应符合以下要求：

① 比表面积大(但不是凹坑表面)，且有较好的润湿性。

② 热稳定性及化学惰性好，在操作条件下表面无吸附性及催化性，不与固定液和被分析组分反应。

③ 孔径分布均匀，孔结构有利于组分在两相间的传质。

④ 粒度均匀，颗粒接近球状，可使柱子渗透性好。

⑤ 有一定的机械强度，涂渍固定液及填充入色谱柱时，不易粉碎。

气相色谱法中最常用的载体是硅藻土类型，特殊情况时用氟载体、玻璃微球等。

(1) 硅藻土类型载体

这类载体由硅藻土作原料制成。硅藻土是由无定形二氧化硅、三氧化二铁和少量氧化钙与氧化镁等碱土金属氧化物组成的名为硅藻的单细胞海藻骨架所构成。天然硅藻土与木屑及少量黏合剂在900℃左右煅烧,可得到红色硅藻土载体。若加入少量碳酸钠助溶剂在1100℃左右煅烧,就得到白色硅藻土载体。这两种硅藻土的化学组成与物理性质如表3-4所示。红色硅藻土载体仍保持硅藻土原来的细孔结构,其红色是由于氧化铁所致。此种载体表面孔隙密集,孔径较小,表面积大,能负荷较多的固定液,结构紧密,因而机械强度好;与此相反,白色硅藻土载体中硅藻土的细孔结构大部分被破坏,其中氧化铁与碳酸钠在高温下生成无色的硅酸钠铁盐,载体变成白色。此种载体孔径大,表面积小,能负荷的固定液少,虽然分析极性小的组分时柱效不如红色载体,但分析极性组分时拖尾甚小,因此应用更广。

表 3-4　典型载体的性质

	性　质	Chormosorb-P	Chromosorb-W
化学组成/%(质量分数)	SiO_2	90.6	88.9
	Al_2O_3	4.4	4
	Fe_2O_3	1.6	1.6
	TiO_2	0.3	0.2
	P_2O_5	0.2	0.2
	CaO	0.8	0.6
	MgO	0.7	0.6
	Na_2O+K_2O	0.5	3.6
	H_2O(灼烧损失)	0.3	0.3
物理性质	颜色	红色	白色
	pH	6～7	8～10
	硬度	硬	软
	实际密度/(g/mL)	2.26	2.2
	自由降落密度/(g/mL)	0.38	0.18
	填充密度/(g/mL)	0.47	0.24
	比表面积(BET)/(m^2/g)	4～6	1～3.5
	孔隙性	0.8	0.9
	孔体积/(g/mL)	1.1	2.78
	孔隙直径/μm	0.4～1	8～9
	总羟基浓度/(羟基/m^2)	4×10^{19}	2.5×10^{19}
	液相负荷/%	30～40	20～30

由于以下原因,硅藻土载体表面常有吸附性与催化性能。

① 无机杂质:经过灼烧后制成的硅藻土类载体,无定形的二氧化硅部分转化成结晶体的白硅石,其他原子和制备时添加的助溶剂在表面生成酸性或碱性活性基团,酸性活性基团吸附胺类、氮杂环化合物等产生拖尾并引起一些醇类、萜类、缩醛类发生催化反应。碱性活性基团吸附酚类、酸类,造成严重拖尾。

② 表面硅醇基团:载体表面的≡Si—OH与醇、胺、酸类等极性化合物形成氢键,发生吸附,引起拖尾。

③ 微孔结构：如红色载体有许多小于 1μm 的微孔，孔径太小妨碍气体扩散，还会产生物理吸附的毛细管凝聚现象。

为此，人们常采用下述方法消除此类载体表面活性。

① 酸洗：目的是除去载体表面上铁等金属氧化物，减小吸附性能。方法中有用浓盐酸浸泡载体，并加热煮 30min，然后用水冲洗至中性，再用甲醇淋洗，烘干，过筛；也有用王水或硝酸进行酸洗。酸洗的载体适于分析酸性物质和酯类，不宜分析碱性物质和醇类。酸洗载体的催化活性有增加，在高温会使 SE-30 的硅氧键断裂，使 Carbowax 400 裂解。

② 碱洗：目的是除去载体表面 Al_2O_3 等酸性杂质，减小吸附性能。方法是将酸洗载体在 10%NaOH-甲醇溶液中浸泡或回流，然后用水冲洗至中性，用甲醇淋洗，烘干，过筛。碱洗载体适于分析胺类等碱性物质，但可能会使非碱性的酯类分解。

③ 硅烷化：目的是消除载体表面的硅醇基团，减弱生成氢键的作用力，使表面惰化。方法是先用盐酸浸泡载体，打开载体表面的硅氧桥键，使之生成硅醇键，然后用硅烷试剂与之反应生成 Si—O—Si—C 键。硅烷化载体适用于分析水、醇、胺类等易形成氢键而产生拖尾的物质。由于硅烷化后载体的比表面积变小和变成憎水性，只能涂渍非极性或弱极性的固定液，只能在 270℃以下的温度使用，柱效也差。

④ 釉化：目的是堵塞载体表面的微孔和改变表面性质。方法是将载体置于 2%硼砂水溶液中浸泡两夜，吸滤后用和载体体积相等的 0.5%硼砂水溶液淋洗，干燥后在 870℃灼烧 3.5h，再升温到 980℃灼烧 40min，冷却后用载体体积 5 倍的蒸馏水煮 4 次，洗涤并干燥。釉化载体吸附性能低，机械强度增加，适于分析醇、酸类极性较强的物质。但分析甲醇、甲酸时有不可逆吸附，分析非极性物质时柱效较低。

⑤ 脱活剂：目的是用某种试剂饱和(键合)载体表面的吸附中心。主要是一些表面活性剂，如非离子型的聚乙二醇类、Span-80、Tween-80 等可用于各种极性固定液；阳离子型的胺类化合物可用于碱性样品；阴离子型的二羧酸、酸酐等可用于酸性样品。分析碱性化合物时用氢氧化钾，分析酸性化合物时用磷酸也常奏效。通常用量都低于固定液量的 1%。

(2) 氟载体

这类载体有两种，其一是聚四氟乙烯，国外有 Teflon，Chro-mosorb T，Halopart F 等型号；另一是聚三氟氯乙烯，国外有 Daiflon，Kel-F300，HalopartK 等型号。此类载体的特点是耐腐蚀性强，在分析腐蚀性气体或强极性物质时使用。缺点是表面积小，机械强度差，操作柱温应低于 180℃，润湿性差(固定液负荷在 5%以内)，柱效比较低。

(3) 玻璃微球载体

这类载体中，用裸体的玻璃微球者较少，将微球上涂敷一层固体粉末者较多，以形成微孔结构，增大表面积。所用的固体粉末有硅藻土、Fe_2O_3、ZrO_2 等。此类载体的优点是可以在颇低的柱温以很大的载气线速分析高沸点物质。这是因为玻璃微球能负荷的固定液量在 1%以下，故传质速度快。缺点是柱负荷量太小，柱寿命短。

国内外常用的载体，可在色谱手册中查询，也可根据以下情况选择使用：

① 分析非极性组分用红色硅藻土载体，分析极性组分宜用白色硅藻土载体。

② 要求进样量大和色谱柱负荷固定液多时，最好选用红色硅藻土载体。

③ 分析腐蚀性气体时用氟载体。

④ 分析非极性高沸点组分时，有时可选用玻璃微球载体。

2）固定液

固定液在操作温度下必须是液态物质，且应具备以下条件：

（1）对组分有良好的选择性

为使样品各组分能彼此分离，固定液对组分应有不同的溶解（良好的选择性），也就是在操作条件下，固定液能使欲分离的两组分有较大的相对保留值。

（2）蒸气压低

这样从色谱柱流失的固定液就少，柱子的效能不会改变，也不妨碍使用高灵敏度的检测器。在操作温度下，蒸气压大于 1.3×10^2 Pa 的固定液不宜使用。

（3）润湿性好

固定液应能很均匀地涂布在载体表面或空心柱的内壁，即其表面张力应小于载体的临界表面张力。

（4）热稳定性好

固定液的热稳定性好是指在高温下不发生分解或聚合反应，可保持固定液原有的特性。

（5）化学惰性好

固定液应不与组分、载体、载气发生不可逆的化学反应。载体的活性中心、载气中微量氧等杂质会使固定液在高温下分解，这一点常被人们忽视。

（6）凝固点低，黏度适当

凝固点低则在低温可以使用。黏度适当则可减少因柱温下降黏度变大而造成柱效降低的弊端。

（7）成分稳定

不致由于生产原因，各批的成分变化大，影响色谱峰定性的重复性。

欲选择适宜的固定液，需对固定液与组分相互作用有所了解并进行必要的实验。在描述固定液与组分的性质时，人们常用"极性"一词。在化学领域中，正、负电荷中心重合的分子称为非极性分子。不重合的分子称为极性分子。化合物的极性是指其分子偶极矩或介电常数的大小；而气相色谱中所谓的极性，是指含有不同功能团的固定液与分析物质的功能团之间相互作用的程度；固定液或组分的极性，是指其含有甲基、亚甲基、可极化的非极性基团、极性基团等的多少。

在色谱分离过程中，固定液与分析物质之间起主要作用的力有以下几种。

（1）内聚力

内聚力（Van der Weals force）包括色散力、诱导力和定向力。

① 色散力（London force）：非极性分子（弱极性分子）之间，由于电子绕原子核转动的过程中偏离平衡状态时在原子和分子中产生瞬间的偶极距，这种瞬间偶极距有一同步电场使周围的分子极化，被极化的分子反过来又使瞬间偶极矩变化的幅度增大，产生色散力，其相互作用能（E_L）为

$$E_L=-\frac{3}{2}\left[\frac{I_S I_A}{I_S+I_A}\right]\left[\frac{\alpha_S\alpha_A}{r^6}\right]$$

式中，I_S 与 I_A 分别为固定液和组分分子的电离能；α_S 与 α_A 分别为其分子的极化率；r 为分子之间的距离。各种有机物的电离能近似为 230kcal/mol。色散力具有加和性，不受温度影响。当强极性分子不存在时，色散力在分子间常起主要作用。

② 诱导力(Debye force)：在一个极性分子永久偶极矩的电场作用下，使另一非极性分子极化，产生诱导偶极矩，这两个分子间形成的相互吸引力称诱导力，其平均作用能(E_D)为

$$E_D = \frac{\alpha_S \mu_A^2 + \alpha_A \mu_S^2}{r^6}$$

式中，μ_S 与 μ_A 分别是固定液与组分的偶极矩。由此可知，一个分子的偶极矩越大，则另一分子越易被极化。

③ 定向力(Keeson force)：极性分子具有永久的偶极矩，两极性分子间的静电作用产生定向力，其平均势能(E_K)为

$$E_K = -\frac{2}{3}\frac{\mu_S^2 \mu_A^2}{\kappa T r^6}$$

式中，κ 为 Boltzmann 常数；T 是热力学温度，负号表示吸引力。表 3-5 列出某些有机同系物的偶极矩。

表 3-5　某些有机同系物的偶极矩

同　系　物	偶　极　矩	同　系　物	偶　极　矩
R—CH_3	0	R—Br	1.9
R—CH—CH_2	0.4	R—I	1.8
R—O—R	1.15	R—CO—O—CH_3	0.9
R—O—CH_3	1.3	R—CO—O—R	2.1
R—NH_2	1.4	R—CHO	2.5
R—OH	1.7	R—CO—R	2.7
R—COOH	1.7	R—NO_2	3.3
R—F	1.9	R—CN	3.6
R—Cl	1.8		

注：表中 R 为烷基。

(2) 氢键作用力

氢原子与一个电负性较大的原子(如 F,O,Cl,N,S 等，用 X 表示)构成共价键时，由于 X 原子的吸电子效应，此时氢原子带有部分正电荷，能再与另一电负性很大的原子(用 Y 表示)形成一个聚集体，其相互关系可表示为 X—H…Y。实线为共价键，虚线为氢键。X—H 是氢键的提供者(称质子给予体)，Y 是氢键接受者(称质子接受体)。X，Y 的电负性越大，氢键的作用力越强；Y 的半径越小，越靠近 X—H，所形成的氢键越强。氢键作用力一般在 5～10kcal/mol，介于化学键力与色散力之间。氢键具有方向性与饱和性，其强度大致按下列次序下降：

F—H…F，O—H…O，O—H…N，N—H…O，N—H…N，C—H…O，C—H…N

(3) 分子间的特殊作用力

有时利用固定液与被分离组分分子间生成松散的化学加成物，即形成弱的化学键这种特殊的作用力来实现组分的分离。例如在固定液中加入硝酸银，由于银离子能与烯烃双键上的 π 电子形成弱的络合物，增大了在色谱柱中的保留，使其在同碳数烷烃之后洗脱。又例如用重金属脂肪酸酯(硬脂酸锌等)作固定液，可选择地分离脂肪胺，出峰次序为叔胺、仲胺、伯胺，因为这种固定液与胺类的络合能力不同。

根据固定液与组分分子间的作用力，可以得到许多如何分离组分的启示。现举几个例

子加以说明。

① 用非极性固定液分析非极性组分时，分子间主要为色散力，需要很多的理论塔板数才能使组分按照沸点的顺序得到分离。

② 虽然诱导力一般比其他吸引力小，但是，可利用它将能产生不同程度极化的非极性组分分离。例如分析丁烯与1,3-丁二烯时，可用极性固定液使后者产生诱导偶极矩，使1,3-丁二烯在丁烯之后洗脱出色谱柱。

③ 分离极性差别大的组分时，最好用极性强的固定液，如分析2,2-二甲基戊烷与乙醇(沸点分别为79.20℃与78.4℃)，用甘油作固定液，由于乙醇分子与固定液分子之间的定向力作用，乙醇后出峰。

④ 分析同分异构体时用极性固定液，利用定向力分离它们。因为分子偶极矩是该分子中各键偶极矩的向量和，故同分异构体的偶极矩彼此有较大的差别。例如两个相同取代基的芳香族化合物，若其取代位置分别为对、间或邻位，因对位的偶极矩为零，邻位最大，将按对、间、邻位的顺序洗脱。需要注意，因定向力的大小与温度成反比，增高柱温作用力变小，对组分分离不利。

⑤ 用同系物作固定液时，分子小的有较高的选择性，这是因为分子之间作用力与分子之间的距离(r)的6次方成反比，故分析极性组分时，用低分子质量的聚乙二醇，其结果比用分子质量高的为好。

⑥ 当组分含有F,O,N的化合物时，用含有—COOH，—OH，$—NH_2$ 等功能团的固定液，利用固定液与组分形成氢键来达到分离的目的。

(1) 固定液的极性

固定液常以其极性来描述和区别。通常用以下两种方法来标定固定液的极性。

① 相对极性法

Rohrschneider早期曾提出测定固定液的相对极性法，他规定固定液角鲨烷的相对极性为零，β,β′-氧二丙腈为100，被测的固定液的相对极性(P_X)依下式计算：

$$P_X = 100\left[1 - \frac{q_1 - q_X}{q_1 - q_2}\right]$$

式中，q_1，q_2，q_X 分别是两个组分在β,β′-氧二丙腈、鲨鱼烷、被测固定液相对调整保留值的对数值(即 $\lg t'_{R(1)}/t'_{R(2)}$)。Rohrschneider选用的两组分是正丁烯与正丁烷，由于这两组分的流出时间太快，现在人们多选用苯和环己烷，或正丁醇与对二甲苯作为测定用的“物质对”。

被测固定液的 P_X 值越大，表明固定液极性越大。由于 P_X 值为0～100，进一步把1～100分成5级，每20为一级，每一级的极性用一个“+”表示，即1～20为“+”，21～40为“+2”，…，81～100为“+5”，非极性固定液用“0”表示，故共为6级，固定液极性的比较，用此相对极性的6级分度法标定。例如，欲测定癸二酸二壬酯的相对极性，已知在柱温为50℃和其他给定条件下，测得 $t_M = 0.42\text{min}$。用环己烷与苯的混合物在β,β′-氧二丙腈柱上测得 $q_1 = \bar{1}.0086$，在鲨鱼烷柱上测得 $q_2 = 0.179$，在癸二酸二壬酯柱上测得 $t_{R(环己烷)} = 4.22\text{min}$，$t_{R(苯)} = 6.22\text{min}$，因此

$$q_X = \lg\frac{t'_{R(环己烷)}}{t'_{R(苯)}} = \lg\frac{4.22 - 0.42}{6.22 - 0.42} = \bar{1}.1836$$

故得

$$P_X = 100\left[1-\frac{\bar{1}.0086-\bar{1}.1836}{\bar{1}.0086-0.179}\right]=29=\text{“}+2\text{”}$$

知此固定液属于弱极性固定液。

这种表示固定液极性方法的缺点是未能反映出固定液与组分间的全部作用力(主要反映的是分子间诱导力)，在表达固定液性质上不够完善。

② 相特征常数法

Rohrschneider 固定液常数法：Rohrschneider 于 1966 年首先提出他认为某一固定液(P)的极性，可用某一物质(M) 作为标准物于柱温为 T(℃)时此固定液和一个非极性固定液(S)的保留指数之差来衡量：

$$\Delta I_{(M)} = I_{(M)}^{P} - I_{(M)}^{S}$$

他在选定非极性固定液为鲨鱼烷和柱温为 100℃后，为了全面地反映被测固定液的极性，选用了 5 种类型的物质作为标准物，其中苯代表电子给予体，乙醇代表质子给予体，丁酮代表定向偶极力，硝基甲烷代表电子接受体，吡啶代表质子接受体。根据分子间作用力的相加性，以及作用力相互无关的原则，被测固定液极性大小的度量为

$$\Delta I_{(M)} = I_{(M)}^{P} - I_{(M)}^{S} = aX + bY + cZ + dU + eS$$

式中，a,b,c,d,e 是标准物的各种极性因子，称为组分常数，只随标准物不同而异，对不同固定液为常数。又上述 5 种标准物分别代表不同的作用力，故其组分常数应有规定，其规定值见表 3-6。式中 X,Y,Z,U,S 是固定液各种作用力的极性因子，称为固定液常数，随固定液不同而异。将组分常数代入上式，就可求出相应的固定相常数。例如，

$$\Delta I_{(苯)} = I_{(苯)}^{P} - I_{(苯)}^{S} = 100X$$

即

$$X = \Delta I_{(苯)}/100$$

同样

$$Y=\frac{\Delta I_{(乙醇)}}{100},\quad Z=\frac{\Delta I_{(丁酮)}}{100},\quad U=\frac{\Delta I_{(硝基甲烷)}}{100},\quad S=\frac{\Delta I_{(吡啶)}}{100}$$

表 3-6　5 种标准物的 Rohrschneider 常数

标准物	*a*	*b*	*c*	*d*	*e*
苯	100	0	0	0	0
乙醇	0	100	0	0	0
丁酮	0	0	100	0	0
硝基甲烷	0	0	0	100	0
吡啶	0	0	0	0	100

在比较某一固定液的极性时，只要求得上述 5 种标准物在该固定液的固定相常数后，就可以从这些数值进行判断，数值大表示极性强。这 5 种固定相常数称为 Rohrschneider 常数。

McReynolds 固定液常数法：由于 Rohrschneider 使用的 5 种标准物中，乙醇、丁酮、硝基甲烷等在许多固定液中的保留指数为 500 指数单位左右，测定时很不方便，故 McReynolds 提出在柱温 120℃和改用其他物质作标准物。选用苯、丁醇、戊酮-2、硝基丙烷、吡啶表达固定液的极性。

为了与 Rohrschneider 固定相常数相区别，用 X'，Y'，Z'，U'，S'表示相应的 McReynolds 固定相常数，并且将数值分别乘以 100，即

$$X' = \Delta I_{(苯)},\quad Y' = \Delta I_{(丁醇)},\quad Z' = \Delta I_{(戊酮-2)},\quad U' = \Delta I_{(硝基丙烷)},\quad S' = \Delta I_{(吡啶)}$$

现在人们广泛地采用 McReynolds 固定相常数来比较固定液的性质，许多手册中列有这些固定相常数。一些重要固定液的麦氏常数列入表 3-7 中。

表 3-7　常用固定液的 McReynolds 常数

固定液	X'	Y'	Z'	U'	S'	总极性	平均极性
角鲨烷	0	0	0	0	0	0	0
阿皮松-L	32	22	15	32	42	143	28.6
SE-30	15	53	44	64	41	217	43.4
OV-1	16	55	44	65	42	222	44.4
OV-3	44	86	81	124	88	423	84.6
OV-7	69	113	111	171	128	529	118.4
OV-11	102	142	145	219	175	786	157.3
DNP	83	183	147	231	159	803	160.6
OV-17	119	158	162	243	202	884	176.8
OV-22	160	189	191	283	253	1075	215.0
OV-25	178	204	208	305	280	1175	235.0
OV-210	146	238	358	468	310	1520	304.0
OV-225	228	369	338	492	386	1813	362.6
PEG20M	322	536	368	572	510	2308	461.3
DEGA	378	603	460	665	658	2764	552.8
DEGS	492	733	581	833	791	3430	686.0
EGS	536	775	636	897	864	3708	741.6
THEED	463	942	626	801	893	3725	745.0
BCEF	690	991	853	1110	1000	4644	928.8

(2) 固定液的分类

由于考察的角度和目的不同，分类方法也不同，固定液常有以下一些分类方法。

① 按极性分类：固定液的极性可以用相对极性或固定相常数表示。用前者可视相对极性 P_X 的级别如何而定：级别为“0”，称为非极性固定液；“＋1”与“＋2”级，为弱极性固定液；“＋3”级，为中等极性固定液；“＋4”与“＋5”级，为强极性固定液。用后者表示时，可按 5 种标准物的固定相常数或其总和的数值大小来表示。

② 按化学结构分类：这种分类把具有相同功能团的固定液归在一起，便于了解该固定液的分离特性。气相色谱固定液按结构分为以下 10 类：

A　烃类：(a)脂肪烃；(b)芳香烃。

B　聚硅氧烷类：如甲基、乙基、乙烯基、苯基甲基、氯苯基甲基、氟烷基甲基、氰烷基甲基等聚硅氧烷。按表观状态分别称为硅油、硅弹性体、硅脂等。

C　聚二醇及聚烷基氧化物。

D　酯类：(a)二元酸酯；(b)聚酯和树脂；(c)磷酸酯；(d)其他酯类。

E　其他含氧化合物：如醇、醛、酮、醚、酚、有机酸及其盐和碳水化合物。

F　含氮化合物：(a)腈和氰基化合物；(b)硝基化合物；(c)胺和酰胺；(d)氮杂环化合物。

G　含硫及硫杂环化合物。

H　含卤素化合物及其聚合物。

I　无机盐。

J　其他固定液。

(3) 固定相的选择

固定液的选择没有严格的规律可循，况且很多样品可用多种固定液分离分析，在此提供选择的一般规则。

对于已知样品，可按下面的几种方法选择。

① 按相似性原则：可按极性选择固定液，固定液的极性与组分的极性具有相似性：根据样品中组分的极性，选择相应极性的固定相。对于非极性样品，可用鲨鱼烷或 OV-101；中等极性样品，可用 OV-225 或 Carbowax 20M；强极性样品，可用 OV-275 等。

也可按化学官能团选择固定液。根据样品的结构来选择，根据样品中组分含有的官能团，选择含有相同官能团的固定液。若有较多支链或同分异构体组分，可用易生成氢键的固定液或液晶。

② 按主要差别选择固定液：根据样品中难分离物质对的情况，看其主要差别是沸点还是极性。如果主要差别是沸点，选非极性固定液；如果主要差别是极性，选极性固定液。

③ 按麦氏常数选择固定液：对于含有不同官能团的样品，使用麦氏常数表示是十分有效的，例如当需要对醇的保留作用比芳烃大的柱子时，应选用 Y' 与 X' 比值较高的固定液；为了得到对醇的保留作用比酮大的柱子时，应选用 Y' 与 Z' 比值较高的固定液。

④ 混合固定液：有时受客观条件限制，无法得到具有一定极性的单一固定液，对于复杂的样品，可选混合固定液。

⑤ 利用特殊选择性固定液：特殊选择性固定液对特定样品具有特殊选择性，被分离组分与固定液分子之间往往有某些络合物或中间体生成，属于分子间化学作用的结果。常见的有硝酸银混合物保留烯烃，重金属脂肪酸酯保留胺类，有机皂土对芳烃位置异构体有选择性保留，手性固定相对旋光异构体的选择性分离等。

对于未知样品，可按下面的几种方法选择。

① 毛细管柱初分离：由于毛细管柱具有很高的分离效能，一般的组分未知样品大都可以得到良好的分离，使用不同极性的毛细管柱，进行定性分离，可以确定样品中组分的峰数、极性范围等。

② 几种最佳固定液：目前被优选的次数最多，性能较好的，较有代表性的固定液有 SE-30，OV-17，QF-1，PEG-20M，DEGS。

上述 5 种固定液，极性间隔均匀，由上而下，极性依次增大，未知样品可先在 QF-1 上分离，而后换成 OV-17，若有所改善，再减小到 SE-30。同理，若由 QF-1 到 OV-17 分离度变坏，可增加极性。

也有报道推荐 3 组指定固定液供选择使用，其中第一组为最常使用的 6 种固定液，第二组为 24 种范围广、数量多一些的固定液，第三组为 12 种特殊固定液，见表 3-8。

表 3-8　指定固定液表

固定液名称	固定液型号	麦氏平均极性	指定固定液组			最高使用温度/℃
			1	2	3	
角鲨烷	SQ	0		√	√	150
阿皮松 L	APL	9		√		300
甲基硅油或甲基硅橡胶	SE-30，OV-101	43	√	√	√	350
苯基(10%)甲基聚硅氧烷	OV-3	85			√	350
碳硼烷甲基硅氧烷聚合物	Dexsil 300	95		√		—
苯基(20%)甲基聚硅氧烷	OV-7	118		√	√	350
邻苯二甲酸二壬酯	DNP	161		√		125
苯基(50%)甲基聚硅氧烷	OV-17	177	√	√		300
聚丙二醇	U_{con}-LB-550X	199		√		200
苯基(60%)甲基聚硅氧烷	OV-22	219			√	350
聚苯醚		243		√		250
三氟丙基(50%)甲基聚硅氧烷	OF-1，OV-210	300	√	√	√	250
β-氰乙基(25%)甲基聚硅氧烷	XE-60	357		√	√	
γ-氰丙基(25%)苯基(25%)甲基聚硅氧烷						275
聚乙二醇壬基苯基醚	OV-225	363		√		
丁二酸环己烷二甲醇酯						250
聚乙二醇-20000	Igepalco-880	388		√		
丁二酸丁二醇酯	CHPMS	403		√		200
己二酸二乙二醇酯	Carbowax-20M	462	√	√	√	
丁二酸二乙二醇酯	BDS	541		√		220
1,2,3-三(2-氰乙氧基)丙烷	DEGA	552			√	
双(2-氰乙氧基)甲酰胺	DEGS	583	√	√	√	200
γ-氰丙基(50%)苯基(50%)聚硅氧烷	TECP	829		√	√	225
	BCEF	929		√		175
γ-氰丙基(80%)苯基(20%)聚硅氧烷	Silar 5cp	485		√		125
γ-氰丙基(90%)苯基(10%)聚硅氧烷	Silar 7cp	638		√		
γ-氰丙基(100%)聚硅氧烷	Silar 9cp	707		√		
氰乙基氰丙基聚硅氧烷	Silar 10cp	736	√	√		
	OV-275	987		√		

总而言之，由于现阶段尚不能对色谱中组分与固定相相互作用性质进行定量描述，虽然色谱工作者已做了大量工作，但目前仍处于凭经验选择的阶段。

3.2.4　检测器

1. 气相色谱检测器的基本性能

检测器是气相色谱仪的重要部件，其功能是将经色谱柱分离后各组分量的变化转换成易测量的电信号，然后记录或显示出来。组分量的变化可以由热量的(如热导池)、光强度的(如火焰光度)、电化学的(如电导、微库仑)、激发离子化的或捕获电子的等形式来完成。

根据输出信号记录方式的不同,检测器有积分型和微分型两类。积分型检测器给出的信号是色谱柱分离后各组分浓度叠加的总和,色谱图为台阶形,灵敏度较低,不能显示保留时间,现已很少使用。微分型检测器给出的信号是分离后各组分浓度的瞬间变化,所得色谱图为峰形,目前使用的检测器大部分为微分型的。

基于检测原理的不同,微分型检测器分为浓度型和质量型两种。常用的浓度型检测器有热导池、电子捕获检测器等;质量型的有氢焰离子化、火焰光度和氮磷检测器等。

检测器检测的准确与否,直接影响分析结果,因此要求检测器灵敏度高,稳定性好,检测限低,线性范围宽,响应速度快。此外,还要结构简单,造价低廉,操作安全,应用范围广。

1) 噪声和漂移

检测器的稳定性常用噪声和漂移二指标来衡量。

(1) 噪声 R_N

噪声 R_N 是由于各种偶然因素引起的基流起伏,表现为基线呈无规则毛刺状(见图 3-11(a))。其来源可能系载气流速的波动,柱温波动,固定液流失等。测量时取基线段基流起伏的平均值。

(2) 漂移 R_d

基线朝单方向规律性移动为漂移(见图 3-11(b))。产生漂移的原因有检测器本身或附属电子元件性能不佳,柱温或载气流速的缓慢变化。一般仪器的漂移≤0.05mV/h。

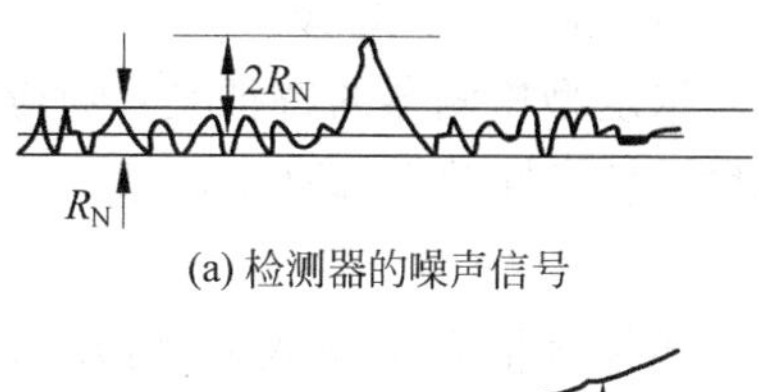

(a) 检测器的噪声信号

(b) 检测器的漂移信号

图 3-11　检测器的稳定性

2) 线性范围

进入检测器的组分量与响应值保持线性关系的区间,呈线性范围。其下限为该检测器的检测限;当响应值偏离线性大于5%时,为其上限。使用检测器的响应信号与进样量呈线性时,最大进样量和最小进样量的比值表示线性范围。如 FID 的最小检测质量流量为 10^{-12} g/s,其响应值偏离线性达5%时质量流量为 10^{-5} g/s,线性范围为 10^7,如图 3-12 所示。

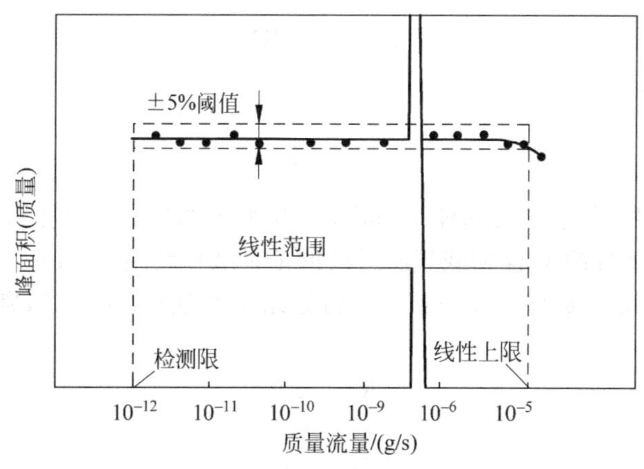

图 3-12　检测器的线性范围

线性和线性范围对组分准确定量十分重要,要确保检测器在线性范围内工作。

检测器的动态范围和线性范围是两个概念。动态范围是指检测器的响应值随组分量增加而加大,不论是否线性,均是动态范围,所以,动态范围大于线性范围。

3) 灵敏度 S(sensitivity)

检测器的灵敏度是评价检测器好坏的重要性能指标之一。设单位量的物质通过检测器所给出的响应值为 R,则灵敏度 S 为

$$S=\frac{\Delta R}{\Delta Q} \tag{3-1}$$

如以进样量对响应值作图,得一直线(见图 3-13),其斜率即为灵敏度 S。在色谱图上 ΔR 记录为峰面积 A 或峰高 h。

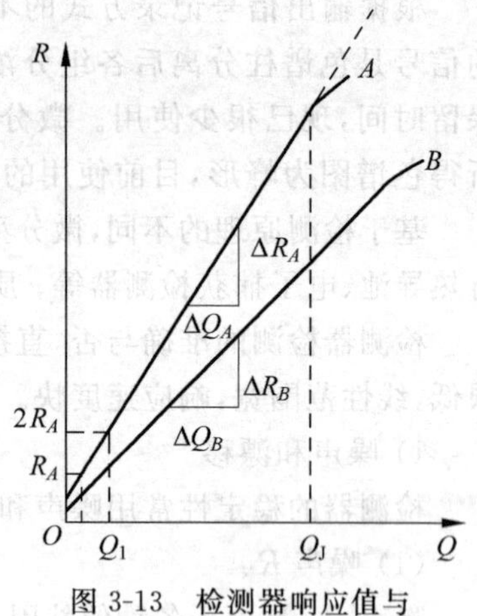

图 3-13　检测器响应值与进样量的关系

(1) 浓度型灵敏度 S_g

浓度型检测器的特征是:响应值 R 与载气中物质的浓度 c 呈线性关系,即 $R\propto c$,或

$$R=S_g c \tag{3-2}$$

当组分量为 m 进入检测器时,检测器的信号如图 3-14(a)所示,而记录仪给出的记录图为 3-14(b)。

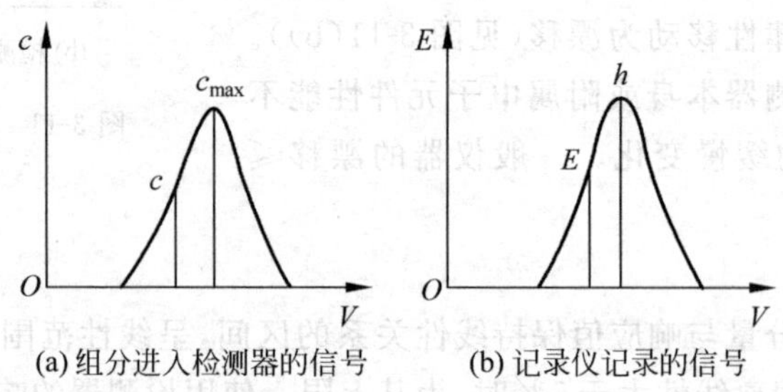

(a) 组分进入检测器的信号　(b) 记录仪记录的信号

图 3-14　气相色谱仪检测器和记录仪的信号图

组分在检测器上的信号为

$$m=\int_0^{\infty} c\mathrm{d}V \tag{3-3}$$

在记录仪上的信号为

$$A=\int_0^{\infty} h\mathrm{d}x \tag{3-4}$$

式中,V 为含有一定物质量的载气体积,mL;c 为组分浓度;h 为峰高,cm;A 为峰面积,cm^2;x 为通过带有组分的 V 体积载气所对应的记录纸移动距离,cm。

如设 u_1 为记录仪灵敏度(mV/cm),u_2 为记录仪纸速(cm/min),则式(3-2)中 R 可表示为

$$R=u_1 h \tag{3-5}$$

所以

$$u_1 h=S_g c$$

$$c=\frac{u_1 h}{S} \tag{3-6}$$

又因为

$$V = F_c t = F_c \frac{x}{u_2}$$

$$\mathrm{d}V = F_c \frac{\mathrm{d}x}{u_2} \tag{3-7}$$

式中，t 为图纸移动 x 距离所需的时间。将式(3-6)、式(3-7)代入式(3-3)，则有

$$m = \int_0^{\infty} c\mathrm{d}V = \int_0^{\infty} \frac{u_1 h}{S_g} F_c \frac{\mathrm{d}x}{u_2} = \frac{u_1}{u_2}\frac{F_c}{S_g}\int_0^{\infty} h\mathrm{d}x = \frac{u_1 F_c A}{u_2 S_g}$$

因此

$$S_g = \frac{u_1 F_c A}{u_2 m} \quad (\mathrm{mV \cdot mL/mg}) \tag{3-8}$$

式(3-8)即为浓度型检测器灵敏度的计算式。当试样为液体时，如果进入样品量为 mg 单位，则灵敏度 S_g 的单位为 mV・mL/mg。当试样为气体时，如果进样量以 mL 计，则灵敏度以 S_v 表示，单位为 mV・mL/mL，两者的关系为

$$S_v = S_g \frac{M}{22.4} \tag{3-9}$$

M 为组分的摩尔质量。

由式(3-8)可见，一台固定灵敏度的浓度型检测器，S_g 恒定，进样量与峰面积成正比；当进样量一定时，峰面积与载气流速成反比。所以在测定中欲获得准确的分析结果，要使响应值 A 稳定，就应严格控制流速恒定。

如果使用工作站，峰面积 A 的单位为 mV・min，这时灵敏度公式为

$$S_g = \frac{F_c A}{m} \tag{3-10}$$

(2) 质量型的灵敏度 S_t

质量型检测器的特征是：响应值 R 与单位时间内进入检测器的物质量成正比，即

$$R \propto \frac{\mathrm{d}m}{\mathrm{d}t}$$

或

$$R = S_t \frac{\mathrm{d}m}{\mathrm{d}t} \tag{3-11}$$

通过检测器组分的总量 m 为

$$m = \int_0^{\infty} \frac{\mathrm{d}m}{\mathrm{d}t}\mathrm{d}t \tag{3-12}$$

而

$$\frac{\mathrm{d}m}{\mathrm{d}t} = \frac{R}{S_t} = \frac{u_1 h}{S_t} \tag{3-13}$$

又因

$$t = \frac{x}{u_2}, \quad \mathrm{d}t = \frac{\mathrm{d}x}{u_2} \tag{3-14}$$

将式(3-13)、式(3-14)代入式(3-12)，整理后得

$$S_t = \frac{u_1 \cdot A \cdot 60}{u_2 \cdot m} \quad (\mathrm{mV \cdot s/g}) \tag{3-15}$$

式(3-15)为质量型检测器灵敏度的计算式。可见，固定灵敏度的质量型检测器，峰面积与

进样量成正比；当进样量一定时，峰面积与载气流速无关。

如果使用工作站，峰面积 A 的单位为 mV·s，这时灵敏度公式为

$$S_t = \frac{A}{m} \tag{3-16}$$

4) 检测限(detectability)

检测器的输出信号可由放大器任意放大以提高灵敏度，但在放大过程中噪声也随之放大，当放大至某一点时，噪声就会掩盖信号，使检测浓度受到噪声水平的限制。因此单用灵敏度来评价检测器就不够，需要引入检测限 D 的概念。检测限是指恰能产生 2 倍于噪声的信号时引入检测器的最大物质量(参见图 3-15(a))。

检测限表示为

$$D = \frac{2R_N}{S} \tag{3-17}$$

信噪比为 2 时，该信号峰有 95% 的概率为组分峰，近年有些文献采用信噪比为 3 计算检测限，这时该信号峰是组分峰的概率为 99%。

浓度型的检测限：

$$D_g = \frac{2R_N}{S_g} = \frac{u_2 hm}{F_c A} = \frac{u_2 m}{1.065 F_c W_{h/2}} \quad (\text{mg/mL}) \tag{3-18}$$

式中，$W_{h/2}$ 为半高峰宽，m 为获得 2 倍噪声时的最小检知量。同理，气体样品的检测限 D_v 和质量型检测器的检测限 D_t 为

$$D_v = \frac{u_2 m}{1.065 F_c W_{h/2}} \quad (\text{mL/mL})$$

$$D_t = \frac{u_2 m}{1.065 W_{h/2} \times 60} \quad (\text{g/s})$$

据式(3-18)，可求得检测器的最小检知量 m：

浓度型，液体样品

$$m_g = \frac{1.065 F_c W_{h/2}}{u_2} D_g \quad (\text{mg})$$

浓度型，气体样品

$$m_v = \frac{1.065 F_c W_{h/2}}{u_2} D_v \quad (\text{mL})$$

质量型

$$m_t = \frac{1.065 W_{h/2} \times 60}{u_2} D_t \quad (\text{g})$$

习惯上常使用最小检测浓度 c：

$$c_g^0 = m_g / w_s$$

$$c_v^0 = m_v / V$$

$$c_t^0 = m_t / w_s$$

式中，w_s 为进样质量，V 为进样体积。最小检测浓度的意义是：在一定进样量时，色谱分析所能测出的最低浓度。

综上所述，检测限是检测器的重要性能指标，它表示检测器所能检测组分的最小量，受到噪声的制约。而最小检知量则不仅与检测器的检测限有关，而且与色谱操作条件 F_c 及半

高峰宽 $W_{h/2}$ 有关。当检测限确定时,进样量越大,最小检测浓度就越低。

5)响应速度和使用温度

(1)响应速度

检测器的响应速度快才能真实反应组分流出柱时瞬间的浓度变化。若响应慢,易出现第二个组分已进入检测器而第一个组分信号未结束的现象,引起记录失真。例如热导池的腔体积,一般为 0.5mL 左右,如载气流速为 60mL/min,样品气体通过检测器的时间需要 $\frac{0.5\text{mL}}{1\text{mL/s}}=0.5\text{s}$,则信号滞后约 0.5s。这样的响应速度适用于填充柱,但对毛细管柱或快速分析,由于出峰快,峰形窄,就难以满足要求,应要求 0.1s 的响应速度。氢焰离子化检测器,基于它的结构,死体积接近于零,因此响应较快。

(2)使用温度

检测器的使用温度要求高于柱温,否则分离后的各组分容易冷凝而滞留于检测器或管路中,造成检测器的污染而降低灵敏度,甚至引起池体或喷嘴的堵塞,使检测器不能正常工作。

除了上述各种性能指标外,在考虑检测器的性能时,还可根据检测器本身是通用型还是选择型。通用型的检测器对各种化合物都产生信号,如热导池、气体密度检测器等,这类检测器应用面较广,但灵敏度较低。选择型的检测器只对某些元素有响应,如电子捕获检测器只对含氧、磷、卤素等具电负性物质有响应;火焰光度检测器则只对硫、磷有很灵敏的响应。此类检测器应用面窄,但灵敏度高。利用检测器的选择性可以鉴定物质的类型和官能团。

2. 热导检测器

热导检测器(thermal conductivity detector,TCD),是气相色谱中应用最广泛的通用检测器之一。

1)基本原理及特点

(1)结构

热导检测器由热导池与电路连接构成。不锈钢池体钻有对称的孔道,内装热丝或热敏元件,一般由电阻率和电阻温度系数较大的金属丝,如铜、铂、钨或镍等制成,目前普遍采用铼-钨丝。对称的孔道之一为测量臂,另一为参比臂,结构如图 3-15 所示。其流型可分为直通型、扩散型和半扩散型。直通型热敏丝在气路之中,响应快,灵敏度高,但对气流波动很敏感;扩散型比较稳定,灵敏度低,响应时间慢;半扩散型性能介于两者之间。与填充柱配用的池体积为 0.5~1mL,与毛细管柱配用的微型池体积为 30~250μL。

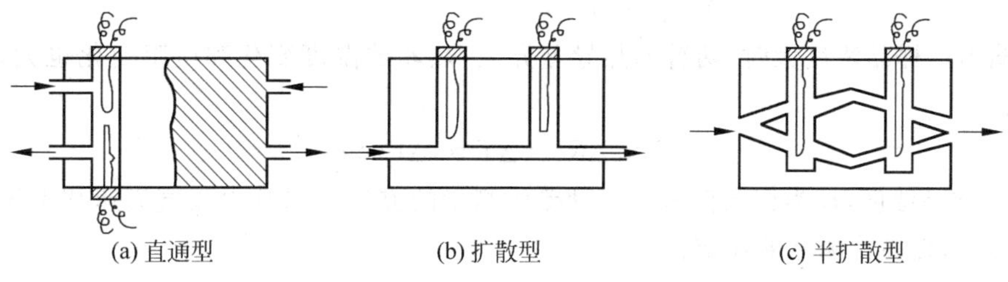

图 3-15 热导池结构

热导池的电路连接采用电桥形式，如图 3-16 所示。电桥中 R_1,R_2,R_3,R_4 阻值相同，其中 R_1 为测量臂，R_2 为参考臂，R_5 电位器作为“池平衡”。如果 R_3,R_4 是固定电阻，称为两臂热导池；如果 R_3,R_4 也用热敏件，各作为测量臂和参考臂，称为四臂热导池，四臂可使输出信号增大1倍。

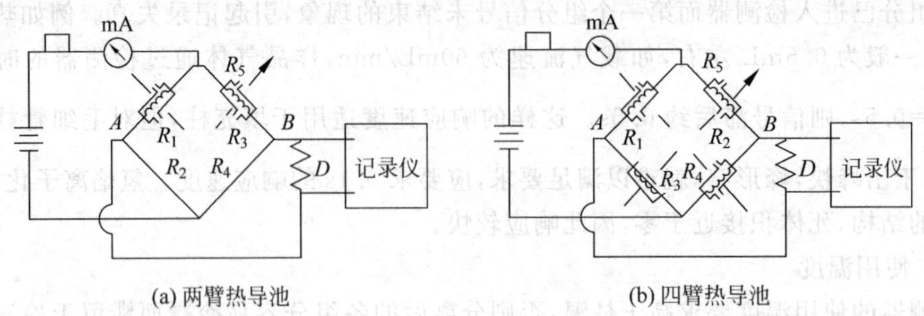

(a) 两臂热导池　　(b) 四臂热导池

图 3-16　热导池电路连接图

在一定池体温度和载气流速下，当只有载气通过测量臂和参考臂时，电桥 A,B 两端处于平衡状态，无信号输出。当载气携带组分通过测量臂时，由于组分热导系数和载气热导系数的差异，电桥失去平衡，A,B 两端产生电压，输出信号被记录。此外，在 A,B 间装有输出衰减 D，可使用输出电压成比例衰减以控制记录信号在 20%～80% 满量程之间，峰高位置适宜。电桥电源采用半导体的直流稳压电源，输出电压为 30～40V，电流 0～300mA，连续可调。

(2) 工作原理

热敏丝通电后温度上升。由于载气与热丝的温度差异较大，当载气流过热导池的孔道时，携带走一定的热量(带走热量的多少与载气的热导系数有关)，热丝热量的损失使热丝的温度下降，产生 ΔT。组分未流出柱时，两臂的 ΔT 相同，此时 $\Delta T_1=\Delta T_2$，两者电阻的变化也相等，$\Delta R_1=\Delta R_2$，电桥中

$$(\Delta R_1+R_1)R_4=(\Delta R_2+R_2)R_3$$

$$\Delta E_{AB}=E_A-E_B=0 \qquad \text{电桥平衡}$$

当样品的组分进入测量臂后，由于组分的热导系数 λ_i 与载气热导系数 λ_g 不同，组分蒸气加载气的二元体系的热导系数和纯载气的热导不同使两臂热丝的温降也不同，电阻 $\Delta R_1\neq\Delta R_2$，则

$$(\Delta R_1+R_1)R_4\neq(\Delta R_2+R_2)R_3$$

$$\Delta E_{AB}\neq 0$$

有信号输出。样品浓度大时，两臂的热导差异大，热丝的温度变化和电阻变化也大，得到信号也大：

$$E\propto\Delta R\propto\Delta T\propto\Delta\lambda\propto c$$

式中，c 为样品浓度，E 为记录信号。这种差示测量的方法可以减少载气流速和电桥电压对测定的影响，提高检测器的稳定性。

(3) 特点

① 根据输出原理，热导池属浓度型检测器。由式(3-8)可以看出：进样量一定时，峰面积与载气流速成反比，流速加大，峰形窄，面积小。因峰面积 $A=1.065W_{h/2}h$，因而在一

定的流速范围内，峰高不受载气流速影响（见图 3-17(a)）。所以在测定组分含量时用峰高定量较为合适。若采用峰面积进行定量计算，则需严格控制载气流速恒定。

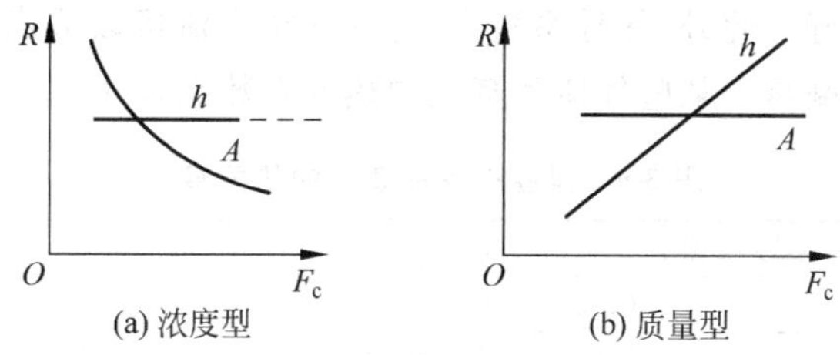

图 3-17　载气流速对检测器相应值的影响

② 热导池的工作原理是利用组分与载气热导系数的差值进行检测的，因此无论是无机气体或有机气体，只要其热导系数与载气的热导系数有差异都会产生信号。$\lambda_i-\lambda_g=\Delta\lambda$，$\Delta\lambda$ 越大，响应信号越大，灵敏度越高。

③ 检测后各组分的蒸气与载气共同排出，组分不受破坏，因此 TCD 可以和其他大型仪器联用，以充分发挥色谱分离检测的完整性。例如，与质谱、红外或拉曼光谱联用可以对未知结构的组分在分离后进行结构鉴定。

④ 由于测量臂和参考臂都在同一腔体内，操作条件一致，所以性能比较稳定。灵敏度适中，适用于常量组分及 mg/mL 以上组分的分析。

此外，它的结构简单，只使用一种气体，操作与维修都比较方便。

2）影响输出信号的操作因素

根据理论推导，双臂热导池输出信号可按下式计算：

$$S=\frac{K(\lambda_g-\lambda_i)I^3R^2a}{8M_i\lambda_g^2G(1+n)} \tag{3-19}$$

式中，S 为响应值，K 为常数，M_i 是被测物质的相对分子质量，R 为热丝电阻，I 为桥电流，a 为热丝电阻温度系数，n 为固定电阻与热敏丝电阻比值，G 为池体结构几何因子。在一定的热导池中，G,R,n,a，等固定，影响检测信号的操作因素有桥电流和载气性质等，因此在操作中要注意选择以下条件：

(1) 桥电流

由式(3-19)可见，$S\propto I^3$，增大桥电流可迅速提高灵敏度，但电流过大，热丝温度升高，噪声加大，基线不稳，而且热丝易烧断，因此桥电流不能太大。图 3-18 为使用不同载气时，不同池体温度下允许的桥电流上限。

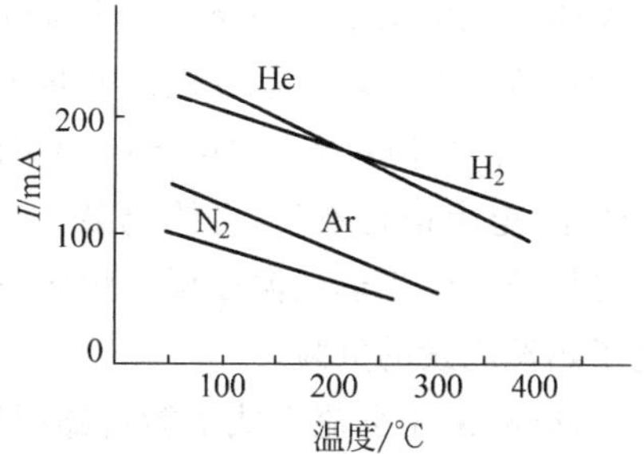

图 3-18　TCD 不同池体温度使用的桥电流

(2) 载气的性质

$S\propto\Delta\lambda$，说明载气与被测物的 λ 差别越大，输出信号越大。对于纯的气体，λ 又与相对分子质量 M 有如下关系：

$$\lambda\propto\sqrt{\frac{T}{M}}$$

可见,在相同操作条件下,使用分子质量较小的H_2和He作载气,输出的信号就要大于用分子质量大的N_2,一般有机物的较小(大都小于7.0),与N_2接近,测定时要获得较高的灵敏度应选用H_2或He为好。此外,热导系数大,允许的桥电流可以适当提高。在$\lambda_i > \lambda_g$或检测温度高时,可能出现倒峰。某些气体和蒸气的热导系数见表3-9。

表3-9 某些气体和蒸气的热导系数 10^{-4}J/(cm·s·℃)

气体	热导系数λ		气体	热导系数λ	
	0℃	100℃		0℃	100℃
空气	2.17	3.14	正己烷	1.26	2.09
氢	17.41	22.4	环己烷	—	1.80
氦	14.57	17.41	乙烯	1.76	3.10
氧	2.47	3.18	乙炔	1.88	2.85
氮	2.43	3.14	苯	0.92	1.84
二氧化碳	1.47	2.22	甲醇	1.42	2.30
氨	2.18	3.26	乙醇	—	2.22
甲烷	3.01	4.56	丙酮	1.01	1.76
乙烷	1.80	3.06	乙醚	1.30	—
丙烷	1.51	2.64	乙酸乙酯	0.67	1.72
正丁烷	1.34	2.34	四氯化碳	—	0.92
异丁烷	1.38	2.43	氯仿	0.67	1.05

(3) 池体温度

池体温度对输出信号的影响比较灵敏,如前述,TCD的池体温度必须高于柱温,以防止组分蒸气冷凝造成污染降低灵敏度。此外,池体温度升高,热丝电阻率α下降,也会降低灵敏度,因此检测池温度不宜过高。另一方面,λ受到温度影响(见表3-9),因此在检测时选择的检测温度应适宜,精度在±0.1～0.05℃。

应当特别提出的是,检测器升温时热丝温度上升很快,在没有通载气的情况下,极易烧断,因此使用中必须严格按照开机时先通载气后升温,关机时先断电、降温,最后关闭载气的操作顺序进行,以免烧毁热丝。

为防止热丝烧断,出现了恒温热导池(constant temperature conductivity detector, CTCD),结构如图3-19(a)。CTCD电桥由两个固定电阻、一个热丝(测量臂)和一个可变电阻(参考臂)组成。当组分进入测量池时,A,B两端产生不平衡电压,信号由D放大,反馈至三极管C。此时可调节加在热丝上的电流I,使电功率变化等于传导的变化,使热丝温度保持恒定,电阻值也不变,电桥仍处于平衡。但电桥外路电压发生ΔV的变化,此ΔV即形成输出信号。由于热丝温度保持恒定,即使在没有通载气的情况下,热丝温度也不会升高,避免了热丝烧毁的危险。

此外,采用分流方式平衡桥路(见图3-19(b)),使用稳定电源可以扩大线性范围。新近出现的单丝单柱的TCD,可提高灵敏度,并可兼用于填充柱和毛细管柱。

3. 氢火焰离子化检测器(flame ionization detector,FID)

通常蒸气分子是不导电的,但受一定能源激发后,蒸气分子被离子化,在电场作用下定向运动形成离子流被记录。当组分浓度大时,形成的离子流强度大,因此由离子流的强度变化就可以得到组分浓度变化的信号,这就是离子化检测器的一般机理。根据激发能源的不

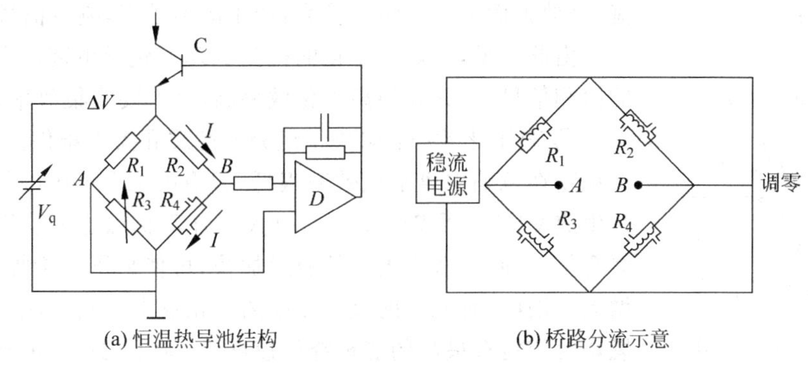

图 3-19 恒温热导池

同,离子化检测器分为氢焰和放射性两种。放射性离子化检测器按照作用机理的不同又有截面积离子化、氩离子化、氦离子化及电子捕获检测器等。最常用的离子化检测器有氢焰和电子捕获检测器,其次为碱盐离子化检测器。

1) 基本原理及特点

(1) 结构

具有代表性的FID结构如图3-20所示。

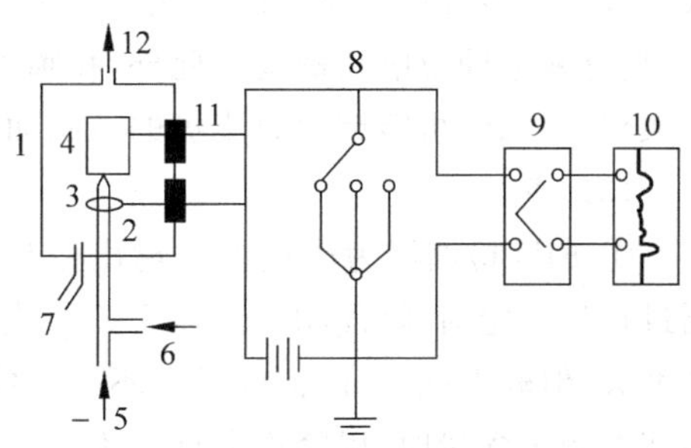

图 3-20 氢火焰离子化检测器结构

1—离子室;2—喷嘴;3—极化极;4—收集极;5—载气和组分入口;6—氢气入口;7—空气入口;8—高电阻;9—放大器;10—记录仪;11—绝缘体;12—排气口

组分气体分子离子化过程在离子室1中进行。离子室由不锈钢制成。用铂-铱合金制成极化极3(也称发射极),与圆筒形的收集极4和喷嘴2共同组成离子头。喷嘴下端与色谱柱出口相连接,自色谱柱流出的气体由5进入喷嘴,与6进来的氢气混合。接电后极化极烧红,点燃 H_2,在空气的助燃下形成氢焰,此时施加恒定电压于极化极,与收集极之间形成静电场。当载气中不存在试样组分时,两极间离子很少,基流很低。载气中出现有机物时,于氢焰中燃烧,电离成带电的离子团,在电场作用下带电粒子向两极定向移动形成微弱的电流,通过高电阻8,使两端形成强电压信号,经放大器9放大,由记录仪10记录。燃烧后的废气由排气口排出。由于形成的离子流很微弱,极化极和收集极必须有良好的绝缘,防止信号泄露。

(2) 工作原理——火焰离子化过程

有机物在氢气中燃烧,被裂解产生含碳的自由基(·CH):

$$C_nH_m \xrightarrow{\text{裂解}} \cdot CH$$

裂解是在火焰温度最高层 *C* 层(图3-21)中进行,生成的自由基进入 *D* 层,与火焰外面扩散进来的激发态氧反应,产生离子:

$$\cdot CH + O^* \longrightarrow 2CHO^+ + e^- + \Delta H$$

形成的 CHO^+ 与氢气燃烧时产生的大量水蒸气相碰撞,生成 H_3O^+:

$$CHO^+ + H_2O \longrightarrow H_3O^+ + CO$$

在外加电场作用下,CHO^+ 和 H_3O^+ 等正离子向负极移动,而e被正极吸收,形成微电

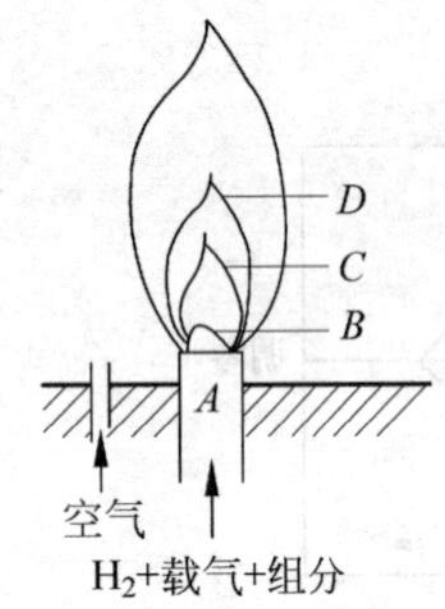

图 3-21 FID火焰

A—预热区；*B*—点燃层；*C*—温度最高层；*D*—扩散层

流，经放大而记录。组分量大，产生的离子多，响应信号就大。

由此可见，氢焰离子化的检测机理属化学电离。要获得灵敏的检测信号，首先要使离子化效率高，其次要收集效率高。

① 离子化效率：取决于组分的性质和操作条件。研究表明，有机物在氢焰中离子化效率很低，只有0.01%～0.05%。其原因是生成CHO^+所需的氧必须由火焰外部扩散进来。助燃空气中氧含量增加，扩散进火焰的速度加快，可使离子数增加，响应信号增大。因此，有充足的氧可提高离子化效率。此外，组分在H_2中燃烧时应能有最高的能量释放速度，才能生成最多的离子流。由此可见，H_2的流速和空气的量是影响离子化效率的主要因素。

② 收集效率：取决于离子头设计的合理性。化学电离生成的离子对由收集极收集，如果收集极和发射极间距离过大，则收集不完全；过小会造成离子和电子的复合。而且收集极、喷嘴、发射极三者位置应为同心。收集效率高也提高了检测限的线性范围。由于收集极的电流很微弱，因此两极的绝缘很重要，稍有漏电即影响灵敏度。此外，喷嘴的粗细对收集效率也有一定的影响，喷嘴过细则火焰太细且过高，可能超出收集极的范围而影响收集效率，通常制成0.5mm内径。

(3) 特点

① FID检测器为质量型。输出信号的大小取决于单位时间内进入检测器物质的量。当进样量一定时，峰面积与流速无关。流速加大，单位时间内进入检测器物质的量增多，峰高增大，但峰形变窄，因而峰面积不变(见图3-17(b))；组分保留时间缩短。据此，利用氢焰检测器测定含量时，以峰面积计算为宜。若用峰高计算，则应严格控制恒定的流速。

② 根据氢焰的检测机理，原则上凡含—CH基的物质都能在氢焰中裂解，给出响应信号，因此氢焰广泛使用于烃类及各种有机物的测定。对烃类响应值最高，而且对不同烃类的响应灵敏度都很接近。对含有氧、卤素、硫、磷、硅等元素的有机物，其响应值降低。杂原子越多，响应值下降越显著。对于CO_2，CO，H_2O，H_2S，CS_2，CCl_4，HCN，NH_3，HCl等都无响应或响应值很小。由于对永久性气体及水都无响应，所以很适用于大气和水中痕量有机物的测定。

③ 灵敏度比TCD高10^2～10^4倍，死体积几乎为零，响应快，而且线性范围宽，约为10^7。对于含碳有机物的检测限可达10^{-11}g/s。所以常用它接毛细管柱作痕量分析和快速分析。由于灵敏度高，因此对载气的纯度要求较高，特别应当注意脱烃。

④ 试样最后被燃烧破坏，因此不能收集馏分或与大型仪器联用。

⑤ 本身温度较高，对温度变化不敏感，因而对恒温要求不严，比较稳定。此外，FID的结构不太复杂，操作和维修也比较容易。

2) 影响输出信号的操作因素

(1) 操作电压

外加电压于极化极和收集极之间形成电场，使组分离子化后尽快向两极移动，避免复合，所以响应值与电压有一定的关系。当电压小于40V时，离子信号随极化电压的增加而迅速增大；电压升至50V以上时，增大电压对输出信号的大小影响不大；当电压超过300V时，离子室内产生辐射，同时由于离子大量增加形成的竞争吸收，出现噪声和基线不稳的现象。一般操作电压在100～250V信号比较稳定(见图3-22)。

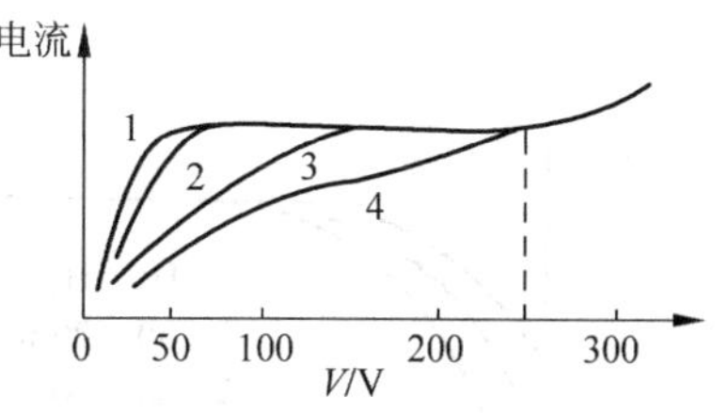

图3-22 电极的电流-电压关系

1—筒状；2—平行板；3—盘状；4—棒状

(2) 氢气流速

FID对N_2，Ar，H_2，He等都不敏感，所以这些气体都可作载气。通常用N_2可以获得较高的灵敏度。

当载气流速固定时，氢气流量增大，响应值逐渐增大然后又降低，在不同的载气流速下可得到一系列R-H_2流速曲线，如图3-23所示。最大的响应值可通过实验求得，方法是：选定载气的最佳流速，重复注入固定量试样，调节氢气流速至有最大响应值为止。可见要获得最高的响应值，载气流速和H_2流速间有一最佳氮氢比(F_{N_2}/F_{H_2})。从图3-24看，最佳F_{N_2}/F_{H_2}为1～1.5。通常载气流速选用20～70mL/min。

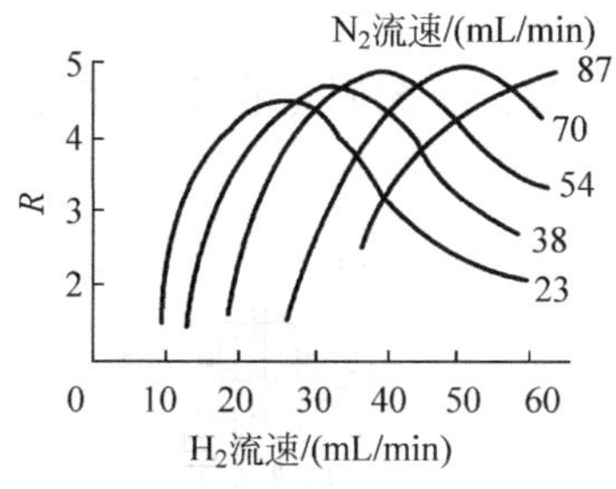

图3-23 H_2，N_2流速对R值的影响

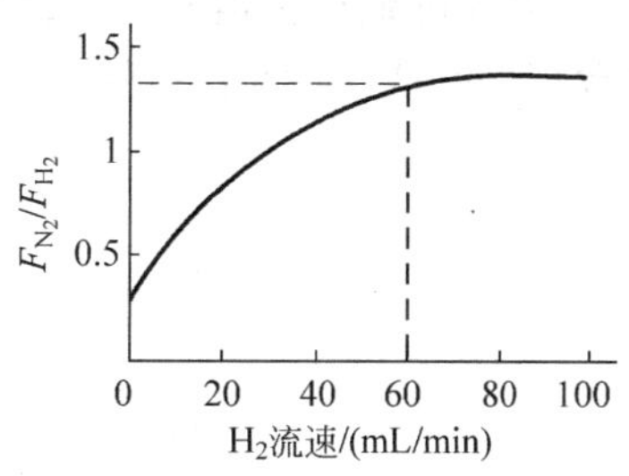

图3-24 最佳F_{N_2}/F_{H_2}流速图

(3) 空气流速

空气除了提供氧助燃外，能带走燃烧产物H_2O，CO_2等，起到清扫作用。由于O_2在燃烧过程中和试样组分形成CHO^+，因此离子化效率与O_2量有密切关系。空气的流速对响应值的影响如图3-25所示。当流速低于200mL/min时，灵敏度降低，250～400mL/min时，响应值逐渐稳定，再增大空气量，响应值不变。但若流速过大，超过800～1000mL/min时，则噪声变大，甚至将火焰吹灭。一般控制空气流速为H_2流速的10倍左右，常用400～800mL/min。选择流速的方法可以在选定F_{N_2}/F_{H_2}之后，增加空气流速至响应值或基流不再增大，过量50mL/min即可。

由于在燃烧时氧可提高灵敏度，因此有人利用预混或尾吹的办法提高灵敏度。例如将空气与H_2预先混合由火焰内部供氧作为预混气体；或以H_2作载气，在原H_2入口管路通以一定量空气，称为尾吹，而仍然保持原来在喷嘴周围的空气，使H_2与O_2体积比为5∶1时，灵敏度可提高3～5倍(见图3-26)。

4. 电子捕获检测器

电子捕获检测器(electron capture detector，ECD)是一种高灵敏度、高选择性的放射性检测器，其应用仅次于TCD和FID。

1) 基本原理和特点

(1) 结构

电子捕获检测器结构如图3-27所示。离子室由不锈钢制成，池体内设放射源1作为负

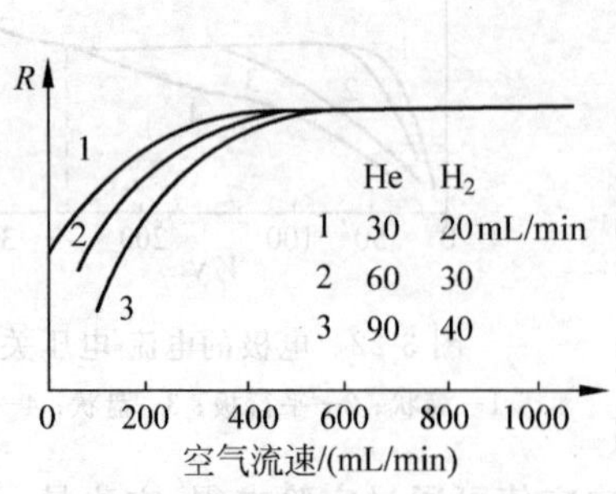

图 3-25 空气流速对 R 值的影响

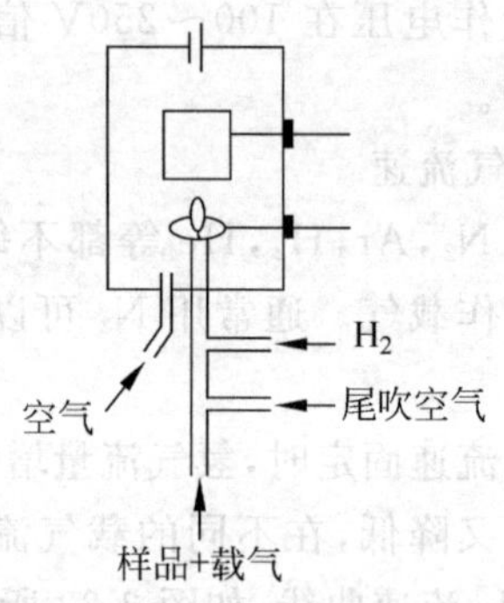

图 3-26 FID 尾吹或预混示意图

极，不锈钢 9 作为正极，放射源^{63}Ni 或^{3}H 辐射 β 射线使载气电离产生正离子和低能量电子，当加极化电压时带电粒子向两极移动形成基流。如果电负性物质进入，低能量电子被电负性物质所捕获，基流降低产生信号，放大后被记录。

放射源常用^{63}Ni 或^{3}H，两者性能比较列于表 3-10。一般固定在金属箔上，如钛、铂或钪箔。

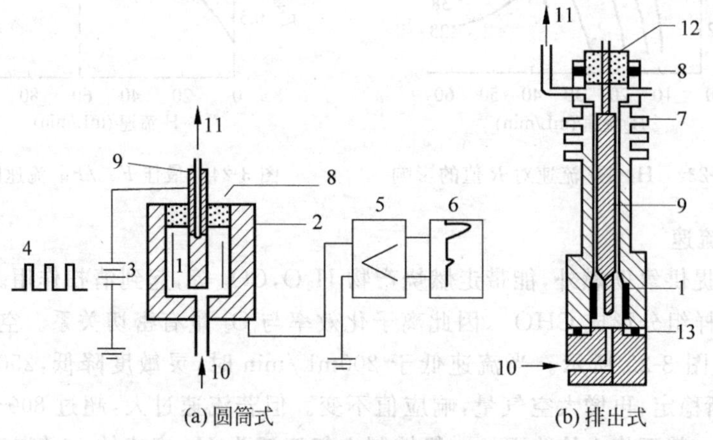

图 3-27 电子捕获检测器示意图

1—放射源；2—离子室；3—直流供电；4—脉冲供电；5—放大器；6—记录仪；7—散热片；8—绝缘体；9—不锈钢管；10—样品和载气入口；11—排气口；12—高频插座；13—铝丝密闭圈

表 3-10 ECD 放射源性能比较

放射源	剂量/mCi①	能量/meV②	射程/cm	最高使用温度/℃
氚(^{3}H)	100～1000	0.018	0.5～1.0	<200
镍(^{63}Ni)	10～30	0.069	4.5	约 350
放射源	半衰期/a	灵敏度	寿命	安全性
氚(^{3}H)	12.5	高	短	安全
镍(^{63}Ni)	85	稍低	长	不安全

① mCi 为毫居里，即每秒有 3700×10^{7} 核发生蜕变，$1Ci=3.7\times10^{10}Bq$。

② meV 为毫电子伏特。

（2）工作原理

高纯载气（N_2 或 Ar）进入检测器后，在 β 射线的轰击下电离：

$$N_2 \xrightarrow{\beta\text{射线轰击}} N_2^+ + e^-$$

在电场中生成的正离子和电子向两极移动形成基流 I_b，一般为 $10^{-6} \sim 10^{-9}$ A。电负性样品 AB 进入后即捕获慢速低能量电子，基流下降形成信号。其捕获过程如下：

$$AB + e^- \xrightarrow{\text{较低温度}} AB^- + E\ (\text{非离解型})$$

$$AB + e^- \xrightarrow{\text{较高温度}} \left.\begin{cases} A\cdot + B^- \\ A^- + B\cdot \end{cases}\right\} \pm E\ (\text{离解型})$$

（非离解型，如芳香族硝基、亚硝基、羟基、腈化物和多核芳烃等，离解型，如除氟化物以外的卤素化合物和亚硝酸酯类）最后生成的负离子与正离子碰撞形成中性分子排出

$$AB^- + N_2^+ \longrightarrow AB + N_2$$

$$AB^- + A\cdot\ (\text{或 } B\cdot) \longrightarrow AB + A\ (\text{或 } B)$$

由于测定的是基流的降低值，得到的是倒峰。

（3）特点

① ECD 对电负性物质，如卤素、硫、磷、氧、氮等有很强的响应，因而是高选择性检测器。其响应值随物质电负性的增强而增大。对中性物质，如烃类则无响应，例如它对 CCl_4 的响应值比正己烷要高 10^8 倍。

② 灵敏度较高，检测限可达 10^{-14} g/mL。常用于食品、农副产品中农药残留量的分析。但线性范围较窄，为 $10^3 \sim 10^4$。

③ 基本属于浓度型检测器。当进样量一定时，载气流速在 40～100mL/min 的范围内峰高与流速无关；流速大于 100mL/min 时，峰高下降。因此在定量分析中应用峰高为宜。

由于 ECD 的选择性，常将它和 FID 配合使用以确定试样中有无电负性官能团的组分。方法是在柱出口处将分离后的组分分成两路，引入 ECD 和 FID 两个检测器，用双笔同时记录。

2）影响输出信号的因素

（1）载气纯度

载气中 O_2 和水分对响应值影响很大，因而通常使用高纯 N_2 为载气。普通 N_2 中常含有大于 100mg/L 的 O_2，高纯 N_2（>99.99%），含 O_2 约为 10mg/L。使用普通 N_2 必须脱 O_2 净化。其方法是用 40～80 目活性铜末，置于 $\phi 2.0 \times (10 \sim 15)$(cm) 的不锈钢管净化管中，外部用管式炉，以调压器控制温度（475±10）℃。载气通过加热管，O_2 被铜还原而排除。使用失活后可通 H_2，使氧化铜还原而活化。也可用活性铜胶脱 O_2。

（2）极化电压

加极化电压的方式有直流电压和脉冲电压两种。由于自由电子在电场作用下运动加速，电场越强，动能越大，电子就不易被捕获，因此选择最佳电场既能得到较大基流，又能使电子保持在低能量范围提高捕获几率，从而提高响应值。对于直流电场，一般选用小于 50V，约为饱和基流电压的 2/3（见图 3-28）。如用脉冲电压则应选择最佳脉冲周期。由于脉冲电场是断续供电，在脉冲间隔时电子基本上处于热动平衡状态，其能量较小。一方面，间隔时间越长，能量越小，捕获几率增大，灵敏度相应提高；另一方面，脉冲间隔大，电子与正

离子的复合机会增大，会使基流下降，降低脉冲间隔可提高基流，扩大线性范围。因此选择脉冲间隔，应当兼顾到灵敏度和基流(见图 3-29)。

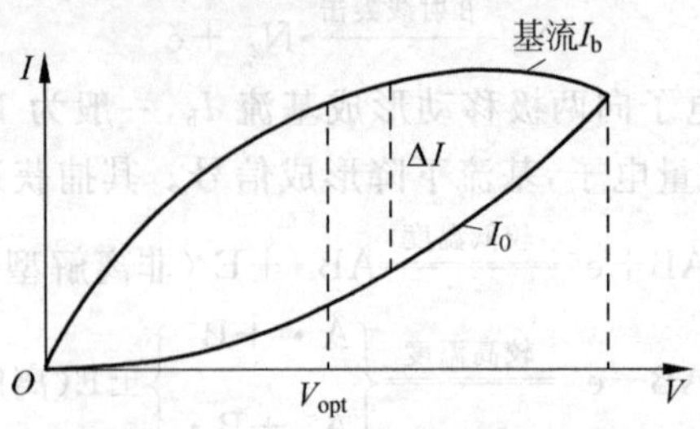

图 3-28　电场电压对基流和信号的影响

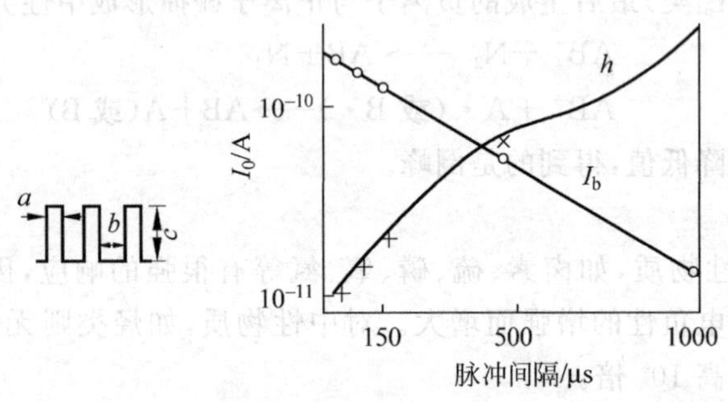

图 3-29　脉冲间隔对峰高和基流的影响

a—脉冲宽度；*b*—脉冲间隔；*c*—脉冲振幅

(3) 检测室温度

当捕获的过程按非离解型进行时，随着温度的升高，灵敏度降低，如芳烃的 F、氯化物—CN、—OCH_3 等。当捕获的机理属离解型时，升高温度可使灵敏度增大，如脂肪烃的 Cl，Br，I 的化合物。由于不同的电负性物质在不同温度变化时灵敏度变化不一样，因此在定量工作中，检测温度必须控制稳定，精定不超过±0.1℃，以防止温度变化对响应值带来影响。

5. 其他常用检测器简介

1) 火焰光度检测器(flame photometric detector，FPD)

火焰光度检测器是一种对硫、磷物质具有高选择性和高灵敏度的检测器，也称硫磷检测器，结构如图 3-30(a)。实际上它是由氢火焰和光度计两部分构成。含有硫、磷化合物的载气与空气混合进入喷嘴，周围通入 H_2。点燃 H_2 后组分在富氢焰(2000～3200℃)中燃烧产生激发态 S_2^* 或发光的 HPO^* 裂片，同时发射出不同波长的分子光谱，S_2 的特征光谱为 394nm，HPO 为 526nm。此光谱经干涉滤光片而投射至光电倍增管，产生光电流被放大记录。火焰光度检测器是质量型检测器，测硫时的信号与浓度平方呈线性关系。检测限达 10^{-12} g/s，线性范围测磷为 10^3，硫为 10^2。该检测器常用于大气、食品、石油化工产品中含硫和农药残留痕量分析，是目前应用最广泛的第四种检测器。

当试样中含有烃类时，燃烧过程也产生信号，因而单一富氢焰的 FPD 无法消除烃类干扰。新型的双火焰光度检测器 DFPD(见图 3-30(b))是富氢富氧型，具有上下两个火焰。下焰为富氧焰，将硫、磷及烃类燃烧氧化，上焰为富氢空气焰，它将硫磷燃烧生成的氧化物还原

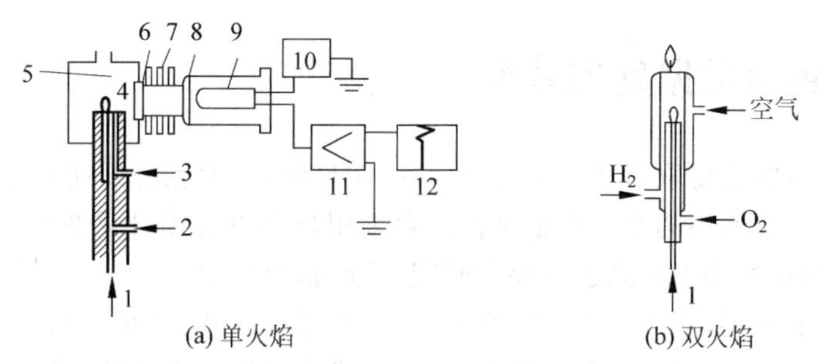

图 3-30　火焰光度检测器结构示意图

1—载气和样品入口；2—H_2 入口；3—空气入口；4—喷嘴；5—收集极；6—石英窗；7—散热片；8—滤光片；9—光电倍增管；10—高压电源；11—放大器；12—记录仪

为 S^* 和 HPO^* 等发光物质，产生特征光谱，而烃类燃烧产物 CO_2，H_2O 等则不发光，无光信号，所以 DFPD 可以排除烃的干扰，对硫磷有更高的选择性。

2）氮磷检测器(NP detector，NPD)

氮磷检测器为碱盐离子化检测器之一，结构如图 3-31 所示。它是由 FID 发展而来，在喷嘴和收集极之间加一个小玻璃珠，表面涂一层硅酸铷作为离子源。向两极间加负电压(－130V)，采用低氢气流速(约 3mL/min)，玻璃球用电加热。氢气在受热的小球周围燃烧形成暗淡的冷火焰带，此时在喷嘴火焰上有机物燃烧形成的负离子基 CH^- 则因喷嘴接地而从地线导通，玻璃球周围产生的离子流被收集极收集形成信号。这种检测器只对含磷和含氮化合物有很高的选择性和灵敏度，对氮的灵敏度约 10^{-13} g/s，对磷为 10^{-14} g/s。主要用于食品、药物、农药残留以及亚硝胺类等的分析。

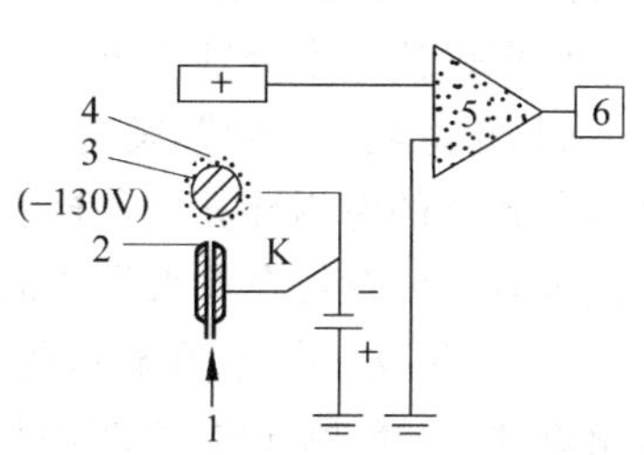

图 3-31　氮磷检测器结构示意图

1—气体和样品；2—喷嘴；3—硅酸铷玻璃球；4—冷火焰带；5—放大器；6—记录仪

常用检测器的主要性能见表 3-11。

表 3-11　常用检测器的主要性能

性　能	TCD	FID	ECD	FPD
检测类型	浓度	质量	浓度	质量
适用范围	通用型	可燃有机物	电负性化合物	含硫、磷化合物
灵敏度	10^4 mV·mL/mg	10^{-2} mV·s/g	800A·mL/g	400mV·s/g
检测限	10^{-6}～10^{-10} g/mL	10^{-12} g/s	10^{-14} g/mL	硫 10^{-11} g/s 磷 10^{-12} g/s
最低检测浓度	100ng/g	1ng/g	0.1ng/g	10ng/g
线性范围	10^4	10^7～10^8	10^3～10^5	硫 10^2 磷 10^3
基流		10^{-12} A	3×10^{-8} A	10^{-8} A
响应时间	0.1～0.2s	0.01s		

3.2.5 色谱数据处理系统

色谱分析的目的是要取得所含组分的定性、定量结果，而色谱处理装置的作用就是用于给出这些结果。最早使用的装置是记录仪。它采用自动电位差计采集检测器的输出信号，绘出色谱图，然后通过手工方式进行保留时间、峰面积的测定。

随着电子学的发展，从 20 世纪 70 年代末起，各色谱厂家陆续推出自己的数字化积分仪。它不仅具有进行快速模拟记录、测定峰面积、成分定性以至定量计算等有关色谱分析的全部数据处理功能，而且可将分析结果与色谱图同时打印在记录纸上。它还可以用文件的方式存储不同分析的操作参数，只需调出文件号，不必再重新设定。即使切断电源，分析用参数也能得到保护。由于其操作简便，有广泛的应用。

20 世纪 80 年代是数字化积分仪发展的黄金时期，产品不断更新，具有大容量波形存储器，能够存储和提取色谱信号，对于一幅色谱图，可以改变波形处理的参数，进行多次重复处理。许多仪器厂家分别推出自己的积分仪。

到 20 世纪 90 年代，随着计算机技术的提高，微处理机技术有了突破性的发展，发展成为装备齐全的专用计算机。拥有独立的操作系统，其功能不仅完全覆盖前期微处理机，而且通过大容量硬盘可存储大量的谱图数据文件，并可重复调用和处理。它的谱图处理功能完全相当于 DOS 版工作站，在显示器上可直观地显示色谱图，并可进行手动的峰处理，包含调整峰起落点、增加峰、删除峰、基线调整等功能。

1. 数据处理机

由于此类产品操作系统不兼容微机的 DOS 和 Windows，可防止计算机病毒引起数据的丢失及硬件损坏。正由于此，虽然可通过处理机本身自带的 Basic 编译器改变、增加一些功能，但谱图数据不能和普通微机互用，导致扩展性较差，影响了它的使用和发展。

色谱仪器专业厂家的部分数据处理机还可通过方法文件的编辑，控制色谱仪的实验条件。如气相色谱仪的进样口温度、柱温(包括程序升温)、检测器温度和参数、液相色谱流动相流速(包括梯度洗脱)等。

使用数据处理机需要注意的问题简介如下。

在使用数据处理机前，必须先确定系统的一系列技术指标。注意系统是否适应工作需要。对使用有主要影响的参数介绍如下。

① 输入电压范围：不同的数据处理机的输入电压范围一般为－5mV～1V，应该注意所需检测的峰强度是否超出量程范围，尤其是在进行样品的归一化计算时，如果主峰超出量程而形成平头峰，将导致最终结果的偏小。通常先在高衰减的状态下，选择合适的进样量和分流比，保证所关注的峰不超载，然后选择较低的衰减，以获得较为理想的谱图。

② 最大可处理峰数：最大可处理峰数根据不同的型号在 100～256 范围内不等，一般实验均可满足。但仍应注意在采集时间很长、样品非常复杂或检测参数不合适的时候，可能导致峰数超出范围。在此状态下，可通过改变检测参数，或分段二次处理的方法得到解决。

③ 采样频率：根据不同的型号，采集频率通常为 10Hz 或 20Hz。通过研究表明，当采用梯形切片法计算峰面积时，采集点数≥20 才可获得准确的面积。因此，普通的数据处理机一般不能应用于快速色谱。

数据处理机系统一般可存储若干个文件，文件包括一套分析参数、计算参数、ID 表及时间程序。其参数结构见图 3-12。

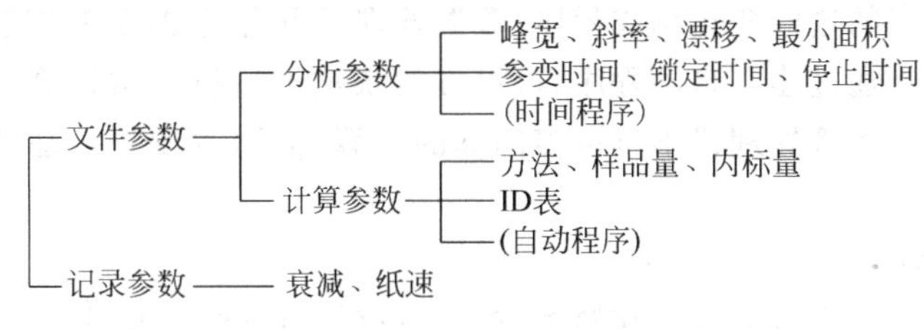

图 3-32　数据处理机参数结构

分析参数用于色谱信号的平滑、峰的检测、基线校正和重叠峰处理等；计算参数用于峰识别及浓度计算等；记录参数用于实时色谱图形的显示。

1）峰的检测

常见色谱数据处理机的峰检测使用斜率判别法（一阶导数法）。当信号的斜率超过设定值时，就判断检测到峰，峰灯亮。反之，当斜率的绝对值降低到低于设定值时就认为峰结束。一般色谱处理机均保留了基线到峰起点和峰终点的若干个采样值，对峰面积的积分不会减小。但斜率设定必须合适。斜率参数设定过大，由于保存的点数有限，会丢失部分面积，严重的会造成峰丢失；斜率参数设定过小，峰检测会引入信号波动和杂质峰。

峰宽通常确定色谱曲线的数字滤波等级，用于谱图的平滑和斜率的计算，同时也决定波形存储器中的存储精度。峰宽设定过大，容易导致多峰的合并（尤其在重叠峰条件下）或某些峰不能正常检出；峰宽设定过小又无法滤掉系统产生的小噪声，导致单一峰被检测为多个峰。在实际应用中，一般设定为最窄峰的半峰宽。

在等温条件下，随着保留时间的增加，峰宽也随之增加，其检测灵敏度也要求随之增加。通过设定变参时间，可调整不同时间段的斜率和峰宽，以增加峰检测的准确性。

2）基线修正

基线修正主要依赖于另一个重要参数：漂移。若事先未设漂移值，即默认为“0”，机器对基线作自动修正。

自动基线修正的判断依据一般为峰宽和谷宽的相对大小。当谷宽小于峰宽时，相邻的峰作为重叠峰进行垂直切割；若谷宽大于峰宽，相邻的峰按峰谷法作为基线处理。

若设定了漂移值，其修正过程将从第一个峰起点按漂移的设定值引出一条斜线，当后续峰的落点在漂移斜线之下时，就确定了组峰范围。在此范围内的峰被认为是重叠峰，作垂直切割。依此类推，完成整个谱图的基线判断。

3）时间程序

对于数据处理机来说，时间程序是非常有用的。正确使用时间程序可使分析数据更加快速、准确、有效。

按时间编制具有各种功能的表格称作 TIME PROGRAM（时间程序）。通过时间程序可以在不同的时间段采用不同的峰宽、斜率、漂移、最小面积等分析参数，获取更为准确的峰检测结果。通过对衰减、纸速等记录参数的调节，获得理想的打印输出。

4）自动程序

如果要改变条件重复分析，通常要更换各种参数（如峰宽、斜率、漂移、最小面积、变参时间、锁定时间、衰减、样品量、内标量、校准次数等)。可以把不同的条件设定在不同的文件中,每次分析时更换文件号。

如果把预先所有的这些变化编成程序,数据处理机可自动更换参数进行多次计算,这种程序称为自动程序。通过建立自动程序,可以方便快速地进行多重计算,如多内标定量、折线校准曲线定量等。尽管处理机不具备多内标的计算,但通过设立自动程序可非常方便地实现。

5) 波形存储器的应用

如果处理机配有大容量的波形存储器,就可以存储色谱图形与基线。

气相色谱的程序升温和液相的梯度洗脱时,基线波动较大,可将漂移的基线先存入存储器,然后在色谱分析时将谱图信号减去存入的基线。

6) 定性

峰定性可采用绝对保留时间法或相对保留时间法,前一种鉴别位于预定保留时间容限内的峰,后者根据分析条件变化引起保留时间的相对变动完成峰的鉴定。

7) 定量方法及 ID 表

所有的数据处理机均支持面积归一化法、外标法及内标法等定量计算方法。

面积归一法,只需要积分得到的面积,就可进行定量计算。其他方法(校正面积归一、内标法、外标法等)都需要有其他运算信息,这些信息来自 ID 表,包括峰定性标准、校正因子等。

建立合适的 ID 表(选择合适的 MODE),对正确的定量非常重要。ID 表的内容包含峰的标准保留时间、组分名等。

不同的数据处理机的部分细节有所差异,在使用前,应详细阅读使用手册。

2. 色谱工作站

进入 20 世纪 90 年代,计算机技术的发展日新月异,尤其是个人计算机的广泛普及,各种通用及专用计算机色谱工作站逐渐取代了数字化积分仪。色谱工作站除了具有积分仪具备的所有功能外,其显著的特点是数据的可移植性和再用性。一个色谱数据可通过适当的格式转换,在不同的计算机上进行调用、处理,色谱图和其分析数据可方便地应用于计算机系统的其他软件(如字处理软件、画图等)。另外,由于计算机功能的开放性,可根据用户的不同要求进行程序的改编,使用户能按自己的方式处理数据。

色谱工作站包括两大部分:硬件系统和软件系统。硬件系统包括一台通用的个人计算机、数据采集接口以及打印机等,如果要对仪器进行反控,还需色谱仪控制卡。软件部分包括数据采集、谱图处理、定性定量分析以及色谱图和分析报告的打印等。色谱工作站和数据处理机的原理十分类似,只是在结构上前者用软件代替了后者用于检测色谱峰、测定保留时间及峰面积的电路,相对而言,工作站在功能上较为全面。

目前国内、外色谱仪器厂家一般均有自己的色谱工作站,随计算机操作系统的不断更新,其版本也由原来的 DOS 版升级为 Windows 版、Windows 95 版,并在向 Windows XP 版发展。国内研制的色谱工作站的显著特点和优势在于菜单和信息的全中文显示,相对较为直观方便。另外,国内的色谱工作站研制单位若不是色谱仪生产单位,一般不具备仪器控制功能,但可连接任意厂家的色谱仪。

如果色谱工作站配备仪器控制功能,即可对色谱仪器的一般操作条件进行控制,包括程序升温(梯度淋洗)、自动进样、流路切换、阀控制等。

1）数据采集及方法设定

数据采集是工作站进行工作的基础。通过采集卡将色谱检测器的电压信号转换成数值信号，并将其实时响应显示在屏幕上。在数据采集前需确定两件事：

① 多通道的系统中由于不同数据采集通道对应不同触发开关，在用前请确认。当系统采用同步触发方式时，任何按钮效果均等。

② 根据实验需要设定合适的方法文件，一般包含设定采集通道和采集方式，各个通道的相应采集时间、延迟时间，各个通道的实验信息、峰检测参数等信息。

数据采集过程中可修改实验信息，任意延长、中断实验分析时间。为了使用户可更加方便和快速地得到定性、定量结果。在数据采集过程中可链接定量方法文件，用于在采集结束后直接计算并显示其定量结果。定量方法文件包含两部分：定量参数(样品量、内标量、谱图漂移等)、定量标准文件(相当于 ID 表，可直接输入或在定量窗口校准后得出)。

为防止由于操作系统的不稳定或其他程序的错误操作，导致系统中断引起的原始采集数据的遗失。系统采用实时存储的方法，更好地保证了实验的成功率和数据的准确性。

2）谱图处理

谱图处理是对采集的谱图进行事后处理的过程，谱图处理的准确与否直接关系到最后的定性、定量结果。

系统在结合数据滤波的基础上，采用增加斜率法进行峰检测，以便去掉噪声而且又不漏峰，从而得到满意的峰检测结果。

胶带法采用分段的方法，可在程序升温等基线漂移较大的情况下仍能获得尽可能准确的峰面积。

谱图处理窗口包括两部分：全谱图显示区和谱图放大操作区(见图 3-33)。双窗口的设计既可全面了解谱图状况，而且可对其中的局部进行放大显示，使用更为简单方便。

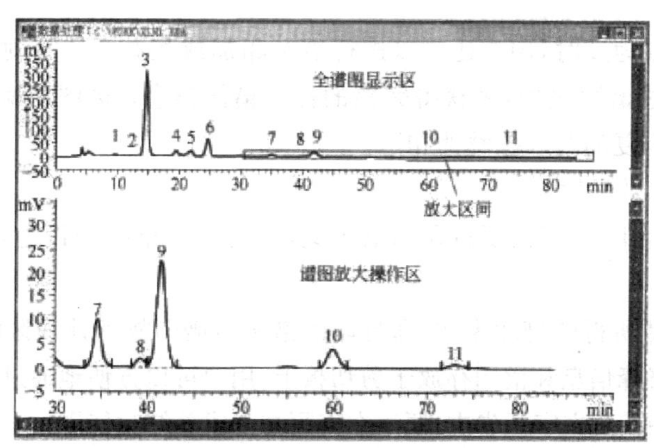

图 3-33　谱图处理窗口

用户可相当简便地获得各个峰的信息，如理论塔板数、拖尾因子等。通过这些信息可以确认柱系统、实验条件是否合适。

对谱图进行峰检测后，如果对其中部分检测结果不满意，如部分峰的基线判断不够理想或有几个需要的峰未被检出而有几个不需要的峰却被检出，用户可通过系统提供手动的增加峰、删除峰、峰形反转、调整起落点、拖尾峰处理等功能，完成对谱图检测结果的局部调整。

通过鼠标在谱图处理窗口上划定时间区间，系统将根据菜单命令在区间内增加色谱峰、删除区间内的所有峰、区间内作拖尾峰处理或将区间内的峰形反转(将负峰转换为正峰)，以获得更为准确的峰检测结果。对于噪声较大的谱图可能存在起落点不很理想的状态，系统还提供了调整起落点的功能。应该注意的是，在调整起落点和增加峰时，两个相邻色谱峰不能存在交错。

也可通过编制相应的时间程序进行谱图的后续处理。命令参数设定方式和注意事项与数据处理机相同。

3）多谱图比较

多谱图处理是一个非常重要的功能。通过标准样品和未知样品谱图的比较，可以进行未知谱图中色谱峰的定性(见图 3-34)。

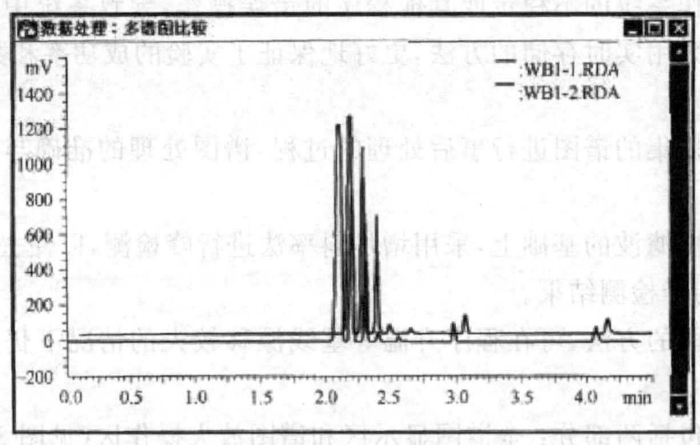

图 3-34 多谱图比较

当比较谱图个数为 2 时，用户还可以进行谱图相加或相减操作。对串联检测器采集的多通道信号可以通过谱图叠加，来获得完整的样品谱图信息；谱图相减通常用于因程序升温等原因引起的可重复的基线漂移的扣除。

4）打印、复制和数据输出

在谱图处理过程中，打开需要打印的谱图文件，通过简单打印设定，即可得到所需要的打印结果。

系统采用所见即所得的打印模式，即打印的谱图与谱图放大处理区的显示一致。

复制功能同时将峰信息和谱图存放于剪切板上，用户可以方便地通过选择性粘贴的功能，将所需的处理结果加入到文字报告中，便于在书写文章或总结时使用。

为了用户进一步进行数据处理的需要，系统提供数据输出功能(EXPORT)。根据用户设定，选择谱图数据(时间-信号)或峰信息(保留时间、峰面积等)以文本方式输出。

5）定量计算

定量分析是对样品进行定量的应用部分，系统主要提供了多种定量方法，包括面积归一法、内标法以及外标法，用户可根据需要完成未知谱图的定性、定量工作。

用户可轻松地选定、改变和删除内标峰来确定是否使用内标法或使用哪个峰为内标峰。

系统可通过输入校正因子或通过标准物质谱图计算校正因子，生成的标准文件可用于未知样品的浓度计算。

6）工作站发展趋势

随着计算机技术，尤其是网络技术的发展，色谱工作站逐渐向着多仪器控制、网络连接和使用的方向发展。

3.3　气相色谱辅助技术

3.3.1　裂解气相色谱法

1. 裂解气相色谱法概述

裂解气相色谱法（pyrolysis gas chromatography，PyGC）是在热裂解和气相色谱两种技术的基础上发展起来的。1954 年 Davison 等人首先对高聚物的裂解产物进行气相色谱分离分析，1959 年 Martin 等人将高聚物的裂解装置与色谱仪直接联机应用，由此建立了裂解气相色谱法，几十年来，通过对裂解装置的不断改进和完善，以及采用毛细管分离、程序升温和微处理机系统，这一方法不仅广泛应用于高分子领域，而且也在微生物、生物、医学、药物、司法检验、地质、矿物燃料等方面得到了日益增长的应用。方法本身，也从一种经验式的技术，发展为一门相对独立的分支学科，成为同红外光谱和核磁共振法相辅相成的，分析和研究高分子及非挥发性有机化合物的不可缺少的有效方法。

1）裂解色谱法的基本原理

高分子化合物在一定条件下热裂解成易挥发的小分子。然后将裂解的产物由载气送入色谱柱中进行气相色谱分析。由于裂解产物的组成和相对含量与被测物质的组成和结构有一定的对应关系，因此每种物质裂解后得到具有各自特征性的色谱图，称为裂解色谱的指纹图。未知物可以和已知组分的标准样品指纹图进行对照。根据指纹图中的特征峰的存在，鉴定试样的组成；由特征峰面积的大小，对裂解碎片定量，判断其结构状态。

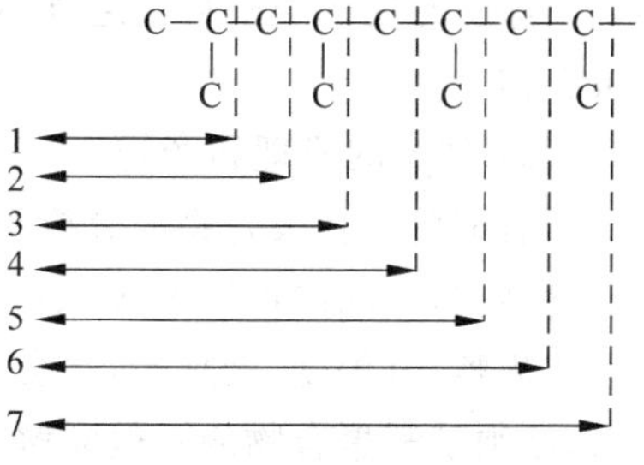

图 3-35　聚丙烯裂解时键断裂产物示意图（无规断链）

1—丙烷；2—异丁烷；3—2-甲基戊烷；4—2，4-二甲基戊烷；5—2，4-二甲基庚烷；6—2，4，6-三甲基庚烷；7—2，4，6-三甲基壬烷

例如，聚丙烯的裂解物可以形成系列的烷烃，如图 3-35 所示。裂解物各组分的相对含量，则根据裂解条件而异。又如尼龙 6 的裂解特征峰为己内酰胺单体。酚醛树脂的特征峰为甲基苯酚和 3，5-二甲基苯酚。多聚糖酯裂解后形成的烷氧基或酰基对应峰可以作为化合物的特征峰。

裂解色谱的一般过程如图 3-36 所示。

试样进入裂解器，由温度控制部件控制裂解条件，形成的裂解产物由载气输送至分离柱，将各裂解碎片组分分离，然后由检测器检测。分离柱和检测器的温度分别由另一温度控制器控制。检测的结果由记录仪记录。积分器进行峰面积

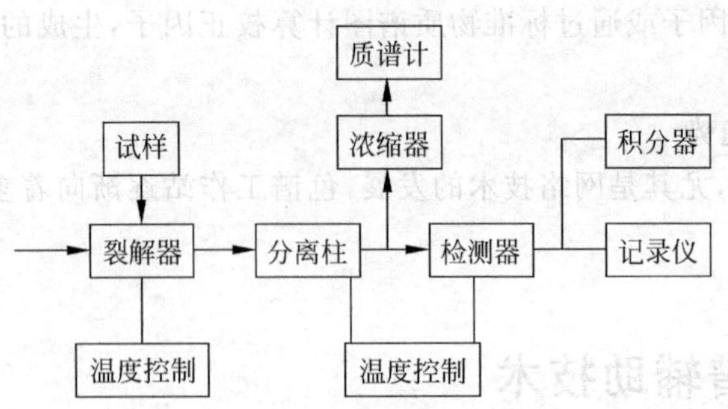

图 3-36　裂解色谱过程方框图

的统计。目前,先进的裂解色谱仪可将分离后的流出物经浓缩器浓缩,导入质谱仪解析各组分的质谱,使裂解色谱过程更完善。裂解色谱可以使用毛细管柱和程序升温技术。

2）裂解色谱的主要特点

(1) 具有较高的分离效能

在采用毛细管柱的条件下,对于同类型或相似结构的高分子物质结构间的微小差异,都能在指纹上反映出来。由特征峰及峰面积的大小可对原试样的组成和结构进行解析。

(2) 方法适用性强,应用面广

它不仅可以直接用于塑料、化纤、橡胶、树脂、微生物、多糖类、蛋白质、肽类等的定性鉴别和结构的研究,也可用于裂解动力学和高分子物质热稳定性的研究等。

(3) 方法快速、简便、裂解时间短,分析速度快

试样一般无需复杂的处理。

(4) 样品用量很少

通常用 mg 级或 μg 级。

(5) 设备简单、价廉

除了专用的裂解色谱之外,在普通气相色谱仪的进样系统上安装裂解器,就可以完成分析工作。

3）裂解的机理和产物

裂解色谱在聚合物的分析中应用得较多,它的裂解产物与它的结构密切相关。不同的化学结构,不同的连接方式(如均聚、共聚、接枝、嵌段等),不同的几何构型(线状、团状等)和立体规整性(等规、无规等)都会产生不同的裂解图谱。欲从裂解图谱中得到正确的鉴定结果,必须了解聚合物的一般裂解机理。

聚合物裂解反应的能源来自热或光,是属于连锁反应的机理。裂解温度一般在 400～900℃。其过程是首先生成游离基,反应链的负增长伴随化学键的断裂和分子量的降低,而通过游离基的重合或歧化,实现反应链终止。过程如下:

引发

$$M_n \xrightarrow{E_1} \dot{M}_1 + M_{n-1} \quad \text{(无规引发)}$$

$$M_n \xrightarrow{E_2} \dot{M}_n \quad \text{(末端引发)}$$

负增长

$$\dot{M}_i \longrightarrow \dot{M}_{i-1} + M \quad \text{(单体)}$$

链转移

$$M_i \begin{cases} \xrightarrow{M_n} M_i + \dot{M}_k + M_{n-k} & \text{（分子间链转移）} \\ \longrightarrow \dot{M}_s + M_{i-s} & \text{（分子内链转移）} \end{cases}$$

链终止

$$\dot{M}_i - \dot{M}_k \begin{cases} \nearrow M_{i+k} & \text{（重合终止）} \\ \searrow M_i + M_k & \text{（歧化终止）} \end{cases}$$

不同的聚合物尽管其结构不同，但在一定条件下其裂解过程遵循某种规律。一般有以下几种规律：

(1) 解聚断裂

凡是具有 α 取代基单体的聚合物大多趋向于这种裂解。如聚甲基丙烯酸甲酯，聚 α-甲基苯乙烯等。这种解聚方式得到的裂解产物除大量的单体外，还可能有二、三、四聚等低聚物，其相对含量与裂解技术和条件有一定的关系：

$$-\underset{O=C-OCH_3}{\overset{CH_3}{C}}-CH_2-\underset{O=C-OCH_3}{\overset{CH_3}{C}} \longrightarrow -\underset{O=C-OCH_3}{\overset{CH_3}{CH}} + H_2C=\underset{O=C-OCH_3}{\overset{CH_3}{C}}$$

(2) 无规断链

一般不含季碳原子的烯基聚合物按此法裂解，如聚乙烯、聚丙烯、聚丁二烯等。其裂解产物按碳数分布较宽，生成的单体较少。

(3) 非断链

容易实现消除反应的聚合物常出现非断链的裂解，如聚氯乙烯和聚醋酸乙烯：

$$(-CH_2-\underset{Cl}{CH}-) \longrightarrow (-CH=CH-) + HCl$$

$$(-CH_2-\underset{O=C-O-CH_3}{CH}-) \longrightarrow (-CH=CH-) + H\overset{O}{\overset{\|}{C}}-O-CH_3$$

生成的挥发性产物与原聚合物浓度有对应的量的关系，常用于定量的研究。由于裂解过程有大量不饱和的主链存在，在高温条件下会发生环合或解离等二次反应，所以伴随有一定量的苯或低聚烃的生成。

(4) 杂原子断裂

主链上有杂原子的高聚物，如尼龙 6、尼龙 66 等聚丙酰胺含 C—N 键，聚酯含 C—O 键，聚砜含 C—S 键等。裂解时首先在杂原子键上断裂，因其键能比 C—C 的键能小。

共聚物分子中单体排列方式不同(嵌段、接枝、无规等)，裂解的方式也不同。裂解产物比均聚物要复杂得多，但基本上也按上述规律进行。如果掌握一定的裂解条件，其裂解产物基本固定。

4) 裂解阶段

按照温度的不同，裂解过程分为几个阶段。

100～300℃为热降解阶段，此温度下 C—C 键破坏很少，形成的产物与原样品的分子质量差异不大。

300～500℃为缓和裂解，此时 C—C 键有一定程度的断裂。次级反应(第一次裂解的各种生成物在裂解的温度下，分子间相互作用形成新的产物，称为次级反应)很少。

500～800℃为正常裂解，此阶段 C—C 键受到破坏，产生单体较多，也有低聚物存在。存在次级反应。

800～1100℃为强烈裂解，此时 C—C 键很容易破坏形成大量碎片和少量单体，存在明显的次级反应。

由上可见，不同裂解阶段的产物不同，因此裂解温度的控制成为裂解色谱技术的关键参数。多数的有机高分子最适合的平衡裂解温度是 450～600℃，具有三元结构的高分子采用 600～800℃的温度。

2. 裂解装置

由于样品的裂解是在裂解装置中进行的，所以裂解装置的结构和性能直接关系到裂解反应结果的准确度和重现性。

整个裂解过程，必须注意下列两个因素：

首先，应使待测的样品均匀受热，迅速达到预定的裂解温度。由于高分子物质的裂解速度很快，如果升温缓慢，样品处在不等的中间温度下，容易引起非特征性的裂解。一般裂解器的升温时间是 s 或 ms 级。

其次，抑制在裂解室中生成的一次分解产物产生次级反应。要求裂解时间(指达到裂解平衡温度下的延续时间)越短越好。裂解时间长，则裂解所生成的低分子自由基相互碰撞，发生次级反应，特征峰减少并生成非特征性新物质，使色谱图复杂化而重现性差。

由于上述原因，裂解器必须具备以下基本要求：

(1) 供给稳定且充足的热能；

(2) 尽可能使试样储存器的热容量小，使升温迅速稳定；

(3) 裂解室的结构材料用不易起催化反应的石英或硬质玻璃，也有用金或铂的；

(4) 裂解室死体积应尽量小，载气线速度稍大，可以使裂解产物迅速进入柱内。

目前广泛使用的裂解器有以下几种类型。

1) 管式炉裂解器(外热式)

裂解室由石英管制成。样品放在由惰性材料制成的小舟内，小舟上方装有测温热电偶。将炉温升至裂解温度并恒定后，由推杆将样品舟推至加热区，进行裂解，并由载气带入色谱柱。其一般结构如图 3-37 所示。最初时采用卧式炉(图 3-37(a))，由于在受热过程中裂解的实际温度往往略低于炉内环境温度，一次的裂解产物在炉的四周壁上的高温区可能进一步分解产生次级反应，因而裂解图的裂解产物分布较宽，重现性差，故常用于高分子化合物的鉴定。

近年来改进了炉室结构，采用立式炉(图 3-37(b))。立式炉将样品自由降落到加热区，加热区呈锥形，死体积小，可使试样的导入和裂解的重现性提高。这种裂解器适合于分析大分子和使用较大的试样量。

2) 热丝裂解器(内热式)

通常用铂丝或镍铬丝制成螺旋式线圈作为发热元件，螺旋丝两端通以稳定的电流。试样溶于适当的溶剂中，涂在热丝上，溶剂挥发后，在螺旋丝面上形成一层薄膜，然后送入由磨

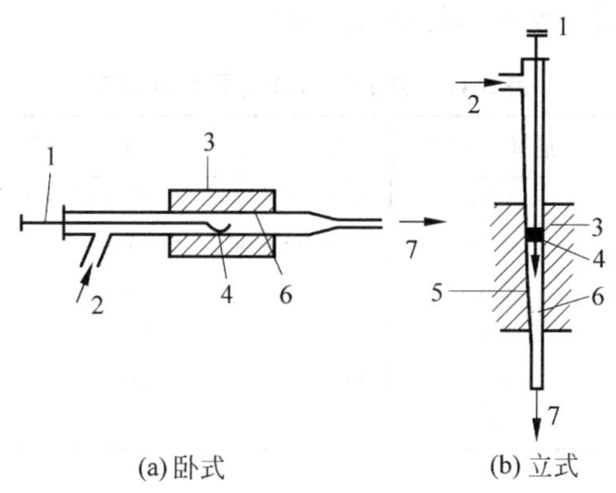

图 3-37　管式炉裂解器示意图

1—推杆或按钮；2—载气入口；3—炉身；4—样品；5—样品储器；6—加热区；7—进色谱柱

口接头的密封的裂解室内。接电后，热丝被迅速加热到一定的温度，试样瞬间裂解而随载气进入色谱柱。如果在热丝加热电源上并联电容放电电路，利用电容快速放电，可使热丝迅速加热到平衡温度，其最快的升温速度可在 10ms 内升至 700℃，次级反应降低。

热丝结构简单，但热丝的几何形状对黏着的样品量有影响。样品量大的形成的膜厚，试样在裂解中易形成温度梯度而影响裂解产物的重现。热丝式裂解器见图 3-38。

3）居里点裂解器

居里点裂解器是利用高频感应加热进行裂解。其原理是将一根铁磁丝体置于高频感应线圈内，当通电流时，形成的高频磁场使铁磁丝体产生交变磁通。由于铁磁丝体的磁矩运动的滞后效应。丝体被迅速加热，温度到达居里点（由铁磁到顺磁的转变点温度）时。铁磁体转变为顺体，此时不吸收磁场的能量，铁磁丝温度就不再上升。随着载气的流动，温度下降，当降至居里点以下时，铁磁体由顺磁又恢复为铁磁而重新吸收能量，再继续加热，如此反复，保持铁磁丝的温度稳定在居里点上下。其结构示意如图 3-39 所示。裂解的样品涂在铁磁丝上。装入石英管，固定在感应线圈的中心，线圈绕在玻璃管上被密封屏蔽。

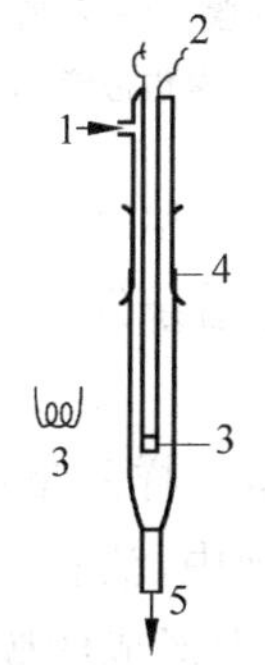

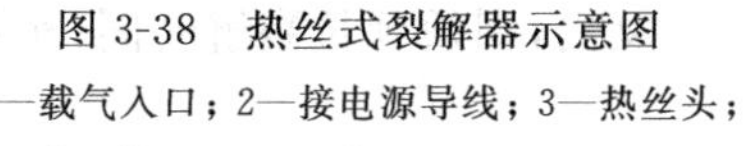

图 3-38　热丝式裂解器示意图

1—载气入口；2—接电源导线；3—热丝头；4—磨口接头；5—进柱

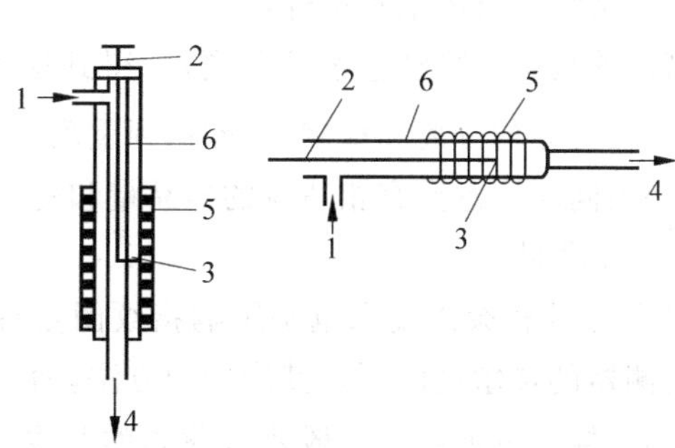

图 3-39　居里点裂解器示意图

1—载气入口；2—铁磁丝；3—样品；4—接色谱柱；5—高频加热线圈；6—玻璃管

居里点裂解器裂解温度的控制取决于铁磁丝的居里点温度，而铁磁丝的居里点温度与它的材质组成和直径有关。裂解器可配备一系列不同组成的铁磁丝以进行不同温度的裂解反应。表 3-12 给出不同组成铁磁体的居里点温度。

表 3-12　铁磁丝合金的居里点温度

合　金	比　例	居里点/℃	合　金	比　例	居里点/℃
Fe∶Co	50∶50	980	Fe∶Ni∶Cr	48∶51∶1	420
Fe	100	770	Fe∶Ni∶Mo	17∶79∶4	420
Fe∶Ni	30∶70	610	Ni∶Co	40∶60	900
	40∶60	590		67∶33	660
	49∶51	510	Ni	100	350
	55∶45	440			

铁磁丝体的直径通常为 0.5mm，升温时间大都在 100ms 以下，裂解工作时间在 0.5～1.6s。温度不能调节，只能以不同的材质选择裂解温度。

4）激光裂解器

以激光作为能源而升温裂解。激光源有红宝石、钕玻璃等固体激光器或 CO_2 气体激光器，它具有很大的能量密度。由激光器发射出来的光束，经过透镜聚焦后照射到裂解室内样品的表面，样品瞬间升温。升温的速度最快可达 10^6℃/s。到达一般的裂解温度仅需 100～500μs，比其他的裂解方式都快，是目前唯一能与高聚物裂解速度相匹配的加热方式。加热温度可达到 1200～1500℃。图 3-40 为激光裂解器示意图。

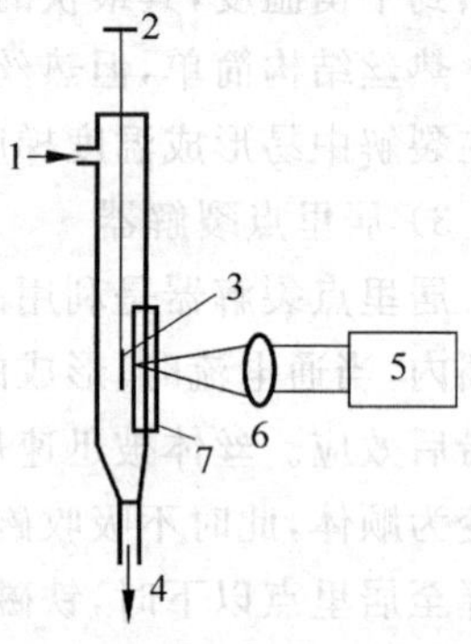

图 3-40　激光裂解器示意图

1—载气入口；2—样品棒；3—试样膜；4—入色谱柱；5—激光器；6—聚焦透镜；7—石英窗

基于激光裂解升温速度快，所以次级反应很少，而且死体积很小。如果控制好激光的能量，所得色谱图简单清晰，重现性好。但激光裂解器输出的能量不易控制，裂解温度难以准确测定。在样品的形状、色泽、表面状态不同时，吸收的能量有较大的差别。此外，它的设备较庞大昂贵，操作也较复杂。

影响裂解分析的基本条件：

试样的裂解产物经色谱柱分离后，得到检测的信息。这样，欲获得良好的分离和检测，并能达到重现的目的，除了确定裂解温度，选定合适的裂解器之外，必须同时注意要有相适应的样品量和建立标准化的最佳色谱条件与操作参数。

(1) 样品量

样品用量和涂样技术也是影响指纹图重现的一个重要因素。样品量应保持 μg 级，能满足检测器的灵敏度即可。其涂蘸的方法，通常将样品溶于溶剂中，沾在裂解丝头部，溶剂挥发，形成样品的薄膜。一般要求薄膜的厚度＜25nm。样品量大形成的膜厚，在裂解中会产生温度梯度，影响产物的分布，并造成裂解不够完全。反之，则须延长裂解时间，次级作用几率增大，使图谱的重现性变坏。

(2) 载气的性质及流速

裂解色谱以 He 作载气最佳，因 He 的热导系数较大，N_2 次之。一般不用 H_2，尽管 H_2 比 He 和 N_2 的热导系数大，H_2 会造成不饱和分解物的加氢反应。流速的控制要根据裂解时间的要求。通过实践找出合适的参数，通常线速度稍快。裂解的连续性（即裂解时间），允许在 0.1s 至 10min 的范围内变化。载气流速的变化对裂解的连续性产生一定的影响，因而流速的变化也会影响产物组成的变化。

（3）柱分离条件

选择色谱柱的分离条件需考虑被分析样品裂解可能生成的裂解产物的性质。例如烃类聚合物的裂解物，一般用非极性固定相较合适，杂多原子化合物需用极性或弱极性固定相。可靠的方法是采用 2～3 支填有不同极性固定相的色谱柱，进行多维色谱的分离，以达到不同性质裂解产物分离的目的，主要是使关键性的组分——特征峰能够准确地在色谱图上出现。

3. 裂解气相色谱法的应用

1）聚合物的定性鉴定

（1）标准样对照法

这是最常用的方法，用已知标准样的聚合物和未知样在相同的裂解色谱条件下平行操作，对比得到的指纹图以进行鉴定。尤其是对照它们的特征峰和主要裂解产物。例如尼龙 6 在正常裂解温度下得到的裂解产物为己内酰胺单体，因此己内酰胺为其特征峰：

$$—NH—(CH_2)_5—\underset{\underset{O}{\|}}{C}—NH(CH_2)_5 \quad \cdots\longrightarrow \quad \underbrace{\ulcorner(CH_2)_5—C{=}O}_{—NH—}$$

尼龙 66 的单体为己二酸与己二胺的盐，其裂解碎片的主要成分为环戊酮，它来自于己二酸，因而可以用环戊酮的峰表征尼龙 66：

$$NH(CH_2)_6—NH—CO—(CH_2)_4CO \longrightarrow \begin{array}{c} CH_2—CH_2 \\ | \qquad\quad | \\ CH_2 \quad\; CH_2 \\ \diagdown \;\; \diagup \\ \underset{\underset{O}{\|}}{C} \end{array} + CO_2$$

（2）标准图对照法

和红外光谱图相似，在文献上已发表数百种聚合物、共聚物、三元聚合物以及一些大分子化合物的裂解指纹图，可以参照对比以鉴定样品。利用文献的标准指纹图对照时，必须注意使用和标准图谱所指明的相同的裂解条件，包括裂解器、裂解温度、固定液、载体、柱温、检测器、载气及流速等。工作中一般应作出 3～5 幅图谱，统计各测量峰的平均值与文献图对照。例如，几种聚烯烃的典型裂解色谱图（质谱鉴定）如图 3-41。

裂解色谱（PGC）在高分子领域得到广泛的应用，成为分析和研究高分子的有效方法。橡胶分析的国际标准、橡胶与塑料分析的国家标准，采用的都是裂解气相色谱法。

除用于高分子材料的主成分分析外，还可用来分析材料中所含有的低分子化合物，如残留单体、溶剂以及各种添加剂、防老剂等。

（3）共聚物和均聚共混物的鉴别

MMA-St（甲基丙烯酸甲酯-苯乙烯）无规共聚物和均聚共混物在一定的裂解温度下，由于邻近效应，单体产率（Y）与组成（F）呈现不同的变化关系，因此，可以区别，见图 3-42。

无规和嵌段共聚的 P（VC-MMA）同 PVC-PMMA 共混物，在不同的裂解温度时 MMA 的

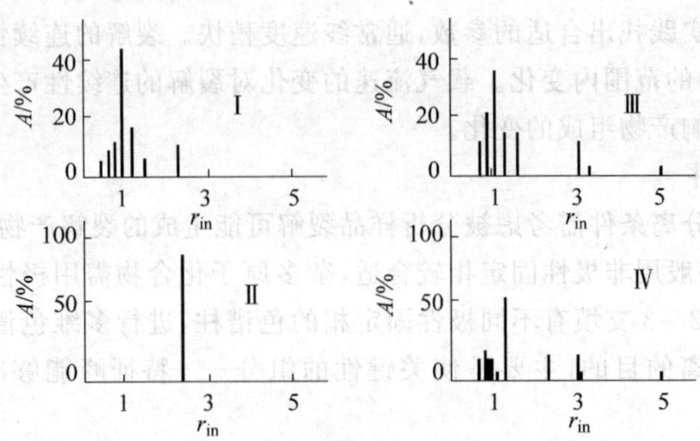

图 3-41 聚烯烃裂解色谱图

Ⅰ—乙丙橡胶；Ⅱ—聚异丁烯；Ⅲ—聚乙烯；Ⅳ—聚丙烯

(色谱条件：柱长 12ft,固定相为 20%碳酸丙烯酸酯涂于 Chromosorb P(60～80 目)上,柱温 0℃,用 FID 检测器)

产率不同,而交替共聚的 P(VC-MMA),由于分子链几乎都是 VC-MMA 单元键接,使MMA 产率很低,从而可将四者清楚地区别开,见图 3-43。

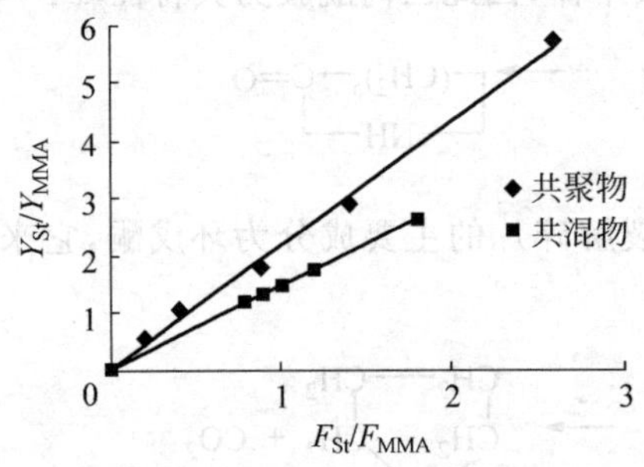

图 3-42 MMA-St 无规共聚物和均聚共混物的单体产率(Y)与组成(F)的变化关系

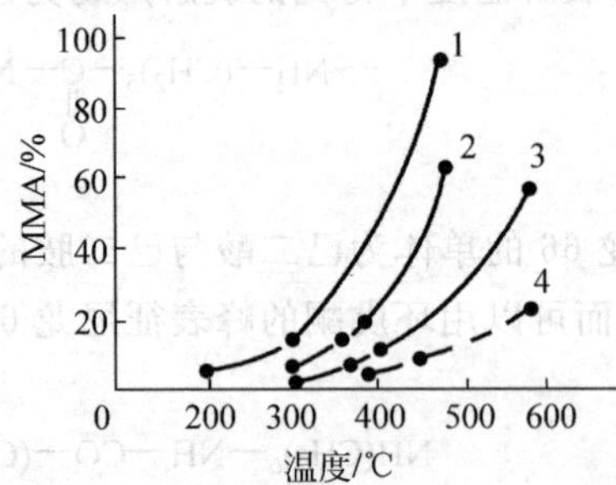

图 3-43 VC-MMA 高聚物 MMA 产率与温度的关系

1—均聚；2—嵌段共混；3—无规共聚；4—交替共聚

(4) 微量共聚组分的鉴定

P(E-P)(乙烯-丙烯共聚物),裂解时,丙烯序列通过分子内的链转移,生成特征产物 2,4-二甲基庚烯(三聚体),从而鉴定低达 1%的丙烯。

2) 高聚物和共混物组成的定量分析

(1) 二组分定量

在给定的温度下,用适量已知的标样裂解生成的特征产物峰(包括单体)构成定量参数 R_0(峰高或峰面积的比值或归一化值,或者单位质量的 h 或 A)。以 R 对相应的组分含量作图(直线或用回归分析法),得到定量工作曲线(或组成表征曲线)。这一关系曲线是线性的($y=a+bx$)或是非线性的($y=a+bx+cx^2$),式中 y 为组分含量,根据工作曲线或回归方程,由未知样品的 R 值即得定量结果。

例 1 BD-IP(丁二烯-异戊二烯)共聚物,在 550℃时裂解,生成 BD,IP 和相应的二聚体等,R 选择为$(h_{BD}/(h_{BD}+h_{IP}))$ 100%,所得工作曲线是线性的,回归方程为 $y=1.05x-$

3.90，σ 小于 2%，r=0.9995。

例 2　PSt-PPO（聚苯乙烯-聚 2,6-二甲基-1,4 对苯醚）共混物，500℃时的主要裂解产物为 St，α-MSt，甲苯等，用 St 的产率 S_0（$mm^2/\mu g$ St）作为 R，工作曲线是非线性的，回归方程为 $y=57.2-34.9x-24.4x^2$。

（2）三组分的定量

类似于二组分的定量方法，选择合适的 R（特征峰的 h 或 A，有时要乘以校正系数）分别测定每个组分的工作曲线，进行未知物组分的定量。对于三组分的共混物，可以测定两条二组分的工作曲线，对未知物定量时，从测出的两者的比值，求算各组分的相对含量。

3）热稳定性研究

裂解产物生成的速率在某种程度上反映高分子的热稳定性，速率越大，热稳定性越差，据此，一方面可考察高分子的热稳定性；另一方面，比较特征裂解产物的产率，研究添加剂对高分子的热稳定作用，例如，PVC 中加入无机添加剂硬脂酸锌，或与无机填料红泥混炼时，裂解生成的苯量剧烈降低，表明添加剂使 PVC 的稳定性提高了（这是由于 PVC 的分子链在添加剂作用下产生了交联）。

4）裂解机理研究

例如 PVA（聚乙烯醇）在 650℃的裂解谱图（除水外的主要产物）见图 3-44。

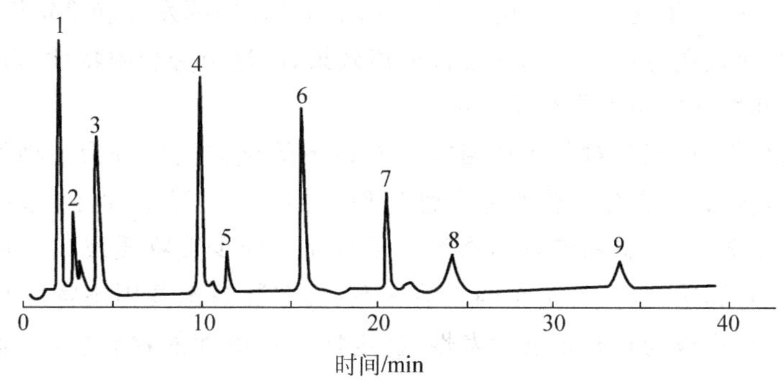

图 3-44　PVA（聚乙烯醇）650℃的裂解谱图

1—乙醛；2—丙酮；3—苯；4—丁烯醛；5—3-戊烯酮-2；6—2,4-己二烯醛-1；7—3,5-庚二烯酮-2；8—苯甲醛；9—苯甲酮

这些产物分为 3 类：水、苯和醛酮化合物，PVA 裂解是包含无规、非链和解聚断裂的自由基裂解机理。分子链的侧基消除，主链环化生成水和苯。

5）裂解反应的动力学研究

顺式-1,4-聚丁二烯在一定温度下，主要裂解产物为丁二烯，用逐次裂解法对 BD 的生成动力学进行了研究，图 3-45 为不同温度下的动力学关系。

$-\ln(1-c_t/c_0)=K_{BD}t$，从直线斜率得到 K_{BD}，可见该反应为一级反应。

6）裂解色谱法在生物、医学方面的应用

以药物分析为例，裂解色谱分析药物，以中草药为主，对当归等 4 种中草药的研究表明，可以得到重复的相互区别的裂解谱图，每种药材的有效成分在谱图上以特征峰反映出来，依其强度可评价药材的质量，不同地区、同一药材的谱图有差别，从而可加以鉴别。

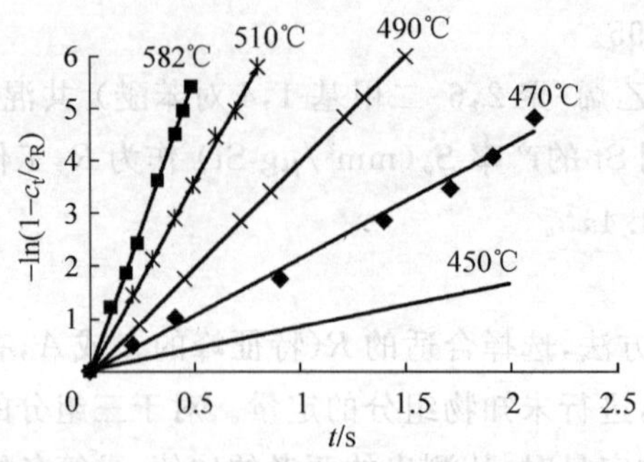

图 3-45　$-\ln(1-c_t/c_R)$与 t 的变化关系

应用 PGC 法，解析、比较裂解谱图，可以识别人参、麝香、牛黄等名贵药材的真伪性。

3.3.2　衍生气相色谱法

1. 方法原理、特点及适用范围

衍生气相色谱法是指欲测试样品在适当条件下与所选用的试剂作用，使其转化成为满足色谱分析要求的既定物质后，再进行色谱分析的方法。

气相色谱试样的衍生处理，其目的不仅在于增加试样的挥发性和稳定性，从而扩大气相色谱的应用范围，而且还可用此法达到改善分离效果，改进组分吸附特性，帮助未知物定性，提高检测灵敏度和增加定量可靠性等目的。

对气相色谱分析，可把相对分子质量在 500 以下的试样大致分为 3 种类型：一是有足够的挥发性和稳定性；二是有足够的挥发性但稳定性差；三是极性强、挥发性低及稳定性差的。在常温常压下，呈气态和液态的物质以及呈固态的少数物质属第一种类型。色谱分析前不必处理，而对属第二、三种类型的少数气态、大多数液态及固态物质则需进行适当的衍生化处理，使其转化成为具有足够挥发性、稳定性及灵敏度的物质后，才能进行气相色谱分析。

2. 衍生化方法

衍生法种类很多，色谱试样处理常用的衍生法主要有硅烷化法、酯化法、酰化法、卤化法、醚化法、成肟和成腙法以及无机物试样的衍生法等。简要介绍如下。

1）硅烷化衍生法

甲基硅衍生物在气相色谱样品处理中应用最多，可对醇、酚、酸、胺等物质进行处理。以三甲基硅类给予体为例说明如下：

$$\left.\begin{array}{l}—OH\\—COOH\\—SH\\—NH_2\\—NH\end{array}\right. + 三甲基硅给予体 = \left.\begin{array}{l}—O—Si(CH_3)_3\\—COO—Si(CH_3)_3\\—S—Si(CH_3)_3\\—NH—Si(CH_3)_3\\—N—Si(CH_3)_3\end{array}\right.$$

硅烷化反应一般数分钟内即可完成，但某些化合物，如甾族化合物等则反应时间较长。常用的硅甲基化试剂见表 3-13。

表 3-13　常用的硅甲基化试剂

试　剂	分子式
N-三甲基硅乙酰胺	$CH_3CONHSi(CH_3)_3$
N-甲基-*N*-三甲基硅三氟乙酰胺	$CF_3CONCH_3Si(CH_3)_3$
N-三甲基硅环丙二胺氮	$(CH_3)Si—NCH═NCH═CH$
N-三甲基硅二乙基胺	$(CH_3)_3SiN(C_2H_5)_2$
三甲基氯化硅	$(CH_3)_3SiCl$
二甲基氯化硅	$H(CH_3)_2SiCl$
氯甲基二甲基氯硅烷	$(CH_2Cl)(CH_3)_2SiCl$
六甲基二硅胺	$(CH_3)_3SiNHSi(CH_3)_3$

2）酯化衍生法

有机酸类一般极性较强，若再含有卤素、S、N 等官能团则极性更强，且大多数有机酸的挥发性、热稳定性较低，所以除了低级脂肪酸外，大都是转化成酯类衍生物以增加其挥发性和热稳定性。最常用的酯化方法有下列几种。

（1）甲醇法

$$RCOOH + CH_3OH \xrightarrow[\triangle]{\text{催化剂}} RCOOCH_3 + H_2O$$

催化剂使用硫酸、盐酸时需回流，费时较长。若用三氟化硼作催化剂可在室温下完成。通常是先将三氟化硼通入甲醇中配好酯化剂，然后进行酯化反应。

（2）重氮甲烷法

$$RCOOH + CH_2N_2 \longrightarrow RCOOCH_3 + N_2$$

此法简便，有效，不引入杂质，转化率高，但反应要在非水溶液中进行。另应注意，重氮甲烷为极毒且具有爆炸性的黄色气体，在光、热的作用下易分解，需要临时制备。

（3）三氟乙酸酐法

$$RCOOH + R'OH \xrightarrow{(CF_3CO)_2O} RCOOR' + H_2O$$

此法特别适于空间位阻较大的羧酸与醇或酚的酯化。例如，1，3，5-三甲基苯甲酸与 1，3，5-三甲基酚的酯化反应，可采用此法。

3）酰化衍生法

此法适用于含氨基、羟基、巯基试样的预处理，最常用的酰基化试剂是相应的酸酐，反应如下：

$$\left\{\begin{matrix} RNH_2 \\ ROH \\ RSH \end{matrix}\right. + (R'CO)_2O = \left\{\begin{matrix} RNHCOR' \\ ROCOR' \\ RSCOR' \end{matrix}\right.$$

以乙酸酐为酰化剂时，可适量加入吡啶、二甲苯胺、乙酸钠等碱性物质以加快反应。如果反应过于激烈，可适量加入乙醚、苯、甲苯等溶剂稀释。如果采用含卤素酰化剂，如三氟乙酸酐等，则衍生物可采用电子捕获检测器检测，以获得更低的检测限。

4）卤化衍生法

在试样化合物中引入卤素后，可适合用电子捕获检测器检测，能大大降低检测限，对微量分析尤为有效。同时也改善了挥发性和稳定性。常用卤化衍生法有以下 3 种。

(1) 卤素法

用卤素直接作为衍生化试剂,对欲测的色谱试样进行的衍生处理方法。该法主要有加成法和取代法两类。反应如下:

$$RCH{=}CH_2 \xrightarrow{Cl_2} RCHClCH_2Cl$$

$$HC{\equiv}CH \xrightarrow[CHCl_3]{Br_2} CHBr{=}CHBr \xrightarrow[CHCl_3]{Br_2} CHBr_2CHBr_2$$

$$C_6H_6 \xrightarrow[Fe]{Cl_2} C_6H_5{-}Cl + Cl{-}C_6H_4{-}Cl$$

$$CH_3COOH \xrightarrow{Cl_2,\ P} ClCH_2COOH$$

(2) 卤化氢法

此法常用氯化氢和溴化氢为衍生化试剂,与不饱和键发生加成反应,与羟基发生置换反应。反应如下:

$$RCH{=}CH_2 \xrightarrow{HX} RCHXCH_3$$

$$RCH\underset{O}{-}CHR' \xrightarrow{HX} RCHOHCHXR'$$

$$ROH \xrightarrow[ZnCl_2]{HX} RX + H_2O$$

(3) *N*-溴代-丁二酰亚胺(NBS)法

NBS 系选择性很强的卤化衍生化试剂,它主要作为烯丙位氢原子的溴代试剂。反应如下:

$$>C{=}C{-}\underset{H}{\overset{|}{C}}{-} \xrightarrow{NBS} >C{=}C{-}\underset{|}{\overset{|}{C}}{-}$$

$$C_6H_5{-}CH_3 \xrightarrow{NBS} C_6H_5{-}CH_2Br$$

5) 成肟和成腙衍生法

将羰基化合物转化成肟和腙后能提高其稳定性和改善色谱峰不对称性。反应如下:

$$R{-}ONH_2 + O{=}C(R_1)(R_2) \longrightarrow RON{=}C(R_1)(R_2) + H_2O$$

$$(R')(R)N{-}NH_2 + O{=}C(R_1)(R_2) \longrightarrow (R')(R)N{-}N{=}C(R_1)(R_2)$$

羰基化合物与羟氨、甲氧基氨、苯氧基氨之间所进行的反应,常常在吡啶溶液中进行。反应完毕后,经加热或通入氮气带走溶剂吡啶,所得产物用乙酸乙酯溶解,摇匀后即可取样进行气相色谱分析。

6) 无机物衍生法

在无机物中,有少数化合物能够直接用气相色谱分析。如水、某些无机气体、某些金属的氯化物和氟化物等。其分析方法也早有报道。但目前用气相色谱可以测定的几十种无机阴离子和金属离子几乎都是通过衍生化以后进行的。例如 Fe^{3+} 的测定，将其水溶液 pH 调至 5，加入六氟间戊二酮螯合剂的己烷溶液与其作用，激烈振荡，作用完毕后弃去水相，浓缩后即可取样进行色谱分析。反应方程式如下：

$$Fe^{3+} + CF_3-\overset{\overset{O}{\|}}{C}-CH_2-\overset{\overset{O}{\|}}{C}-CF_3 \longrightarrow \begin{matrix} CF_3 & & CO \\ C & :\ddot{\underset{..}{O}}: & Fe \\ CF_3 & & CO \end{matrix}$$

又如，NO_3^- 的测定，在酸性条件下与苯反应生成硝基苯，然后用带有电子捕获检测器的气相色谱仪分析测定生成的硝基苯，从而间接测定 NO_3^- 的含量。

近年来发展了一种间接衍生法，就是以金属或非金属离子为催化剂，对某些衍生反应起催化作用。在一定浓度范围内，由于衍生产物的色谱响应值与催化剂的加入量呈线性关系，因此，通过测定衍生产物的色谱响应值可间接测定无机离子的含量。以铅为例，它可对下列反应起良好的催化作用：

$$C_6H_5N^+{\equiv}N + CN^- \xrightarrow[CuCl_2]{Pb^{2+}} C_6H_5CN + N_2$$

实验表明，Pb^{2+} 的浓度在 0.5～200μg/mL 时，1mol 的 Pb^{2+} 能产生 5mol 的苯甲腈，放大系数为 5。采用该法对铅的检测限可达 0.028μg/mL，适合微量组分的测定。

3. 衍生气相色谱法的应用

1）抗坏血酸及其降解产物的硅烷化衍生气相色谱分析

抗坏血酸及其降解产物是强极性多羟基水溶性化合物，而且其中某些糖类化合物的紫外吸收很弱，无论用纸色谱、薄层色谱还是液相色谱，均难理想分离。采用三甲氯硅烷衍生化后再进行色谱分析，获得了满意的分离效果，如图 3-46 所示。此法尤其适用于分析微量降解产物。

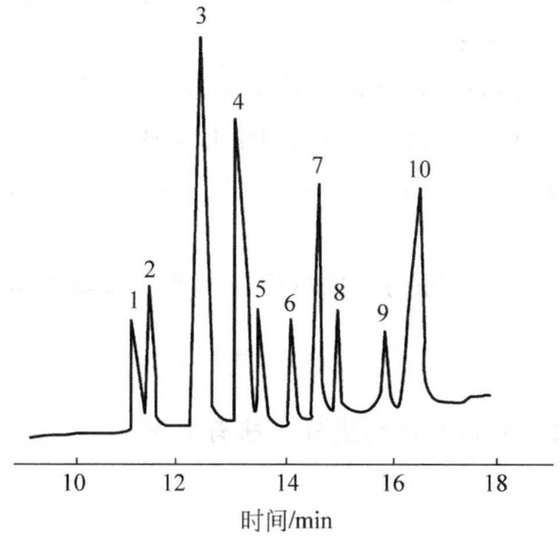

图 3-46　抗坏血酸及其降解产物衍生色谱分析

1,2,3,4—TMS 木糖(1,2 分别为 α,β 呋喃型；3,4 分别为 1,2 的异构体)；5,9—2,3-二酮-1-古洛糖酸的 TMS 衍生物；6—去氢抗坏血酸 TMS 衍生物；7,8—2-酮-L-古洛糖酸的 TMS 衍生物；10—抗坏血酸的 TMS 衍生物

2) 痕量铝的 TPM 衍生气相色谱分析

采用三氟乙酰基特戊酰基甲烷(TPM)为螯合剂,在均相条件下与铝作用,生成具有挥发性及热稳定性的螯合物。即可进行气相色谱分析。此法可用于天然水、生物等环境样品中铝的测定,检测限为 1.0×10^{-12} g。

3.3.3 顶空气相色谱法

顶空气相色谱法是指用气相色谱法来分析封闭系统中与液体或固体达成热力学平衡的气相,从而间接测定液相或固相样品中的被测组分。该法选择性强,灵敏度高,基体干扰小,不需样品前处理,能解决一般色谱法难以解决的问题,已成功地用于检测血液、尿液、水质,动物组织、食品、天然产物以及药物等样品中残留挥发物的分析。本节介绍的方法又称静态顶空色谱法,以区别于用惰性气体驱除液上气体,再富集解析,而后进行色谱分析的动态顶空色谱法。

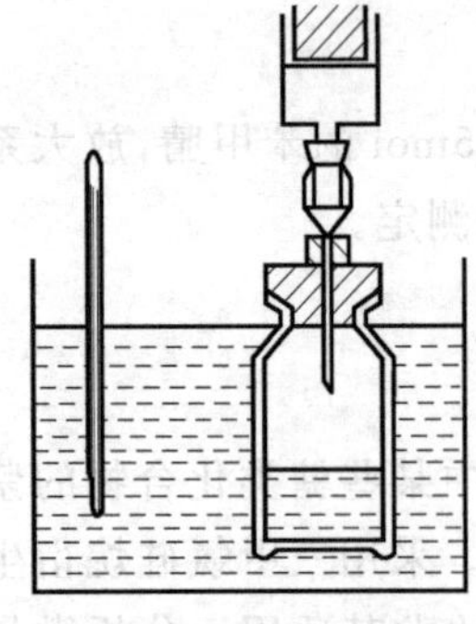

图 3-47 人工注射器进样装置

1. 进样技术

1) 人工注射器进样

图 3-47 是最简单的人工注射器进样装置。按要求的温度、时间将样品瓶置恒温水浴中平衡后,用玻璃注射器通过活动橡胶塞及密封橡胶刺入瓶内吸取液上空间的平衡气体(0.5～5mL)进样。在吸取样品后转移过程中应注意用活动胶塞封住注射器针尖。此法简便,快速,实用,但误差较大,如样品瓶、密封橡胶,注射器对样品的吸附,取样过程中样品的散失和冷凝等,为减少误差,应注意以下几点。

① 注射器预热温度应稍高于恒温水浴。

② 平衡时间应为 30min 左右。

③ 应保持样品瓶、注射器每次进样时温度的重现性(≤±0.1℃)。

④ 注射器密封良好,进样速度要快,以避免谱带扩张。

⑤ 在样品瓶外密封胶帽上方,可置一活动橡胶塞,在移取样品过程中用来封住注射器针尖,以减少样品的逸散损失。

⑥ 样品瓶密封胶帽与样品接触的一面可用薄金属片或聚四氟乙烯片覆盖,以减少对气体组分的吸附。

2) 自动进样

目前用于毛细管柱顶空分析的自动进样方法有 3 种:

① 不分流等压进样;

② 平衡压进样;

③ 高压进样。

图 3-48 是该进样器结构与连接示意图。装置中包括一个可上下移动的针头,针头上有两个漏孔,并用 3 个 O 形垫圈进行密封。在初始位置时,针头下端漏孔处在圆筒下部两个 O 形垫圈之间与大气隔绝,此时载气大部分经电磁阀 V_1 到柱子,小部分冲洗针筒,将所有

残留的样品蒸气经电磁阀 V_2 放空，整个进样装置通过一个加热的金属导管与色谱柱箱连接。

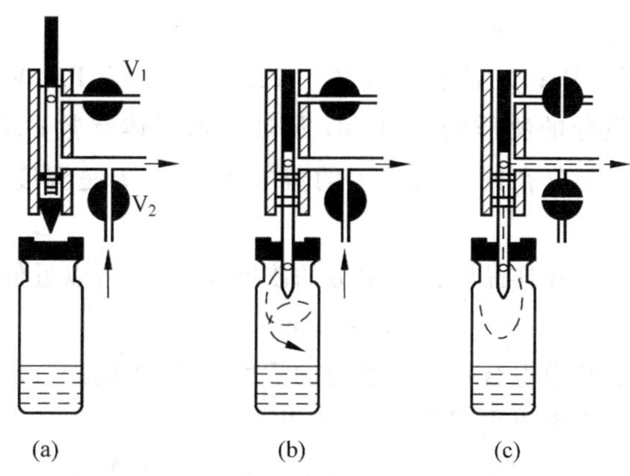

图 3-48　不分流等压进样过程

（1）不分流进样

图 3-48 说明不分流等压进样的过程。图中(a)是取样前的初始态。图(b)是增压阶段，此时针头插入顶空瓶内，载气通过针头上端漏孔压入瓶中，瓶内压力升高。当升至与柱前压相等时，将 V_1 和 V_2 两阀关闭，即为图(c)进样阶段。瓶内超压部分通过针头漏孔向色谱柱释放，同时也将挥发组分送入柱内。数秒钟后，进样完毕，V_1，V_2 重新打开，载气将针头和针筒内所有残留样品气一并吹入顶空瓶内或由 V_2 阀放空，并连续对瓶内压缩准备第二次进样。进样体积可由柱子进口载气流速和进样时间算出。

（2）平衡压进样

平衡压进样通常都采用分流方式进行，操作步骤与不分流等压进样基本相同，不同的只是进样时放空阀打开。由于顶空瓶内气相样品组分均匀分布，因此不存在非线性分流问题。

（3）高压进样

在图 3-48(a)的 V_1 阀前增加两个电磁阀，以供在向瓶内压缩载气时使顶空瓶内的压力高于柱静压，进样方法与(1)中所述相同。高压进样可以分流或不分流方式进行。由于顶空瓶内压力高于柱前压，样品输送过程经常处于压缩状态，因此易选用粗和短的毛细管柱进行分离。

2. 液上气相色谱的定性与定量分析

液上气相色谱的定性分析与一般色谱相同。需要已知标准物质对照以及与其他分析方法结合等才能完成，和质谱、傅里叶红外联用是目前最准确、快速的方法。

液上气相色谱的定量分析相对要复杂一些，因为只有当样品中的组分含量与其平衡气相中对应组分的蒸气压呈线性关系时，定量测定才能准确进行，实际样品不一定都符合理想状态。由于样品性质和浓度的影响，液上气体分析可分为以下两种情况。

1）理想溶液样品

溶液中分子间吸引力、距离相同，行为符合拉乌尔定律的溶液叫理想溶液。例如，苯和甲苯、正己烷和正庚烷、O_2 和 N_2、甲醇和乙醇的混合物溶液等。

对于这类样品溶液,定量测定可依据理想气体的道尔顿定律和理想溶液的拉乌尔定律。

$$p=\sum p_i=\sum(n_iRT/V)$$

$$p_i=p_i^0X_i$$

式中,p 是液上气体总压,Pa; p_i 是液上气体中 i 组分的分压,Pa; V 是液上气体总体积,L; n_i 是液上气体中 i 组分的物质的量,mol; R 是摩尔气体常数; X_i 是样品溶液中组分的摩尔分数; p_i^0 是纯 i 组分在同一温度下的蒸气压,Pa; T 是温度,K。

2) 非理想溶液样品

该类溶液比较复杂,但在样品中被测组分的浓度较低时,可以近似用亨利定律来处理。

$$p_i=r_ix_ip_i^0$$

在这种情况下,只有知道混合物中各组分的活度系数,才能进行定量计算。

在定量分析中,下列因素可引起误差,应加以注意:

(1) 当样品中被测组分浓度较高时,组分蒸气压与其在样品中摩尔分数的关系不呈线性关系,此时不能用上述公式定量计算。应按实际校正结果计算。

(2) 样品中各组分的浓度差别较大时,会引起较大的偏差,需专门校正。

(3) 将某些电解质加入到液体样品中使组分的活度系数增大,可以提高液上气体中被测组分的浓度,从而减小定量误差。如在水溶液中,可加入某些无机盐(硫酸的钠、钾、铵盐等)来提高挥发性组分在气相中的浓度。

3.3.4 全二维气相色谱法

1. 全二维气相色谱法概述

全二维气相色谱(comprehensive two-dimensional gas chromatography, GC×GC)是20世纪90年代发展起来的具有高分辨率、高灵敏度、高峰容量等优势的崭新分离技术,是复杂体系分离分析的强大工具,是气相色谱技术的一次飞跃。它一出现,就吸引了广大分析工作者的关注,在短短的二十几年间,得到了迅速发展和完善,应用逐步扩大。

目前使用的大多数气相色谱仪器为一维色谱,即使用单根柱子,适合于含物质种类较少的样品分析。对于复杂体系,一维色谱的峰容量不够,重叠严重,定性定量不准确。

对峰重叠有两个解决办法,一是使用选择性检测器(如 MS 检测器),二是提高系统的峰容量。使用选择性检测器的方法可以选择性地检测某些物质,要求互相重叠的峰在检测器上有不同的响应,才能发挥作用。采用化学计量学的方法虽然可以对 GC-MS 的分析结果进行较精确的定性,但毕竟是有限的。对单柱系统来说,靠提高峰容量来提高分辨率是非常有限的,因为分辨率与柱长的平方根成正比,而分析时间却与柱长成正比地增加。对痕量组分,使用长柱会使峰展宽而使得检测限变差。

多维色谱可以极大地增加峰容量。传统的多维色谱(GC + GC)如中心切割式二维色谱拓展了一维色谱的分离能力,改进了部分分离问题。但由于组分没有经过聚焦直接进样,使第二维峰展宽而分辨率下降。这种方法第二维的分析速度一般较慢,它只是把第一支色谱柱流出的部分馏分简单地转移到第二支色谱柱上,进行进一步的分离,不能与一维的信息达到完全结合。Bushey 和 Jorgensen 等人在20世纪90年代初将离子交换色谱和排阻色谱巧妙地组合,第一次实现了全二维色谱。目前正在发展的全二维分离方法有 GC×GC, HPLC×HPLC,HPLC×CE,CE×CE 等,大大扩展了一维色谱等的分离能力,为复杂体系分析开辟了新途径。目前全二维气相色谱发展得比较成熟,达到了实用水平。

全二维气相色谱是把分离机理不同而又互相独立的两根色谱柱以串联方式结合成的二维色谱,两根色谱柱由调制器连接,起捕集、聚焦、再传送的作用(如图 3-49 所示)。经第一根色谱柱分离后的每一个峰,都需进入调制器再以脉冲方式送到第二根色谱柱进行进一步的分离。二维信号矩阵经处理后,得到以柱 1 保留时间为第一横坐标、柱 2 保留时间为第二横坐标、信号强度为纵坐标的三维色谱图。

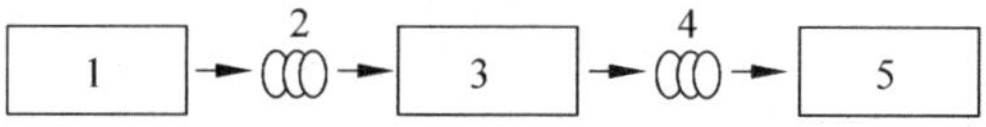

图 3-49 全二维色谱示意图

1—进样器;2—柱 1;3—调制器;4—柱 2;5—检测器

全二维气相色谱具有如下特点:

(1) 分辨率高、峰容量大。

(2) 灵敏度高,可比通常的一维色谱提高 20～50 倍。

(3) 分析时间短。由于样品更容易分开,总分析时间反而比一维色谱短。

(4) 定性可靠性大大增强。

(5) 由于系统能提供的高峰容量和好的分辨率,一个方法可完成原来要几个方法才能做到的任务。它的这些特点使得其将在复杂样品分析中发挥积极作用。

2. 调制器

调制器是 GC×GC 的核心,所以 GC×GC 的发展主要集中在调制器的发展上。1995 年,Liu 和 Phillips 利用他们以前在快速气相色谱中使用的在线热解析调制器,实现了全二维气相色谱,原理是利用厚液膜调制管吸附柱 1 流出的组分,利用热脱附使组分快速进入柱 2。热调制的方式其后有不同发展。1997 年,Marriot 和 Kinghorn 等人用冷阱实现了全二维气相色谱,它是通过移动的冷阱吸附和脱附组分进行调制。这两种调制方法代表了 GC×GC 调制的两个方向,各有优缺点,但调制的效果相似。1999 年,美国 Zoex 公司用开槽式热调制器初步实现了全二维气相色谱的商品化。2000 年,Zoex 公司的 Ledford 等人改进了开槽式热调制器,在调制管的末端加冷气以加强固定液对组分的吸附作用,改善了低沸点组分的调制效果,减小了峰宽,并且柱 1 可以使用长柱。实验还表明使用喷气调制方式可以消除调制管周围的运动部件,使调制器简单实用。很快,他们实现了这一目标,从而彻底消除了调制管附近的运动部件,取消了厚液膜调制管,直接用柱 2 的一部分起调制管作用,柱 1 长度不受限制;柱系统的更换和连接更简单、方便。调制器需满足以下条件:

(1) 能定时捕集和聚焦从第一柱流出的峰;

(2) 能迅速转移很窄的区带到第二柱的柱头,起第二维进样器的作用;

(3) 这种聚焦和再进样的过程应是可以重现的,而且对所有物质是非歧视性的。

有多种方式可实现上述目的。

GC×GC 的调制器已从最初的阀调制(已不再使用),发展到目前的热调制、冷调制和冷喷调制。冷调制和热调制各有优势,但冷喷调制已逐步显示出它的优越性,有取代前两种调制方式的趋势。

1）阀调制器

仪器流程见图 3-50。尽管它已用于研究用化学计量学处理 GC×GC 数据，但此法不适于实际应用。因为这种方法有两个严重缺陷：①载气需要以很高的流速通过第二根柱；②样品的大部分被放空，从第一根柱流出的峰仅一小部分经阀切换被送进第二根柱。

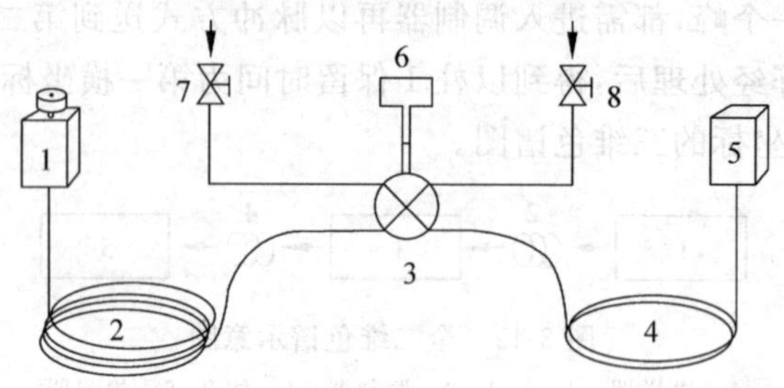

图 3-50　阀调制器示意图

1—进样器；2—柱 1；3—调制器；4—柱 2；5—检测器；6—控制阀；7—补偿 He；8—分流

2）热调制器

这是在全二维气相色谱中最先发展成熟并已商品化的调制技术。温度的改变，可以使几乎所有挥发性物质在固定相上吸附和脱附。Phillips 等设计了一个两段式镀有含金的导电涂层的毛细管，用于对柱 1 流出峰的富集和快速热脱附。这个调制器获得了一些好结果，但由于涂层常被烧坏或毛细管易断裂，不得不经常替换。涂层的不均匀也带来一定问题。De Geus 等也获得类似的结果，他们使用紧密缠绕在毛细管外表面的铜线来加热调制器中的毛细管。

为了克服金属涂层二段调制器的缺陷，Ledford 和 Phillips 设计了一种基于移动加热技术的调制器（如图 3-51 所示），它使用一个步进电机带动开槽式加热器，扫过厚液膜调制管来达到局部加热的目的，使吸附在调制管上的组分热脱附、聚焦并以很窄的区带进入柱 2，进行色谱分离。此设计的最重要优点是：该加热器热量足够大，可提供一个稳定的很好控制的温度。

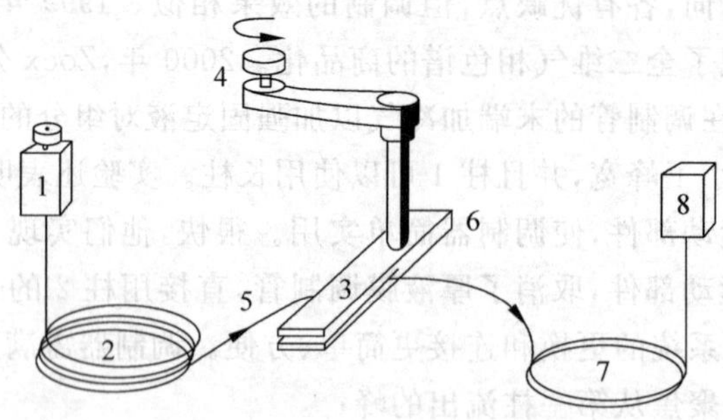

图 3-51　开槽式热调制器示意图

1—进样器；2—柱 1；3—开槽加热器；4—步进电机；5—接头；6—调制器；7—柱 2；8—检测器

这种热解析调制器已在实验室中获得满意的结果，主要缺点是调制器温度必须比炉温高约 100℃，从而使第一柱的最高使用温度受到限制，对低沸点物质调制效果不好。

3）冷阱调制器

冷阱系统也可以用做调制器(如图 3-52 所示)。调制器由移动冷阱组成,形成可以径向移动的调制冷阱系统(LMCS)。第一根柱的谱带在冷阱调制器中被捕获、聚焦,调制器以一定频率从 T 位(捕集)到 R 位(释放)移动。在 R 位,冷却的毛细管开始由炉温加热,被捕集的馏分被立即释放,以很窄的区带进入柱 2 开始色谱分离。同时,从第一根柱流出的馏分被冷阱捕集。经过一个调制周期后,这个过程将重复,直到第一根柱分析的结束。

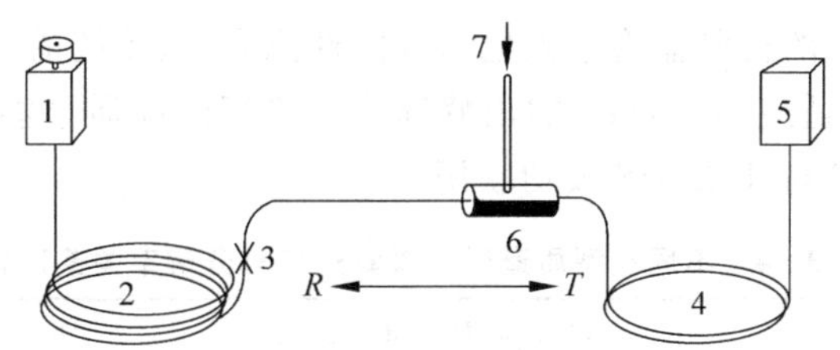

图 3-52　冷阱调制系统(LMCS)示意图

1—进样器；2—柱 1；3—接头；4—柱 2；5—检测器；6—移动冷阱；7—二氧化碳

这个方法的主要好处是调制器中的组分靠正常的炉温即可脱附,使系统比热调制系统能处理更高沸点的样品。明显缺点是：调制管中的固定相处于低达－50℃ 的状态,温度较低时,脱附效果不好,峰常展宽。

4）冷喷调制

如图 3-53 所示,冷喷调制方式最初是对开槽式热调制的改进。Ledford 等人在其调制管的末端加一股不间断的冷气加强聚焦作用,调制时,冷气被加热器隔断。调制效果有改善,峰宽减小,对于低沸点物质效果改善显著。受此启发,他把这种方法进一步发展成冷喷调制。调制器分别由上游和下游两组冷气和热气的喷口组成。工作时,上游和下游的热气和冷气周期交替喷在毛细柱上,实现聚焦和脱附再进样作用。

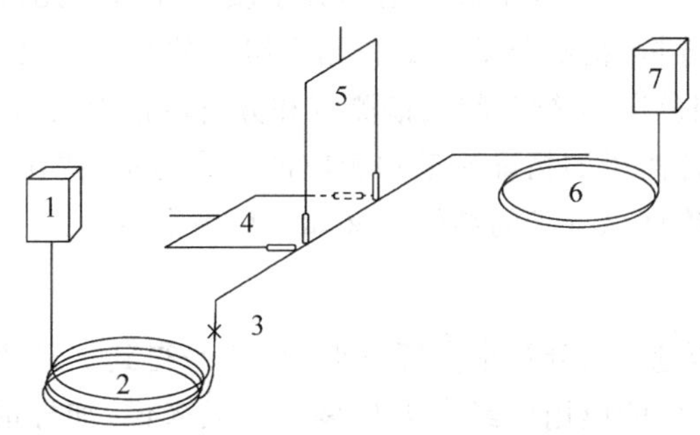

图 3-53　冷喷调制示意图

1—进样器；2—柱 1；3—接头；4—热喷气口；5—冷喷气口；6—柱 2；7—检测器

冷喷调制主要有以下优点：①结构简单,易于维护；②操作简单；③调制效果好,峰对称度高；④调制器对第一柱的使用温度没有限制。

3. 柱系统

一般来说,柱 1 是非极性柱(厚液膜或长柱),用于产生一个相对较宽的峰。柱 2 使用细内径薄液膜柱,有助于获得第二维的最快分析速度、最大柱效,同时分析时间最短。柱 2 通常采用的固定相是有一定极性的 PEG-20M,OV-17 和各种环糊精手性柱。

4. 检测器

GC×GC 中第二维分离非常快,应在调制周期内完成第二维的分离,否则,前一脉冲的后流出组分可能会与后一脉冲的前面组分交叉或重叠,引起混乱。因此,检测器的响应时间应非常快,采集速度至少应是 100Hz。GC×GC 主要使用 FID 作检测器,但可以预料,其他的气相色谱检测器,如 ECD,SCD 等,均可在 GC×GC 中使用。

质谱作为 GC×GC 的检测器将很大地增强定性能力,但传统的四极杆质谱采集速度慢(如表 3-14 所示),不能适应 GC×GC 的出峰速度。飞行时间质谱能以高速扫描(每秒 500 次扫描),已有 GC×GC 与 TOFMS 成功联用。

表 3-14　不同类型质谱最大采集速度与分辨率关系比较

类　型	最大采集速度/(幅·s)	最大采集速度时的分辨率
磁质谱	1	降低
四极杆质谱	5	降低
离子阱质谱	10	降低
飞行时间质谱	500	独立

飞行时间质谱术(time-of-flight mass spectrometry,TOFMS)是利用飞行时间质谱仪来鉴定原子或分子的技术。当中性的原子或分子在静电场中瞬间被游离时,即成为具有动能的离子,这些离子被加速飞行经过大约 1m 的零电场导管到达粒子侦测器。由于飞行距离(L)是已知的定数,精确记录离子飞行时间(t),即可得到离子的速度($v = L/t$)。而离子的动能 E 也是已知的定数,从 $E = \frac{1}{2}mv^2$ 即可得到离子的质量。简单地说,测得离子飞行的时间即可得到原子或分子的质量。该技术具有分辨率和灵敏度高、质量范围宽、功能较全等特点。可以通过其化合物的指纹谱确定精确分子质量并给出元素组成,故能够适用于大部分有机化合物的结构分析、精确分子质量和元素组成的测定。已有将 TOFMS 成功运用于中药分析,如采用气相色谱-飞行时间质谱测定和分析芦根中的阿魏酸。根据质谱提供的分子离子和 8 个特征碎片离子的精确质量和相应的元素组成,提出了阿魏酸分子的裂解途径,结合谱图检索,从而确认该分子的结构。又如芦根中甾体的 GC-TOFMS 鉴定。

5. GC×GC 应用

GC×GC 由于其峰容量大、分辨率高等特点,20 年来得到了迅速的发展,引起了广大学者的重视。目前,GC×GC 的应用已经大大扩展。一般来说,如样品中的组分数超过 100,用 GC×GC 的分离效果比一维 GC 好得多。例如利用二维 GC-MS 对人造橡胶中的小分子物质进行定性定量研究,运用 GC×GC-TOFMS 技术分析昆虫中的信息素,以及将 GC×GC-TOFMS 运用于药物的筛选及验证,另外 GC×GC 还用于植物精油分析。植物种类繁多,许多挥发油在香精香料、化妆品、食品、烟草业中有重要用途。作为天然产物,精油组成复杂,含有大量异构体,精油分析需要用最有效的方法以获得尽可能好的分离。Marriot 等用 GC×GC 法分析了香根油样品。Dimandja 等人对薄荷油和留兰香油用 GC×GC 进行比较,并通过保留时间对照的方法鉴别了其中的共同组分。Shellie 等用这种技术比较了茶树油和薰衣草油,并用标准品保留值定性了其中的一些组分。Ceus 等人则用 GC×GC 分析了蔬菜油和鱼油中的不饱和脂肪酸，根据标样和族组成规律定出了一些组分。

中药挥发油的组成十分复杂，GC×GC 的高分辨率、高灵敏度与高峰容量等特点使得其十分适合于分析这样的复杂样品。在优化的条件下，应用 GC×GC-TOFMS 鉴定出的组分远多于基于传统一维色谱分出的组分。GC×GC 与 TOFMS 联用可以给出丰富的定性信息，包括第一维保留时间、第二维保留时间、结构、相似度、反相似度、可能性等，使得中药挥发油的定性可靠性大大加强。如武建芳等用 GC×GC-TOFMS 分析连翘挥发油的化学成分组成，鉴定出相似度较大的组分有 220 种。又如分析中药广藿香挥发油，鉴定出 394 个化合物。图 3-54 简要说明了 GC×GC-TOFMS 的谱图及鉴定过程。

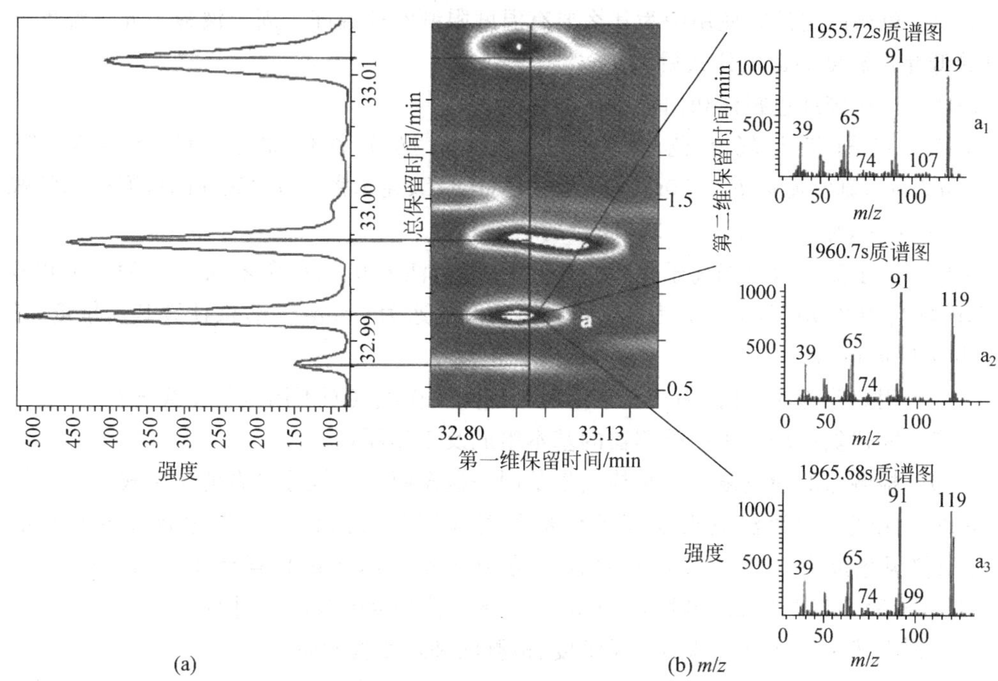

图 3-54　GC×GC-TOFMS 谱图及鉴定过程

(a) GC×GC-TOFMS 的色谱图；(b) GC×GC-TOFMS 的三维图

在(b)中的峰 a 信号将被调节三次(质谱图分别为 a_1，a_2，a_3)，因此可利用 TOFMS 鉴定三次

习　　题

3-1　简要说明气相色谱分析的基本原理。

3-2　请画出单气路气相色谱仪的结构框图，并说明其分析流程。

3-3　在气相色谱分析中，进样速度慢对谱峰有何影响？

3-4　什么叫死时间？如何测定死时间？

3-5　解释气相色谱峰展宽的主要原因。

3-6　为了检验气相色谱仪的整个流路是否漏气，比较简单而快速的方法是什么？

3-7　气相色谱采用双柱双气路流程有什么作用？

3-8　在气液色谱中选择固定液的原则是什么？

3-9　一甲胺、二甲胺、三甲胺的沸点分别为－6.7℃，7.4℃和3.5℃，试推测它们的混合物在角鲨烷色谱柱和三乙醇胺色谱柱上各组分的流出顺序。

3-10　试说明气相色谱常用检测器的种类、原理、特点及影响检测器灵敏度的因素。

3-11　使用热导池检测器，在启动和关闭气相色谱仪时，应注意什么？为了提高检测灵敏度，最有效的方法是什么？

3-12　制备完的色谱柱还需要进行老化处理后才能使用。如何使色谱柱老化？老化的作用是什么？老化时应注意什么？

3-13　色谱固定液在使用中为什么要有温度限制？柱温高于固定液最高允许温度或低于其最低允许温度会造成什么后果？

3-14　试比较红色担体和白色担体的性能。

3-15　已知某台气相色谱仪（TCD）有关操作条件如下：$C_1=5\text{mV/25cm}$，$C_2=1\text{cm/min}$，氮气流速$F_d=30\text{mL/min}$，进样量1μL(纯苯密度0.88g/mL)，测得苯的峰面积$A=334\text{mm}^2$，输出衰减1/4。求TCD的S_c和S_v。

3-16　为了测定氢火焰离子化检测器的灵敏度，注入0.5μL含苯0.05%的二硫化碳溶液，苯的峰高为2.5mV，半峰宽为2.5mm，记录仪纸速为5mm/min，试计算其灵敏度(苯的密度为0.88g/mL)。

3-17　用热导检测器时，为什么常用氢气或氦气作载气而不用氮气作载气？

3-18　简述氢火焰离子化检测器的基本组成及工作原理。

3-19　检测器的检测限与最小检出量是同一概念吗？试推导二者的关系式。

3-20　用气相色谱法氢火焰离子化检测器检测某石油化工厂生化处理废水酚的浓度，记录仪灵敏度为0.2mV/cm，记录仪纸速10mm/min，苯酚标样浓度1mg/mL，进样量3μL，测量苯酚峰高115mm，半峰宽4mm，2倍噪声信号为0.05mV，计算：

(1) 在上述条件下测定苯酚的灵敏度、检测限和最小检测量。

(2) 若污水处理前后，污水中苯酚浓度从100μg/mL降为0.05μg/mL，设最大进样量为10μL，能否直接测定水中的酚？若不能直接检出，试样浓缩多少倍方可测出？

3-21　在气相色谱检测器中，通用型检测器是以下哪一种？

(1) 氢火焰离子化检测器；

(2) 热导检测器；

(3) 示差折光检测器；

(4) 火焰光度检测器。

3-22　在气相色谱分析中，测定下列组分宜选用哪种检测器，为什么？

(1) 蔬菜中含氯农药残留量；

(2) 有机溶剂中微量水；

(3) 痕量苯和二甲苯的异构体；

(4) 啤酒中微量硫化物。

3-23　在气液色谱中，色谱柱的使用上限温度取决于以下何因素？

(1) 样品中沸点最高组分的沸点；

(2) 样品中各组分沸点的平均值；

(3) 固定液的沸点；

(4) 固定液的最高使用温度。

3-24 指出下列情况下色谱出峰的大致规律：

编 号	试样性质	固定相极性
1	非极性	非极性
2	极性	极性
3	极性、非极性混合物	极性
4	氢键型	极性、氢键型

3-25 已知苯的沸点为80.1℃，环己烷的沸点为80.8℃，采用非极性固定液能分离开吗？采用中等极性或更强极性的固定液能分离开吗？为什么？

3-26 使用内径0.32～0.2mm的毛细管柱为什么采用分流进样，并且安装尾吹装置？

3-27 固化固定相毛细管柱有什么优点？目前有哪几种固化方式？

3-28 McReynolds常数有什么用途？

3-29 柱温对分离有什么影响？选择柱温的原则是什么？

3-30 在某色谱柱上，柱温100℃测得甲烷的保留时间为40s，正壬烷的保留时间为400s，正癸烷的保留时间为580s；正壬烷与正癸烷的峰宽相同，均等于5.0mm。已知记录仪纸速为5mm/min。计算能与正壬烷达到基线分离的组分的保留指数(提示：所求组分的保留值在正壬烷与正癸烷之间，达到基线分离 $R=1.5$)。

3-31 用气相色谱法分离一系列饱和醛，其保留值见下表：

非滞留组分	C_6	C_9	C_x	C_y	C_z
3.5	16.75	36.25	48.50	12.35	27.80

问 C_x、C_y、C_z 为何种醛(提示：同系物的调整保留值的对数与其碳数呈线性关系，计算时要用调整保留时间)？

3-32 应用新的热导检测器后，发现噪声水平是旧的检测器的1/3，而灵敏度增加10倍，与旧的检测器相比，确定应用新的检测器后某物质的检测限：

(1) 减少为原来的1/3；

(2) 减少为原来的1/10；

(3) 减少为原来的1/30；

(4) 增加为原来的30倍。

3-33 气液色谱对固定液有何要求？固定液有哪些分类方法？选择固定液的一般原则是什么？

3-34 评价气相色谱检测器的好坏有哪些指标？各指标的意义如何？

第 4 章

高效液相色谱法

4.1 概述

液相色谱是一类分离与分析技术，其特点是以液体作为流动相。和气相色谱不同，液体作为流动相时，固定相可以有多种形式，如纸、薄板和填充床等。在色谱技术发展过程中，为了区分各种方法，根据固定相的形式产生了各自的命名，如纸色谱(paper chromatography)、薄层色谱(thin-layer chromatography)和柱液相色谱(column liquid chromatography)。柱液相色谱包括的范围很广。根据溶质在两相中分配的机理，有吸附色谱、分配色谱、离子色谱、排阻色谱、亲和色谱等。目前液相色谱这一术语主要指柱液相色谱。

1. 液相色谱技术发展简况

液相色谱过程是经典的色谱过程，它是 Tswett 在 20 世纪初发明，并于 1906 年命名的。在其后的 60 年中，液相色谱在方法和技术上都有创新，如液液分配色谱的提出，离子交换树脂的应用，氨基酸分析的自动化，以及凝胶渗透色谱的建立和不断完善等。但是，由于柱效低，流速慢，分离效率差，分析时间太长，长期未获得广泛的应用。

1952 年 Martin 和 James 在分配色谱中以气体作为流动相，扩大了气相色谱法的应用范围。科学家和仪器制造商们把主要精力都集中在气相色谱理论和技术的研究上，发明了能够检测各种物质的多种检测器，使气相色谱在短时间内获得了迅速的发展。相比之下，液相色谱方法进展缓慢，只在少数领域内使用和发展着。

1958 年 Spackman，Stein 和 Moore 实现了氨基酸分析自动化，推动了现代液相色谱发展的进程。其后 Hamilton 和 Giddings 在理论上为现代液相色谱技术的发展指明了出路。特别是 Giddings 在研究气相色谱理论的基础上，根据色谱过程动力学的分析指出，如果采用小颗粒填料(即液相色谱固定相)、高柱进口压力，它的柱效可以超过气相色谱，并预示极限板数可达 10^8。在后来的几年中科学家们改进了柱填料的颗粒度，改进了检测器，并采用高压泵输送流动相，从而开创了现代高速液相色谱的新时期。因为主要研究论文是在 1969 年的第五次色谱进展国际会议上发表的，通常把这一年作为近代液相色谱的开端。

根据现代液相色谱法的特点，并与经典液相色谱技术相区别，曾出现过几种名称，其中有高速液相色谱(high speed liquid chromatography)、高效率液相色谱(high efficiency liquid chromatography)、高压液相色谱(high pressure liquid chromatography)和高效能液相色谱(high performance liquid chromatography)。后一命名现已被大家所接受,按照我国的习惯译为"高效液相色谱(法)",缩写为 HPLC。

由于大量有机化合物、离子型化合物以及易受热分解或失去活性的物质,不能直接或不适合用气相色谱法进行分析,因此高效液相色谱的应用领域不断扩大和深入。特别是 20 世纪 80 年代,液相色谱固定相的高度发展,仪器(包括检测器和各种联用技术)不断更新,高效液相色谱目前已成为许多学科研究和日常分析的重要手段。高效液相色谱就其分类而言仍属液相色谱的范畴,只是采用了更新更近代的技术。

2. 高效液相色谱法的特点

高效液相色谱可以分离分析高极性、高分子量和离子型的各种物质,只要被分析对象能够溶解于可作为流动相的溶剂中并能够被检测,就可以直接进行分析。某些目前尚不能被直接检测,或检测灵敏度不够的,也可以采用各种衍生技术,实现这些物质的检测。液相色谱有多种分离机理,可根据分析对象选择。高效液相色谱技术应用于各个领域,成为重要的分离和分析手段。其突出特点如下。

(1) 高压

液相色谱仪以液体为流动相,液体流经色谱柱时受到的阻力较大,为了能迅速地通过色谱柱,必须施加高压。

(2) 高效

气相色谱法的分离效能较高,柱效约为 2000 块/m;高效液相色谱柱效更高,可达 3 万块/m 以上。一般只使用 20～25cm 长的柱子。由于填料的不断发展和改进,目前最短的柱子只有 3cm 长,板数可达 3000～4000,已能够满足一般分析的需要。

(3) 高灵敏度

高效液相色谱广泛采用高灵敏度的检测器,从而提高了分析的灵敏度。如紫外检测器灵敏度可达 10^{-9}g,荧光检测器灵敏度可达 10^{-11}g。

(4) 高速

高效液相色谱法所需分析时间较之经典液相色谱少得多,流动相在色谱柱内的流速较经典液相色谱高得多。

由于柱效的改善,对高压输液泵输出压力的要求也随之降低了。过去追求高压力,现在更趋向高精度、高稳定性。

高效液相色谱仪通常在室温下操作,样品一般不须预处理,操作简便,很容易掌握。

液相色谱不仅用于分析目的,选择合适的溶剂还可以制备纯样品,并有专门用于制备目的的制备色谱仪和制备柱。

高效液相色谱技术也存在一些问题。柱子价格昂贵,要消耗大量的溶剂,而且许多溶剂对人体是有害的。高效液相色谱仪的价格和损耗也比气相色谱仪高。

液相色谱在柱子方面发展很快,但在检测器研制上仍显不足。尚缺少像气相色谱中氢火焰离子化检测器那样的通用型、高灵敏度的检测手段。高效液相色谱法无论在技术上,理论上,还是在应用上仍处于发展阶段,它是色谱技术中一个发展中的领域。

4.2 液相色谱的板高方程

高效液相色谱法的基本概念及理论基础，与气相色谱法是一致的，但有其不同之处。液相色谱法与气相色谱法的主要区别可归结于流动相的不同。液相色谱法的流动相为液体，气相色谱法的流动相为气体。液体的扩散系数只有气体的万分之一至十万分之一，液体的黏度比气体大100倍，而密度为气体的1000倍左右(见表4-1)。这些差别显然将对色谱过程产生影响。现根据速率理论对色谱峰扩展及色谱分离的影响讨论如下。

表 4-1 影响峰扩展的主要物理性质

参数	气体	液体
扩散系数 $D_m/(cm^2/s)$	10^{-1}	10^{-5}
密度 $\rho/(g/cm^3)$	10^{-3}	1
黏度 $\eta/g/(cm\cdot s)$	10^{-4}	10^{-2}

1. 涡流扩散项 H_e

$$H_e = 2\lambda d_p \tag{4-1}$$

可见，其形式和含义与气相色谱法的相同。

2. 纵向分子扩散项 H_d

当试样分子在色谱柱内被流动相带向前时，由分子本身运动所引起的纵向扩散同样导致色谱峰的扩展。它与分子在流动相中的扩散系数 D_m 成正比，与流动相的线速 u 成反比：

$$H_d = \frac{C_d D_m}{u} \tag{4-2}$$

式中 C_d 为一常数。由于分子在液体中的扩散系数比在气体中小4～5个数量级，因此在液相色谱法中，当流动相的速度不是很小时，这个纵向扩散项对色谱峰扩展的影响实际上很小，甚至是可以忽略的，而气相色谱法中这一项却是重要的。

3. 传质阻力项

与气谱法中相同，也由流动相传质阻力项和固定相传质阻力项组成。

1）流动相传质阻力项

试样分子在流动相的传质过程有两种形式，即在流动的流动相中的传质和滞留的流动相中的传质。

(1) 流动的流动相中的传质阻力项 H_m

当流动相流过色谱柱内的固定相时，靠近固定相颗粒的流动相流动得稍慢一些，所以在柱内流动相的流速并不是均匀的，亦即靠近固定相表面的试样分子走的距离比中间的要短一些。这种引起塔板高度变化的影响是与线速 u 和固定相粒度 d_p 的平方成正比，与试样分子在流动相中的扩散系数 D_m 成反比：

$$H_m = \frac{C_m d_p^2}{D_m} u \tag{4-3}$$

式中 C_m 是一常数，是容量因子 k' 的函数，其值取决于柱直径、形状和填充的填料结构。当柱填料规则排布并紧密填充时，C_m 降低。

(2) 滞留的流动相中的传质阻力项 H_{sm}

由于固定相的多孔性，会造成某部分流动相在局部滞留，滞留在固定相微孔内的流动相一般是停滞不动的。流动相中的试样分子要与固定相进行质量交换，必须先自流动相扩散到滞留区。如果固定相的微孔既小又深，此时传质速率就慢，对峰的扩展影响就大，这种影响在整个传质过程中起着主要的作用。由于该项与固定相的结构有关，所以改进固定相就成为提高液相色谱柱效的一个重要问题。

滞留区传质阻力项 H_{sm} 为

$$H_{sm}=\frac{C_{sm}d_p^2}{D_m}u \tag{4-4}$$

式中 C_{sm} 是一常数，它与颗粒微孔中被流动相所占据部分的分数以及容量因子有关。

2) 固定相传质阻力项

指从两相界面到固定相内部的质量交换。在液液分配色谱中，试样分子从流动相进入到固定液内进行质量交换的传质过程取决于固定液的液膜厚度 d_f，以及试样分子在固定液内的扩散系数 D_s：

$$H_s=\frac{C_s d_f^2}{D_s}u \tag{4-5}$$

式中 C_s 是与 k' 有关的系数。可以看出，它与气相色谱法中液相传质项含义是一致的。对由固定相的传质所引起的峰扩展，主要从改善传质，加快溶质分子在固定相上的解吸过程着手加以解决。对液液分配色谱法，可使用薄的固定相层；对吸附、排阻和离子交换色谱法，则可使用小的颗粒填料来解决。当然，使用具有扩散系数大的液相固定液，可改善传质。另外，减小流动相流速，亦可改善传质。不过这些都是与分子扩散作用相矛盾的，而后者还会增长分析时间。

综上所述，由于柱内色谱峰扩展所引起的塔板高度的变化可归纳为

$$H=2\lambda d_p+\frac{C_d D_m}{u}+\left(\frac{C_m d_p^2}{D_m}+\frac{C_{sm}d_p^2}{D_m}+\frac{C_s d_f^2}{D_s}\right)u \tag{4-6}$$

若将上式简化，可写作：

$$H=A+\frac{B}{u}+C_f u+C_i u+C_s u=A+\frac{B}{u}+Cu$$

上式与气相色谱的速率方程式在形式是一致的，其主要区别在于纵向扩散项可以忽略不计，影响柱效的主要因素是传质项。

根据以上讨论可知，要提高液相色谱分离的效率，必须提高柱内填料装填的均匀性和减小粒度以加快传质速率。薄壳型担体，即 30～40μm 的实心核上覆盖 1～2μm 厚的多孔硅胶，具有大的孔径和浅的孔道，这种担体可大大地提高传质速率，而大小均一的球形又为柱内填充均匀创造了良好的条件。由式(4-6)可看出，H 近似正比于 d_p^2，减小粒度是提高柱效的最有效途径。早期，由于装柱技术的困难，小于 10μm 的填料没有得到实际应用。只是以后(1973 年)采用了湿法匀浆装柱技术，才使微粒型(<10μm)填料进入了实用阶段，并成为目前广泛应用的高效柱的填料。选用低黏度的流动相，或适当提高柱温以降低流动相黏度，都有利于提高传质速率，但提高柱温将降低色谱峰分辨率。降低流动相流速可降低传质阻

力项的影响，但又会使纵向扩散增加并延长分析时间。可见在色谱分析过程中，各种因素是互相联系和互相制约的。

图 4-1 表示气相色谱法和液相色谱法的 H-u 曲线。由图可见，两者的形状很不相同。如前所述，气相色谱法的曲线 H-u 是一条抛物线，有一个最低点(最佳流速)；液相色谱法则不然，是一段斜率不大的直线，这是因为分子扩散项对 H 值实际上已不起作用所致。这也说明液相色谱分离在高的流动相流速下，不致使柱效损失太多，有利于实现快速分离。

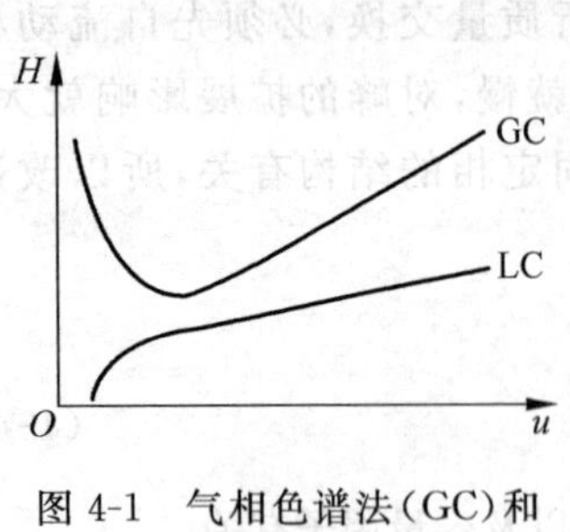

图 4-1　气相色谱法(GC)和液相色谱法(LC)的 H-u 曲线

应该指出的是，上述是早期使用较大颗粒度(几十微米)填料所得的结果。随着填料颗粒度的不断减少(<10μm)，它们的曲线 H-u 与气相色谱法基本相似，也出现一个最低值，在此线速度 u_{opt} 时，H 值为最小，柱效最高。一般在液相色谱中，u_{opt} 很小(0.1～0.3mm/s)，在这样的线速下分析样品要耗费很多时间，一般来说，液相色谱中线速度都选在 1mm/s 左右的条件下操作。

由于涡流扩散和流动的流动相中的传质阻力项相互影响，Giddings 指出了二者的耦合效应，它是并联相加的效应，即

$$H_c = \frac{1}{\dfrac{1}{A} + \dfrac{1}{C_f u}} = \frac{A}{1 + C_f u^{-1}}$$

流速高时，H_c 趋于 A；流速很小时，H_c 趋于 0。在一般流速下，H_c 和填料颗粒度 d_p 成正比。考虑到分子扩散、内扩散、传质和耦合效应的影响，理论板高可表示为

$$H = \frac{A}{1 + C'_f u^{-n}} + \frac{B}{u} + C_i u + C_s u$$

上式中当 $n=1$ 时，即为 Giddings 提出的方程式；当 $n=1/3$ 时，是 Horvath，Lin 和 Knox 等提出的关系式；当 $n=1/2$ 时，则和 Huber 提出的耦合式相一致。其中，Knox 修正的 Van Deemter 方程式最为常用。

在液相色谱中还经常采用折合参数来表示柱子的效率，折合板高 h 定义为

$$h = \frac{H}{d_p}$$

折合流速 v 为

$$v = \frac{u d_p}{D_m}$$

折合板高和折合流速之间的关系可用 Knox 等人提出的半经验式表示：

$$h = A v^{1/3} + \frac{B}{v} + C v \tag{4-7}$$

式中等号右侧第一项表示涡流扩散或所谓的流动的各向异性造成的谱带扩张，第二项为径向的分子扩散项；第三项为传质项。大量实验表明 A 为 0.5～2，$B\approx 2$，C 为 0.02～0.2。对于一根填充良好的高效液相色谱柱，$A<1$，$B\approx 2$，$C<0.1$。采用折合参数有利于比较不同色谱过程的柱效。

影响色谱峰扩展的因素除上述的一些外，对于液相色谱法，还有其他一些因素，例如柱外展宽的影响等。所谓柱外展宽是指色谱柱外各种因素引起的峰扩展。这可以分为柱前和柱后两种因素。

柱前峰展宽主要由进样所引起。液相色谱法大都是将试样注入到色谱柱顶端滤塞上，或注入到进样器的液流中。这种进样方式，由于进样器的死体积，以及进样时液流扰动引起的扩散，造成了色谱峰的不对称和展宽。若将试样直接注入到色谱柱顶端填料上的中心点，或注入到填料中心之内 1～2mm 处，则可减少试样在柱前的扩散，峰的不对称性得到改善，柱效显著提高。

柱后展宽主要由接管、检测器流通池体积所引起。由于分子在液体中有较低的扩散系数，因此在液相色谱法中，这个因素要比在气相色谱法中更为显著。为此，连接管的体积、检测器的死体积应尽可能小。

4.3　高效液相色谱仪

高效液相色谱仪是实现液相色谱分析的仪器设备，其基本单元组成如图 4-2 所示。高效液相色谱系统至少应包括储液器、泵、进样器、分离柱、检测器和记录仪。先进的液相色谱仪器是由微机实现仪器控制和数据处理的全自动液相色谱仪。本节主要介绍储液器、泵、进样器、色谱柱和检测器的基本构造及性能。

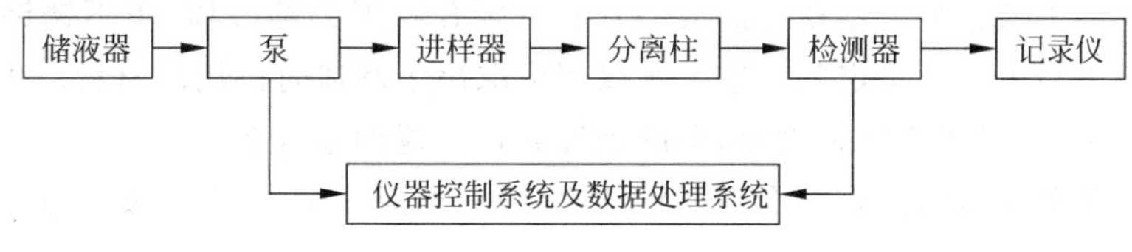

图 4-2　高效液相色谱仪的组成

4.3.1　高压输液系统

高效液相色谱仪器的输液系统包括储液罐、高压输液泵、梯度淋洗装置等。

1. 储液系统

溶剂储存器主要用来供给足够数量的符合要求的流动相以完成分析工作。对于溶剂储存器的要求是：

(1) 必须有足够的容积，以备重复分析时保证供液；

(2) 脱气方便；

(3) 能耐一定的压力；

(4) 所选用的材质对所使用的溶剂都是惰性的。

溶剂储存器一般是以不锈钢、玻璃或聚四氟乙烯为衬里，容积一般为 0.5～2L。溶剂使用前必须脱气，因为色谱柱是带压力操作的，而检测器是在常压下工作，若流动相中所含有的空气不除去，则流动相通过柱子时其中的气泡受到压力压缩，流出柱子后到检测器时，因常压而将气泡释放出来，造成检测器噪声大，使基线不稳，仪器不能正常工作，这在梯度淋洗时尤其突出。

常用的脱气方法有如下几种。

1）低压脱气法

电磁搅拌，水泵抽真空，可同时加温或向溶剂吹氮。由于抽真空或加热过程中可能引起流动相中低沸点溶剂的挥发而影响其组成，此法不适于二元以上冲洗剂组成的流动相脱气。

2）吹氦脱气法

氦气经由一圆筒过滤器通入冲洗剂中，在 0.5kg/cm² 压力下保持 10～15min，氦气的小气泡可将溶于流动相中的空气带出，此法简单方便，适用于所有冲洗剂脱气，但由于氦气价格昂贵，在国内尚难以普及。

3）超声波脱气法

将冲洗剂瓶置于超声波清洗槽中，以水为介质超声脱气。一般 500mL 溶液均需超声 20～30min 方可达到脱气目的。此法方便，不影响溶剂组成，并适用于各种溶剂，目前国内使用较为普遍。使用此法时应注意避免将溶剂瓶与超声波清洗槽底或壁接触，以免瓶子破裂。

2. 过滤器

各种泵的柱塞、进样阀的阀芯加工精密度都非常高，微小的机械杂质将导致这些部件的损坏，不能很好地工作。同时机械杂质在柱头的积累还影响柱子的使用。因此过滤器是必需的，因为在准备溶剂时，混有机械杂质是不可避免的。

过滤器的芯子通常是由不锈钢制成的具有一定孔隙度的圆柱体，由不锈钢粉末烧结而成。孔隙度是由粉末粒度决定的。它的耐腐程度取决于制造时选用的材料。也可以采用多孔聚四氟乙烯制作，虽然机械强度差，但耐蚀性要比不锈钢好得多。

过滤器的芯子通常镶嵌在一个不锈钢的壳体中，形成一个完整的、安装方便的部件。

3. 高压输液泵

高压输液泵是现代液相色谱装置中最关键的设备。即使现在高压已不是选择泵的唯一标准，但输出高压溶剂仍是实现快速分析的前提。选择泵，除了最高使用压力外，还有线性流量范围、输出流量的精确度、泵的操作方式、流量输出或压力恒定的稳定性，以及易于操作和维修等。

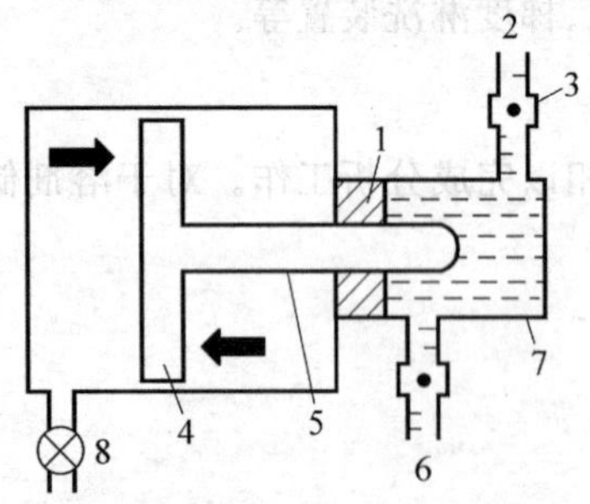

图 4-3　气动放大泵结构示意图
1—密封；2—溶剂入口；3—球阀；4—压缩气体推动的柱塞；5—推动压缩液体的柱塞；6—溶剂出口；7—溶剂室；8—压缩气体入口

高效液相色谱仪中所用的泵可分成两类：恒压泵和恒流泵。恒压泵主要指气动放大泵，泵出口压力在系统中是恒定的，流速由柱的阻力决定。恒流泵有往复泵和螺旋柱塞泵(或称为注射泵)。这类泵输出的溶剂流量是恒定的，柱前的压力由柱后的阻力确定。应该指出，这里说的恒压或恒流泵是指泵的工作原理，并不完全表明泵的操作方式。借助于电子控制电路，往复泵和柱塞泵也可按恒压方式操作，唯有气动放大泵只能恒压操作。

1）气动放大泵

气动放大泵是根据压力传递原理而设计的(见图 4-3)。气动柱塞有两个截面，气体推动的截面大，推动溶剂的截面小。由于截面两端的压力相等,输出截面的压强正比于两个截面的比值。只要这个比值足够大,输出溶剂就可以获得很高的压力。

气动放大泵主要优点有高压、无脉动、泵成本低,用空气压缩机或气体钢瓶低压气体驱动,操作成本也很低。缺点是体积大,笨重,更换溶剂困难。这种泵在 HPLC 发展初期用得较多,目前主要用于液相色谱柱的高压填充。

2) 往复泵

往复泵是目前应用最多的泵型。往复主要指泵的柱塞在输液过程中前后往复运动。在柱塞向后移动时,把溶剂吸入泵的腔体中;柱塞向前移动时,把液体排出腔体。柱塞的前后移动由一个偏心轮的旋转驱动。液体的流向由泵头的一对逆止阀(也称球阀)控制。泵的结构示意图见图 4-4。由于液体的可压缩性很小,系统的阻力使泵输出的溶剂具有一定的压力。泵的输出压力极限主要由泵的驱动功率和系统的密闭性决定。

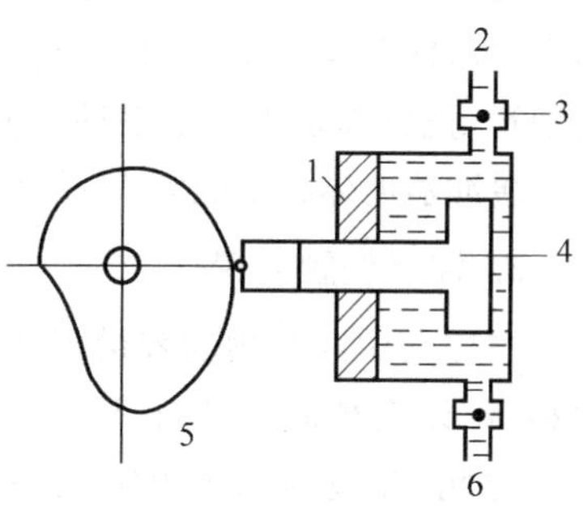

图 4-4 往复泵结构示意图

1—密封;2—溶剂入口;3—球阀;4—柱塞;5—偏心轮;6—溶剂出口

往复泵柱塞每往复一次输出的液体量由柱塞的粗细和冲程决定。单位时间输出的液体流量由单位时间内柱塞往复的次数决定。因此,对于一个给定的泵,只要控制偏心轮的转速,即可达到控制流量的目的,而与系统阻力没有关系,故往复泵是恒流泵。

往复泵中柱塞的材料和加工精度要求很高,常采用红宝石耐磨柱塞。逆止阀的逆止子往往也由红宝石精制而成。

往复泵最主要的优点是可以连续不断地以恒定的流量输送液体,另外,更换溶剂也很方便,特别适合梯度洗脱的需要。往复泵的流量一般在 $10^3\mu L/min$ 以上,最小流量可达 $1\mu L/min$,能适用于多种柱型。

往复泵的缺点在于柱塞是往复运动的,输出流量和泵压力有波动。克服波动缺点的简单方法是在泵和柱之间增加一个缓冲器,减少液体输出的脉动。

双头往复泵是为克服脉动而设计的,此时,一个泵头吸液,另一个泵头排液,180°相位后交替,脉动大大减小。

3) 螺旋柱塞泵

螺旋柱塞泵是步进马达驱动的恒流泵,因其工作原理与注射器类似,也称其为注射泵(见图 4-5)。螺旋柱塞泵和往复泵的原理完全不同。电机以一定的转速通过螺杆的旋转驱动柱塞上下移动。柱塞向下移动时,将液体吸入缸内,一次吸入数十毫升,可快速进行;柱塞向上移动时将液体排出。流量通过电机转速控制。为了扩大流量范围,提高液体输出流量的精确度,要求复杂的控制电路和精密的机械加工。泵输出液体的压力同样由系统的反压控制,但输出的极限压力同样取决于动力的功率、系统的密封性和设备的机械强度。

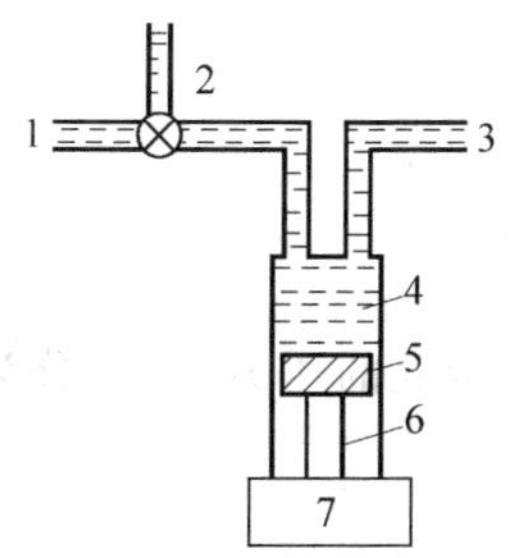

图 4-5 螺旋柱塞泵结构示意图

1—溶剂出口;2—三通阀;3—溶剂入口;4—溶剂室;5—活动密封;6—螺旋推动柱塞;7—转速驱动装置

螺旋柱塞泵的主要优点是升压快,操作压力高,输液过程流量没有脉动。最主要的缺点是溶剂(即缸体)容量有限,给分析工作带来不便。多用于小流量或不常改变液体品种的输液系统。

在超临界流体色谱中,这种泵再一次引起色谱工作者的兴趣。因为超临界流体的物性易受环境条件的影响,使用往复泵输送泵头需要恒定的温度冷却,而柱塞泵由于连续输送液体,且压力和流量都可以程序变化,相比之下更容易操作。

4. 缓冲器

缓冲器也称阻尼器,是为减少流量波动而设置的,它安装于溶剂系统中。因为流量的脉动引起基线和检测信号的噪声。最简单的脉动缓冲器是一根比较长,但内径很细的不锈钢毛细管,把它固定于一个组件中便于安装。

缓冲器的体积不能太大,太大不利于更换溶剂,特别是在梯度洗脱时,影响严重。

5. 梯度洗脱装置

当样品中混合物的容量因子范围很宽时,通常用一种组成和浓度恒定不变的溶剂(流动相)难以实现满意的分离。往往是先馏出来的峰分不开,而后馏出来的峰保留时间太长。为此,在液相色谱中常在一个样品的分析过程中,不断调整混合溶剂的组成,改变溶剂浓度或溶剂的选择性。如果溶剂组成随洗馏时间按一定规律变化(见图 4-6),则称这种洗馏过程为梯度洗脱或溶剂程序(solvent programming)。梯度洗脱过程溶剂组成的变化可以是线性的,也可以是非线性的;可以是二元的,也可以是三元的,甚至多元溶剂的混合,取决于被分析样品,也取决于实现这种过程的仪器装置。

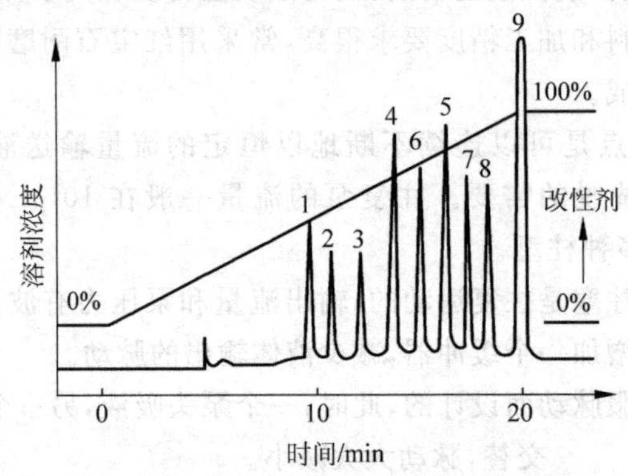

图 4-6　最佳线性溶剂浓度梯度分离色谱图

1—苯甲醇;2—α-苯乙醇间甲酚;3—硝基苯;4—间苯二甲酸二乙酯;5—邻苯二甲酸二乙酯;6—二苯甲酮;7—萘;8—联苯;9—蒽

梯度洗脱装置的设计与所用的泵系统有关。根据溶剂混合时所处的压力,一般分为两种类型:低压梯度和高压梯度,分述如下。

1) 低压梯度

低压梯度也称外梯度,是溶剂在常压下混合(也称低压混合),然后用一个高压输液泵把它输送至柱系统中。方法简单、经济,且只需要一个泵,所用溶剂的元数没有限制。多元溶剂在混合室或溶剂储罐中混合,并以一定速度改变溶剂的组成。

把几种溶剂混合在一起可以采用多种方法。最简单的方法是根据洗馏过程的需要不断更换预先混合好的溶剂或操作不同溶剂储罐的阀门。显然用这种方法溶剂变化的速度不可能太快，重现性也难以保证，而且只能用往复泵。另一种办法是用一台计量泵(不需要高压)，以一定速度把一种溶剂加入到混合室中与原有溶剂混合并改变它的组成。

近来，使用时间比例电磁阀，通过微处理机或类似的装置，控制两个溶剂输入电磁阀的开关频率而控制泵输出的溶剂组成(见图4-7)。这种梯度结构可以减小溶剂压缩性的影响，并完全消除由于溶剂混合引起的热力学体积变化所带来的误差。

2）高压梯度

高压梯度也称内梯度，使用两台高压输液泵，每台泵输送一种溶剂。两台泵输出的溶剂在一个混合室内混合(见图4-8)。每台泵的溶剂流量由独立的电路或计算机控制，它们可以按一定比例改变。

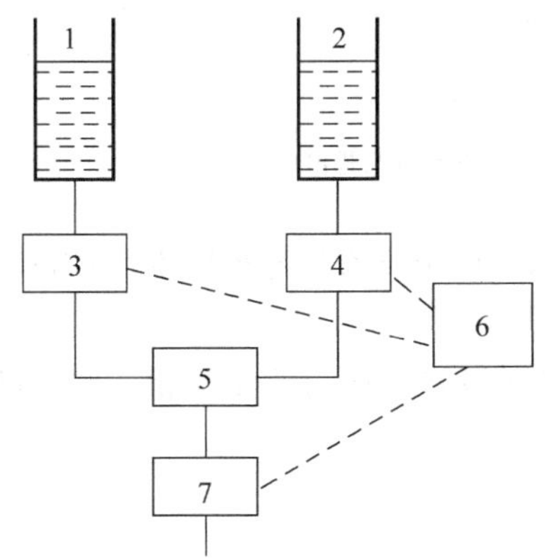

图4-7　螺旋管梯度装配方框图

1—溶剂A；2—溶剂B；3—电磁阀A；4—电磁阀B；5—混合室；6—电子控制系统；7—泵

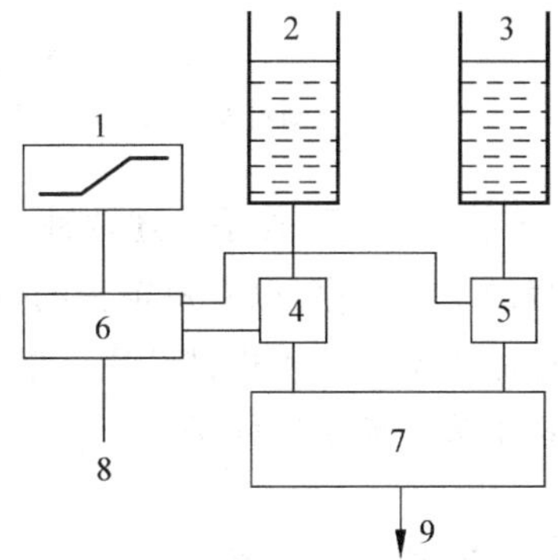

图4-8　用两个高压泵组成的高压溶剂梯度方框图

1—程序设置单元；2—溶剂A；3—溶剂B；4—高压泵A；5—高压泵B；6—反馈控制器；7—混合室；8—流量计信号；9—混合溶剂出口

由于高压混合装置中每一种溶剂是分开由泵输送的，溶剂的压缩性和溶剂混合时热力学体积的变化可能影响输入柱子中溶剂的组成。

在多元溶剂梯度中为了减少泵的使用数量，也常采用低压和高压梯度混用方式，从而降低系统的成本。

不管采用哪种混合方式，保证流速的稳定是梯度洗脱获得重复性结果的关键。混合室的体积应尽可能地小，且不存在死角。

4.3.2　进样装置

在液相色谱中，进样采用微量注射器、进样阀、自动进样装置等。在微柱液相色谱技术中也采用各种分流的进样方法。在特殊的色谱过程还使用预柱进样法等。

多通路进样阀目前广泛用于液相色谱仪器中。它们可以承受很高的压力，不需要停流进样。采用聚四氟乙烯或其他耐磨、耐腐蚀的材料做阀芯和密封垫。由于进样量是由进样管决定的，因此可以获得好的重复性。图4-9是六通阀进样原理示意图。从图可以看出采用定量管进样，即使用注射器控制进样量，进样体积也不可能很小，柱外的死体积仍较大。

为了进更小量的样品，以阀的通道做内样品管，柱子直接安装在进样阀上。这种进样阀称为无死体积进样阀。可以引入很小量的样品，以适应微柱液相色谱技术的需要。

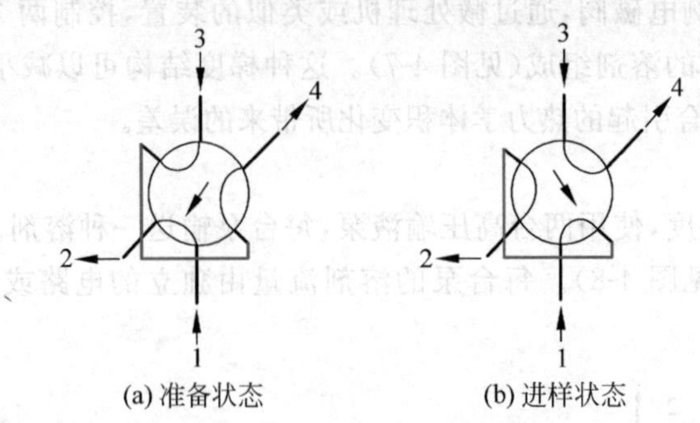

图 4-9　六通阀进样原理示意图

1—流动相入口；2—进入柱；3—样品入口；4—多余样品排出口

自动进样在原理上不外乎上述两种方式。在液相色谱中主要是采用阀进样，由计算机控制进样过程的所有程序，以获得精密的分析结果。

进样时样品中不应混入机械杂质。溶解样品的溶剂最好和使用的流动相一致，以防止溶剂变化出现不溶物而堵塞柱子。

4.3.3　色谱柱系统

高效液相色谱的分离是在色谱柱内进行的，因此担负分离作用的色谱柱是色谱仪的心脏。对色谱柱的要求是柱效高、选择性好、分析速度快等。

色谱柱的好坏很大程度取决于柱填料，市售的用于 HPLC 的各种微粒填料有硅胶，以及硅胶为基质的键合相、氧化铝、有机聚合物微球(包括离子交换树脂)。柱效的理论值可达到 50 000～160 000 理论塔板/m。对于一般的分析任务，只需 5000 理论塔板/m 的柱效，对于同系物分析，只要 500 理论塔板/m 即可，对于较难分离物质对则可采用高达 20 000 理论塔板/m 柱效的柱子，因此一般用 100～300mm 左右的柱长就能满足复杂混合物分析的需要。

由于柱效受柱内外因素，在高效液相色谱中特别是柱外因素影响，因此为使色谱柱达到应有的效率，除系统的死体积要小外，需要有合理的柱结构及柱装填方法。

1. 色谱柱的结构

1) 色谱柱的长度

在日常分析中，普遍采用微粒高效固定相，一般用 100～300mm 的柱长就能满足复杂混合物分析的需要。如再增加柱长，尽管柱效高，但柱前压力太大，只在特殊情况下采用。

2) 色谱柱内径

常用的分析柱内径是 4.6mm，国内有 4mm 和 5mm 内径的。随着柱技术的发展，细内径柱受到人们的重视，内径 2mm 柱已作为常用柱，只要将柱外效应减至最小，细内径柱亦可获得与粗柱基本相同的柱效，而溶剂消耗量却大为下降。目前，1mm 甚至更细内径的高效填充柱都有商品出售。特别在与质谱联用时，为减小溶剂用量，常采用内径为 0.5mm 以下的毛细管柱，6mm 内径以上的柱主要用作半制备或制备目的。

2. 色谱柱的填充

根据填料粒度的大小，高效液相色谱柱可分为干法和湿法装填两种方法。对于直径大于 20μm 的填料，一般采用经典的干法填充技术，即将填料通过漏斗加入到垂直放置的柱管中，同时，进行敲打或振动柱管，以得到填充紧密而均匀的填充床。

目前高效液相色谱所采用的填料粒度多在 3～10μm 范围内(3μm，4μm，5μm，7μm，10μm)，这类微粒填料由于其表面活性很强，容易结团，干法装柱无法使填料填充紧密，必须采用湿法装柱技术。

湿法也叫匀浆装柱法，即以一种或数种溶剂配制成悬浮液，以超声处理使填料粒子在溶液中高度分散并呈现悬浮状态即匀浆。然后用加压介质(己烷或甲醇等)在高压下将匀浆压入柱管中，制备成具有均匀、紧密填充床的高效液相色谱柱。

湿法装柱的重要条件是获得稳定的匀浆，即固定相粒子在分散介质中高度分散，不结块，不沉淀，并悬浮在介质中。事实上，当匀浆液被放置或往柱中转移的过程中，都有可能在重力作用下按颗粒大小而发生沉降。

制备匀浆的方法较多，有平衡密度法、黏度法和非平衡密度法等，无论哪种方法，都要尽量抑制悬浮液中颗粒的沉降。

在装柱过程中，加压介质应尽可能选择与流动相接近的溶剂，以便省略溶剂转换和柱性能调整等步骤。

必须指出，高效液相色谱柱的获得，装填技术是重要环节。然而根本问题还在于填料本身的性能，以及与其相匹配的色谱仪柱系统的结构是否合理，图 4-10 为装柱流程示意图。

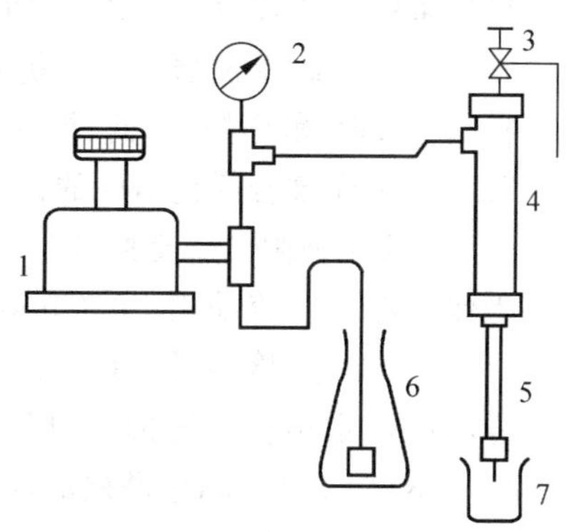

图 4-10　装柱流程示意图

1—高压泵；2—压力表；3—排空气阀；4—匀浆罐；5—色谱柱；6—加压介质瓶；7—废液杯

3. 色谱柱的评价

色谱柱的好坏必须以一定的指标进行评价。色谱柱评价报告应给出色谱柱的基本参数，如色谱柱长度、内径、填充载体的种类、粒度、色谱柱的柱效、不对称度和柱压降等。评价液相色谱柱的色谱仪器系统的死体积应该尽可能小，这包括进样阀、连接管和检测器的池体积等因素，采用的样品及操作条件应当合理。以下是评价各种常用的色谱柱的样品及其操作条件。

1) 烷基键合相柱的评价(C_8，C_{18})

这是目前应用最广泛的色谱柱，其评价方法如下。

操作条件：① 流动相　甲醇-水(83∶17)；

　　　　　② 检测器　紫外检测波长 254nm。

样品：苯、萘、联苯、菲。

2）苯基键合相色谱柱的评价

除流动相浓度与烷基键合相色谱柱不同外，其他均相同。

流动相　甲醇-水(57∶43)。

3）氰基键合相色谱柱的评价

操作条件：① 流动相　正庚烷-异丙醇(93∶7)；

② 检测器　紫外检测波长 254nm。

样品：三苯甲醇、苯乙醇、苯甲醇。

4）氨基键合相色谱柱的评价

(1) $—NH_2$ 作为极性固定相

操作条件：① 流动相　正庚烷-异丙醇(93∶7)；

② 检测器　紫外检测波长 254nm。

样品：苯、萘、联苯、菲。

(2) $—NH_2$ 作为弱阴离子交换剂

操作条件：① 流动相　水-乙腈(98.5∶1.5)；

② 检测器　示差折光检测。

样品：核糖、鼠李糖、木糖、果糖、葡萄糖。

5）$—SO_3H$ 键合相色谱柱的评价

$—SO_3H$ 是强阳离子交换剂。

操作条件：① 流动相　0.05mol/L 甲酸胺-乙醇(90∶10)；

② 检测器　紫外检测波长 254nm。

样品：阿司匹林、咖啡因、非那西汀。

6）$—R_4NCl$ 键合相色谱柱的评价

$—R_4NCl$ 是强阴离子交换剂。

操作条件：① 流动相　0.1mol/L 硼酸盐溶液(加 KCl)(pH9.2)；

② 检测器　紫外检测波长 254nm。

样品：尿苷、胞苷、脱氧胸腺苷、腺苷、脱氧腺苷。

7）硅胶柱的评价

操作条件：① 流动相　正己烷；

② 检测器　紫外检测波长 254nm。

样品：苯、萘、联苯、菲。

在液相色谱柱的使用过程中，会出现各种各样的故障，表 4-2 列出的是高效液相色谱柱常见故障的判断及排除方法。

表 4-2　高效液相色谱柱常见故障的判断及排除方法

现　　象	判　　断	排除方法
柱压高于正常值	(1) 柱端过滤器堵塞 (2) 长期使用柱端固定相板结 (3) 分析生化、染料等易污染固定相的样品	(1) 拆下过滤器用硝酸超声清洗 (2) 挖掉板结部分，修补柱端 (3) 方法同上，采用保护柱

续表

现　象	判　断	排除方法
柱压低于正常值	某连接处泄漏	打高压 300bar(1bar=100kPa)查找泄漏处 拆下柱子加适当力拧紧或衬四氟乙烯薄膜
分离度变差	(1) 柱端固定相板结 (2) 柱端床层塌陷 (3) 柱子寿命已到	(1) 挖掉修补,重填固定相 (2) 修补柱端 (3) 更换新柱
保留时间不重复	(1) 更换流动相时,旧流动相未完全顶替掉 (2) 正相柱,流动相脱水不完全	(1) 延长平衡时间 (2) 重新脱水
出现无规律色谱峰	长期进样滞留在柱中的组分被洗脱出来	用强极性溶剂冲洗,再用流动相平衡

4.3.4 液相色谱检测器

检测器是色谱仪器系统中最重要的部分,其作用是将柱流出物中样品组成和含量的变化转化为可供检测的信号,完成定性、定量的任务。因此,检测器是一种信号接收和能量转换装置。由于在 HPLC 中冲洗剂的物理性质在大多数情况下与样品的性质相近,因此要测定在大量冲洗剂中痕量分析物质的含量是艰巨的,迄今还没有一种通用型高灵敏度的检测器能完成所有各类物质的定性、定量任务。

HPLC 检测器要满足以下要求:

(1) 灵敏度高;

(2) 线性范围宽;

(3) 稳定性好;

(4) 通用性好;

(5) 噪声低,漂移小;

(6) 不破坏样品;

(7) 价格便宜;

(8) 响应迅速。

HPLC 的检测器很多,分类方法也很多,按照用途分类,可分为通用型和选择性两类。属于通用型的有示差折光(有时也称为折射指数,RI)、火焰离子化、电容等,能连续地测定柱后流出物某些物理参数,如折射指数、含碳量、介电常数等的变化,这些是任何有机物溶液都存在的物理量,因此具有广泛的适应性,但因其灵敏度低,且由于对流动相也有响应,因此容易受流动相组成、流速、温度等的影响,引起较大的噪声和波动,也不能使用梯度洗脱,因此限制了使用范围。属于选择性检测器的有紫外吸收、紫外可见分光、荧光、化学发光、安培、光导、极谱等,它们对被检测物质的响应有特异性,而对流动相则没有响应或响应很小,因此灵敏度很高,受操作条件变化和外界环境影响很小,可用作梯度淋洗。

按测量性质分类,可分为浓度型和质量型。前者与溶质在溶液中的浓度有关,是总体性质的检测器,紫外吸收、示差折光、荧光等属于这类。后者与待测物的质量有关,氢火焰、库仑、同位素及质谱中的总离子流等属于质量型。

按测量原理又可分为光学检测器和电学检测器,此外,还有利用热学原理检测的吸附热检测器。

目前正在积极开发 HPLC 与傅里叶变换红外、质谱、核磁共振、电感耦合等离子体光谱等联用技术的研究,并已取得了很大的进展,以便从根本上解决色谱流出物的定性问题,有些联用仪器已有商品仪器出售。

1. 紫外吸收和紫外可见分光光度计

紫外吸收检测器(ultraviolet photometric detector)是 HPLC 中应用最广的检测器,几乎所有色谱仪都配有这种检测器。它不仅有高的选择性和灵敏度,而且对环境温度、流速波动、冲洗剂组成的变化不甚敏感,因此无论等度或梯度冲洗都可使用。对强吸收物质的检测下限可达 1ng。缺点是不适用于对紫外光完全不吸收的试样,溶剂的选用受限制(紫外光不透过的溶剂如苯等不能用)。

这种检测器是通过测定物质在流动池中吸收紫外光的大小来确定其含量的,对于单色光,物质在流动池中的吸收服从 Beer 定律:

$$A = \lg(I_0/I) = \varepsilon c L \tag{4-8}$$

$$T = I/I_0$$

式中,A 为吸光度; I_0 是入射光强度; I 为透射光强度; ε 为摩尔吸光系数; c 是溶质的浓度; L 是流通池的光程长度; T 是透过率。

由式(4-8)可以看出,对于给定的池体积,在固定的波长下,待测物的吸光度正比于其浓度。

图 4-11 是一种双光路结构的紫外光度检测器光路图。光源 1 一般常采用低压汞灯,透镜 2 将光源射来的光束变成平行光,经过遮光板 3 变成一对细小的平行光束,分别通过测量池 4 与参比池 5,然后用紫外滤光片 6 滤掉非单色光,用两个紫外光敏电阻 7 接成惠斯顿电桥,根据输出信号差(即代表被测试样的浓度)进行检测。为适应高效液相色谱分析的要求,测量池体积都很小,在 5～10μL,光路长 5～10mm,其结构形式常采用 H 形(见图 4-11)或 Z 形。接收元件采用光电管、光电倍增管或光敏电阻。检测波长一般固定在 254nm 和 280nm。

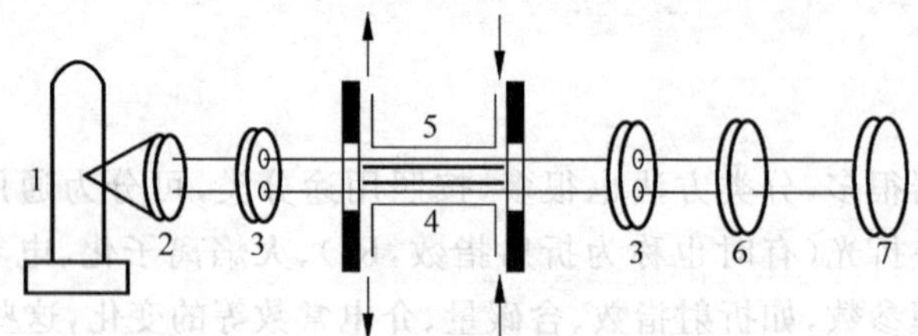

图 4-11 紫外光度检测器光路图

1—低压汞灯; 2—透镜; 3—遮光板; 4—测量池; 5—参比池; 6—紫外滤光片; 7—双紫外光敏电阻

为了扩大应用范围和提高选择性,可应用可变波长检测器。这实际上就是装有流通池的紫外分光光度计或紫外可见分光光度计。应用此检测器,还能获得分离组分的紫外吸收光谱。即当试样组分通过流通池时,短时间中断液流进行快速扫描(停流扫描),以得到紫外吸收光谱，为定性分析提供信息，或据此选择最佳检测波长。

光电二极管阵列检测器(photo-diode array detector)是紫外可见光度检测器的一个重要进展。在这类检测器中采用光电二极管阵列作检测元件，一次色谱操作，可获得吸光度、时间和各组分紫外光谱三维谱图。

由图4-12可见，在此检测器中先使光源发出的紫外或可见光通过液相色谱流通池，在此被流动相中的组分进行特征吸收，然后通过入射狭缝分光，使所得含有吸收信息的全部波长，聚焦在阵列上同时被检测，并用电子学方法及计算机技术对二极管阵列快速扫描采集数据。经计算机处理后可得到三维色谱——光谱图。因此，可利用色谱保留值规律及光谱特征吸收曲线综合进行定性分析。此外，可在色谱分离时，对每个色谱峰的指定位置(峰前沿、峰顶点、峰后沿)实时记录吸收光谱图并进行比较，可判别色谱峰的纯度及分离状况。

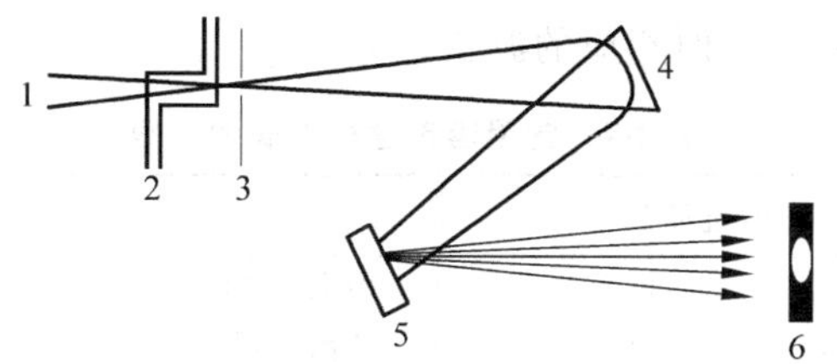

图4-12　光电二极管阵列检测器光路示意图

1—光源；2—流通池；3—入射狭缝；4—反射镜；5—光栅；6—二极管阵列

工作波长多采用对待分析物有最大吸收的波长，以获得最大的灵敏度和抗干扰能力。测定波长的选择取决于待测物的成分和分子结构，分子中光吸收性强的基团叫发色基团，它与分子的外层电子或价电子有关。表4-3列出了一些典型发色基团的相应的最大吸收波长和摩尔吸光系数。

表4-3　一些发色基团的最大吸收波长 λ_{max} 和摩尔吸光系数 ε

发色基团系统		λ_{max}/nm	ε	λ_{max}/nm	ε
醚基	—O—	185	1000		
硫醚基	—S—	194	4000	215	1000
氯基	$—NH_2$	195	2800		
硫醇基	—SH	195	1400		
二硫化基	—S—S—	194	5500	255	400
溴化物	—Br	208	300		
碘化物	—I	260	400		
腈	—CN	160			
乙炔化物	—C≡C—	175～800	6000		
砜	$—SO_2$	180			
肟	—NOH	190	5000		

续表

发色基团系统		λ_{max}/nm	ε	λ_{max}/nm	ε
叠氮化物	>C=N—	190	5000		
烯烃类	>C=C<	190	8000		

在选择测定波长时，必须考虑到所使用的流动相组成，因为各种溶剂都有一定的透过波长下限值，超过了这个波长，溶剂的吸收会变得很强，就不能很好地测出待测物质的吸收强度。表4-4列出了HPLC中常用试剂透过波长的下限。下限值一般是指溶剂在以空气为参考，样品池厚度(即光程长)为1cm的条件下，恰好产生1.0吸光度时相应的波长(nm)。也就是在溶剂透过率(T)为10%时相应的波长。

表4-4 常用溶剂透过波长的下限

nm

溶剂名称	透过波长下限	溶剂名称	透过波长下限
丙酮	330	甲酸乙酯	260
乙腈	210	乙酸乙酯	260
苯	280	甘油	220
三溴甲烷	360	庚烷	210
醋酸丁酯	255	乙烷	210
丁醚	235	甲醇	210
二硫化碳	380	甲基环己烷	210
四氯化碳	265	甲酸甲酯	265
氯仿	245	硝基甲烷	265
环己烷	210	正戊烷	210
二氯乙烷	230	异丙醇	210
二氯甲烷	230	吡啶	305
甲酰替二胺	270	四氯代乙烯	290
二氧六环	220	甲苯	285
二乙醚	260	间二甲苯	290
环戊烷	210	2,2,4-三甲基戊烷	210
甲乙酮	223	异辛烷	210
二甲苯	290	乙醚	220
异丙醚	220	甲基异丁酮	330
氯代丙烷	225	四氢呋喃	220
二乙胺	275	戊醇	210

2. 示差折光检测器

示差折光检测器(differential refractive index detector)也称光折射检测器，是一种通用型检测器。基于连续测定色谱柱流出物光折射率的变化测定样品浓度。溶液的光折射率是溶剂(冲洗剂)和溶质(样品)各自的折射率乘以各自的摩尔浓度之和。溶有样品的流动相和流动相本身之间光折射率之差即表示样品在流动相中的浓度。原则上，凡是与流动相光折射指数有差别的样品都可用它来测定，其检测限可达10^{-7}～10^{-6}g/mL。表4-5是常用溶剂在 20℃时的光折射率。

表 4-5　常用溶剂在 20℃时的光折射率

溶　　剂	折　射　率	溶　　剂	折　射　率
水	1.333	苯	1.501
乙醇	1.362	甲苯	1.496
丙酮	1.358	己烷	1.375
四氢呋喃	1.404	环己烷	1.462
乙烯乙二醇	1.427	庚烷	1.388
四氯化碳	1.463	乙醚	1.353
氯仿	1.446	甲醇	1.329
乙酸乙酯	1.370	乙酸	1.329
乙腈	1.344	苯胺	1.358
异辛烷	1.404	氯代苯	1.525
甲基异丁酮	1.594	二甲苯	1.500
氯代丙烷	1.389	二乙胺	1.387
甲乙酮	1.381	溴乙烷	1.424

示差折光检测器按工作原理分为反射式和偏转式两种类型。偏转式的折光指数测量范围较宽，池体积较大，一般只在制备色谱和凝胶渗透色谱中使用。通常的 HPLC 都使用反射式，因其体积很小(一般为 5μL 左右)，可获得较高的灵敏度。

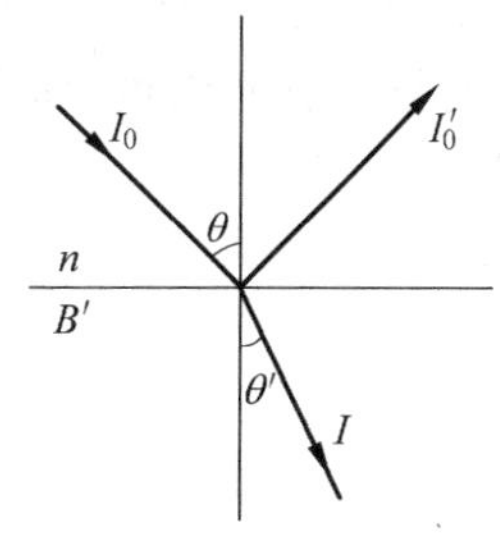

图 4-13　光线在界面的折射

如图 4-13 所示，当入射光(I_0)通过两种介质时，便分成两束光：反射光 I_0'和透射光 I，由于两种介质折射率不同，透射光会发生一定的偏转，根据 Snell 定律：

$$n\sin\theta = n'\sin\theta'$$

或

$$\frac{n}{n'} = \frac{\sin\theta'}{\sin\theta} \tag{4-9}$$

式中，n 和 n'分别为两种介质的折射率；θ 和 θ'分别为入射角及折射角。根据 Fresnel 反射定律，透射光强度 I 是入射角和两种介质折射率的函数：

$$\frac{I}{I_0} = \frac{1}{2}\left(\frac{2\sin\theta'\cos\theta}{\sin(\theta+\theta')}\right)^2 + \left(\frac{2\sin\theta'\cos\theta}{\sin(\theta+\theta')\cos(\theta-\theta')}\right)^2 \tag{4-10}$$

从式(4-10)可以看出，只要两种介质中任何一种的折射率发生变化就会引起折射光强度的改变。采用电子学方法测定这种光强度的变化，就可以知道样品在流动相中的浓度。图 4-14 是弗雷斯内尔检测器的结构图。由光源发出的光经光栏 M_1、红外线滤光片 F、光栏 M_2 及透镜 L_1 后分成两束平行光，然后射到三角棱镜上，棱镜上装有样品池及参考池，它们的底面是经专门抛光的不锈钢镜面，池体的液槽是由夹在棱镜和不锈钢之间的聚四氟乙烯垫片经挖空后形成的。透射光在界面上经反射回来后，再经透镜 L_2 聚焦在光敏电阻 D 上，这样就可将光信号转变成可记录的电信号。光源装在一个可调的支架上，以便调节入射角使之接近于临界角，以获得尽可能高的灵敏度。

每种物质都有不同的折射率，因此都可利用折射率来检测，所以示差折光检测器是一种

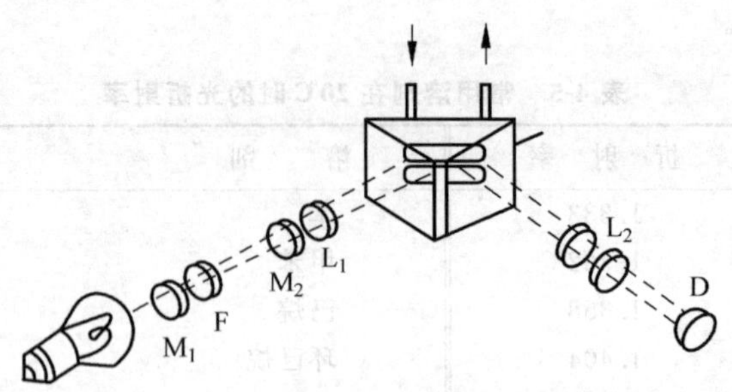

图 4-14 弗雷斯内尔检测器结构图

与气谱中热导池检测器一样的通用型检测器。主要缺点是,折射率对温度的变化非常敏感,因此检测器必须恒温,才能获得精确的结果。

3. 荧光检测器

荧光检测器(fluorescence detector)是一种灵敏度高和选择性好的检测器。

许多化合物,特别是具有共轭结构的芳香族的化合物被入射的紫外光照射后,能吸收一定波长的光,使原子中的某些电子从基态跃迁到较高电子能态,之后,辐射出比紫外波长更长的光,即荧光。被这些物质吸收的光称为激发光(λ_{ex}),产生的荧光称为发射光 λ_{em}。荧光的强度与入射光强度、量子效率和样品浓度成正比。图 4-15 是固定波长荧光检测器示意图。

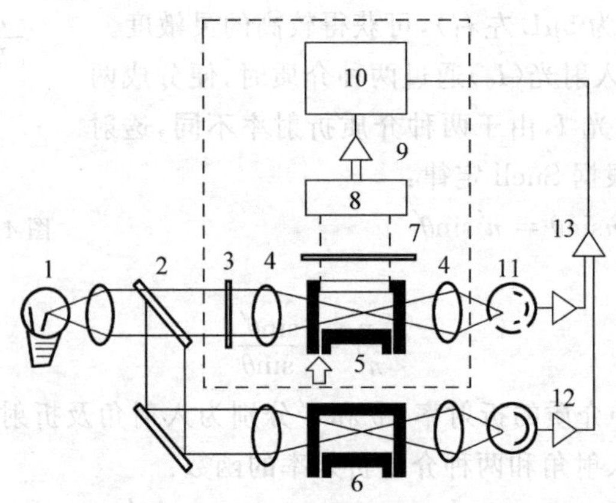

图 4-15 固定波长荧光检测器示意图

1—中压汞灯光源;2—10%反射棱镜;3—激发光滤光片;4—透镜;5—测量池;6—参比池;7—发射光滤光片;8—光电倍增管;9—放大器;10—记录器;11—光电管;12—对数放大器;13—线性放大器

光源发出的光经半透镜分成两束后,分别通过吸收池和参比池,再经滤光片后,照射到光电倍增管上,变成可测量的信号。参比池有助于消除外界的影响和流动相所发射的本底荧光。一般采用氙灯作光源,以便获得宽波长(250~600nm)范围的连续强光谱。若在半透镜前置一单色器分光,测量池后也采用单色器选择测定波长,这种结构即为荧光分光检测器。

对于一些本身不能产生荧光的物质,如果含有适当的官能团,可与荧光试剂发生衍生反应,生成荧光衍生物,也可用荧光检测。在氨基酸和肽的分析中,经常采用荧光胺作为衍生试剂。邻苯二甲醛、胆酰氯也是常采用的衍生试剂。

荧光检测器的最大优点是有极高的灵敏度和良好的选择性。一般来说,它比紫外吸收检测器的灵敏度要高 10～1000 倍,可达 μg/L 级,而且它所需要的试样很少,因此在药物和生化分析中有着广泛的用途。

国内李昌厚课题组,于 1985 年研制的一种优质的双光路双流路紫外/荧光检测器(UV/FLD-1),有效地将紫外检测器与荧光检测器的优势结合,扩大了原有单一检测器的检测范围,可以一次进样同时检测样品中发荧光和不发荧光的组分。图 4-16 为 UV/FLD-1 型双光路双流路紫外/荧光检测器的光路图。

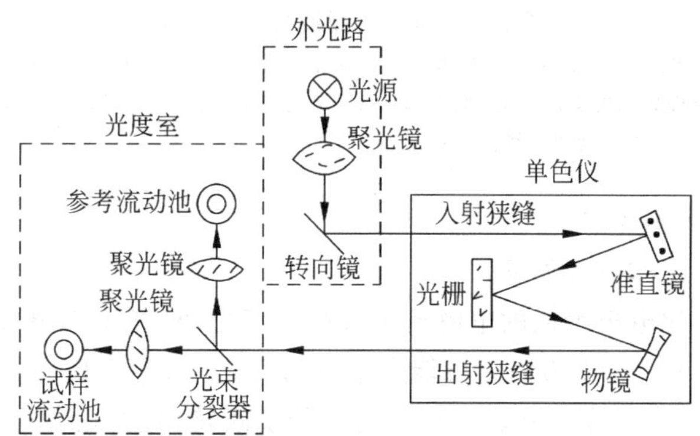

图 4-16　UV/FLD-1 型双光路双流路紫外/荧光检测器光路图

如图 4-16 所示,单色器射出的单色光,通过一个半透半反的光束分裂器后,一束光直接进入样品流动池,另一束进入参比流动池。在样品路和参比路的光速前进方向检测紫外吸收,在其 90°方向检测荧光。

该检测器可以分别单独作为紫外可见光分光光度计和激发光分光荧光计使用,只要组分具有紫外吸收或荧光发射性质即可被检测。

4. 电导检测器

电导检测器(electrical conductivity detector,ECD)是一种选择性检测器,用于检测阳离子或阴离子,在离子色谱中获得广泛应用。由于电导率随温度变化,因此测量时要保持恒温。它不适用于梯度洗脱。

电导检测器结构如图 4-17 所示。其主体为由玻璃碳(或铂片)制成的导电正极和负极。两电极间用 0.05mm 厚的聚四氟乙烯薄膜分隔开。此薄膜中间开一长条形孔道作为流通池,仅有 1～3μL 的体积。正、负电极间仅相距 0.05mm,当流动相中含有的离子通过流通池时,会引起电导率的改变。此两电极构成交流电桥的臂,电桥产生的不平衡信号,经放大、整流后输入记录仪。此检测器具有较高灵敏度,能检测电导率的差值为 5×10^{-4} S/m^2 的组分。当使用缓冲溶液作流动相时,其检测灵敏度会下降。

5. 安培检测器

安培检测器也是电化学检测器中应用广泛的一种。安培检测器要求在电解池内有电解反应的发生,即在外加电压的作用下,利用待测物质在电极表面上发生氧化还原反应引起电流的变化而进行测定,具有灵敏度高、选择性高、线性范围宽、结构简单、检测池体积小、柱外

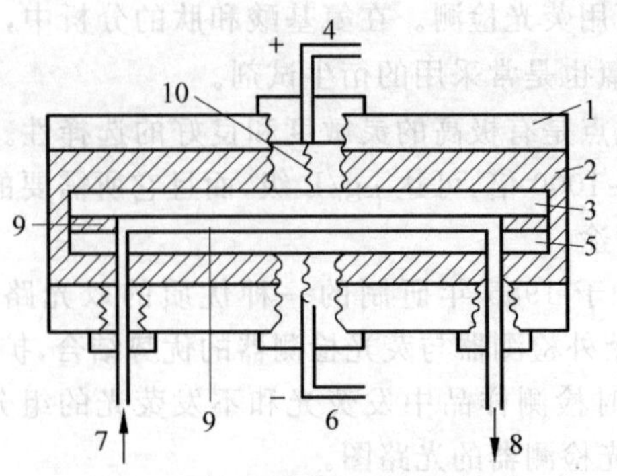

图 4-17　电导检测器结构示意图

1—不锈钢压板；2—聚四氟乙烯绝缘层；3—玻璃碳正极；4—正极导线接头；5—玻璃碳负极；6—负极导线接头；7—流动相入口；8—流动相出口；9—中间条形孔槽，可通过流动相的 0.05mm 厚聚四氟乙烯薄膜；10—弹簧

效应较小、响应速度快等优点。

安培检测器基本工作原理如下。

由工作电极和参比电极组成的电解池中有被测组分 A，在工作电极和参比电极间逐渐改变外加电压，组分 A 在阳极表面上可能发生下列反应：$A \rightleftharpoons B + ne^-$。电化学反应在电极表面发生时，电子可在工作电极表面与电活性分子间转移，电化学检测池中即产生电流。在电极表面上电子转移所产生的电流符合法拉第定律。检测池中可测量的电流 i 与电极表面产生的基本氧化-还原过程相关，可测得 i 与每个电活性物质在电极上转移的电子数 n 成正比，也与通过电极表面与其反应的活性物质浓度成正比。不同电活性物质经色谱柱分离后，随时间变化在电极表面产生不同的电化学反应。这种随时间变化的电流经微电流放大器放大再转换为电压信号，传入记录仪，得到电流-时间的色谱图。

常用的安培检测器由一个恒电位器和三个电极组成的电化学池构成。恒电位器可在工作电极和参比电极之间提供一个可任意选择的电位，这个输出电位用电子学方法固定和保持恒定，即使电流有变化时对它也无影响，减小了参比电位的漂移，提高了检测器的稳定性(图 4-18)。

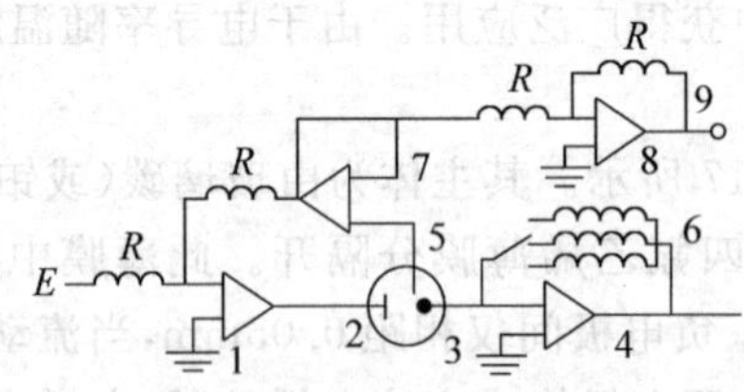

图 4-18　恒电位器

1—受控放大器；2—对电极；3—工作电极；4—电流电压转换器；5—参比电极；6—电阻器开关；7—电压跟随器；8—变换器；9—池电压显示

根据电化学检测器的工作原理，原则上凡是具有电活性的化合物都可以用安培检测器来检测。

6. 蒸发光散射检测器

蒸发光散射检测器(evaporation light-scatter detector,ELSD)又称蒸发质量型检测器，为一种类似于示差折光检测器的通用型检测器。

图 4-19 为蒸发激光散射检测器工作原理示意图。色谱柱后流出物在通向检测器途中,被高速载气(N_2)喷成雾状液滴。在受温度控制的蒸发漂移管中,流动相不断蒸发,溶质形成不挥发的微小颗粒,被载气载带通过检测系统。检测系统由一个光源和一个光二极管检测器构成。在散射室中,光被散射的程度取决于散射室中溶质颗粒的大小和数量。粒子的数量取决于流动相的性质及喷雾气体和流动相的流速。当流动相和喷雾气体的流速恒定时,散射光的强度仅取决于溶质的浓度。此检测器可用于梯度洗脱,且响应值仅与光束中溶质颗粒的大小和数量有关,而与溶质的化学组成无关。

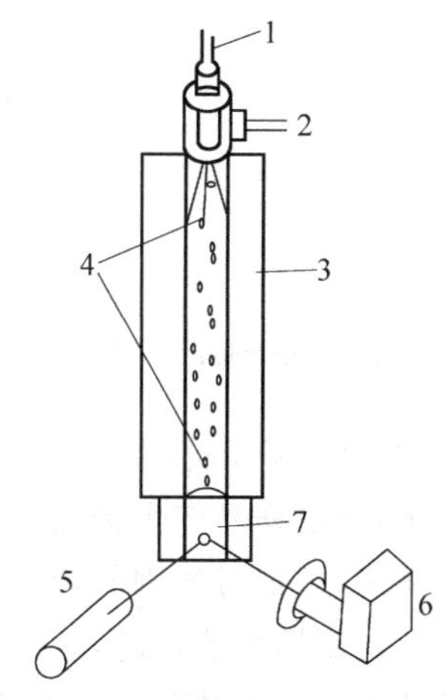

图 4-19　蒸发激光散射检测器工作原理示意图

1—HPLC 柱；2—喷雾气体；3—蒸发漂移管；4—样品液滴；5—光源；6—光二极管检测器；7—散射室

蒸发光散射检测器与 RID 和 UVD 比较,它消除了溶剂的干扰和因温度变化引起的基线漂移,即使用梯度洗脱也不会产生基线漂移。它还具有喷雾器、漂移管易于清洗,死体积小,灵敏度高,喷雾气体消耗少等优点。可以预料,此种检测器今后会获得广泛应用。

7. 激光诱导荧光检测器

激光诱导荧光检测器(laser induced fluorescence detector,LIFD)具有较高的灵敏度,在测定生物体中超痕量生物活性物质和环境中有机污染物方面更具有优势,对某些荧光效率较高的物质甚至可以达到单分子检测。一般的荧光检测器采用普通氘灯或氙灯作为激发光源,其波长输出连续可调,与普通光源比较,具有单性好、聚光性强、光子流量(photo flux)高等特点,大大提高了灵敏度,最低检测浓度可达 10^{-12} mol/L。

20 世纪 90 年代出现了商品化的 LIFD 检测器。目前,在 LIFD 系统中,激光光源主要以气体激光器为主,但因其体积大、能耗大和成本高等缺点,限制了其应用；半导体激光器(laser diode, LD)具有输出功率稳定、价格低、体积小、寿命长等优点,是 LIFD 比较理想的光源。但目前 LD 的发射波长多在远红外区,在此波长范围内,很难找到与其相适应的衍生化荧光剂；另外激光二极管泵浦固体激光器(laser diode double-pumped solid state laser, DPSS)作为一种新型激光光源,具有气体激光器不可比拟的优势,如体积小、使用寿命长、无须水冷、波动器小、供电简单、价格低廉,可满足荧光检测的需求。美国通微公司已开发了以激光二极管泵浦固体激光器为激发光源的检测器,性能优越。

国内的学者致力于新型激光诱导荧光检测器的开发。某研发团队采用 473nm 半导体蓝色激光二极管作为荧光检测器的激发光源,以光电倍增管(PMT)作为光电转换装置,构建了一种新型三维可调共聚焦光学结构的激光诱导荧光检测器,该检测器光学原理图见图 4-20。

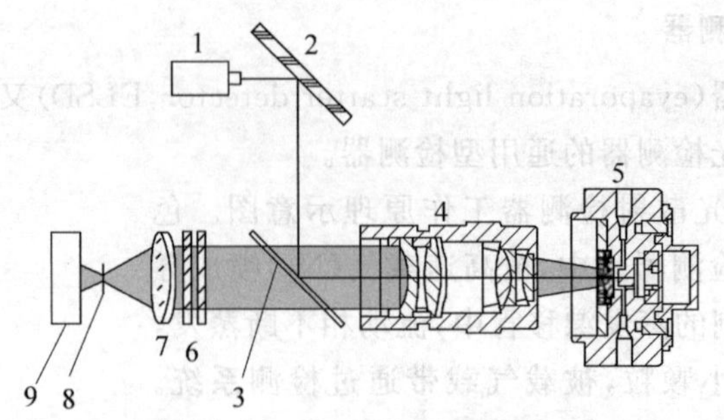

图 4-20　一种新型 LIFD 的光学原理图

1—激光；2—反射镜；3—分光镜；4—聚焦透镜组；5—检测池；6—滤光片；7—透镜；8—透光孔；9—光电倍增管

图 4-20 所示检测器，采用反射镜使激光光束转折进入光路主体，通过二色镜反射至检测池内，激发样品产生荧光，产生的荧光通过聚焦透镜组、干涉滤光片后经双胶合透镜聚焦在光阑中心，通过光阑的荧光到达光电倍增管，转化成电信号被记录。

该检测器性能优越，达到了国外同类产品水平，具有灵敏度高、稳定性好等优点，适合与高效液相色谱系统联用检测环境、生物和食品等样品中的痕量物质。

8. 电喷雾检测器

电喷雾检测器(charged aerosol detection，CAD)为通用型检测器，可作为 UV 和质谱检测器的强有力补充，使得以往在多种检测器(如示差折光、低波长紫外、蒸发光散射等)上完成的分析任务只需在一台通用型检测器上即可完成，大大提高了分析效率。

CAD 作为新型的 HPLC 检测器，与蒸发光散射检测器的工作原理一样，也是将色谱洗脱液雾化，以形成试样成分微粒，并可通过充电氮气将其电离，然后检测它们的电化学性质。该检测器的灵敏度对组分性质依赖性稍低，其检测器的灵敏度要高于 ELSD 检测器。CAD 的原理、结构组成如图 4-21 所示。

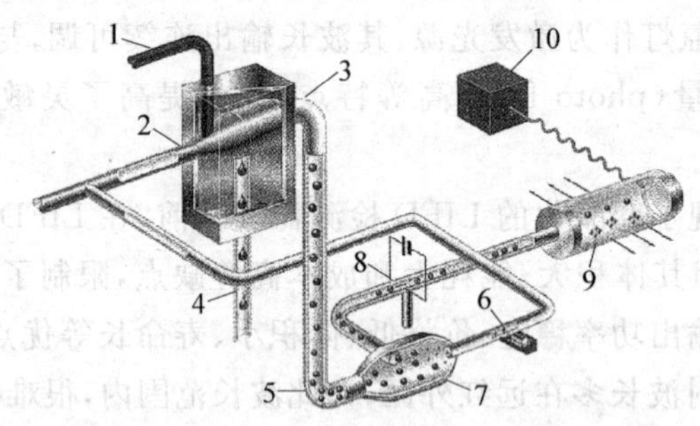

图 4-21　CAD 的原理、结构组成

如图 4-21 所示，淋洗液从 HPLC 柱子进入检测器 1，在气腔 2 中被氮气或空气雾化。小液滴进入干燥管 3，大液滴进入废液管 4，干燥的颗粒进入混合腔 5；另一路气流经过带电体 6，使带电气体和干燥的颗粒混合为颗粒带电体 7，离子阱 8 把多余的电荷去除，带电颗粒进入采集器，电荷被高灵敏度静电计 9 测量，信号传输到色谱数据软件 10。

与紫外检测器相比，在同样条件下，CAD 的检测对象更宽。

4.4　高效液相色谱分离方式

4.4.1　液谱分离系统

高效液相色谱的分离过程是在色谱柱内进行的，这个分离系统包括固定相和流动相。固定相和流动相的合理选择，使得千变万化的复杂样品获得满意的分离，体现了高效液相色谱应用范围广泛的特点。人们把色谱柱称为高效液相色谱的"心脏"。为了正确、有效地选择色谱分离系统，分别对固定相和流动相加以介绍。

1. 固定相

1）液谱固定相概述

固定相又称柱填料。由经典液相色谱发展到今天的高效液相色谱，柱填料不断更新，色谱柱工艺和各种仪器设备亦有很大改进。就柱填料而言，由经典的多孔无定型填料，到 20 世纪 60 年代中期，发展出薄壳型填料，1972 年以后发展出多孔微球硅胶，见图 4-22。

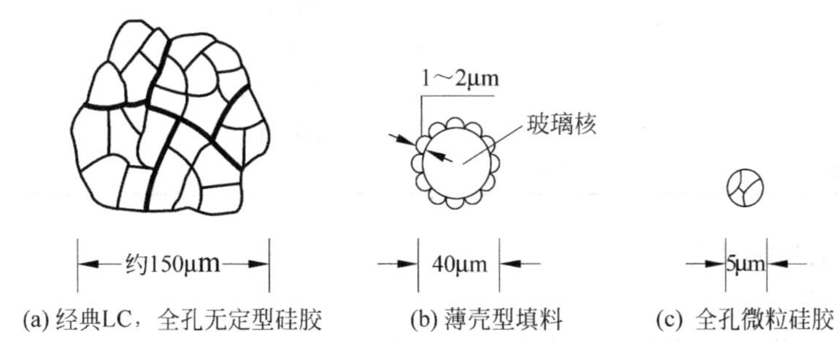

图 4-22　液相色谱固定相的演变

根据最近的统计，在所使用的各种分析柱液相色谱填料中，5～10μm 是目前使用的最广泛的高效填料，而细粒度是保证高效的关键。使用微粒填料有利于减小涡流扩散效应，并且缩短了溶质在两相间的传质扩散过程，提高了色谱柱的分离效率。图 4-23 表示了粒度对柱效的影响。

在高效液相色谱中，流动相是有机溶剂或者水溶液。在一定的流速下，液体流动相对固定相表面有相当大的冲刷能力。如果像气相色谱那样，把固定液涂渍在担体表面，尽管可以采取溶剂预饱和等措施，但严格来讲，几乎没有一对完全互不溶解的液体存在，所以固定液的流失是相当严重的，这就导致了化学键合固定相（键合相）的出现，即通过化学反应把某一个适当的官能团引入到硅胶表面上，形成不可抽提的固定相。表 4-6 列出了液相色谱柱操作方法的统计，表明各种类型的化学键合固定相占了将近 78%，其余不到 1/4 是硅胶或有机高分子固定相。传统的液液分配色谱几乎全部被键合相所取代。这就是说，在高效液相色谱中，广泛和大量使用被不同溶剂抽提的、以微粒硅胶为基质的各种化学键合固定相，是近代液相色谱填料的又一特点。

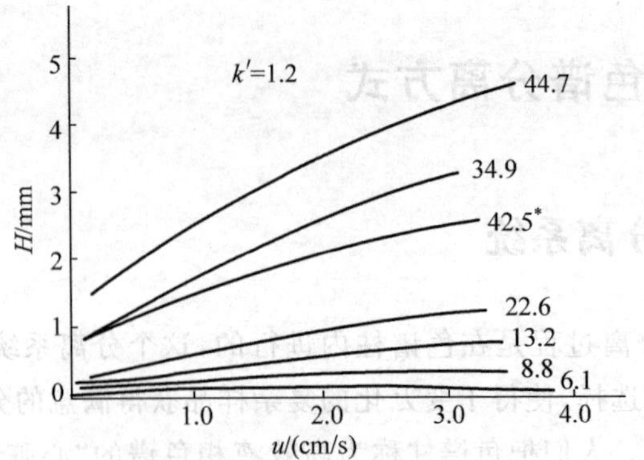

图 4-23　硅胶粒度对柱效的影响

（带 * 为薄壳型硅胶，其余均为全孔硅胶。粒度单位为 μm）

表 4-6　LC 柱操作模式的使用调查

色谱模式	使用率/%	色谱模式	使用率/%
反相	72	液固吸附	10
C_{18}	54	离子交换	6.3
C_8	9.6	阳离子	2.3
C_2	2.5	阴离子	4.0
苯基	2.1	空间排斥	5.5
其他	3.2	有机相	1.9
正相键合相	5.9	水相	3.6

2）固定相的种类及发展

(1) 固定相的种类

如前所述，按形状，固定相颗粒有薄壳型和全多孔型。

薄壳型填料是 20 世纪 60 年代中期，即近代高速液相色谱发展初期出现的一种填料，40μm 左右的玻璃球表面上覆盖一层 1～2μm 厚的硅胶层，形成许多向外开放的孔隙。这样孔浅了，传质快，柱效得以提高（和经典液相色谱相比）。但柱负荷太小，所以很快就被 5～10μm 全孔硅胶所代替。现在只用于预净化或预浓缩柱上，或作某些简单的混合物分离。

在高效液相色谱中使用的全孔微粒硅胶，孔径一般为 6～10nm，比表面积为 300～500m^2/g。就形状来说，有球形的，也有非球形的。一般来说，对于吸附色谱，非球形硅胶较好。由于非球形的制造工艺简单，价格比较便宜。而球形硅胶有较大的渗透性，柱压降小。此外，球形规整，相对不易破碎。这些对于制备键合相都是十分有利的。国产的 YWG 系列及国外的 LiChrosorb 系列(E. Merck)、Partisil 系列(Whatman)等均属于非球型硅胶。YQG(国产)、Zorbax(Dupont)、Nucleosil(Machery-Nagel)等系列是球形硅胶。

在液相色谱中，通常把使用极性固定相和非(或弱)极性流动相的操作称为“正相色谱”，相应的固定相习惯称为“正相填料”(如硅胶、氰基、氨基或硝基等极性键合相属此列)；把使用非极性固定相和极性流动相的操作称为“反相色谱”，相应的固定相称为“反相填料”(如烷基、苯基键合相、多孔碳填料等)。当然，在液相色谱中，同一色谱柱，原则上可以使用性质相差很大的流动相冲洗，因而正相填料和反相填料名称的概念具有一定的相对性。

如果按液谱分离方式，固定相有正相、反相、离子交换和凝胶渗透色谱固定相；按化学组成分类，固定相有微粒硅胶、高分子微球和微粒多孔碳等类型。

微粒硅胶和以此为基质的各种化学键合相是目前高效液相色谱填料中占统治地位的化学类型。这是由于硅胶具有良好的机械强度，容易控制的孔结构和表面积，较好的化学稳定性和表面化学反应专一等优点。硅胶基质固定相的一个主要缺点是只能在 pH＝2～7.5 范围的流动相条件下使用。碱度过大，特别是当有季铵离子存在下，硅胶易粉碎溶解；酸度过大，连接有机基团的化学键容易断裂。

高分子微球是另一类重要的液相色谱填料，大部分的基体化学组成是苯乙烯和二乙烯基苯的共聚物，也有聚乙烯醇、聚酯类型的。高分子填料的主要优点是能耐较宽的 pH 范围，例如 pH＝1～14，化学惰性好。一般柱效率比硅胶基质的低得多，往往还需要升温操作，不同溶剂收缩率不同。主要用于离子和离子交换色谱、凝胶渗透色谱等柱液相色谱。

微粒多孔碳填料目前正处于研究阶段，但很有希望。制备是由聚四氟乙烯还原或石墨化炭黑开始的。优点在于完全非极性的均匀表面，是一种天然的“反相”填料，可以在 pH＞8.5 条件下使用。但机械强度较差，对强保留溶质柱效较低，有待改进。

(2) 固定相的发展

高效液相色谱填料主要是在 20 世纪 70 年代发展和完善起来的。近年来虽然有一些新的固定相出现，但较多研究工作集中在如何提高现有硅质键合相的重复性和稳定性上，改进性能，扩大应用范围。如使用单官能团硅烷化试剂，控制残余羟基；使用氟硅烷改变其选择性等。为了扩大这种填料的 pH 适应范围，高分子微球和多孔碳填料越来越受到关注。硅质填料中，$3\mu m$ 细粒度键合相已有商品出售，虽然在常规分析中使用面不广，但在某些需要高柱效的研究方面是很有吸引力的。具有光学活性的键合相和分离生物大分子的键合相已有不少研究报道。随着离子色谱和生化分析需要的增长，高分子微球也在不断发展、改进，例如减小粒度和使用更窄筛分的粒度范围以提高柱效，提高交联度以增加刚性；改变孔结构和官能团以适应表面离子交换和生化物质的分离分析的需要。总之，在围绕着生命科学、药物临床和天然产物等分离分析方面，高效液相色谱固定相还有许多工作有待去做。

2. 流动相

在气相色谱中，流动相仅起运载作用。在液相色谱中，流动相有两个作用。一是携带样品前进，二是给样品提供一个分配相，进而调节选择性，以达到混合物的满意分离。表 4-7 列出了在同一色谱柱（YWG—$C_{18}H_{37}$）上，使用不同流动相时烷基苯和苯甲酸酯这两个同系物的保留值，它们有完全相反的流出次序，表明流动相对分离的巨大影响。在高效液相色谱中流动相通常是一些有机溶剂、水溶液和缓冲液等。常用溶剂的紫外吸收下限见表 4-4，其他性质见表 4-8。

表 4-7 烷基苯和苯甲酸酯在同一固定相（YWG—$C_{18}H_{37}$）和不同流动相的 k' 值

化 合 物	流 动 相	
	正己烷	甲醇：水(6：4)
苯	0.15	1.79
甲苯	0.14	3.18
乙苯	0.11	5.20

续表

化合物	流动相	
	正己烷	甲醇：水(6：4)
正丙苯	0.09	8.77
正丁苯	0.07	15.90
苯甲酸甲酯	4.96	1.97
苯甲酸乙酯	4.60	3.10
苯甲酸正丙酯	3.45	5.30
苯甲酸正丁酯	2.82	9.52
苯甲酸异戊酯	2.29	15.25

表 4-8　HPLC 常用溶剂的性质

溶　剂	折光指数 (25℃)	沸点/℃	黏度/mPa·s (25℃)	极性参数 P'	溶剂强度 ε^0		水的溶解度
					氧化铝	硅胶	
2,3,4-三甲基戊烷	1.389	99	0.47	0.1	0.01	0.01	0.011
正庚烷	1.385	98	0.40	0.2	0.01	0.01	0.010
正己烷	1.372	69	0.30	0.1	0.01	0.01	
四氯化碳	1.457	77	0.90	1.6	0.18	0.11	0.008
乙醚	1.350	35	0.24	2.8	0.38	0.38	1.3
三氯甲烷	1.443	61	0.53	4.1	0.40	0.26	0.072
二氯甲烷	1.421	40	0.41	3.1	0.42	0.32	0.17
甲乙酮	1.376	80	0.38	4.7	0.51		23.4
二氧六环	1.420	101	1.2	4.8	0.56	0.49	互溶
丙酮	1.356	56	0.30	5.1	0.56	0.53	互溶
四氢呋喃	1.405	66	0.46	4.0	0.45	0.35	互溶
乙酸乙酯	1.370	77	0.43	4.4	0.58	0.38	9.8
乙腈	1.341	82	0.34	5.8	0.65	0.50	互溶
二甲基甲酰胺	1.428	153	0.80	6.3			互溶
乙醇	1.359	78	1.08	4.3	0.88		互溶
异丙醇	1.385	97	1.9	4.0	0.82	0.63	互溶
甲醇	1.326	65	0.54	5.1	0.95	0.73	互溶
水	1.333	100	0.89	10.2	>0.9	>0.73	
乙酸	1.370	118	1.1	6.0	>0.95	>0.73	互溶

1）对流动相的要求

在气相色谱中，可供选择的流动相只有三四种。与气相色谱不同，在高效液相色谱中，可选择的流动相种类很多。而且，当固定相选定后，流动相的种类、配比能显著影响分离效果，因此，流动相的选择十分重要，对流动相有如下一些要求。

(1) 黏度要小

一方面，黏度大会降低组分的扩散系数，造成传质速率缓慢，柱效下降；另一方面，流动相黏度增加1倍，柱压降也相应增加1倍，过高的柱压降给设备和操作都带来麻烦。

(2) 流动相的纯度

关键是要能够满足检测器（如紫外吸收）的要求和使用不同瓶（或批）溶剂时能否获得重

复的色谱保留值数据。目前，国内专门供液相色谱使用的流动相溶剂规格不多，使用一般溶剂做流动相时，至少应当选择分析纯试剂。

(3) 与检测器相匹配

紫外吸收检测器是高效液相色谱中使用最广泛的一类检测器，因此，流动相应当在所使用波长下没有吸收或吸收很小。表 4-4 中所列的“紫外吸收下限”是指在使用波长小于这个标示值时，因透过率很低(10%以下)，不宜采用。又如当用示差折光检测器时，应当选择折光指数与样品差别较大的溶剂做流动相，以提高灵敏度。

(4) 与色谱系统的适应性

在吸附色谱中吸附剂往往不是酸性的就是碱性的，应当注意所选流动相和固定相之间应没有不可逆的化学吸附，例如在氨基键合相柱上就应避免使用含羰基(如丙酮)的流动相，否则分子间较强的作用会使固定相变质，甚至失效。仪器的输液部分大多是不锈钢材质，最好使用不含氯离子的流动相。当使用多孔镍过滤板时，应该避免使用较大酸度的流动相。

此外，溶剂的毒性和可压缩性，也是在选择时考虑的因素。

图 4-24 画出了几种常用溶剂的紫外吸收曲线，可以作为参考。

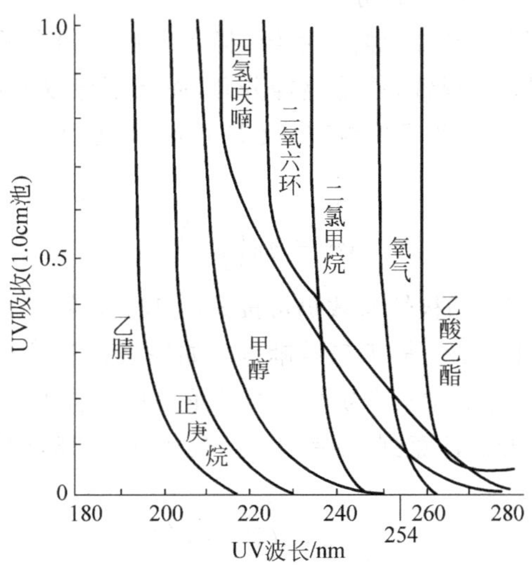

图 4-24 几种 LC 常用溶剂的紫外吸收曲线

2) 流动相的极性尺度

(1) 溶剂的极性

流动相的极性有多种定义方法，最常用的是溶剂的极性参数 P'。

溶质和溶剂分子之间有较强的相互作用，如色散、偶极相互作用、质子给予和接收、离子相互作用等。这几种力使溶质和溶剂分子之间出现了总体的相互作用，其作用程度称为溶剂的“极性”。

人们常说的“极性”溶剂容易吸引和溶解“极性”溶质，就是说溶剂的强度(即溶解样品的能力或在吸附剂表面上溶剂的吸附能)直接与溶剂的极性相关。在正相分配或吸附色谱中，溶剂强度与溶剂的极性呈正比；但在反相色谱中，两者呈反比。

表 4-8 中列出了基于 Rohrschneider 的实验溶解度数据得到的 P' 参数，而溶剂强度参

数 ε^0 系指在氧化铝和硅胶上的正相色谱数据。可见此时 P' 和 ε^0 的顺序基本上是一致的。如果按化合物的类型总结，各类有机化合物的极性有如下次序：

氟代烷＜烷(烯)烃＜卤代烃＜醚＜酯＜酮、醛＜醇＜胺＜酸

如果溶剂的极性参数 P' 变化 2 个单位，k' 差不多能有 10 倍的变化。在正相情况下，可用下式表示这种关系：

$$\frac{k'_2}{k'_1} = 10^{(P'_1 - P'_2)/2} \tag{4-11}$$

或在反相情况下

$$\frac{k'_2}{k'_1} = 10^{(P'_2 - P'_1)/2} \tag{4-12}$$

这说明选择适当的溶剂强度以调整所需的 k' 值范围十分重要，也十分方便。混合溶剂的极性参数 P' 具有算术加合性，例如对二元溶剂系统，设 A 为非极性组分(如己烷)，B 为极性较强组分，则此混合溶剂的极性参数(也即正相下的溶剂强度) $P'_{A\text{-}B}$ 为

$$P'_{A\text{-}B} = \varphi_A P'_A + \varphi_B P'_B \tag{4-13}$$

式中，φ_A，φ_B 为溶剂组分 A，B 的体积分数。

在正相色谱中，若使用 A-B 二元溶剂系统，样品出峰时间合适，但有重叠峰，现将其换成 A-C 二元溶剂体系，调整选择性，使重叠峰分开，而又不想改变原来的溶剂强度，即保持 k' 仍在一定的范围。因为 A 为非极性溶剂，故 P' 很小，可视为 $P'_A = 0$，则溶剂 A-C 中 C 的体积分数为

$$\varphi_C = \varphi_B \left(\frac{P'_B}{P'_C}\right) \tag{4-14}$$

在反相条件下，混合溶剂的极性参数仍可按式(4-13)计算，使用的流动相一般是水和能与水互溶的有机溶剂，如甲醇、乙腈、四氢呋喃等。如果事先采用一种溶剂系统，如甲醇-水，k' 值虽在合适的范围内，但样品中有个别分不开的重叠峰。若仍想保持 k' 的范围，可改换成四氢呋喃-水，使重叠峰分开。注意到 $\varphi_w = 1 - \varphi_B$，代入式(4-13)中得到，新溶剂系统中四氢呋喃的体积分数(φ_C)为

$$\varphi_C = \frac{\varphi_B (P'_w - P'_B)}{P'_w - P'_C} \tag{4-15}$$

式中下标 w 表示水，B 表示有机溶剂。组分在反相系统中，溶剂的极性参数越大，溶剂强度越小。此时溶剂强度 S 可表示为

$$S = P'_w - P'_B \tag{4-16}$$

则式(4-15)可写成

$$\varphi_C = \varphi_B \frac{S_B}{S_C} \tag{4-17}$$

根据式(4-16)，可计算出在反相下的溶剂强度 S，如表 4-9 所示。

表 4-9　反相 LC 的溶剂强度 S

溶剂	水	甲醇	乙腈	丙酮	二氧六环	乙醇	异丙酮	四氢呋喃
S	0.0	3.0	3.1	3.4	3.5	3.6	4.2	4.4

（2）溶剂的选择性

Snyder根据Rohrschneider的溶解度数据提出了计算总的溶剂极性参数P'的方法，以溶剂与乙醇、二氧六环、硝基甲烷等几种极性溶质的作用量度流动相的极性。纯溶剂的极性参数P'定义为

$$P' = \lg(K''_g)_{乙醇} + \lg(K''_g)_{二氧六环} + \lg(K''_g)_{硝基甲烷} \tag{4-18}$$

式中，K''_g为溶剂在乙醇、二氧六环、硝基甲烷中的极性分配系数。

根据溶剂与溶质分子间作用力的大小对溶剂的选择性进行分类。将溶剂的选择性参数分为静电力（X_n，由偶极矩决定）、给质子力（X_d）和受质子力（X_e），分别表示溶剂的偶极作用、给予质子和接受质子的能力，三者之和为1。定义为

$$X_n = \frac{\lg(K''_g)_{硝基甲烷}}{P'},\quad X_d = \frac{\lg(K''_g)_{二氧六环}}{P'},\quad X_e = \frac{\lg(K''_g)_{乙醇}}{P'} \tag{4-19}$$

Snyder将81种溶剂的X_n，X_d和X_e标绘在三角坐标的相应位置上，根据溶剂行为的相似性，将溶剂分成8组，如图4-25所示。表4-10为图4-25中不同区域所包含的溶剂种类。

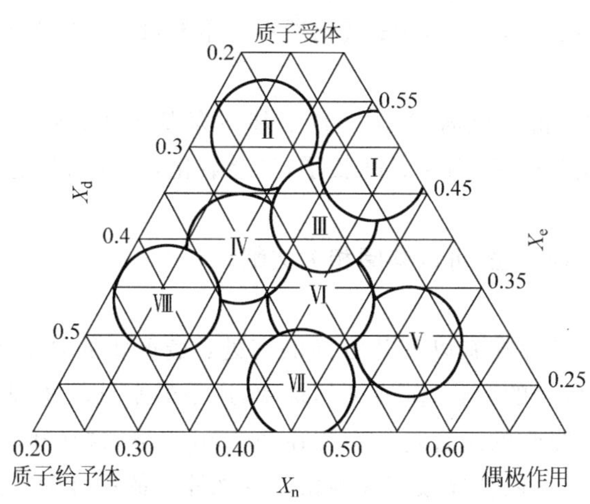

图4-25　溶剂选择性三角坐标图

表4-10　Synder的溶剂选择性分组（部分）

组别	溶　　剂
Ⅰ	脂肪族醚、四甲基胍、六甲基磷酰胺（三烷基胺）
Ⅱ	脂肪族醇
Ⅲ	吡啶衍生物、四氢呋喃、酰胺（甲酰胺出外）、乙二醇醚、亚砜
Ⅳ	乙二醇、苄醇、乙酸、甲酰胺
Ⅴ	二氯甲烷、二氯乙烷
Ⅵ	（1）三甲基磷酸酯、脂肪族酮和酯、聚醚、二噁烷
	（2）砜、腈、碳酸亚丙酯
Ⅶ	芳烃、卤代芳烃、硝基化合物、芳醚
Ⅷ	氟代醇、间甲酚、水、氯仿

可以看出，Ⅰ组溶剂的 X_e 值都较大，属于质子受体溶剂；Ⅴ组溶剂的 X_n 值较大，属偶极作用力强的溶剂；Ⅷ组溶剂的 X_d 值较大，属质子给予体溶剂。同一组中不同溶剂的色谱分离选择性相似，而不同组别的溶剂，其选择性差别较大。例如，在醇类溶剂中，甲醇的偶极相互作用、质子给予和接受对其总极性的贡献分别占 28%，43%和 29%，类似地，在胺类溶剂中，三甲基胺的偶极作用占其总极性的 16%，而质子接受占 84%，即对色谱分离而言，质子给予对这种溶剂的极性没有贡献。

3）某些溶剂的处理方法

（1）纯化

高效液相色谱用溶剂虽没有统一的规格指标，但免不了有些杂质，使用前应当纯化溶剂。

液谱中常用溶剂水、乙腈、四氢呋喃等处理方法如下。

流动相所用水必须是全玻璃系统二次蒸馏水。在使用电化学或其他高灵敏度检测器时，需要使用石英系统二次蒸馏。

国产分析纯乙腈，尚有较大的紫外吸收本底，来源于其中的丙酮、丙烯腈、丙烯醇和某些噁唑化合物。可以采用 $KMnO_4$-NaOH 氧化裂解与甲醇共沸，以及活性炭和酸性氧化铝吸附处理。

四氢呋喃中的 BHT 抗氧化剂（3,5-二叔丁基-4-羟基甲苯）沸点较高，可通过一次蒸馏除去。这种溶剂最好现蒸现用，因为时间长了，又会氧化，而且同其他醚类一样，使用前应检查有无过氧化物。

其他一些溶剂的处理方法，可以参阅相关文献。

（2）溶剂脱气

流动相中溶解气体的存在有以下几方面的害处：最重要的是对检测不利，气泡进入检测池，引起光吸收或电信号的变化，基线突然跳动，这是最常见的物理现象。另外，溶解氧常和许多溶剂形成有紫外吸收的络合物。主要在 200nm 以下，这在梯度淋洗中常造成基线抬高。在荧光检测中，溶解氧还会导致淬灭现象。荧光淬灭的程度随被测样品的类型而异，特别突出的是芳香烃、脂肪醛、酮等。本底荧光的淬灭会使基线漂移。溶解气体还会引起某些样品的氧化降解，或溶剂 pH 值的变化，对分离和分析结果带来误差。

常见的脱气方法见 4.3.1 节。

4.4.2　液固吸附色谱

1. 分离原理

在液固色谱法中，固定相是固相吸附剂，它们是一些多孔性的极性微粒物质，如氧化铝、硅胶等。它们的表面存在着分散的吸附中心，溶质分子和流动相分子在吸附剂表面呈现的吸附活性中心上进行竞争吸附，这种作用还存在于不同溶质分子间，以及同一溶质分子中不同官能团之间。由于这些竞争作用，便形成不同溶质在吸附剂表面的吸附、解吸平衡，这就是液固吸附色谱具有选择性分离能力的基础。

当溶质分子在吸附剂表面被吸附时，必然会置换已吸附在吸附剂表面的流动相分子，这种竞争吸附可用下式表示：

$$x_{\mathrm{m}} + nM_{\mathrm{s}} \underset{\text{解吸}}{\overset{\text{吸附}}{\rightleftharpoons}} x_{\mathrm{s}} + nM_{\mathrm{m}}$$

式中，x_{m} 和 x_{s} 分别表示在流动相中和吸附在吸附剂表面上的溶质分子；M_{m} 和 M_{s} 分别表示在流动相中和在吸附剂上被吸附的流动相分子；n 表示被溶质分子取代的流动相分子的数目。

当达到吸附平衡时，其吸附系数(adsorption coenicient)为

$$K_{\mathrm{A}} = \frac{[x_{\mathrm{s}}][M_{\mathrm{m}}]^n}{[x_{\mathrm{m}}][M_{\mathrm{s}}]^n}$$

K_{A} 值的大小由溶质和吸附剂分子间相互作用的强弱决定。当用流动相洗脱时，随流动相分子吸附量的相对增加，会将溶质从吸附剂上置换下来，即从色谱柱上洗脱下来。吸附系数通常可从吸附等温线数据或薄层色谱的 R_{f} 值进行估算。

根据已知的定义和关系式，Snyder 导出容量因子与吸附物理量间的关系：

$$\lg K' = \lg\left(V_{\mathrm{a}}\frac{W}{V_{\mathrm{m}}}\right) + E_{\mathrm{a}}(S^0 - A_{\mathrm{s}}\varepsilon^0) \tag{4-20}$$

其中，V_{a} 是吸附剂表面分子层所占有的体积；W 是吸附剂的质量；E_{a} 为吸附剂表面活性；S^0 为溶质的吸附能；A_{s} 为组分占有的吸附剂表面；ε^0 为溶剂强度。

溶质分子与极性吸附剂吸附中心的相互作用，会随溶质分子上官能团极性的增加或官能团数目的增加而加强，这会使溶质在固定相上的保留值增大。不同类型的有机化合物，在极性吸附剂上的保留顺序如下：

氟碳化合物＜饱和烃＜烯烃＜芳烃＜有机卤化物＜醚＜硝基化合物＜腈＜叔胺＜酯、酮、醛＜醇＜伯胺＜酰胺＜羧酸＜磺酸

此外，溶质保留值的大小与空间效应有关。若与官能团相邻的为庞大的烷基，则会使保留值减小；顺式异构体要比反式异构体有更强的保留。此外，溶质的保留还与吸附剂的表面结构，即吸附中心的几何排布有关。当溶质的具有一定几何形状的官能团与吸附剂表面的活性中心平行排列时，其吸附作用最强。因此液固色谱法呈现出对结构异构体和几何异构体有良好的选择性，对芳烃异构体及卤代烷的同分异构体也显示良好的分离能力。

2. 液固色谱固定相

液固色谱固定相可分为极性和非极性两大类。极性固定相主要为硅胶(酸性)、氧化铝、分子筛(碱性)等。非极性固定相为高强度多孔微粒活性炭，近年来开始使用 5～10μm 的多孔石墨化炭黑，以及高交联度苯乙烯-二乙烯基苯共聚物的单分散多孔微球(5～10μm)和碳多孔小球(TDX)。

在液固色谱法中最广泛应用的固定相是硅胶。由经典液相色谱发展到今天的高效液相色谱，柱填料不断更新，色谱柱工艺和各种仪器设备亦有很大改进。就柱填料而言，由经典的多孔无定形填料，到 20 世纪 60 年代中期，发展出薄壳型填料，1972 年以后发展了多孔微球硅胶，目前，全多孔球形和无定形的硅胶微粒固定相已成为高效液相色谱柱填料的主体，获得广泛应用。

1) 表征固定相性质的参数

描述固定相性质的参数如下：

(1) 粒度(d_p)

粒度表示固定相基体颗粒的大小。对球形颗粒是用粒子直径(简称粒径,用 d_p 表示)来量度的,对无定形颗粒系指它的最大长度。基体颗粒的大小可用标准筛来筛分。

在气相色谱中,常用筛分目数表示固定相粒度;在液相色谱中,常用粒径表示。标准筛的目数和粒径的关系如表 4-11 所示。

表 4-11　标准筛的目数和粒径的关系

目　数	网孔直径/μm			
	公制 ISO	美国 ASTM	美国 Taylor	英国 BS
10	630	2000	1680	1676
20	315	840	833	699(22 目)
40	160	420	351(42 目)	353(44 目)
60	100	250	246	251
80	71	177	175	
100	63	149	149	152
120		125		124
140		105		
150			104	104
170		88	88	89
200		74	74	76
250		62	62	53(300 目)
325		44	43	44(350 目)
400		37	38	

目前国内生产的标准筛接近 Taylor 规格的较多。

(2) 比表面积(S_p)

比表面积(S_p)为每克多孔性基体所有内表面积(S_i)和外表面积(S_e)的总和,单位为 m^2/g。对球形颗粒,其外表面积可按下式计算:

$$S_e = \frac{6}{d_p \rho}$$

式中,d_p 为颗粒直径;ρ 为密度。对粒径为 10μm 的多孔球形硅胶,其相对密度约为 $2g/cm^3$,计算出的外表面积约为 $0.3m^2/g$。在吸附色谱中使用的硅胶比表面积约为几百平方米每克,其外表面积仅占比表面积的极小部分。

液谱中的全多孔型微粒硅胶(≈10μm),其比表面积为 $200\sim500m^2/g$;表面多孔型(薄壳型)硅胶,其表面积就小得多,为 $7\sim14m^2/g$。

在选择吸附剂时,应注意吸附剂特性,吸附剂的形状和粒径不仅直接影响柱效率,并对填充色谱柱的方法有影响。

吸附剂的比表面积是一个最重要的特性因素,它直接决定色谱柱对样品的负载量(即柱容量)和对样品的保留性质。如欲保持色谱柱对样品的保留性质不变,必须控制吸附剂的比表面积仅在一个较窄的范围内变化。对大多数多孔性吸附剂,其比表面积约为 $400m^2/g$。

这是一个具有实用价值的最佳值。比表面积又是平均孔径的函数，随平均孔径和粒径的减小比表面积会增加，但同时也会使溶质在色谱柱中的传质过程变坏。比表面积的降低，意味着降低样品的负载量。

2）常见的液固色谱固定相

在极性吸附剂中，硅胶和硅酸镁为酸性吸附剂（表面 pH＝5），氧化铝和氧化镁为碱性吸附剂（表面 pH＝10～12）。如用酸性吸附剂分离碱性物质（如胺类），或用碱性吸附剂分离酸性物质（如羧酸、酚类），就可能造成色谱峰的严重拖尾或不可逆的保留。为克服此现象，可向流动相中加入改性剂。如用硅胶分离碱性样品时，向流动相中加入少许碱性物质（如三乙胺），就可减轻色谱峰的拖尾或永久性吸附。

对于硅胶吸附剂，其色谱保留特性取决于硅胶的表面特性，色谱用硅胶通常是由硅酸钠与无机酸反应制备。表面的终端呈硅羟基或硅氧烷键。

对于未经加热处理的硅胶，其表面游离型硅羟基皆被水分子覆盖，不呈现吸附活性。当将其在 150～200℃以下加热，进行活化处理，会除去一些水分子，使表面相邻的游离硅羟基之间形成氢键，而获得具有最强活性吸附中心的氢键型硅羟基，用于高效液固色谱的商品硅胶皆属于此种类型。若加热超过 200℃，部分氢键型硅胶再脱水，就形成吸附性能很差的硅氧烷键型。对大孔硅胶上述活化处理过程是可逆的，对小孔硅胶此过程是不可逆的。若加热温度超过 600℃，则硅胶表面皆成为硅氧烷键而失去吸附活性。上述过程如图 4-26 所示。

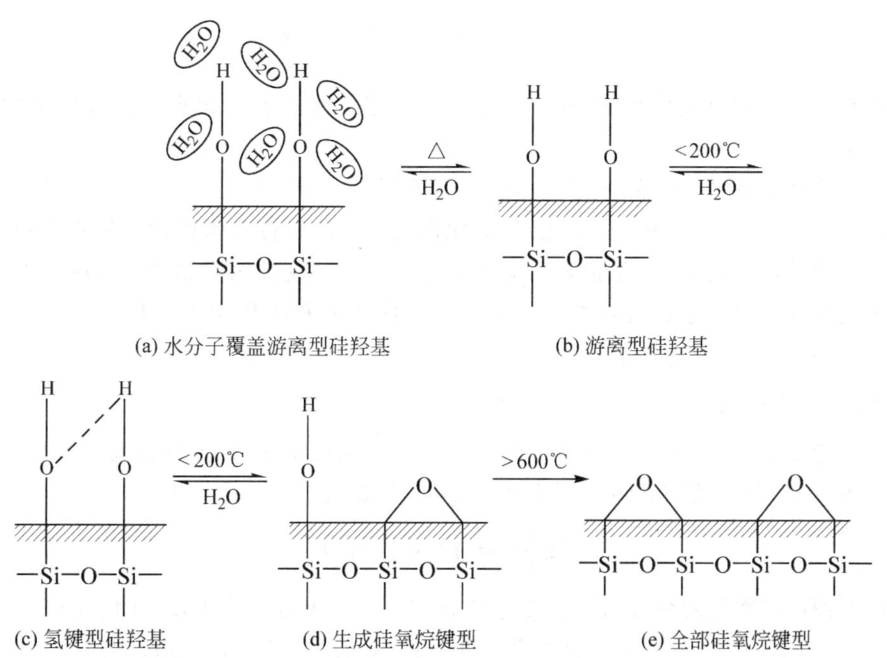

图 4-26 硅胶表面结构经热处理的变化

商品硅胶吸附剂，表面皆为氢键型硅羟基，表现出很强的吸附活性，反而会引起化学吸附，造成色谱峰峰形拖尾。为消除此种不良影响，常向硅胶柱中加入少量极性改性剂，如在流动相中加入适量水，就可钝化最强的吸附活性中心，使其由氢键型硅羟基转化成对样品有适当吸附作用的游离型硅羟基。

图 4-27 为使用薄壳型 Prisorb A 硅胶固定相分离苯、甲苯、乙苯、丙苯、丁苯同系物样品时,用含水量不同的正庚烷作流动相,所获分离结果的谱图,可以看出流动相含水量的影响作用。

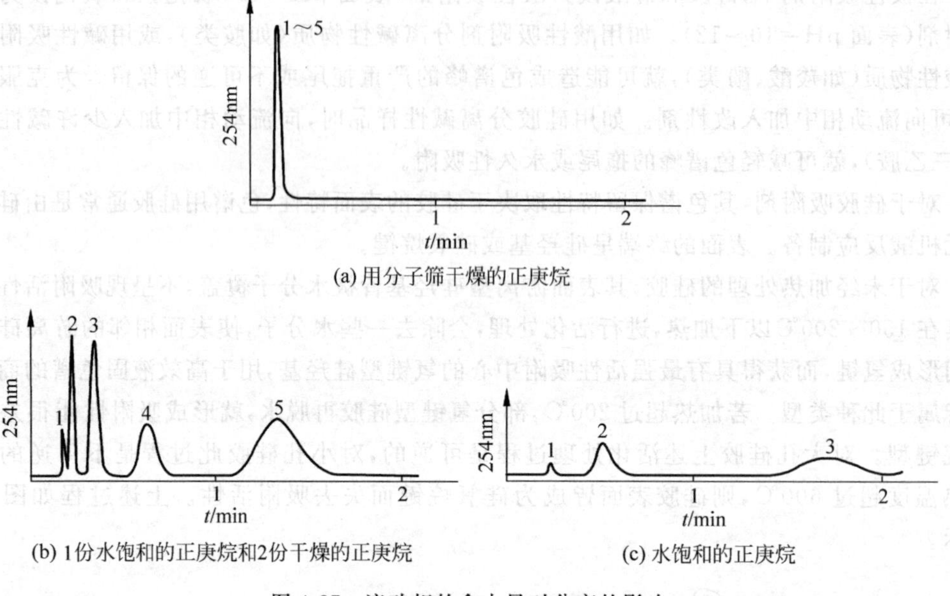

图 4-27　流动相的含水量对分离的影响

为控制硅胶吸附剂的含水量,通常都采用含一定量水的流动相来使硅胶固定相的含水量达到平衡。

在非极性吸附剂中,高交联度(>40%)苯乙烯-二乙烯基苯共聚微球,应用日益广泛。另外,用聚合物涂渍或包覆硅胶、氧化铝、氧化锆的新型非极性疏水固定相近年来快速发展。如在硅胶表面涂渍聚乙烯,氧化铝表面涂渍聚丁二烯等。这类固定相表现出既提高选择性,又增加了化学稳定性。也已开始探索气相色谱中使用的石墨化炭黑和炭多孔小球,在液固色谱法中的应用,并受到越来越多的关注。

3. 液固色谱的流动相

在液固色谱法中,当某溶质在极性吸附剂硅胶色谱柱上进行分离时,变更不同洗脱强度的溶剂作流动相,此溶质的容量因子 k' 也会不同,依据式(4-20)可导出:

$$\lg\frac{k'_1}{k'_2}=\beta A_s(\varepsilon_2^0-\varepsilon_1^0) \tag{4-21}$$

上式表明 k' 商的对数与两种溶剂的 ε^0 之差成正比。因此可近似认为,ε^0 变化 0.05,可使溶质 k' 变化 2~4。若采用的起始溶剂的洗脱强度太强(k' 值太小),则可再选用另一种洗脱强度较弱的溶剂,以使溶质的 k' 达到最佳值($1\leqslant k'\leqslant 10$);反之,若初始溶剂的洗脱强度太弱($k'$ 值太大),就要选用另一个洗脱强度较强的溶剂来取代。通过试差法能找到洗脱强度适当的溶剂。

若使用硅胶、氧化铝等极性固定相,应以弱极性的戊烷、己烷、庚烷作流动相的主体,再适当加入二氯甲烷、氯仿、乙醚、异丙醚、乙酸乙酯、甲基叔丁基醚等中等极性溶剂,或四氢呋喃、乙腈、异丙醇、甲醇、水等极性溶剂作为改性剂，以调节流动相的洗脱强度，实现样品中不同组分的良好分离。若使用苯乙烯-二乙烯基苯共聚物微球、石墨化炭黑微球等非极性固定相，应以水、甲醇、乙醇作为流动相的主体，可加入乙腈、四氢呋喃等改性剂，以调节流动相的洗脱强度。

在用水对硅胶固定相进行减活处理时，流动相中水的饱和度应小于25%，若水含量过高，大量水附着在硅胶上会使液固色谱过程转变成液液色谱过程，而影响分离效果。若选用极性强的有机溶剂，如甲醇、乙腈、异丙醇等代替水作减活剂，就可克服水的负面影响，并会对分离因子α、容量因子k'的变化产生更大的影响。

在液固色谱法中，使用混合溶剂的最大优点是可获得最佳的分离选择性。此时，若混合溶剂中强极性溶剂的含量占绝对优势或含量很低，其分离因子呈现最大值。此外，若使用具有氢键效应的溶剂，如正丙胺、三乙胺、乙醚、异丙醚、甲醇、二氯甲烷、氯仿等作改性剂，则可显著改善色谱分离的选择性。

使用混合溶剂的另一个优点是可使流动相保持低的黏度，并可保持高的柱效。如使用强极性乙二醇作改性剂，它的黏度高达16.5mPa·s，大大超过高效液相色谱允许使用的黏度范围，但实际使用时，仅需将1%～2%的乙二醇加到弱极性溶剂中，就可获得洗脱强度高的混合溶剂，其黏度却符合高效液相色谱分析的要求。

4.4.3　分配色谱

分配色谱(partition chromatography)以溶质在流动和固定两相中的分配为基础。在现代液相色谱中分配色谱大致分为两类；一类类似气液色谱，把固定液涂布于惰性担体上，为液液分配色谱。但在液相色谱中流动相是液体，由于固定液在流动相中的溶解而不能稳定地保持在担体上给操作带来麻烦。另一类使用键合固定相，即把有机化合物的一部分通过化学反应键合在担体的表面上，从而克服了固定液的流失现象，因此，使用这类固定相的色谱过程也称为键合相色谱(bonded phase chromatography)。本节讨论的重点为键合固定相。

1. 分离原理

分配色谱中流动相和固定相是互不相溶的两种液体，溶质既溶解于固定相，也溶于流动相中，并根据在两相中的溶解度不同而分布于两相中，类似液液萃取过程。当溶质在两相中的分配达到平衡时，分配系数为

$$K = C_s / C_m$$

这个过程的标准自由能$\Delta G^{\ominus}$与分配系数的关系是

$$\lg K = -\Delta G^{\ominus} / 2.3RT$$

根据已知关系$K = K'\beta$和$\beta = V_m / V_s$，得

$$\lg K' = \lg \frac{1}{\beta} - \Delta G^{\ominus} / 2.3RT$$

式中，R为摩尔气体常数；T为热力学温度。

溶质在给定体系分配系数的不同主要由于溶质分子与两相分子之间的作用力不同。分子之间的相互作用可概括为离子-偶极、定向、诱导、色散、疏水、氢键以及电子对的给予和接

受等。不同的体系,表现出不同的作用力。

在液相色谱中溶质在两相中的分布可能不是由于一种原因引起的,比如溶质既溶于某溶剂中,也与其发生可逆的化学反应,这种化学平衡有时可以被忽略,有时成为控制保留的重要因素。与正常的色谱过程比较,这种现象称为次级(或第二)化学平衡(secondary chemical equilibria,SCE),次级平衡含义广泛,是液相色谱中普遍存在的现象,且每种过程对 K' 的贡献具有加合性。

2. 固定相

1) 载体

载体是键合相的基体,它必须具备优良的物理、化学性质,液固色谱比气液色谱对固定相担体的要求更加严格。液相色谱固定相常用的载体是硅胶,近年也发展了以 γ-Al_2O_3 为基质的键合相,但使用尚不普遍。

硅胶具有合适的化学性质和表面结构。色谱用无定形多孔硅胶的表面积和孔径有很宽的范围,键合相要求的表面积在 200～800m^2/g,平均孔径 5～25nm,以适应溶质分子的大小。

与硅胶的酸性相反,改性的 γ-Al_2O_3 偏碱性,具有两性特征,pH 范围稳定,它不含有固定的功能团,但提供稳定、可改性的活性点,以制备聚合物型的填料。

2) 键合反应

大多数以硅胶为基体的填料都是通过表面硅醇基与有机硅烷试剂的化学反应而制备的。早在 20 世纪 50 年代初期,Martin 就采用了这种方法,20 年后,Kirkland 把它用于高效液相色谱中。其中最具有典型意义的反应如下:

$$\equiv Si-OH + Cl-Si(Me)_2-C_{18}H_{37} \longrightarrow \equiv Si-O-Si(Me)_2-C_{18}H_{37}$$

它是目前用途最广的键合固定相,常以 C_{18} 或 ODS(octa decyl silica,ODS)称呼。这类键合相具有很好的稳定性,又是典型的非极性固定相,主要用于反相色谱中。如果二甲基十八烷基氯硅烷中的十八烷基是不同的烷基取代基,则可以制备出各种键长的烷基键合相,它们具有不同的保留性质和稳定性,是固定相选择要考虑的因素之一。

采用多氯硅烷,如三氯硅烷,表面硅羟基可能进行下列反应:

$$\begin{matrix} -Si-OH \\ -Si-OH \end{matrix} + Cl_3SiR \longrightarrow \begin{matrix} -Si-O \\ -Si-O \end{matrix} > Si-ClR$$

由于空间位阻的影响反应不完全。在有水的情况下,官能团发生水解作用形成新的硅醇基,严重影响填料的保留性质,造成峰的拖尾。同时由于多氯硅烷的聚合反应,形成非单分子层的多层键合相,但这个过程难以控制,不易获得重复性结果。

为了完全键合(硅烷化)填料的表面,增加表面的覆盖程度,常采用一种封尾(end-capping)技术以减少硅醇基的作用,封尾所用的试剂是三甲基氯硅烷(TMCS)或六甲基二硅胺(HMDS)。

除了上述的硅氧烷反应外，还有硅酸酯反应：

$$\equiv Si-OH + HOR \longrightarrow \equiv Si-OR$$

这是酯化反应，是最早用于高效液相色谱的键合相之一。由于这类键合相易水解、醇解，热稳定性差，只能在正相条件下使用。由于酯化过程，生成单分子层，宛如载体表面有一层垂直的毛，因而称为“刷子”型。

另一类反应得到 Si—C 或 Si—N 共价键合固定相。

硅胶表面用亚硫酰氯($SOCl_2$)氯化：

$$\equiv Si-OH + SOCl_2 \longrightarrow \equiv Si-Cl$$

然后将氯化的硅胶与格氏试剂反应生成 Si—C 键：

$$\equiv Si-Cl + C_6H_5MgBr \longrightarrow \equiv Si-C_6H_5$$

有机物直接键合到硅胶上，有比较好的水解和热稳定性。苯环的进一步反应，如磺化则可制成以硅胶为基质的阳离子交换剂。

氯化的硅胶可和胺类反应

$$\equiv Si-Cl + H_2NCH_2CH_2NH_2 \longrightarrow \equiv Si-NH-CH_2CH_2NH_2$$

形成 Si—N 键，式中的氨基($-NH_2$)被其他基团取代后可以制备各种基团的键合相。

3) 固定相的性质

固定相的性质包括固有的性质和承受外界条件的能力。

固有的性质中，有关填料的表面积、颗粒度、孔径等已经讨论过。另外的两个主要性质是键合相的极性和链长。

常用键合相中有机分子的极性基团，其中氰基(—CN)、二醇基(Diol)、氨基($-NH_2$)为极性键合相。它们可以代替吸附剂硅胶，但由于表面键合降低了原有的活性而保留时间重复，并得到好的峰形，同时也改善了化合物的分离能力。在不同的著述中功能团极性的排列顺序略有不同。有的认为—CN 的极性小于 Diol(Diol 键合相是由键合的环氧硅烷相水解而制备的)。可用于强极性化合物的分离，也可作为排阻色谱固定相，用于水相蛋白质分离。氰基的极性小于硅胶，与硅胶有类似的选择性，对酸、碱性化合物很少拖尾。由于氰基三键的存在，对双键异构体的分离有很好的选择性。氨基是极性功能团并且呈碱性，显然它的选择性与呈弱酸性的硅胶表面有很大的差别。并且它的氢键作用力很强，导致多功能团化合物，如甾类和强心苷等的很好分离。

键长指键合相有机化合物中烷基的长度，如 C_{18} 与 C_8 的链长就不同，它对溶质的保留、选择和自身的稳定性都有影响，同时链长还影响硅胶载体原有的孔径。长链键合相相对于短链更为稳定，同时由于溶质在固定相中的溶解度增加而增加了保留时间。短链在分析极性分子时给出更对称的峰。有文献报道，当链长超过 C_4 时，蛋白质在洗馏过程中严重变性。

此外,键合相的稳定性也受自身官能团的影响,非极性键合相相对极性键合相有更大的稳定性。

键合相的稳定性也受外界,即操作条件的影响。其中最主要的有溶剂的 pH 值、缓冲溶液中盐类的浓度和操作温度等。

硅胶承受 pH 值的范围为 2～8.5,在实际使用中比这个范围还要窄,一般为3～7。若所用溶剂的 pH 值必须超过这个范围,只得改用其他填料,如聚苯乙烯非键合相固定相,pH 值可在 1～13。另外,键合相有机功能团的使用,也受 pH 值的影响,如伯胺键合相在 pH＞7 迅速降解,几个小时将失去大多数有机基团,柱分离能力迅速下降。

温度增加对柱效和样品的分离都产生好的效果,但键合相承受的温度范围是有限的,使用温度最高不能超过 80℃,一般应低于 60℃。不过大多数从事色谱工作的人员并不重视温度在 HPLC 中的作用,常在室温下操作。

其他一些因素,如样品的种类和杂质、溶剂中痕量氧等对键合相的稳定性也产生一定影响。

3. 流动相

正相色谱以极性键合相为固定相,以非极性或弱极性溶剂为流动相,和吸附色谱类似,溶质与流动相的相互作用比较弱。溶剂的分类与选择性与反相色谱不同。表 4-8 中列出了色谱常用的溶剂及其性质。

在正相色谱中容量因子 K' 与溶剂极性 P' 成反比,即增加溶剂极性减少样品的保留。为了改善溶质对的分离,常选用异丙醚、甲醇,二氯甲烷和氯仿。

反相色谱常用冲洗剂有水、乙腈、甲醇和四氢呋喃。一般情况下甲醇体系已能满足多数样品的分离要求。甲醇的毒性为乙腈的$\frac{1}{6}$,且价格仅为其$\frac{1}{8}$～$\frac{1}{7}$,是反相色谱中使用最多的冲洗剂强组分。表 4-12 列出了反相色谱中常用有机溶剂的结构参数,其中 V_W 是溶剂的范德华体积,它与分子的极化率或疏水作用力的强弱成比例,π^* 是偶极作用参数,β_m 和 α_m 分别表示溶剂分子接受质子和给予质子的能力。比较反相色谱中最常用的冲洗剂强组分,可看到其范德华体积的大小顺序为

四氢呋喃＞二氧六环＞乙腈＞甲醇

表 4-12　反相色谱中几种最常用溶剂的结构参数

溶剂名称	V_W	π^*	β_m	α_m
甲醇	0.205	0.60	0.62	0.93
乙腈	0.271	0.75	0.31	0.19
乙醇	0.305	0.54	0.77	0.83
丙酮	0.375	0.71	0.48	0.06
异丙酮	0.40	10.48	0.95	0.76
正丙酮	0.402	0.52	0.67	0.78
二氧六环	0.410	0.55	0.37	0
四氢呋喃	0.455	0.58	0.55	0

四氢呋喃的分子体积最大，亦即其色散作用力最强，疏水作用也最强，因此四氢呋喃对样品的冲洗强度最大。比较表 4-12 中 3 种溶剂的 π^* 值，可得其极性顺序为

甲醇＞四氢呋喃＞二氧六环

比较 β_m 和 α_m 值可知，甲醇给予质子和接受质子的能力最强，亦即氢键作用力最大。因此选择不同的有机溶剂作冲洗剂强组分，不仅对分离物质的保留值有影响，而且对溶质的选择性也会有影响。表 4-13 列出的是一些有机溶剂在反相色谱中的冲洗强度和对保留值影响的情况。

表 4-13 反相色谱中溶剂的冲洗强度和对保留值的影响

溶　剂	P'	在水中每增加 10%的有机溶剂，溶质保留值 k' 的下降倍数
水	10.2	
二甲基砜	7.2	1.5
乙二醇	6.9	1.5
乙腈	5.8	2.0
甲醇	5.1	2.0
丙酮	5.1	2.2
乙醇	4.3	2.3
四氢呋喃	4.0	2.8
异丙醇	3.9	3.0

与正相色谱相似，反相色谱中甲醇、乙腈和四氢呋喃与水的混合物也有类似的定量转换关系。Schoenmakers 等人的研究表明，反相色谱中，如果要在相同的时间内分离同一组样品，甲醇/水作为冲洗剂时，其冲洗强度或配比与乙腈/水或四氢呋喃/水的冲洗强度或配比有如下关系：

$$C_{\text{乙腈}} = 0.32C_{\text{甲醇}}^2 + 0.57C_{\text{甲醇}}$$

$$C_{\text{四氢呋喃}} = 0.66C_{\text{甲醇}}$$

式中，$C_{\text{乙腈}}$，$C_{\text{甲醇}}$ 和 $C_{\text{四氢呋喃}}$ 分别为乙腈、甲醇、四氢呋喃与水混合溶剂的体积分数。从上式可知 100%甲醇($C_{\text{甲醇}}=1$)的冲洗强度相当于 89%的乙腈/水的冲洗强度和 66%的四氢呋喃/水的冲洗强度，这 3 种溶剂强度的顺序与分子范德华体积的顺序相同，但这只是从 k' 值大小来考虑，用溶剂强度的方法来选择冲洗剂是片面的，必须同时考虑到对分离选择性的变化，并且应在各自最佳条件下进行比较。

4. 应用

反相色谱是指流动相的极性大于固定相的分离体系。反相色谱最常用的固定相是 C_{18}，C_8 和苯基键合相的填料。在分离极性很大的化合物时，也可以采用氨基、氰基等极性基团键合固定相。反相色谱所采用的流动相通常是水或缓冲液与极性有机溶剂，如甲醇、乙腈的混合溶液；在分离分析疏水性很强的实际样品时，也可采用非水流动相以提高其洗脱能力。反相色谱的分离机理主要基于被分离溶质与固定相疏水作用力的差别。通过调节固定相和流动相的性质，反相色谱可分离分析的样品非常多，通过查阅文献可以发现 70%～80%的高效液相色谱分离分析是在反相色谱上完成的。

4.4.4 离子交换和离子色谱

1. 离子交换色谱

离子交换色谱(IEC)是各种高效液相色谱中最先得到广泛应用的现代液相色谱方法。1958年美国 W. H. Stein 和 Moore 研制出氨基酸分析仪,就是离子交换色谱的方法。之后发展成为分离尿和血浆这类含有数百种组分体液的分离技术。这样的分离往往要 10～70h 的分离时间。在当时离子交换色谱被认为是生物化学领域中分离和分析蛋白质混合物最有力的方法,这类分离方法是用低压液相色谱完成的。液相色谱在 20 世纪 60 年代开始复兴,正是以离子交换色谱的应用为标志的。但是由于各种实际问题,离子交换色谱不如其他高效液相色谱模式应用广泛,许多应用为离子对色谱和离子色谱所取代。

1) 分离原理

用离子交换色谱进行分离是靠在一定酸度下被分离的离子和固定相上的离子交换剂基团的相互作用,被分离的离子的电荷密度和等电点(pI)值与色谱柱上的离子交换剂的离子容量大小决定保留能力的强弱。例如,样品离子 X 和流动相离子 Y 与固定相上的等电基团 R 之间的简单离子交换:

$$X^- + R^+ Y^- \rightleftharpoons Y^- + R^+ X^- \tag{4-22}$$

$$X^+ + R^- Y^+ \rightleftharpoons Y^+ + R^- X^+ \tag{4-23}$$

式(4-22)为阴离子交换色谱,样品离子 X^- 与流动相离子 Y^- 争夺离子交换剂上的交换中心 R^+；式(4-23)为阳离子交换色谱,样品离子 X^+ 与流动相离子 Y^+ 争夺离子交换剂上的交换中心 R^-。与离子交换剂上的交换中心作用力强的样品离子保留时间长,反之就短。

2) 固定相

离子交换色谱柱的填料是阴、阳离子交换剂,是在有机高聚物或硅胶上接枝有机季胺或磺酸基团。在高效离子色谱中使用的离子交换剂有两类：聚合物多孔离子交换树脂、键合相离子交换树脂。

历史上聚合物多孔离子交换树脂填料用于氨基酸、肽和碳水化合物的分离,这类填料一般为 10μm 外径的小球,是苯乙烯-二乙烯基苯共聚物上接枝离子型基团的产物。

虽然这些多孔聚苯乙烯树脂现在还在高效液相色谱中使用,但是它的柱效低于其他类型的离子交换色谱柱,其原因是在这种填料的基质中有微孔,其扩散速度非常慢,增加了传质阻力。

键合相离子交换剂是以硅胶为基质,在它上面覆盖一层如离子交换树脂涂层,或者在硅胶上直接键合离子交换基团。

目前使用最多的阴离子键合固定相的基团是季铵、二乙胺基乙基和聚乙亚胺。使用最多的阳离子键合固定相的基团是磺丙基和羧基。

3) 流动相

离子交换色谱一般用含盐的水溶液作为流动相。

流动相通常是缓冲溶液,有时还加入适量的与水混溶的有机溶剂,如甲醇、乙腈等。流动相的离子强度、选择性与缓冲离子和其他盐的类型、浓度、pH 值以及加入的有机溶剂的种类,都在不同程度上影响样品的保留值。

离子交换色谱常用的缓冲溶液见表 4-14。

表 4-14　离子交换色谱常用的缓冲溶液

序号	缓冲溶液	pK_a	pH 值缓冲范围	序号	缓冲溶液	pK_a	pH 值缓冲范围
1	磷酸盐			3	甲酸盐	3.8	2.8～4.8
	pK_1	2.1	1.1～3.1	4	乙酸盐	4.8	3.8～5.8
	pK_2	7.2	6.2～8.2	5	三羟甲基氨基甲烷	8.3	7.3～9.3
	pK_3	12.3	11.5～13.3				
2	柠檬酸盐						
	pK_1	3.1	2.1～4.1				
	pK_2	4.7	3.7～4.7	6	硼酸盐	9.2	8.2～10.2
	pK_3	5.4	4.4～6.4	7	二乙胺	10.5	9.5～11.5

4）离子交换色谱的应用

在生物医学领域中广泛应用离子交换色谱，如氨基酸分析，肽和蛋白质的分离。也可作为有机和无机混合物的分离，还可用作对水、缓冲剂、尿、甲酰胺、丙烯酰胺的纯化手段，从有机物或溶液中去除离子型杂质等。

2. 离子色谱

无机离子与大多数有机离子不同，只有在远紫外区才有吸收，因此，HPLC 中广泛使用的光度检测器不适用，离子交换色谱法由于没有与之相匹配的检测器，难以发挥更大的作用。

电导检测器是可检测电解质溶液的通用型检测器，这种检测器简单，易于操作，但是长时间以来没有一种可以和电导检测器相配合的分离模式。直到 1975 年 Small 才提出把电导检测器用于离子交换色谱，为了克服洗脱液中的离子对电导检测器的干扰，在分析柱和检测器之间增加一个“抑制柱”，消除洗脱液中离子本身带来的本底电导，这一方法叫做“离子色谱”(ion chromatography)。方法提出之后受到普遍的重视，几十年来得到了长足的发展，成为分析无机和有机离子十分重要的方法，在各领域中得到广泛的应用。

1）离子色谱的原理和特点

离子色谱有两种类型，一种是带有抑制柱的离子色谱(双柱离子色谱)，另一种是单柱离子色谱。

离子交换色谱的流动相是电解质溶液，样品以电解质溶液为背景，而被测物的浓度又大大小于流动相电解质的浓度，这样难以测量由于样品离子的存在而产生的微小电导的变化。而在抑制柱离子色谱中，利用抑制柱可以除去流动相中的高浓度电解质，把背景电导加以抑制，从而解决了在离子色谱中使用电导检测器的问题。图 4-28 是离子色谱法流程示意图。

例如分离 Na^+，K^+ 和 NH_4^+ 等阳离子，流动相使用稀盐酸或稀硝酸，将此溶液用输液泵送入串联的两根柱中。分离柱用交换容量低的 H 型阳离子交换树脂，抑制柱用 OH 型的强碱性阴离子交换树脂。将含有 Na^+，K^+ 和 NH_4^+ 的样品注入分离柱时，各种离子因其与离子交换树脂的亲和力不同，水合离子半径的大小以及与范德华力的相互作用的不同而被分离。作为流动相的盐酸或硝酸与 OH 型强碱性阴离子交换树脂作用而被除去。背景离子

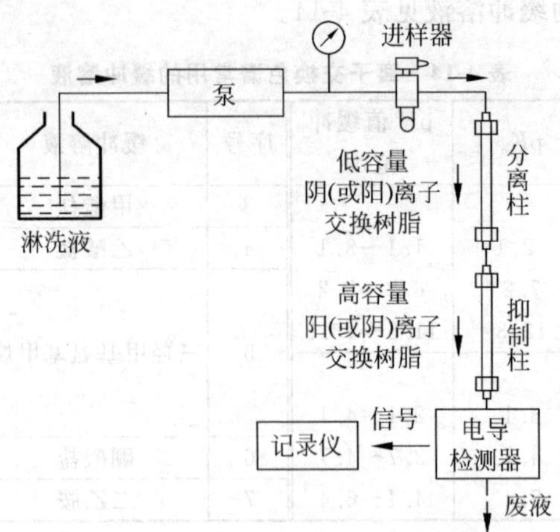

图 4-28　离子色谱法流程示意图

变为水。碱金属氯化物或碱金属硝酸盐在分离柱中被分离之后，随同流动相一起进入抑制柱，生成氢氧化钠，最后进入电导池进行测定。

在分析柱上：

$$R—SO_3H + MX \longrightarrow R—SO_3M + HX$$

$$R—SO_3M + HNO_3 \longrightarrow R—SO_3H + MNO_3$$

在抑制柱上：

$$R—NOH + HNO_3 \longrightarrow R—NNO_3 + H_2O$$

$$R—NOH + HX \longrightarrow R—NX + H_2O$$

检测：

$$R—NOH + MNO_3 \longrightarrow R—NNO_3 + MOH$$

M 为 Na^+，K^+ 和 NH_4^+ 等阳离子。

若分析 F^-，Cl^-，NO_3^- 和 SO_4^{2-} 等阴离子，流动相是氢氧化钠或碳酸氢钠组成的稀溶液。分离柱内装 OH 型阴离子交换树脂，抑制柱内装 H 型的强酸性阳离子交换树脂。当流动相通过抑制柱，强电解质的背景离子或被除去或变成低电导的物质，因而对待测离子的分析定量就没有影响了，待测离子变成 H^+X^-，进入电池检测。

单柱离子色谱，省去了抑制，它的分离柱也和双柱离子色谱一样，用低容量离子交换剂。为了提高信噪比，洗脱液必须要用低电导物质，而且它的浓度要低，固定相的离子交换容量也降低，这样可使被测离子的保留时间在合理的范围之内。在单柱离子色谱中要考虑的另一个问题是洗脱剂的性质，在离子色谱中是用洗脱剂的离子置换结合到离子交换树脂上的被测离子，当以电导检测器指示洗脱过程时，检测灵敏度取决于被测离子和置换离子摩尔电导之差。一般样品离子具有中等的摩尔电导，为了提高灵敏度，洗脱剂中的置换离子应具有很高或很低的摩尔电导。在阴离子交换模式中，大分子质量的有机酸和它的盐具有低的摩尔电导，而无机碱(OH^-)具有高的摩尔电导。在阳离子交换模式中，大分子质量的季铵盐、乙二胺具有低的摩尔电导，而无机酸(H^+)具有高的摩尔电导。但是大分子质量的季铵盐在离子交换树脂上有强烈的吸附性，限制了它的应用。表 4-15 列出单柱离子色谱中使用的洗脱剂。

表 4-15　单柱离子色谱中使用的洗脱剂

离子交换类型	洗　脱　剂
阴离子交换柱	苯甲酸、苯甲酸盐、烟酸、甲基磺酸盐、氯甲基磺酸盐、葡萄糖酸盐、邻苯二甲酸盐、对羟基苯甲酸盐、水杨酸盐、酒石酸盐、柠檬酸盐、均苯三酸盐、氢氧化钠
阳离子交换柱	硝酸、高氯酸、乙二胺硝酸盐、乙二胺草酸盐、乙二胺盐＋α-羟基异丁酸

2）离子色谱的应用

20 世纪 80 年代之前离子色谱仅限于用电导检测器来分析简单的无机阴、阳离子。目前离子色谱已经发展成为多种分离方式和多种检测方法，成为无机阴、阳离子和有机离子的分析中重要而灵敏的方法。近几年来发展了离子色谱用的新型高效分离柱、灵敏的电化学和光学检测器、梯度泵和耐腐蚀的全塑系统，使离子色谱跨进了一个新时代。

离子色谱目前在环境科学、生命科学、食品科学领域获得了广泛的应用。图 4-29 是用离子色谱分离单糖的例子。

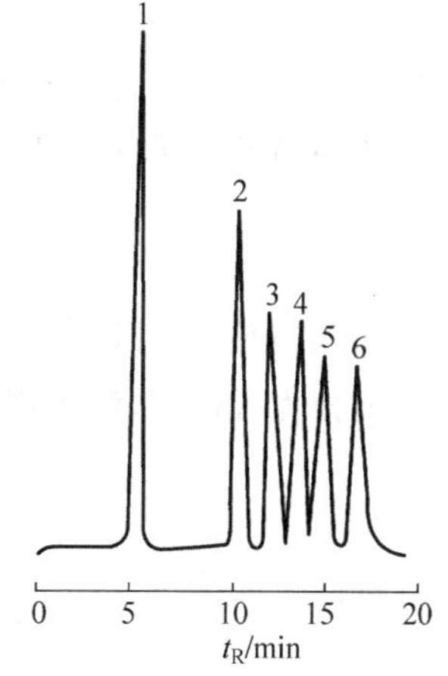

图 4-29　离子色谱分离单糖的色谱图

1—岩藻糖(浓度 4nmol/L)；2—2-氨基半乳糖(浓度 5nmol/L)；3—氨基葡糖(浓度 5nmol/L)；4—半乳糖(浓度 5nmol/L)；5—葡萄糖(浓度 5nmol/L)；6—甘露糖(浓度 5nmol/L)

4.4.5　离子对色谱

离子交换色谱和离子色谱都是用离子交换剂做固定相分离离子型混合物的方法，而离子对色谱法是用正相或反相色谱柱分离离子和中性化合物的方法。离子对色谱的出现源于离子对萃取。离子对萃取是一种液液分配分离离子性化合物的技术，这种萃取方法是选择合适的反电荷离子加入到水相中，与被分离的化合物形成离子对，离子对表现为非离子性的中性物质，被萃取到有机相中。20 世纪 60 年代初期，Schill 等人系统地研究了离子对（两个相反电荷的离子相互作用形成一个中性化合物）的分离现象，并把它引入到液相色谱中。

现代离子对色谱是从 20 世纪 70 年代初期发展起来的，它主要分为两类：正相离子对色谱和反相离子对色谱。在正相离子对色谱中，把含有离子对试剂的水溶液涂渍到硅胶表面和孔隙中，流动相是水和有机溶剂。早期的反相离子对色谱是用非键合的固定液涂渍于载体上的填料，流动相为含有离子试剂的强极性含水有机溶剂。20 世纪 70 年代中期后各种液相色谱法都采用化学键合固定相，离子对色谱也不再用涂渍型填料。现在最常用的是反相离子对色谱，它使用反相色谱中常用的固定相，如 ODS。反相离子对色谱兼有反相色谱和离子色谱的特点，它保持了反相色谱的操作简便、柱效高的优点，而且能同时分离离子型化合物和中性化合物。

对完全离子化的强酸或强碱，由于其在反相键合相上的保留值很低，接近于死时间流出，不能进行分析。为了分析离子化的强极性化合物，在20世纪70年代将离子对萃取原理引入到高效液相色谱法中，提出了离子对色谱法(ion-pair chromatography)。

1. 分离原理

离子对色谱法是将一种(或数种)与样品离子(A^+)电荷相反的离子(B^-，称为对离子或反离子，counterion)加入到色谱系统的流动相(或固定相)中，使其与样品离子结合生成弱极性的离子对(呈中性缔合物)。此离子对不易在水中离解而迅速进入有机相中，存在下述萃取平衡：

$$A_w^+ + B_w^- \rightleftharpoons (A^+ \cdot B^-)_o$$

式中，下标w为水相，o为有机相。

此时样品A会在水相和有机相中分布，其萃取系数E_{AB}为

$$E_{AB} = \frac{[A^+ \cdot B^-]_o}{[A^+]_w[B^-]_w}$$

由于加入的对离子$[B^-]_w \gg [A^+]_w$，所以$[A^+]_w$很小。

若固定相为有机相，流动相为水溶液，就构成反相离子对色谱。A^+的分布系数K为

$$K = \frac{[A^+ \cdot B^-]_o}{[A]_w} = E_{AB}[B^-]_w$$

其容量因子k'为

$$k' = K\frac{V_s}{V_m} = \frac{E_{AB}[B^-]_w}{\beta}$$

当流动相的pH值、离子强度、有机改性剂的类型、浓度及温度保持恒定时，k'与对离子的浓度$[B^-]_w$成正比。因此通过调节对离子的浓度，就可改变被分离样品离子的保留时间t_R：

$$t_R = t_M(1+k') = t_M(1+E_{AB}[B^-]_w/\beta)$$

式中，t_M为死时间。

若固定相为具有不同pH值的缓冲水溶液，流动相为有机溶剂，就构成正相离子对色谱。其分布系数K、容量因子k'和保留时间t_R为

$$K = \frac{[A^+]_w}{[A^+ \cdot B^-]_o} = \frac{1}{E_{AB}[B^-]_w}$$

$$k' = K\frac{V_s}{V_m} = \frac{1}{E_{AB}[B^-]_w\beta}$$

$$t_R = t_M(1+k') = t_M\left(1+\frac{1}{E_{AB}[B^-]_w\beta}\right)$$

式中，t_M为死时间。

2. 固定相、流动相和对离子

1) 正相离子对色谱

正相离子对色谱固定相是在多孔硅胶载体上，机械涂渍具有不同pH值缓冲溶液，并将对离子也涂渍在固定相上，再用有机溶剂作流动相，来分析有机羧酸、磺酸盐、有机胺类等。常用的对离子为四丁基铵正离子$(C_4H_9)_4N^+$、高氯酸根负离子ClO_4^-等。

典型的正相离子对色谱系统见表4-16。

表 4-16　正相离子对色谱系统

固　定　相①	流　动　相	对　离　子	样　　品
pH＝9.0	环己烯-$CHCl_3$-正戊醇	*N*,*N*-二甲基-5H-二苯并(a,d)环庚烯-5-丙胺	羧酸类
0.1mol/L $HClO_4$	磷酸三丁酯、乙酸乙酯、丁醇、CH_2Cl_2 和(或)正己烷组成的各种混合液	ClO_4^-	胺类
$H_2PO_4^{2-}/PO_4^{3-}$ 缓冲液	丁醇-CH_2Cl_2-己烷	四丁基铵正离子	羧酸类
0.1mol/L $HClO_4$	二氯甲烷、三氯甲烷、丁醇和(或)戊醇	ClO_4^-	胺类
pH＝5～6	CH_2Cl_2 和(或) $CHCl_3$	苦味酸盐	胺类
pH＝6～8.5	丁醇-庚烷	四丁基铵正离子	磺胺类
0.2～0.25mol/L $HClO_4$	丁醇-CH_2Cl_2-己烷	ClO_4^-	胺和季铵盐化合物
0.1mol/L 甲磺酸	丁醇-CH_2Cl_2-己烷	$CH_3SO_3^-$	
pH＝8	丁醇-CH_2Cl_2-己烷	四丁基铵正离子	羧酸类
pH＝7.4	CH_2Cl_2-$CHCl_3$-丁醇和(或)戊醇	四丁基铵正离子、四戊基铵正离子	葡萄糖醛酸和共轭磺酸盐

① 含有各种盐和对离子的缓冲水溶液。

生成离子对的条件是对离子能较强地吸附在固定相表面上，不易洗脱下来；在色谱柱内生成的离子对缔合物只溶于流动相的有机溶剂内，不溶于水。

正相离子对色谱的缺点是色谱柱使用一定时间后，由于对离子的流失或 pH 值的变化，会使柱效降低，需重新涂渍对离子和固定液，进行再生。

图 4-30 为正相离子对色谱分离生物胺。

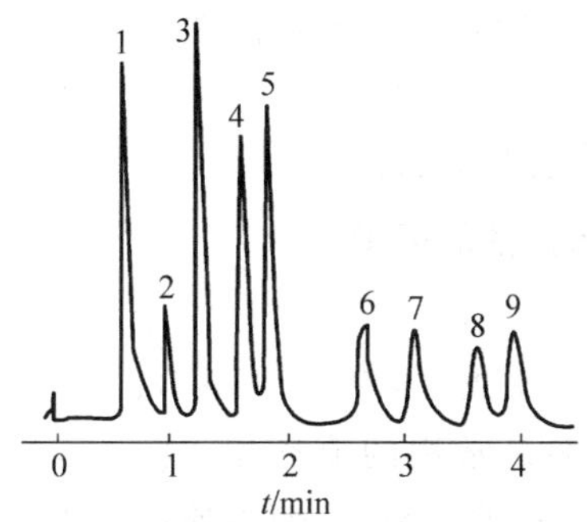

图 4-30　正相离子对色谱分离生物胺

固定相：0.1mol/L $HClO_4$＋0.9mol/L $NaClO_4$

流动相：乙酸乙酯-磷酸三丁酯-己烷(72.5：10：17.5)

1—甲苯；2—苯乙基胺；3—3-对羟苯基乙胺；4—3-甲氧基对羟苯基乙胺；5—多巴胺；6—去甲变肾上腺素；7—变肾上腺素；8—去甲肾上腺素；9—肾上腺素

2）反相离子对色谱

反相离子对色谱的固定相包括键合和分配两类，表 4-17 中，1,2 为键合固定相；3,4 为分配固定相。鉴于前者的优点，目前，大部分反相离子对色谱的分离是在非极性的疏水键合相上完成的。

表 4-17 反相离子对色谱系统

固定相	流动相①	对离子	样品
1. 键合相 ODS-Silica② Li Chrosorb RP-2 μ-Bondapak C_{18}	0.1mol/L $HClO_4$-水-乙腈 pH=7.4 甲醇-水 pH=2～4	ClO_4 四丁基铵正离子 四丁基铵正离子	胺类 羧酸 染料
2. "皂色谱" SAS-SiO_2 ODS-SiO_2	水-丙醇和(或)CH_2Cl_2 水-甲醇-H_2SO_4	十六烷基三甲基铵离子 十二烷基磺酸负离子	磺酸 胺类
3. 有机固定相 正戊醇	pH=7.4	四丁基铵正离子	羧酸 磺酸盐
4. 液体离子交换剂 二-(2-乙基己基) 磷酸/$CHCl_3$ 三正辛基胺	pH=3.8 0.05mol/L $HClO_4$	二(乙基己基) 磷酸盐 三十八烷基铵正离子	酚类 羧酸 磺酸盐

① 除特别指明外,均指加有缓冲剂的水溶液。

② 系指反相分配填料,不能用有机固定相。

流动相皆为以水作主体的缓冲溶液,最常用的是水-甲醇和水-乙腈混合溶剂,增加甲醇或乙腈,k'值减小。

常用的对离子为四丁基铵正离子$(C_4H_9)_4N^+$、十六烷基三甲基铵正离子$(C_{16}H_{33})N^+(CH_3)_3$以及高氯酸根负离子$ClO_4^-$和十二烷基磺酸负离子$(C_{12}H_{33})SO_3^-$等。

在非极性的烷基键合相柱上,含有对离子的极性流动相不断通过,与样品离子生成疏水性的离子对,在疏水固定相表面分配或吸附,然后再被流动相洗脱下来。

图 4-31 为反相离子对色谱分析有机酸。

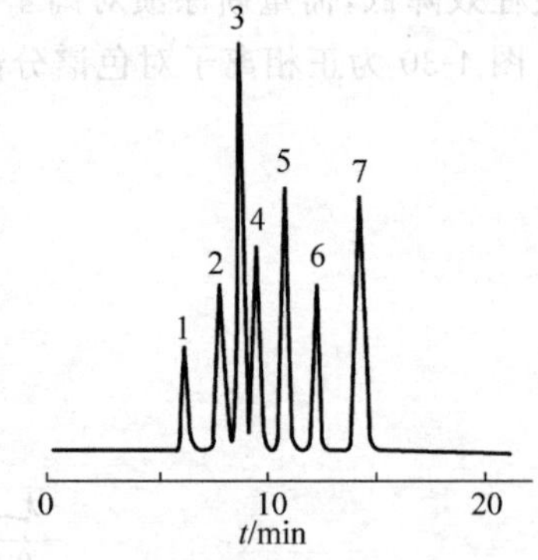

图 4-31 反相离子对色谱分析有机酸

固定相:C_8 烷基键合相硅胶;流动相:0.03mol/L 四丁基铵+戊醇;pH=7.4

1—4-氨基苯甲酸;2—3-氨基苯甲酸;3—4-羟基苯甲酸;4—3-羟基苯甲酸;5—苯磺酸;6—甲酸;7—甲苯-4-磺酸

3. 影响离子对色谱分离选择性的因素

1) 溶剂极性的影响

在正相离子对色谱中,丁醇或戊醇与CH_2Cl_2、$CHCl_3$、正己烷构成的混合溶剂是常用的流动相。混合溶剂的极性愈高,溶剂的洗脱强度就愈大,使溶质的k'减小。

在反相离子对色谱中,常使用水-甲醇、水-乙腈混合溶剂作流动相。增加甲醇、乙腈含量,降低水的体积比,会使流动相的洗脱强度增大,使溶质的k'减小。

2) pH 值的影响

在离子对色谱中,改变流动相的 pH 值是改善分离选择性的很有效的方法。

在反相离子对色谱中,当pH值接近7时,溶质的k'值最大,此时样品分子完全电离,最容易形成离子对。当流动相的 pH 值减小时，样品阴离子 X^- 开始形成不离解的酸 HX，导致固定相中样品离子对减少。因此对阴离子样品，其 k' 值随体系的 pH 值减小而减小。

在正相离子对色谱中，k' 值随体系 pH 值的减小而增大。

在以硅胶为载体的离子对色谱中，最适宜 pH 值为 2～7.4，pH 值超过 8 会使硅胶溶解。

不同类型的样品，在离子对色谱测定中适用的 pH 值见表 4-18。

3）离子对试剂的性质和浓度的影响

在离子对色谱中，能够提供对（反）离子的常用离子对试剂，见表 4-19。

分析有机碱的常用离子对试剂为高氯酸盐和烷基磺酸盐，分析有机酸的常用离子对试剂为叔胺盐和季铵盐。

表 4-18 pH 值的选择

样品类型	pH 值范围（反相离子对色谱）	备 注
1. 弱酸型（$pK_a<2$）如磺酸化染料	2～7.4	在整个 pH 值范围，样品都可以离子化，按不同样品选择不同 pH 值
2. 弱酸型（$pK_a>2$）如氨基酸和羧酸	6～7.4	样品离子化，其保留值取决于离子对特性
3. 弱酸型（$pK_a>2$）如氨基酸和羧酸	2～5	样品的离子化被抑制，其保留值只同样品性质有关（不生成离子对）
4. 强碱型（$pK_a>8$）如季铵类化合物	2～8	样品在整个 pH 值范围都能离子化，同强酸型相似
5. 弱碱型（$pK_a<8$）如儿茶酚胺	6～7.4	样品的离子化被抑制，其保留值只同样品性质有关
6. 弱碱型（$pK_a<8$）如儿茶酚胺	2～5	样品能离子化，其保留值取决于离子对的特性

表 4-19 常用的离子对试剂

常用的离子对试剂
对离子：阴离子（Y^-）
溴化物、氯化物、碘化物、硝酸盐、高氯酸盐、磷酸盐
羧酸（盐）：乙酸、苯甲酸、柠檬酸、甲酸、苦味酸、丙酸、水杨酸、三氟乙酸、三氯乙酸
烷基磺酸（盐）：C_1、C_4、C_5、C_6、C_7、C_{10} 等
烷基硫酸（盐）：C_1、C_4、C_5、C_6，C_7、C_8、C_{10}、C_{11}、C_{12}
β-萘磺酸、环己磺酰胺
对离子：阳离子（X^+）
伯胺：十二烷基胺、甲胺、己胺、丙胺、α-羟乙基胺
仲胺：二辛胺、二乙胺
叔胺：二甲基辛基胺、三癸基胺、三（十二烷基）胺、三乙胺、三辛胺
季铵：四甲铵、四乙铵、四丁铵、四戊铵、四庚铵、十六烷基三甲铵、十六烷基三丁铵、十四烷基三甲铵、癸基二甲基苄基铵、十烷基吡啶、十四烷基吡啶、十六烷基吡啶、萘基三甲铵、萘基三丁铵、苄基三甲铵、苄基三乙铵、苄基三丁铵

测定无紫外吸收的样品时，可采用间接光度法，即使用具有紫外吸收的离子对试剂作为检测的探针，常用的为含有苯环和吡啶环的胺盐或磺酸盐。

正相离子对色谱中，离子对试剂的烷基链越长，疏水性越强，会使生成的离子对缔合物的 k' 值降低。在反相离子对色谱中，离子对试剂的烷基链越长，其分子量、疏水性增大，会使生成的离子对缔合物的 k' 值增大。此时，若使用无机盐离子对试剂，会因其疏水性减小而使缔合物的 k' 值显著降低。

在正相离子对色谱中，常随对离子浓度的增加，缔合物的 k' 值降低；在反相离子对色谱中，随对离子浓度的增加，缔合物的 k' 值会增加。通常使用的离子对试剂的浓度在 10^{-4}～10^{-2} mol/L 范围以内。

另外，应注意到通常使用的长链离子对试剂皆为表面活性剂，在低浓度时主要提供对离子，当浓度升高到临界值时，会形成胶束溶液，反而起到使缔合物产生胶束增溶作用，从而引起副效应。

4.4.6 体积排阻色谱法

体积排阻色谱法(size exclusion chromatography，SEC)是利用多孔凝胶固定相的独特特性产生的一种，主要依据分子尺寸大小的差异来进行分离的方法，又可称作空间排阻色谱法(steric exclusion chromatography，SEC)。根据所用凝胶的性质，可以分为使用水溶液的凝胶过滤色谱法(gel filtration chromatography，GFC)和使用有机溶剂的凝胶渗透色谱法(gel permeation chromatography，GPC)。

体积排阻色谱法特别适用于对未知样品的探索分离。它可很快提供样品按分子大小组成的全面情况，并迅速判断样品是简单的还是复杂的混合物，并提供样品中各组分的近似分子量。它常是对复杂未知样品进行分析时的关键一步。

凝胶过滤色谱适于分析水溶液中的多肽、蛋白质、生物酶、寡聚或多聚核苷酸、多糖等生物分子；凝胶渗透色谱主要用于高聚物(如聚乙烯、聚丙烯、聚苯乙烯、聚氯乙烯、聚甲基丙烯酸甲酯)的分子量测定。

1. 分离原理

1) 分布系数

体积排阻色谱法的分离机理是立体排阻，样品分子与固定相之间不存在相互作用，色谱固定相是多孔性凝胶，仅允许直径小于孔径的组分分子进入，这些孔对于溶剂分子来说是相当大的，以致溶剂分子可以自由地扩散出入。样品中的大分子不能进入凝胶孔洞而完全被排阻，只能沿多孔凝胶粒子之间的空隙通过色谱柱，首先从柱中被流动相洗脱出来；中等大小的分子能进入凝胶中一些适当的孔洞中，但不能进入更小的微孔，在柱中受到滞留，较慢地从柱中洗脱出；小分子可进入凝胶的绝大部分孔洞，在柱中受到更强的滞留，会更慢地被洗脱出；溶解样品的溶剂分子，其分子量最小，可进入凝胶的所有孔洞，最后从柱中流出，从而实现具有不同分子大小样品的完全分离。

在体积排阻色谱法中，溶剂分子最后从柱中流出，这一点明显不同于其他的各种液相色谱法，与溶剂分子流出对应的时间应为死时间，其对应的洗脱体积为柱的死体积。

由上述体积排阻色谱的分离原理可以看出，具有不同大小的样品分子，是严格按照凝胶孔径大小，在凝胶柱中进行分配的，因此体积排阻色谱中的分布系数(distribution coefficient)K_D 为

$$K_D = \frac{[x_g]}{[x_m]}$$

式中，$[x_g]$为样品分子在多孔凝胶固定相的平衡浓度；$[x_m]$为样品分子在流动相中的平衡浓度。

溶质在凝胶色谱柱的容量因子 k'_D为

$$k'_D = K_D \frac{V_p}{V_o}$$

式中，V_p 为凝胶固定相中全部可渗透的孔洞体积(即孔容)，V_o 为凝胶色谱柱中填料间空隙的体积。

当凝胶固定相中所有孔洞都能接受样品分子时，此种样品分子的$[x_g]=[x_m]$，则 $K_D=1.0$，此即为凝胶的渗透极限。

若凝胶固定相的所有孔洞都不能使样品分子进入，则此种样品分子的$[x_g]=0$，其 $K_D=0$，此即为凝胶的排阻极限。

因此在体积排阻色谱中，不同尺寸样品分子的分布系数 K_D 总保持在 0～1.0 之间。

若凝胶色谱柱的总体积 V_T 为

$$V_T = V_m + V_s$$

式中，V_s 为柱中固定相的体积；V_m 为柱中流动相的体积。

$$V_m = V_o + V_p$$

因此样品的保留体积 V_R 可表示为

$$V_R = V_o + K_D V_s$$

从而可获得分布系数 K_D 的另一种表达式

$$K_D = \frac{V_R - V_o}{V_s}$$

2) 方法特点

在体积排阻色谱法中，通常利用已知相对分子质量分布的样品绘制 lg$M$-V_e 校正曲线表示此凝胶色谱柱的特性，见图 4-32。

图 4-32 中 A 点($K_D=0$)为排阻极限，即相当于相对分子质量大于 10^6 的分子被排斥在凝胶孔穴之外，以单一谱带 A'流出柱外，对应保留体积为 V_o。图中 B 点($K_D=1.0$)为渗透极限，相当于相对分子质量小于 10^3 的小分子都可完全渗入凝胶孔穴内，以单一谱带 B'流出柱外，对应保留体积为 V_o+V_p。只有相对分子质量介于 A,B 两点之间的组分 x'(K_D 在 0～1.0 之间)可以进入凝胶的不同孔穴进行渗透分离，对应的保留体积为 V_x。通常将图中 A,B 两点间的相对分子质量范围叫做凝胶色谱柱的分级范围。由此可知，只有凝胶的孔穴体积 V_p 才是具有分离能力的有效体积。

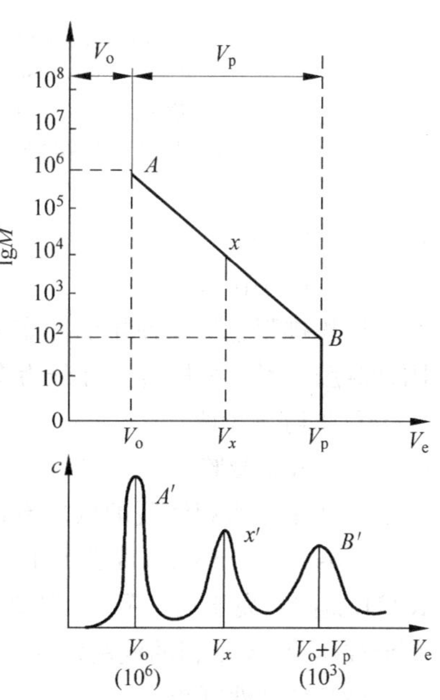

图 4-32 凝胶色谱柱的 lg$M$-V_e 校正曲线

由体积排阻色谱法的分离机理可知，其洗脱体积应当位于V_o至(V_o+V_p)之间，因此柱的峰容量是有限的，在整个色谱图上只能容纳小于10～12个色谱峰，而不像其他液相色谱方法那样，在一次分离中可以分开几十至成百个化合物。这表明体积排阻色谱法的分离度较低，因此仅用体积排阻色谱法不能完全分离复杂的、含多组分的样品。

此外，体积排阻色谱法不宜用于分子大小组成相似或分子大小仅差10%的组分分析，如同分异构体的分离就不宜用体积排阻色谱法。

在凝胶渗透色谱中，不同分子质量聚合物色谱峰的谱带展宽不同于其他液相色谱法。在低效排阻色谱法中，样品分子大小随V_R的增加而急剧减小，而柱效却随样品分子质量的增加而增大，因此在色谱图上，不同分子质量组分的谱带宽度基本保持不变。然而，在高效排阻色谱中，峰宽却是个变量，如从图4-33可以看到，对相对分子质量为411 000的聚苯乙烯色谱峰，谱带较窄，因所有组分均被凝胶排斥，不同分子质量的组分皆被挤到一起而洗脱出来。另外，分子质量最小的甲苯，因扩散系数大，其峰形也较窄。而对相对分子质量为5000的聚苯乙烯，因其扩散系数小，传质阻力大，色谱峰呈明显扩展。

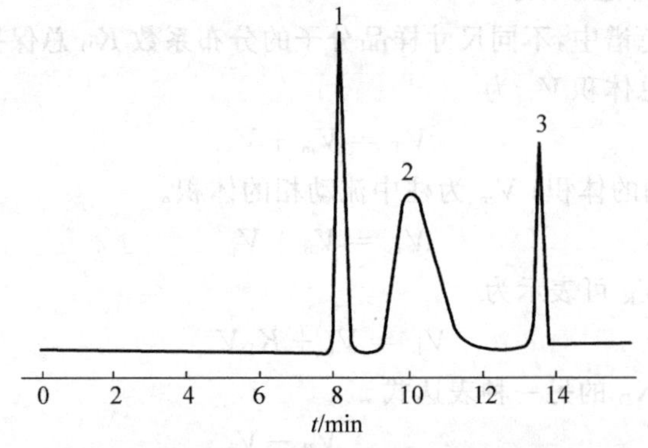

图4-33　分子质量不同的样品的谱带宽度

柱子：0.62cm×10cm，多孔硅胶微珠50Å(硅烷化)；流动相：四氢呋喃；流量：1.6mL/min；温度：22℃；紫外检测器：0.2AUFS,254nm

1—相对分子质量为411 000聚苯乙烯(PS)，2mg/mL；2—相对分子质量为5000的聚苯乙烯(PS)，4mg/mL；3—甲苯2mg/mL，进样25μL

2. 固定相

1) 固定相的分类

体积排阻色谱法使用的固定相，依据机械强度的不同可以分为软质凝胶、半刚性凝胶和刚性凝胶3类；按材料又可分为有机凝胶和无机凝胶两大类。有机凝胶又可分为均匀、半均匀和非均匀3种。

(1) 软质凝胶

早期用于水相洗脱的软质有机凝胶为交联葡聚糖 Sephadex(Pharmacia，瑞典)、琼脂糖 Sepharose(Pharmacia，瑞典)、Bio-Gel A(Bio-RAD，美国)和聚丙烯酰胺 Bio-Gel P(Bio-RAD，美国)，属于均匀凝胶，但此类低交联度的软质凝胶，在施加压力下特别不稳定，只能在低柱压、低流动相的洗脱流速下操作。可用来分离多肽、蛋白质、核糖核酸及多糖。

(2) 半刚性凝胶

半刚性有机凝胶使用最多的是具有较高交联度的苯乙烯-二乙烯基苯共聚物，为半均匀凝胶。使用此类小孔径凝胶，如 μ-Styragel(Waters，美国)，孔径 10nm，可用于分离相对分子质量为 10^3 左右的小分子。若使用大孔径凝胶，孔径 10～200nm，可用于分离相对分子质量范围为 50～10^7 的多种样品分子，此类凝胶粒度可为 10～25μm 或 25～75μm，使用有机溶剂作流动相，可承受至少 10MPa 的柱压。

国产交联聚苯乙烯凝胶 NGX 的色谱性能见表 4-20。

表 4-20 NGX 的色谱性能

凝胶型号	渗透极限(聚苯乙烯相对分子质量)	分离范围(聚苯乙烯相对分子质量)	固流相比(V_p/V_o)
NGX-1	5×10^3	$1\times10^2\sim5\times10^3$	0.7
-2	1.2×10^4	$2\times10^2\sim1.2\times10^4$	0.9
-3	4×10^4	$5\times10^2\sim4\times10^4$	1.3
-4	1.4×10^5	$7\times10^3\sim1.4\times10^5$	0.7
-5	2.5×10^5	$1\times10^4\sim2.5\times10^5$	1.0
-6	1.3×10^6	$5\times10^4\sim1.3\times10^6$	1.1
-7	$>3\times10^6$	$1\times10^5\sim3\times10^6$	1.2

(3) 刚性凝胶

在现代体积排阻色谱中主要使用的是刚性凝胶，为非均匀凝胶，使用的基体材料主要有高交联度(>40%)苯乙烯-二乙烯基苯共聚物微球，粒度约 10μm，孔径分布范围很大，为 10～100nm，耐压达 40MPa，最高使用温度 150℃；多孔球形硅胶，粒度 10μm，孔径 10～200nm，耐压达 50MPa，耐温 4～60℃；羟基化聚醚多孔微球，粒度 10μm，孔径 5～200nm，耐压 20～30MPa，耐温 10～40℃。

其中，高交联度苯乙烯-二乙烯基苯共聚物主要用于多种聚合物的凝胶渗透色谱。羟基化聚醚主要用于像聚乙二醇类的线性聚合物和球蛋白的凝胶过滤色谱。表面经疏水性基团改性的多孔硅胶可用于凝胶渗透色谱；表面经亲水性基团改性的多孔硅胶既可用于蛋白质、核酸、多糖的凝胶过滤色谱，也可用于凝胶渗透色谱。

表 4-21 NDG 和 μ-Bondagel 的色谱性能

硅胶	平均孔径/Å	孔度	渗透极限(聚苯乙烯相对分子质量)	分离范围(聚苯乙烯相对分子质量)	固流相比(V_p/V_o)
NDG-1L	<100	0.69	4×10^4	$1\times10^2\sim2\times10^4$	1.1
-2L	160	0.71	1×10^5	$1\times10^3\sim1\times10^5$	1.1
-3L	360	0.70	4×10^5	$1\times10^4\sim4\times10^5$	1.1
-4L	700	0.65	7×10^5	$2\times10^4\sim7\times10^5$	1.1
-5L	1200	0.68	2×10^6	$1\times10^5\sim2\times10^6$	1.1
-6L	>2000	0.65	5×10^6	$4\times10^5\sim5\times10^6$	—
μ-Bondagel					
E-125	125		5×10^4	$5\times10^2\sim5\times10^4$	
-300	300		1×10^5	$5\times10^3\sim1\times10^5$	
-500	500		5×10^5	$8\times10^3\sim5\times10^5$	
-1000	1000		2×10^6	$1\times10^4\sim2\times10^6$	
线性柱	—500		2×10^6	$2\times10^3\sim2\times10^6$	0.8～0.95

2) 固定相的特性参数

(1) 渗透极限

渗透极限是凝胶的重要参数,指凝胶可用来分离组分相对分子质量的最大值,超过此极限,组分将从凝胶颗粒间的空隙体积(V_o)处流出,无分离效果。在选择固定相时应予考虑,商品凝胶均标有渗透极限指标。

(2) 分离范围

通常分离范围指在 $\lg M$-V_e 校正曲线的线性部分,由于校正曲线形状复杂,其分离范围的取舍也有差异。孔径分布窄的凝胶其分离范围相对分子质量只相差一个数量级,而孔径分布宽的凝胶,其分离范围的相对分子质量可相差 3 个数量级。在实际使用时可串联两根或三根不同规格的凝胶柱,以扩充其分离范围。

(3) 固流相比(V_p/V_o)

在 SEC 中常将柱中凝胶孔体积 V_p 中的溶剂称为固定相,而将柱中凝胶颗粒间体积 V_o 中的溶剂称为流动相,而将二者的比值 V_p/V_o 称作固流相比,它反映了凝胶柱的分离容量。此值越大,表明柱应用范围越广。

3. 流动相

如前所述,在体积排阻色谱法中,流动相的作用仅仅在于溶解样品,不控制分离度。分离情况与样品、流动相之间的相互作用无关。因此,不采用通过改变流动相组成的方法来改善分离度。选择流动相主要考虑以下几点:用作流动相的溶剂应对样品有较好的溶解能力,尤其对难溶高分子样品,应使其充分溶解,以获得良好的分离效果;流动相应与柱中填充的凝胶固定相相互匹配,能浸润凝胶,防止凝胶的吸附作用;流动相应与所使用的检测器相匹配;尽可能采用低黏度溶剂。

(1) 凝胶渗透色谱的流动相

在用于高聚物分子质量测定的凝胶渗透色谱法中,四氢呋喃是最常用的流动相,它对样品有良好的溶解性能和低的黏度,并可使小孔径聚苯乙烯凝胶溶胀,因此优先推荐使用。*N*,*N*-二甲基甲酰胺、邻二氯苯、1,2,4-三氯苯、间甲酚等可在高柱温下使用。强极性六氟异丙醇、三氟乙醇、二甲基亚砜等,可用于粒度小于 10μm 的硅质凝胶柱。

(2) 凝胶过滤色谱的流动相

在凝胶过滤色谱中,使用以水作基体具有不同 pH 值的多种缓冲溶液作流动相,当使用亲水性有机凝胶(葡聚糖、琼脂糖、聚丙烯酰胺等)、硅胶或改性硅胶作固定相时,为消除体积排阻色谱法中不希望存在的吸附作用与基体的疏水作用,通常向流动相中加入少量无机盐,如 NaCl,KCl,NH_4Cl,以维持流动相的离子强度为 0.1~0.5,以减少上述副作用。

4.4.7 亲和色谱法

亲和色谱(affinity chromatography)是利用生物大分子和固定相表面存在某种特异性吸附,而进行选择性分离的一种色谱分离方法,作为液相色谱法的一个分支,在 20 世纪 60 年代以后获得了迅速的发展,它可在实验室和工业制备规模上,用于分离、纯化具有不同分子量的生物活性物质,如氨基酸、肽、蛋白质、核碱、核苷、核苷酸、核糖核酸和脱氧核糖核酸等。

与其他液相色谱法比较，其突出优点是可对天然生物活性物质进行高特效性的分离和纯化，具有高的浓缩效应，可从大量样品基体中分离、纯化出所希望获取的少量生物活性物质。这种特效性产生的原因，是由于在亲和色谱固定相基体上，键合连接了具有锚式结构特征的配位体。此配位体的官能团与被分离的、结构相似的生物分子之间，存在特殊的、可逆的分子间相互作用，依据生物识别原理，以简单的步骤，实现生物样品组分的高纯度、高产率的分离。

1. 分离原理

亲和色谱固定相通常是在载体表面先键合具有反应性能的间隔臂，然后连接上配基，配基对样品分子有特异选择性。

配位体与被分离的生物活性分子之间的相互作用，可用锁匙结构络合物(lock-and-key structural complex)的生成来表示，如图 4-34 所示。生物活性分子与配位体间存在着特异、可逆性的相互作用，这种专属性涉及分子间的范德华力、疏水作用力、静电吸引力、络合作用力及空间位阻效应等多种因素。

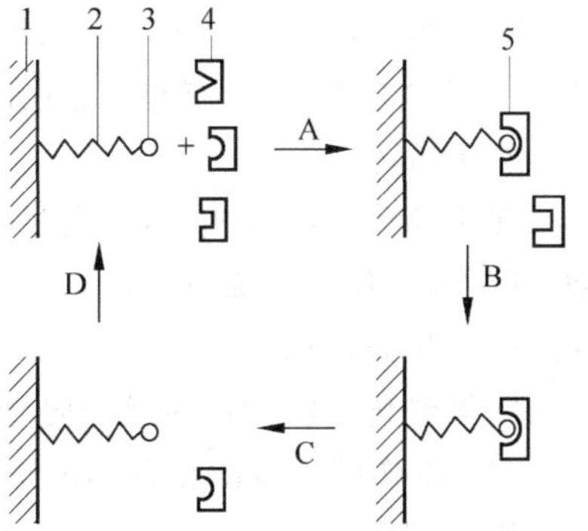

图 4-34 亲和色谱分离原理图

1—基体；2—间隔臂；3—配位体；4—被分离的生物活性分子，5—锁匙络合物
A—吸附；B—洗涤；C—洗脱；D—再生

在一定温度、pH 值和离子强度的条件下，锁匙络合物 BL 存在下述离解平衡：

$$\mathrm{BL} \rightleftharpoons \mathrm{B} + \mathrm{L}$$

式中，B 为被分离的生物活性分子；L 为固定相上的配位体。

$$\frac{[\mathrm{B}][\mathrm{L}]}{[\mathrm{BL}]} = K_c$$

式中，[B]，[L]和[BL]皆为平衡浓度；K_c 为络合物的离解常数。

若生物活性分子和固定相上配位体的起始浓度分别为 C_{B0} 和 C_{L0}，并且 $C_{L0} \gg C_{B0}$，达络合平衡时，$[\mathrm{BL}] \ll C_{B0} \ll C_{L0}$，则

$$K_c = \frac{[\mathrm{B}][\mathrm{L}]}{[\mathrm{BL}]} = \frac{(C_{B0} - [\mathrm{BL}])(C_{L0} - [\mathrm{BL}])}{[\mathrm{BL}]} = \left(\frac{C_{B0} - [\mathrm{BL}]}{[\mathrm{BL}]}\right) C_{L0}$$

被分离的生物分子，在固定相上以 BL 形式存在，在流动相以 B 形式存在，当其在两相间达到分配平衡时，它的容量因子 k' 为

$$k' = \frac{[\mathrm{BL}]}{[\mathrm{B}]} = \frac{[\mathrm{BL}]}{C_{B0} - [\mathrm{BL}]} = \frac{C_{L0}}{K_c}$$

当生物分子 B 从亲和色谱柱洗脱出时，其保留体积为

$$V_R = V_0(1 + k')$$

V_0 为色谱柱的死体积，可导出：

$$\frac{V_R}{V_0} = 1 + k' = 1 + \frac{C_{L0}}{K_c}$$

由上式可知，一个有效的亲和色谱分离能够实现的必要条件是 $C_{L0} \gg K_c$。

2. 固定相

亲和色谱固定相是由基体(matrix)、间隔臂(spacer arm)和配位体(ligand)三部分

组成。

1) 基体

亲和色谱中使用的基体材料可分为天然有机高聚物、合成有机聚合物、无机载体材料3类。作为亲和色谱的基体材料应具备如下性质:

(1) 一定的刚性、挠性和机械强度。

(2) 在一定酸度范围的化学稳定性,不溶于普通试剂。

(3) 表面有一定的活性官能团,如羟基、氨基等,可被适当的试剂活化。

早期使用的基体材料主要是由天然有机高聚物制成的软质凝胶,具有三维晶格结构或多孔网络结构,凝胶内未被骨架占据的空间含有截留的液体,使其保持柔软。凝胶颗粒呈均匀的球形,具有一定的机械强度,并具有化学惰性。

使用的合成有机高聚物,表面应具有亲水性,且粒度均匀。常用的有聚丙烯酰胺及其衍生物、甲基丙烯酸酯共聚物、脲醛树脂、高交联度苯乙烯-二乙烯基苯共聚物。

现在高效液相色谱中广泛采用的无机载体材料是 SiO_2,其中粒径 5~10μm,孔径 30~100nm 的全多孔 SiO_2 微球,应用最为广泛。

2) 间隔臂

在亲和色谱固定相中,需通过间隔臂将配位体连接在基体上,由于间隔臂占据一定的机动空间,当配位体与被测定的生物分子(尤其是生物大分子)产生亲和作用时,有利于克服存在的空间阻碍作用。

间隔臂化合物的性质及间隔臂长度是决定其性能的关键因素。

(1) 用作间隔臂的化合物的选择

用作间隔臂的化合物,文献上推荐使用具有 $NH_2(CH_2)_nR$ 通式的氨烷基化合物。通式中 R 可为羧基、羟基、氨基或配位体自身。此类化合物分子中含 n 个亚甲基疏水性基团。具有疏水性基团的间隔臂分子会与配位体或作用物生物分子之间产生非特异性吸附作用,干扰配位体与生物分子间特效性的锁匙相互作用,为消除非特异性吸附,可在沿间隔臂分子的长轴方向的某些原子上偶联亚氨基(—NH—)、羟基(—OH)等官能团,以破坏单一的疏水区域,增强亲水性。控制特效性亲和作用和非特异性疏水作用的平衡,会比完全消除非特异性吸附作用更有利。

用作间隔臂的化合物为含有双官能团的化合物,其分子一端与基体连接,另一端与配位体偶联。

(2) 间隔臂长度的选择

关于间隔臂的长度,经前人大量实践已经确定,对低亲和能力的配位体或当作用物为生物大分子(蛋白质)时,在基体和配位体之间的间隔臂长度为2~12个原子的距离。为获得最佳的亲和作用,它们之间需插入4~6个亚甲基的桥键;对具有高亲和能力的配位体或当作用物为分子量低的生物分子时,对间隔臂长度的要求不严格。

3) 配位体

在亲和色谱固定相上键联的配位体,可为染料配位体、定位金属离子配位体、包合配合物配位体、生物特效配位体、电荷转移配位体和共价配位体,以下分别予以阐述。

(1) 染料配位体

三嗪活性染料为主要使用的染料配位体(dye ligand),此类染料分子的结构与生物酶的天然底物相似，故可与酶或蛋白质的活性作用点结合而用于亲和色谱。

（2）定位金属离子配位体

定位金属离子配位体（immobilizd metal ion ligand）是将具有螯合作用的有机官能团键合在偶联间隔臂的基体上，然后与 Cu^{2+}，Zn^{2+}，Ni^{2+}，Fe^{2+}，Fe^{3+} 等金属离子生成稳定的螯合物，利用螯合物中定位的金属离子与生物分子的特效亲和作用实现生物分子的分离或纯化。

常用的有机螯合剂，如亚氨基二乙酸（IDA）、亚氨基二乙醛肟（IDAO）、硫脲、吡啶咪唑、8-羟基喹啉等，都可键联到亲和色谱基体上。

（3）包合配合物配位体

包合配合物配位体（inclusion complex ligand）是由主体（host）分子与客体（guest）分子间的特殊亲和作用而形成的。常见的主体化合物的共同特点，是都具有环状或穴状大分子结构。客体分子（包括生物分子）可被包合在主体分子的环内或穴内而形成包合配合物。

常用的主体分子为β-环糊精、冠醚与穴醚、杯环芳烃。

习　　题

4-1　液相色谱法有几种类型？它们的保留机理是什么？

4-2　高效液相色谱有哪几种常用检测器？试说明各检测器的原理和适用范围。

4-3　高效液相色谱法有哪些特点？高效液相色谱仪主要由哪几大系统组成？

4-4　试述高效液相色谱中常用检测器的种类及特点。

4-5　高效液相色谱进样技术与气相色谱进样技术有何不同？

4-6　在高效液相色谱中，为什么要对流动相脱气？

4-7　何谓梯度洗脱，适用于哪些样品的分析？与程序升温有什么不同？

4-8　从分离原理、仪器构造及应用范围上简要比较气相色谱及液相色谱的异同点。

4-9　空间排阻色谱的保留机理是什么？这种类型的色谱在分析应用中，最适宜分离的物质是什么？

4-10　简述液相色谱中引起色谱峰扩展的主要因素，如何减少谱带扩张，提高柱效？

4-11　从色谱基本理论出发，分析高效液相色谱法能够实现高效、高速分离的原因。

4-12　何谓反相液相色谱法？从固定相、流动相、流出次序、流动相极性的影响等几个方面比较正相和反相的区别。

4-13　试比较气相色谱与液相色谱的 H-u 曲线，分析其产生的不同原因。

4-14　按固定相孔径大小分类，液相色谱固定相有哪几类？各有什么特性及适用范围？

4-15　在ODS固定相上，以甲醇为流动相，某组分的分配比 $k_1=1.2$，如以乙腈为流动相，其 k 值增加还是减少？为什么？

4-16　在反相色谱中，流动相从40%（体积分数）甲醇-水变为60%（体积分数）甲醇-水，问组分的调整保留值将改变多少？为什么？（$P'_{甲醇}=5.1$，$P'_{水}=10.2$）

4-17　某色谱体系采用25%三氯甲烷/正己烷为流动相，发现组分分离不十分理想，想通过改变流动相的选择性来改善分离选择性，选用乙醚-正己烷为流动相，问乙醚-正己烷的

比例为多少？($P'_{三氯甲烷}=4.1$，$P'_{乙醚}=2.8$)

4-18 液相色谱中通用型检测器是：

(1) 紫外吸收检测器；

(2) 示差折光检测器；

(3) 热导检测器；

(4) 荧光检测器。

4-19 用多孔凝胶为固定相，四氢呋喃为流动相分离以下各组分，判断各组分的出峰顺序。为什么？

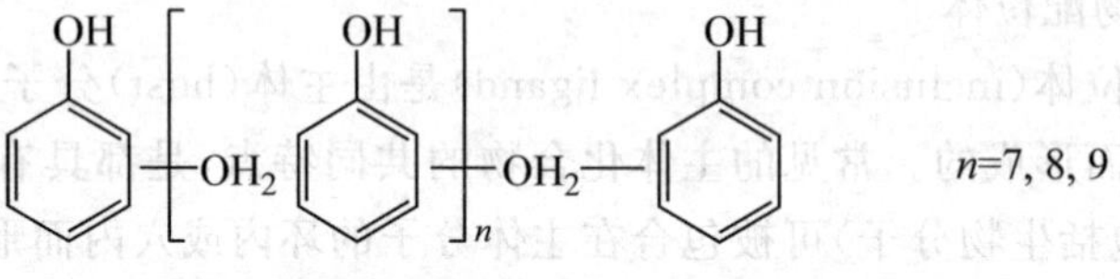

$$\text{C}_6\text{H}_4(\text{OH})-\left[\text{CH}_2-\text{C}_6\text{H}_3(\text{OH})\right]_n-\text{CH}_2-\text{C}_6\text{H}_4(\text{OH}) \quad n=7,8,9$$

4-20 在液相色谱中，吸附色谱特别适用于分离以下哪种试样？梯度洗脱用于分离哪种试样？

(1) 异构体；

(2) 沸点接近，官能团相同的试样；

(3) 沸点相差大的试样；

(4) 极性范围变化宽的试样。

4-21 在高效液相色谱中，采用254nm紫外检测器，下述溶剂的使用波长极限为甲醇210nm、乙酸乙酯260nm、丙酮330nm，哪一种溶剂能作为流动相？

4-22 吸附作用在下面哪种色谱方法中起主要作用？

(1) 液液色谱法；

(2) 液固色谱法；

(3) 键合相色谱法；

(4) 离子交换色谱法。

4-23 当用硅胶为基质的填料作固定相时，流动相的pH范围应为：

(1) 在中性区域；

(2) 5～8；

(3) 1～14；

(4) 2～8。

4-24 在液相色谱中，提高色谱柱柱效最有效的途径是：

(1) 减小填料粒度；

(2) 适当提高柱温；

(3) 降低流动相的流速；

(4) 降低流动相的黏度。

第 5 章

平面液相色谱法

5.1 概述

5.1.1 平面色谱分类及分离原理

平面色谱包括纸色谱、薄层色谱和薄层电泳，平面液相色谱是以液体为流动相(展开剂)的平面色谱。

纸色谱的载体是层析滤纸，组成滤纸的纤维素分子中具有很多亲水性的羟基，当纤维素上的羟基与水结合后便形成了液液分配色谱的固定相。将点有样品的滤纸一端浸于密闭展开室中的液体(展开剂)中时，由于毛细作用，展开剂会沿着滤纸向上运动，当展开剂到达样品斑点后，样品中的各组分便在展开剂和固定相间进行分配。在展开剂上行过程中，分配系数大的组分，在流动相中停留时间较短，运行速度相对较慢，反之，分配系数小的组分流动速度较快。当展开剂运行距离足够大时，各组分便得以分离。

薄层色谱法是将吸附材料均匀固定(或固化)在载板上，形成薄厚均匀的吸附层。把一定量的待分离试液点在距薄板一端一定距离处。然后将层析板放在层析缸中，使点有试样的一端浸入流动相(展开剂)中(流动相液面低于样品斑点)，薄层上吸附剂颗粒间存在间隙，依靠这种毛细作用，展开剂会沿薄层上升。当展开剂流过试样时，流动相带着试样中各组分上行。在此过程中，组分在固定相和流动相之间发生连续不断地吸附、解吸，再吸附、再解吸的吸附过程。显然，与吸附剂作用力大的组分，前行阻力较大，在薄层中移动得慢一些；与吸附剂作用力小的组分，则在薄层中移动得快一些。因此，展开剂沿薄层上升过程中，不同组分得以分离。

纸色谱通常认为属于液液分配色谱法，薄层色谱根据固定相分为吸附薄层法、分配薄层法、离子交换薄层法和凝胶薄层法等。

薄层电泳是将点有样品(荷电组分如蛋白质、核苷酸、多肽及糖类等)的惰性支持介质(纸、醋酸纤维素、琼脂糖凝胶、聚丙烯酰胺凝胶等)置于电场中，不同组分所带电荷和体积不同，受到的电场力和摩擦阻力也不同，因此在相同电场强度下，不同组分的运行状况不同，从而达到分离的目的。

本章内容主要以薄层色谱为主,其他分离方法予以简单介绍。

5.1.2 平面色谱的基本流程

(1) 明确分析任务,确定样品预处理方法

掌握样品来源,了解样品的背景和基本组成;根据分析测试任务,确定样品预处理方法,包括组成复杂样品的预分离,某些组分的衍生化处理等处理步骤,制备出要分离的样品溶液。

(2) 选择吸附剂和展开剂

依据处理后样品的组成选择固定相、展开剂种类及规格。

(3) 制备层析用薄层板

根据分析任务,选择薄板类型、尺寸、铺层厚度,并对其进行必要的处理。

(4) 上样

根据样品的复杂程度和各组分含量选择点样方式并进行点样。

(5) 层析分离

选择展开方式,进行层析分离。

(6) 确定组分的位置

对有色组分,斑点的确定很容易;对于无色或浅色组分,需选择物理或化学显色方法进行组分斑点位置的确定。

(7) 定性或定量分析

(8) 根据分析任务和分析结果,给出分析结论

5.1.3 平面液相色谱的技术参数

平面色谱与柱色谱的原理基本相同,但两者的操作方法不同,故技术参数也不完全相同,现将平面色谱法(纸色谱法及薄层色谱法)中的主要技术参数介绍如下。

1. 展开剂动力学参数

在色谱过程中,展开剂前沿移动的速度是个变数。根据实际测定,当展开槽中的吸附剂、展开剂、蒸气相达到平衡时,展开剂前沿在薄层上的移动速率随时间的关系为

$$L = (kt)^{1/2} \quad \text{或} \quad L^2 = kt \tag{5-1}$$

式中,L 为展开剂前沿在时间 t 内移动的距离;k 为展开剂速率常数,它反映了展开剂在薄层中迁移的动力学特征。可见,移动速率 v 为

$$v = \frac{\mathrm{d}L}{\mathrm{d}t} = \frac{1}{2}k^{1/2}t^{-1/2} = \frac{k}{2L} \tag{5-2}$$

即某一时刻的移动速率与展开剂前沿至原点的距离成反比。

2. 保留参数

保留值是组分在色谱体系中的保留行为,反映组分与固定相作用力的大小,是色谱过程

热力学特性的参数，有如下几种表示方式。

(1) 比移值

展开后的平面色谱示意图如图 5-1 所示，比移值(R_f)是某一组分移动距离与展开剂移动距离之比，是平面色谱的基本定性参数。

$$R_f=\frac{\text{点样原点至组分斑点中心的距离}}{\text{点样原点至展开剂前沿的距离}}=\frac{d}{L} \tag{5-3}$$

因此，当 R_f 值为 0 时，表示该组分留在原点未被展开，当 R_f 值为 1 时，表示该组分与展开剂移动速度相同，即组分不被固定相吸附，所以 R_f 值只能在 0～1 之间。

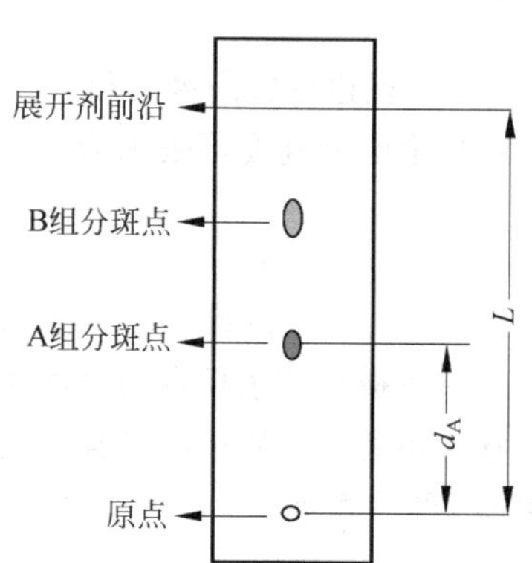

图 5-1　平面色谱展开后示意图

(2) 高比移值

为了避免 R_f 值为小数，有些文献以高比移值(hR_f)代替 R_f 值来作薄层色谱的定性参数，$R_f\times100$ 即为 hR_f 值，故 hR_f 值都是在 0～100 之间。

(3) 相对比移值

相对比移值(R_{is})是指被分离组分与所选参比物的 R_f 之比。它的提出是基于被分离组分在滤纸或薄层上的移动速率受很多因素影响，而这些因素在实验过程中又难以准确控制，因此 R_f 值的重现性较差。如果将被分离物质与一参比物点在同一滤纸或薄层板上，在相同的展开条件下进行分离，相对比移值受不确定因素影响就可以大为降低，即相对比移值相对较为稳定，重复性及可比性均优于 R_f 值。相对比移值可大于或小于 1。

(4) 环形展开比移值

同一组分按不同方式展开时，其比移值也有所不同，直线展开比移值 $R_{f直}$ 与圆形离心展开比移值 $R_{f圆离}$ 相同，而与向心展开比移值 $R_{f圆向}$ 关系为

$$R_{f直}=1-(1-R_{f圆向})^2 \tag{5-4}$$

(5) 保留常数值

保留常数值(R_M)与化合物的 R_f 值之间或与被分离化合物结构之间存在下述关系：

$$R_M=\lg\left(\frac{1}{R_f}-1\right) \tag{5-5}$$

因此利用上式，可以推测同系物的 R_M 值或鉴定同系物。

3. 薄层色谱分离效能参数

与 HPLC 相似，TLC 的分离效能受展开剂速率常数、组分在展开剂中的扩散系数、薄层吸附剂的平均颗粒直径及其粒度分布等诸多因素的影响。TLC 的分离效能参数可与组分在薄层上的不同移动距离相关联，其数值量度能够通过比移值来估算。一般认为 TLC 中所有组分有相同的扩散系数，组分斑点的扩张(展宽)只是移动距离的函数。

(1) 理论塔板数(N)

TLC 理论塔板数可表示为

$$N=16\left(\frac{d_s}{W}\right)^2 \tag{5-6}$$

式中，W 为组分 s 展开后斑点纵向宽度(峰宽)；d_s 为原点到组分 s 斑点中心的距离。

将式(5-3)代入：

$$N = 16\left(\frac{R_f L}{W}\right)^2 \tag{5-7}$$

(2) 理论塔板高度(H)

理论塔板高度可表示为

$$H = \frac{d_s}{N} = \frac{R_f L}{N} \tag{5-8}$$

(3) 真实塔板数(N_T)与高度(H_T)

层析板真实塔板数与分离组分个体有关,对不同组分,塔板数不同。真实塔板数与组分的移动距离 d_s、组分在点样斑点处原始斑点的半峰宽 $W_{(\frac{1}{2})0}$ 和层析后组分斑点半峰宽 $W_{(\frac{1}{2})}$ 的关系如下:

$$N_T = 5.54\left(\frac{d_s}{W_{(\frac{1}{2})} - W_{(\frac{1}{2})0}}\right)^2 \tag{5-9}$$

该参数常用于评价薄层分离的分离效率。

可见,层析板板高 $H_T = d_s/N_T$。常规薄层板的板高约为 30μm,高效薄层板的板高约为 12μm。

4. 容量因子 k' 与比移值 R_f 的关系

容量因子 k' 被定义为组分在固定相的保留时间 t_s 与在展开剂中的保留时间 t_m 之比:

$$k' = t_s/t_m \tag{5-10}$$

根据保留值定义有

$$R_f = \frac{t_m}{t_s + t_m} \tag{5-11}$$

$$R_f = \frac{1}{1 + k'} \tag{5-12}$$

5. 分离评价参数

常用分离度 R 和分离数 SN 来评价组分间的分离效果。

(1) 分离度(R)

相邻两组分的分离效果可以用分离度 R 来表征,其定义与柱色谱相似:

$$R = \frac{d_{s_1} - d_{s_2}}{\frac{W_1 + W_2}{2}} \tag{5-13}$$

式中,d_{s_1},d_{s_2} 分别为组分 1、组分 2 斑点移动的距离;W_1,W_2 分别为组分 1 和组分 2 斑点纵向宽度(峰宽)。

因此,相邻两组分斑点距离越远,斑点越小,分离度越大,分离效果越好。与柱色谱类似,当 R 大于 1.5 时,相邻两斑点可以达到完全分离。

(2) 分离数(SN)

薄层层析中薄层对组分的分离程度也可以采用分离数 SN 表示,其定义为采用固定组成展开剂展开时,从样品原点到展开剂前沿之间能够容纳的完全分离开的峰个数。采用分离数可以较为客观地评价和比较分离系统的分离能力。SN 定义为

$$SN = \frac{L}{W_{(\frac{1}{2})0} + W_{(\frac{1}{2})1}} - 1$$

式中，$W_{(\frac{1}{2})0}$，$W_{(\frac{1}{2})1}$为实验测得的某组分色谱峰半峰宽对 d_s 作图外推得到的在原点处和展开剂前沿处的色谱峰半峰宽。一般薄层的 SN 在 7～10 之间，高效薄层 SN 在 10～20 之间，二维高效薄层的 SN 在 100～250 之间。

5.2 薄层色谱

5.2.1 薄层用吸附剂

薄层色谱常用的吸附剂有氧化铝、硅胶、聚酰胺、硅藻土、离子交换纤维素、葡萄糖凝胶等。上述吸附材料中，最常用的是氧化铝和硅胶，因为它们的吸附能力强，可分离的试样种类多，硅胶既可作吸附层析，又可作分配层析(制板时活化程度不同)。只是薄层层析用的固定相比柱层析使用的粒度更细，因此分离效率比相同长度的柱层析和纸层析高得多。

1. 氧化铝

层析用氧化铝是由 $Al(OH)_3$ 在 300～400℃时脱水制得。对其表面的吸附机理，有人认为表面存在铝羟基 Al—OH，由于羟基的氢键作用使其对成键组分产生吸附力。因生产时条件的不同氧化铝可分为中性、酸性和碱性 3 种，它们的吸附性能有所不同。酸性氧化铝适用于酸性化合物，如酸性色素、某些氨基酸，以及对酸稳定的中性物质的分离；中性氧化铝应用较广泛，适用于醛、酮、醌、酯、内酯化合物及某些苷的分离；碱性氧化铝适用于分离碱性化合物，如生物碱、醇以及其他中性和碱性物质。一般，能用酸性或碱性氧化铝分离的物质也可用中性氧化铝分离。氧化铝具有吸附能力强、分离能力强等优点。

氧化铝的活性和含水量密切相关。活性强弱用活度级Ⅰ～Ⅴ级来表示，活度Ⅰ级吸附能力最强，Ⅴ级最弱。把氧化铝加热至 100～150℃，除去与羟基结合的部分水分，使氧化铝具有一定的活性；加热至 150℃以上，氧化铝活性增至Ⅱ～Ⅲ级；加热至 300～400℃，氧化铝活性增至Ⅰ～Ⅱ级；再升温至 600℃以上，进一步脱水，并开始烧结。由于脱水过程受到许多因素的影响，因此每批生产的氧化铝，其表面积和表面孔穴结构并不一致，活性也不相同。

一般，分离弱极性的组分选用吸附活性强一些的吸附剂；分离极性较强的组分，应选用吸附活性弱的吸附剂。铺薄层时一般不加黏合剂，直接用干粉铺层，这样的层析板称干板或软板。但也可以加煅石膏作黏合剂，这种混有煅石膏的氧化铝称氧化铝 G。用氧化铝 G 加水调成糊状，铺层活化后使用的层析板称为硬板。

干法铺层的氧化铝用 150～200 目，相当于颗粒直径 100～75μm；湿法铺层以 250～300 目(相当于颗粒直径 60～50μm)较合适。吸附剂颗粒粗细对分离效果和层析速度均有影响。颗粒太粗，填充项和传质项都将增大，平均板高增大，展开后各组分斑点扩散，分离效果不好；若颗粒太细，展开太慢，分子扩散项将增大，会引起溶质扩散，影响分离效果，当展开距离较长时尤为显著，而且太细的吸附剂用干法铺层有困难。

薄层层析用氧化铝的表面积为 100～300m^2/g，孔穴平均直径为 20～30Å。

测定氧化铝的活度可用偶氮苯、对甲氧基偶氮苯、苏丹黄、苏丹红、对氨基偶氮苯的四氯化碳溶液，点于氧化铝薄层板上，以四氯化碳为展开剂，展开后测定各斑点的 R_f 值，根据 R_f

值即可确定活度级，见表 5-1。

表 5-1　氧化铝的活度与染料 R_f 的关系

染　料	活度级			
	Ⅱ	Ⅲ	Ⅳ	Ⅴ
偶氮苯	0.59	0.74	0.85	0.95
对甲氧基偶氮苯	0.16	0.49	0.69	0.89
苏丹黄	0.01	0.25	0.57	0.78
苏丹红	0.00	0.10	0.53	0.56
对氨基偶氮苯	0.00	0.03	0.08	0.19

2. 硅胶

(1) 普通硅胶

普通硅胶是层析分离常用的吸附剂之一。在硅酸钠的水溶液中加入盐酸可以得到一种胶状沉淀，这是一种缩水硅胶，常以 $SiO_2 \cdot nH_2O$ 表示。这种沉淀在 100～120℃脱水即形成多孔性硅胶吸附剂。典型的层析用硅胶的表面积约为 500m^2/g，孔体积约为 0.4mL/g，平均孔径约为 100nm。

硅胶是由于表面结构中的硅羟基(—Si—OH)通过硅原子上的—OH 与极性化合物或不饱和化合物形成氢键而具有吸附性的。硅胶表面和孔径中的硅羟基与极性化合物或不饱和化合物形成氢键，因而具有吸附性。对硅羟基而言，没形成氢键的称为游离型硅羟基；当两个硅羟基形成氢键时，以氢成键的称为束缚型硅羟基，以氧成键的称为活泼型硅羟基：

—Si—OH　　　　(OH……OH) —Si—　—Si—

游离型硅氧烷　　束缚型硅氧烷　　活泼型硅氧烷

活泼型硅羟基构成最强烈的吸附中心，游离型次之，束缚型又次之。由于活性羟基在硅胶表面较小的孔穴中较多，因而表面孔穴较小的硅胶吸附性能较强。水与硅胶表面的羟基结合形成水合硅醇，使原来的吸附质点失去吸附性能。加热至 100℃左右能可逆地除去这些水分，使硅胶活化。最佳的活化条件为 105～110℃，加热 30min。如果加热至 200℃以上，则硅胶逐渐失去结构水，形成硅氧烷，吸附能力下降。加热至 400℃以上，上述反应发生在两相邻表面间，硅胶的表面积逐渐变小，以至于烧结：

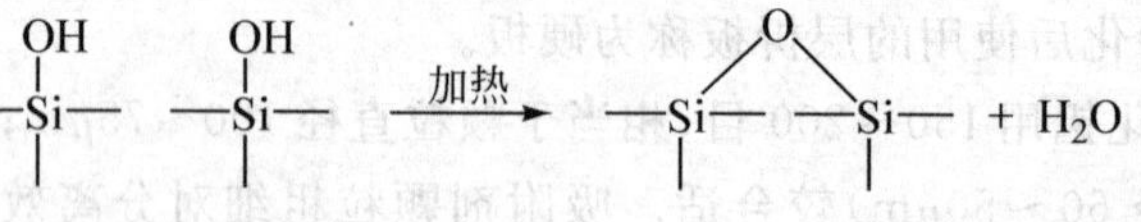

$$-\mathrm{Si}(\mathrm{OH})- \quad -\mathrm{Si}(\mathrm{OH})- \xrightarrow{\text{加热}} -\mathrm{Si}-\mathrm{O}-\mathrm{Si}- + H_2O$$

硅胶具有微酸性，吸附能力较氧化铝稍弱，可用于分离酸性和中性物质，如有机酸、氨基酸、萜类、甾体等。

硅胶的机械性能较差，必须加入黏合剂铺成硬板使用，常用的黏合剂有煅石膏、聚乙烯醇、淀粉、羧甲基纤维素钠(CMC)等。

硅胶 H 不含黏合剂，用时需另加。硅胶 G 是由硅胶和煅石膏(后者占 13%～15%)混合而成的。硅胶 GF_{254} 是在硅胶中既含煅石膏又含荧光指示剂的，在 254nm 紫外光照射下呈黄绿色荧光。不含煅石膏只含荧光指示剂的硅胶则称硅胶 $HF_{254+366}$，下标 254＋366 系指波长为 254nm 和 366nm 的紫外线均可使其产生荧光。常用的荧光指示剂是锰激活的硅酸锌 $ZnSiO_4 \cdot Mn$，在 254nm 紫外光下产生荧光；银激活的硫化锌、硫化镉 $ZnS \cdot CdS \cdot Ag$ 在 366nm 紫外光下产生荧光。

含黏合剂硅胶薄层活化程度可按 Stahl 法进行测定。将对二甲氨基偶氮苯、靛酚蓝、苏丹红 3 种染料的氯仿溶液点于已活化的硅胶薄层上，用正己烷/乙酸乙酯(9∶1)展开。如果 3 种染料能分开，而且对二甲氨基偶氮苯接近溶剂前缘，靛酚蓝在其后，苏丹红接近原点，则认为活度合格。这种硅胶板的活度与 Brockmann 法标定的Ⅱ级氧化铝的活度相当。

(2) 改性硅胶

改性硅胶是借化学反应，将有机分子以共价键形式连接在硅胶的硅醇基上，因此称为化学键合固定相。按键合有机硅烷的官能团可分为极性键合相及非极性键合相。

极性键合相硅胶指键合有机分子中含有某种极性基团。和普通硅胶相比，吸附活性较低，常见的极性键合相有氰基、二醇基、氨基等，极性键合相一般作为正相色谱，用非极性或极性小的展开剂，但有时对强极性化合物，如糖或多肽，用极性展开剂也可得到有效的分离。

非极性键合相硅胶又称反相键合相，键合相表面都是极性很小的烃基，如十八烷基、辛烷基、乙基等，最常用的是十八烷基键合硅胶。展开剂大多是强极性溶剂或无机盐的缓冲液，这样组成的色谱系统，其 R_f 与正相分配薄层相反，故称为反相薄层色谱法。

硅胶薄层既可用于吸附层析，又可用于分配层析。主要区别在于活化程度不同，前者活化程度较高，后者则低得多。在薄层层析中硅胶薄层应用最多。

3. 聚酰胺

它是由己内酰胺聚合而成，因而又称聚己内酰胺，或称锦纶。层析用聚酰胺是白色多孔性的非晶形粉末，易溶于浓盐酸、热甲酸、乙酸、苯酚等溶剂，不溶于水及甲醇、乙醇、丙酮、乙醚、氯仿、苯等有机溶剂。对碱比较稳定，对酸的稳定性较差，热时更敏感。

聚酰胺分子内存在着很多的酰胺键，可与酚类、酸类、醌类、硝基化合物等形成氢键，因而对这些物质有吸附作用。酚类和酸类是以其羟基或羧基与聚酰胺中酰胺键的羰基形成氢键；芳香硝基化合物和醌类化合物是以其硝基或醌基与聚酰胺分子中酰胺键的游离氨基形成氢键。各种化合物因其与聚酰胺形成键能力的不同，吸附能力也就不同，因此可以得到分离。一般，具有以下规律：能形成氢键基团较多的溶质，其吸附能力较大；对位、间位取代基团都能形成氢键时，吸附能力增大，邻位的使吸附能力减小；芳香核具有较多共轭双键时，吸附能力增大；能形成分子内氢键者，吸附能力减小。

固定相　　　　流动相

此外，硅藻土、纤维素等也可以用作吸附剂。

4. 纤维素

用纤维素制成的薄层分离特性与纸色谱相似，但其斑点更集中，分离度更大，分离速度也比纸色谱快，由于斑点集中，故其检出灵敏度也高，因此可以代替纸色谱。

除普通纤维素外，还有用于反相分配色谱法的乙酰化纤维素，具离子交换性能的离子交换纤维素，现分别介绍如下。

(1) 普通纤维素

普通纤维素包括天然纤维素、高纯度纤维素和微晶纤维素。

普通纤维素是按照标准工艺制得的高质量纤维素，平均聚合度(DP)为400～500，纤维长度2～20μm。纤维素中也可以添加波长为254nm的荧光指示剂。高纯度纤维素是将天然纤维素用酸在很缓和的条件下洗涤并用水洗至中性，然后再用有机溶剂脱脂。用高纯度纤维素的薄层展开后前沿没有黄色，斑点集中，适用于定量研究。微晶纤维素是将高纯度纤维素用盐酸水解制成的，其平均聚合度为40～200，微晶纤维素薄层适用于分离羧酸、低级醇、脲及嘌呤衍生物。

(2) 乙酰化纤维素

用乙酸将纤维素结构上的羟基酯化而成的乙酰化纤维素，适用于反相分配色谱，每单位纤维素有3个羟基能被酰化，酰基含量由低至最高达44.8%，增加酰基含量，乙酰化纤维素的疏水性也增加。由于纤维素乙酰化程度的不同，可以得到从亲水性到疏水性不同的固定相。

(3) 离子交换纤维素

纤维素经化学反应后，使其分子中一部分羟基上的氢原子被阳离子或阴离子交换基取代而成为离子交换纤维素，所以具有离子交换树脂的性质，但由于其结构的特点，与离子交换树脂在性能、应用等方面又不相同。例如离子交换纤维素的表面积大，亲水性分子容易渗入膨胀的亲水性纤维素骨架；离子交换纤维素活性基团距离大，虽然交换容量较小，但交换如肽类等大分子有较大的能力。此外，由于活性基团间的距离大，交换发生在少数位置上，因此在非常温和的条件下选择性地解吸成为可能。由于离子交换纤维素的这些特性，对于生化领域中分离、纯化，如氨基酸类、肽类及酶、核酸(核苷酸类、核苷类)、激素及病毒等是非常有用的工具。

5. 葡聚糖凝胶

葡聚糖凝胶的商品名为Sephndex，是由葡聚糖与适量的交联剂聚合而成，为三维网状结构，分离时具有分子筛的作用。交联剂含量越高，形成的聚合物网状结构越紧密，吸水时膨胀体积越小；交联剂含量越低，网状结构越疏松，吸水后膨胀体积越大。交联葡聚糖的规格型号用英文字母G后加一数字表示，该数字为单位质量的凝胶膨胀时吸水量的10倍。例如，G-25为1g凝胶膨胀时吸水2.5g，同样G-200为1g干胶吸水20g。

若将疏水基团，如羟丙基或具有离子交换能力的基团，如羧甲基引入到葡聚糖分子中形成的凝胶就具有亲脂性或离子交换能力，这可以扩大葡聚糖凝胶的使用范围。

5.2.2　薄层板的制备

薄层板可以采用手工或涂铺器的方式自制，也可以采用商品薄层板。薄板质量的好坏是分离成功的关键。一块好的薄层板要求吸附剂涂铺均匀、厚度一致、表面光滑、无气泡小孔和裂痕。国内外虽有商品预制板出售，但多数情况下仍需自己制作。一般选用玻璃板或塑料作载板，要求表面清洁、光滑、平整，否则不易涂铺均匀，且易引起薄层的剥落。铺前需对载板表面进行清洁处理，可用水洗再用脱脂棉或滤纸蘸酒精或丙酮擦洗干净。根据需要可裁制各种尺寸，如 10cm×10cm，5cm×20cm，10cm×20cm，20cm×20cm 等，以及做初步试验的小玻片 2.5cm×5cm，2.5cm×7.5cm 等。若用来制备提纯，还需面积更大的载板。

1. 手工制板

在含黏合剂的吸附剂中加水(或其他溶剂)调成糊状，然后铺层。制成的薄层板要经过阴干、活化等处理后方可使用。这类层析板的优点是吸附剂与载板结合牢固，不易脱落，可成批制备，展开后便于保存。可以用更细颗粒铺层，颗粒之间空隙小，展开速度慢，展开后斑点集中，分离效果好。

为使吸附剂与载板结合得更牢固，便于后续的操作，往往需要在调糊时加入一定量的黏合剂。黏合剂的种类与用量会影响薄层分离的效果，所以选择黏合剂时，要考虑到分离组分的性质、展开剂的种类及显色剂的性质。常用的黏合剂有煅石膏、羧甲基纤维素钠(CMC-Na)、淀粉和某些聚合物，如聚乙烯醇、聚丙烯醇等。

煅石膏的用量为吸附剂的 10%～15%，CMC-Na 作黏合剂时，配成 0.5%～1%的水溶液供调吸附剂糊。用 CMC-Na 作黏合剂，薄层机械性能较强，牢固不易脱落，表面可用铅笔写画，但不能用强腐蚀性显色剂。使用聚乙烯醇作黏合剂时，用 0.3%的水溶液调糊，用量为吸附剂的 0.5%～0.6%。为避免铺板时产生气泡，调糊时往往加入数滴乙醇。

铺好的层析板需要放在水平位置阴干，然后再置于烘箱中升温活化。为防止活化后的层析板吸附空气中的水分使吸附能力下降，需将活化后的层析板置于干燥器中保存。

手工铺层目前广泛被采用，常用的方法有如下 3 种。

(1) 倾注法

根据所需薄层厚度和板的尺寸，称取一定量吸附剂，用适量的水调成糊状后，倾倒在玻璃板上，大致摊开，然后轻轻振动玻璃板，使糊状物成为均匀的薄层。如用煅石膏作黏合剂，要控制调糊和铺层时间在 4min 内完成，否则石膏开始凝固，不易流动，薄层无法铺匀。铺层好后，在水平台上放置阴干。如需活化，可在烘箱中于 80℃或 105℃活化 0.5～2h，然后放置于干燥器中备用。

倾注法铺层简单方便，但铺得的薄层均匀性较差。

(2) 刮平法

在水平台面上放置待铺层的玻璃板，两边用厚度相同的玻璃(或金属)板作框边，框边玻璃比铺层玻璃略高(即薄层厚度)。将调好的糊状吸附剂倒在铺层玻璃上，用边缘平直光滑的有机玻璃尺或金属尺沿一个方向均匀地将糊状物刮平。去掉边框、晾干、活化备用。此法目前应用也较少。

(3) 涂铺器法

商品涂铺器多种多样,但其构造主要有一个装吸附剂糊的槽,槽的一面有能调节出口厚度的结构。如常用的 Stahl 涂铺器,外形如图 5-2 所示,它是一个中间装有可转动圆筒的长方形容器,上下各有一个长方形开口。它的一面依对角线切成两半,上半固定,下半可以左右移动以调节下面空隙的大小,即调节铺层的厚度。中间圆筒的一端连接一柄,可用来转动圆筒。铺层时先把玻璃板放在水平的底座上,将涂铺器放在起点玻璃上并使圆筒口转向上,倒入调好的吸附剂糊,然后把圆筒口转向下,立即以均匀的速度向前推移涂铺器,吸附剂即被铺成均匀的薄层。

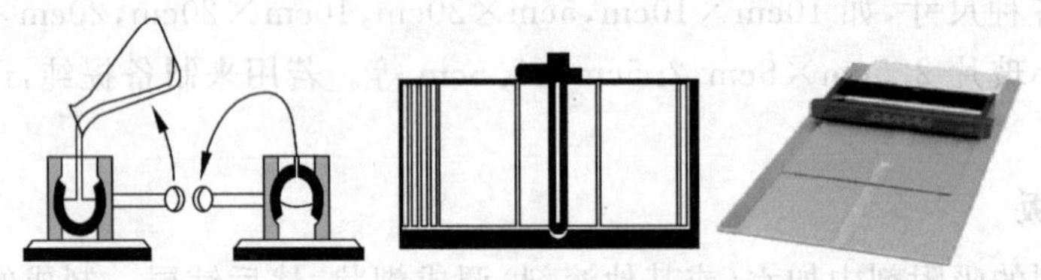

图 5-2 常用的 Stahl 涂铺器及铺层

2. 商品薄层板

商品薄层板由专业厂商生产,质量有保证。所使用的载板有玻璃、塑料和铝箔。后两种薄板还可以根据需要裁成不同规格。目前硅胶、氧化铝、纤维素、硅藻土、聚酰胺、离子交换纤维素及烷基化硅胶反相板均有出售,一些高效的衍生化硅胶板也有出售。

3. 特殊薄层板

除上述涂铺的硅胶和氧化铝薄层板外,根据工作需要,还有一些其他或特制的薄层板,现介绍如下。

(1) 酸碱薄层板和 pH 缓冲薄层板

为了改善某些化合物在薄层板上的分离效果,可以改变吸附剂的酸碱性。如在铺层时用稀酸(1%~4%HCl 或 0.1~0.25mol/L $H_2C_2O_4$)溶液代替水制成酸性氧化铝薄层,使生物碱成为离子对形式在其上被分离。生物碱等在硅胶(微呈酸性)板上分离产生拖尾,可用稀碱(0.1~0.5mol/L NaOH)溶液代替水铺制硅胶薄层。分离生物碱和氨基酸时,可以用不同 pH 缓冲溶液代替水调糊铺成一定 pH 值的薄层,通过控制 pH 值以抑制它们的电离,可获得更好的分离效果。

(2) 混合薄层板

可将两种吸附剂按不同比例混合制成薄层,如硅胶 G 与氧化铝按一定比例(10∶4)混合制成的薄板对山道年异构体、糖、醇的分离效果较好。也可用两种吸附剂或粒度不同的同一种吸附剂分段铺层,前段用作样品的预处理以除去杂质,后段作组分的分离。还可把两种吸附剂的混合比逐渐改变制成梯度薄层,按梯度方向展开以分离在均匀薄层中难以分离的组分。

(3) 络合薄层板

含 $AgNO_3$ 或硼酸、硼砂等化合物的薄层与某些化合物在展开过程中形成络合物,这种薄层称为络合薄层。如硝酸银薄层可用来分离不饱和醇、酸等,其机理是由于银离子与不饱和键能形成络合物,而与饱和键则不络合。展开时,饱和化合物 R_f 最大;含一个双键的较

含两个双键的 R_f 大；含一个三键的较含一个双键的 R_f 大。含双键化合物中，顺式络合牢固而 R_f 较反式小。多羟基糖、多羟基长链酸和它们的甲酯等均可与硼酸络合，由于络合程度不同可在硼酸薄层上得到较好的分离。

(4) 烧结板

烧结板是由玻璃粉(作黏合剂)与硅胶或氧化铝吸附剂按一定比例混匀后，经高温烧结制成的可反复多次使用的薄层板。

将玻璃磨细，过 200 网目筛，用浓 HCl 浸泡，水洗至中性，干燥后与吸附剂混匀，以乙醇、乙酸乙酯、丙酮、氯仿或水等溶剂制成匀浆，铺成 0.2～0.3mm 厚薄层，晾干后按表 5-2 所列条件烧结即成。

表 5-2　烧结板配制比例及烧结条件

吸附剂	黏合剂	配制比例	烧结条件	
			温度/℃	时间/min
硅胶	玻璃粉	1∶(2～5)	470～770	7～10
氧化铝	玻璃粉	1∶(1～4)	470～870	7～10
硅藻土	玻璃粉	1∶(1～6)	470～770	7～10

若用含 $Zn_2SiO_4 \cdot Mn$，$CaWO_4 \cdot Mn \cdot Pb$ 或 $Cd_2B_2O_5 \cdot Mn$ 的结晶性荧光玻璃粉作黏合剂，按上法制成的薄层板称为荧光烧结板，它对层析后组分的检测有高的灵敏度。如果使用氨水-丙酮调糊，并在 450～750℃烧结 5～10min，会得到涂布均匀的薄板。

烧结板可反复使用，但每次用后必须用相应溶剂和铬酸洗液浸泡除去斑点，再用水洗净，经活化(110℃下 1h)后再使用。

(5) 聚酰胺薄层板

聚酰胺薄层板一般不需要加黏合剂，可直接将聚酰胺粉(常用比 80 网目更细的粉末)制成匀浆，涂铺在玻璃板或涤纶基上制成。若需增强板的牢固性，可加石膏和淀粉。制备方法有以下几种：

① 称取聚酰胺粉 15g，加水 65mL 调和，并用电磁搅拌混合 30～60s，立即涂在支持体上，放置室内干燥。

② 称取聚酰胺 10g 配成 100mL 丙二醇混悬液，加热至 140℃使全部溶解后，把聚酯薄膜浸入片刻，取出迅速冷却至 100℃以下，待干，即成厚度约为 5μm 的薄膜。

③ 称取聚酰胺粉(180 目)7g，加石膏 1g 混匀，按 1∶4 加水调成匀浆后铺板。

④ 称取聚酰胺粉 10g，加 76%乙醇 50mL 调成匀浆后铺板，在 80℃活化 1h。

聚酰胺薄膜可反复使用。用丙酮-浓氨水(9∶1)或丙酮-甲酸(9∶1)浸泡 6h，水洗去污物，再用丙酮洗涤，晾干后即可再用。

(6) 纤维素薄层板

纤维素薄层是从纸层析演变而来的。纸层析用纸是长纤维制成，扩散快，组分斑点不集中。薄层用短纤维素制板，斑点集中。天然纤维素长 2～25μm，微晶纤维素长 20～40μm。纤维素铺层方法比较简便，不要黏合剂，一般将纤维素与水按 1∶5 混匀，倾倒玻璃板上铺层，晾干即可，需要时可在 105℃烘干。

(7) 葡聚糖凝胶薄层板

取超细葡聚糖凝胶(10～40μm),加水充分溶胀后,放置沉降,倾去上层清液,不加黏合剂,即可按常规铺层,厚度0.5～1mm。制得的薄层板置潮湿容器中备用。若已干燥,可喷适当缓冲溶液使其复原。

(8) 高效薄层板

高效薄层板是由粒度十分均匀的硅胶细颗粒(5～7μm),加上高度惰性的黏合剂,铺成的十分致密、平滑的薄层板(厚度约0.2mm)。这种薄层板性能稳定,分离清晰,斑点较圆,不拖尾,分析速度快。国内外都已有商品供应。国内曾报道用相对分子质量大于3×10^6的5%聚丙烯酸水溶液与青岛海洋化工厂生产的YWG-80硅胶(7μm)按4∶1量研匀铺层。

5.2.3 展开剂的种类及选择

1. 展开剂概述

流动相的洗脱作用实质上是流动相分子与被分离的溶质分子竞争占据吸附剂表面活性中心的过程。强极性的流动相分子占据吸附中心的能力强,因而具有强的洗脱作用;非极性流动相竞争占据活性中心的能力弱,洗脱作用就要弱得多。要使试样中吸附能力稍有差异的各种组分分离,就必须根据试样的性质、吸附剂的活性,选择极性适当的流动相。

显然,强极性的组分容易被吸附剂吸附,应选用极性较强的流动相才能把它从吸附剂上洗脱下来,使之沿着层析柱前进;弱极性的组分则应选用弱极性的流动相洗脱。被分离组分的结构不同,其极性也不相同。饱和碳氢化合物系非极性化合物,其氢原子一旦被官能团取代,化合物极性便会改变,极性改变的程度与官能团的极性有关。常见的官能团按其极性增强次序排列如下:

烷烃＜烯烃＜醚类＜硝基化合物＜二甲胺＜酯类＜酮类＜醛类
＜硫醇＜胺类＜酰胺＜醇类＜酚类＜羟酸类

当有机分子的基本母核相同时,取代基团的极性增强,整个分子的极性增强;极性基团增多,整个分子的极性增强。分子中双键多,吸附力强;共轭双键多,吸附力强。分子中取代基团的空间排列对吸附性能也有影响,如同一母核中羟基处于能形成内氢键位置时,其吸附力弱于不能形成内氢键的化合物。

流动相极性较弱时,可使试样中弱极性的组分洗脱下来,在层析柱中移动较快,而与极性较强的组分分离。同样,强极性和中等极性的流动相适用于强极性和中等极性组分的分离。常用的流动相按其极性增强顺序排列如下:

石油醚＜环己烷＜二硫化碳＜四氯化碳＜三氯乙烯＜苯＜甲苯＜二氯甲烷
＜氯仿＜乙醚＜乙酸乙酯＜乙酸甲酯＜丙酮＜正丙醇＜乙醇＜甲醇＜吡啶＜酸

而且可以把各种溶剂按不同配比配成混合溶剂作为流动相,因此流动相的种类很多,流动相的选择也就比固定相的选择更为复杂了。

当然,在选择层析分离条件时,必须从被分离组分、吸附剂和洗脱剂三方面来考虑。对于某种试样,就必须考虑如何选择合适的固定相和流动相。上面讨论的仅是一般的规律,对于具体的试样尚需通过实践进行选择。

聚酰胺柱层析的洗脱剂通常采用水溶液,如各种不同配比的乙醇水溶液、不同配比的丙酮水溶液、稀氨水以及由二甲基甲酰胺-乙酸-乙醇-水(1∶2∶6∶4)配成的混合溶剂。

至于溶解试样用的溶剂,其极性应与流动相接近,以免因两者极性相差过大而影响层析分离。

2. 展开剂的选择

对于吸附层析,主要根据极性的不同来选择流动相展开剂。各种展开剂按其极性不同排列的顺序,已在常规柱层析中简单介绍。依据被分离组分的极性,选择吸附剂的种类和展开剂的极性。即展开剂、被分离组分的极性和吸附剂的活性三者是相互关联、互相制约的。为了获得良好的分离,必须正确处理这三者的关系。许多书上都介绍了图5-3所示的三角图形,说明这三者的关系,可供选择展开剂时参考。图中有一个圆盘,其上有3种刻度:①代表被分离物质的极性;②代表吸附剂的活度(Ⅰ级最强,Ⅴ级最弱);③代表展开剂的极性。圆盘中心有一个可转动的正三角形指针。如图5-3中实线所示,A指向中等极性的被分离物质,B指向活度Ⅱ～Ⅲ级的吸附剂,则这时展开剂就应是中等极性的,如图5-3中C所指。如果转到虚线位置,则非极性的被分离物质,活度为Ⅰ～Ⅱ级的吸附剂,应选用非极性的展开剂。

这个图可供选择展开剂时参考,但它仅说明了选择展开剂的最简单、最基本原则。在具体工作中,展开剂的选择还必须进一步通过实践,一般可用下列两种方法。

(1) 微量圆环技术

将试样溶液点于已准备好的薄层上,点成同样大小的圆点,如图5-4(a)中1,2,3,4所示。用毛细管吸取各种经初步选择认为可能应用的展开剂,加到试样点中心,让展开剂自毛细管中慢慢流出进行展开,就可以看到如图5-4(b)所示的不同圆形图谱。从图5-4(b)可以看出,点2的展开剂最不好,试样留在原点未动;点3的展开剂较好,它已把试样分成几个同心圆,分离清晰,R_f在0.5左右。

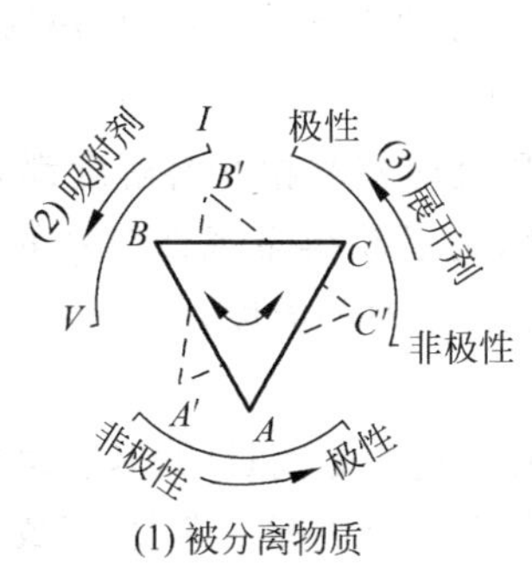

图5-3 三角图形法选择展开剂

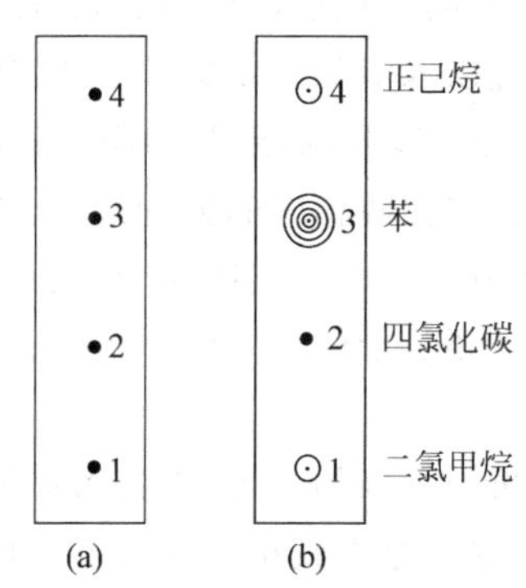

图5-4 微量圆形展开

(2) 微型薄层

可用小玻片铺上薄层,按前述步骤准备好后,点上试液,用各种经初步筛选的展开剂展开,从而选择适当的展开剂,再用于一般的薄层层析。用微型薄层,材料和时间都比较节省。

在展开剂选择过程中,首选单一展开剂,只有无法用单一展开剂或使用单一展开剂影响分离或无定性方法时,才选择混合溶剂作展开剂。溶剂种类越少,引入杂质的可能性越小。例如,在硅胶薄层上分离生物碱时,可先试用环己烷、苯、氯仿等单一溶剂,再用混合溶剂如苯-氯仿(9∶1或1∶1等)。如果用两种组分的混合溶剂,分离效果还不够好,可再考虑用三四种组分的混合溶剂,在硅胶薄层上分离生物碱的较复杂的混合溶剂有环己烷-氯仿-二乙胺(5∶4∶1)、苯-乙酸乙酯-二乙胺(7∶2∶1)和苯-正庚烷-氯仿-二乙胺(60∶50∶10∶0.2)。

后加进去的第三、第四种组分是用以改变展开剂的极性,调整展开剂的酸碱性,以及增大试样的溶解度等,从而改善分离效果。

一般,类似结构的同系物,往往可用相同组成的展开剂。例如在中性氧化铝薄层上分离氨基蒽醌、甲基氨基蒽醌、氨基氯蒽醌的各种异构体时,都可用环己烷/丙酮(3∶1)混合溶剂作展开剂。

如果在一种吸附剂上,用多种展开剂经过系统试验后,仍不能获得较好的分离效果,可以在适当时机改用另一种吸附剂进行试验。

聚酰胺薄层也是一种吸附薄层,已如前述。聚酰胺与各类化合物形成氢键的能力不但取决于其本身,也与溶剂介质有关。一般,在水中形成氢键的能力最强,在有机溶剂中形成氢键的能力较弱,在碱性有机溶剂中形成氢键的能力最弱。因此在聚酰胺薄层上展开剂洗脱能力的大小顺序大致是:

水<乙醇<甲醇<丙酮<稀氢氧化铵(钠)溶液<甲酰胺<二甲基甲酰胺

在聚酰胺薄层上也可以用混合展开剂,例如水-乙醇(1∶1)、水-甲醇(1∶1)、水-乙醇-乙酰基丙酮(4∶2∶1)、水-乙醇-丁酮-乙酰基丙酮(13∶3∶3∶1)、水-乙醇-乙酸-二甲基甲酰胺(6∶4∶2∶1)和二甲基甲酰胺-苯(3∶97)。

分配层析是基于试样中各组分在展开剂中溶解度的不同,或者更严格地讲是基于各组分在固定相和流动相中分配系数的不同,这在前面已经讨论。薄层分配层析中所用的展开剂和纸层析中所用的相似,通常可把纸层析中所用的展开剂应用到薄层分配层析中。同样,展开剂也应先用固定相饱和。可把展开剂放置于分液漏斗中,加入少量固定相,充分振摇,放置分层,分去固定相层,留下流动相层以供层析用。例如在硅胶薄层上,水为固定相时,展开剂正丁醇应以水饱和;又如用甲酰胺丙酮溶液处理过的纤维素薄层,甲酰胺是固定相,用苯-氯仿(1∶1)为展开剂,展开剂应事先用甲酰胺饱和。

由于化合物在两相中的分配系数,以及固定相和流动相的相互溶解度都因温度不同而改变,因此在分配层析中温度对 R_f 的影响较为显著,为了获得重现性较好的 R_f,不但层析展开时的温度要尽量保持一致,就是用固定相处理展开剂时的温度,最好也和层析展开时的温度一致。

薄层层析展开剂的选择,首先考虑的是要能很好地达到分离目的,其次也要考虑展开剂是否易挥发,黏度是否较小。易挥发的展开剂在展开后能很快挥发逸去,不致影响定性检出和定量测定;而且易挥发、黏度小的展开剂一般展开速度较快。最后还要考虑到展开剂是否有毒,价格是否便宜,是否容易买到等。

展开剂纯度也必须加以注意。有时溶剂中含有少量杂质,如乙醚中含少量水分,氯仿、乙酸乙酯、乙醚中含少量乙醇,卤代烃中含游离酸等都会使溶剂的极性发生明显的改变,影响分离。又如乙醚、烃类中含有过氧化物,会氧化或破坏试样中的某些组分。而有的溶剂如果保存不好,会吸收水分或被污染,影响分离。在必要时应自行精制。一般可用分析纯(试剂二级)或化学纯(试剂三级)的溶剂来配制展开剂。如用混合溶剂作展开剂,以新鲜配制为宜,因在保存过程中不同溶剂挥发性能不同,会使混合溶剂的组成改变。

5.2.4　点样和展开

1. 点样

点样方式、点样量及点样器的选择取决于分离的目的、样品溶液的浓度及被测物质的灵敏度。如果用于制备某一组分，常采用条形点样；若用于分析测试，通常点成圆点状。常用的商品点样工具为两种定量毛细管，一种是容积分别是 0.5μL，1μL，2μL，3μL，4μL 及 5μL 的定量毛细管；另一种是 100nL 及 200nL 的铂铱合金定量毛细管（nanopipette），样品斑点距薄层底边约 2cm，点样直径不超过 5mm，点间距为 1～1.5cm。

在进行薄层定量时，原点直径的一致、点样间距的精确是保证定量精确度的关键，CAMAG 公司生产了系列点样设备。下面对手动点样、半自动点样、自动点样仪器予以介绍。

(1) 手动点样

Nanomat 4 型点样装置（见图 5-5）是手动的，配套毛细管有 0.5μL，1μL，2μL，5μL 几个规格。毛细管应装载在配套的毛细管夹内。点样时，使用毛细管点样笔从毛细管夹上取下毛细管，吸满样品，然后向下架在点样仪架上，在选定的位置，将带有毛细管的点样头轻轻往下按，使毛细管轻微接触薄层，开始点样。

(a) CAMAG Nanomat 4型手动点样仪

(b) 毛细管分配器、通用毛细管夹、毛细管装填盒

图 5-5　CAMAG Nanomat 4 手动点样器及其配件

(2) 半自动点样

半自动点样器除更换样品（清洗、吸样和插入点样针）时需手动外，它的所有工作参数，如薄层板宽度、样品带长度、第一条样品带离薄层边沿的距离、两条样品带间距、喷样速度（4～15μL/s）、每条样品带要喷加样品溶液体积（1～99μL）、喷加的通道数和它们之间的次序等，均可通过键盘编制程序来设定。Linomat 5 型（见图 5-6）属于半自动点样器，它可将样品以条带状喷射在薄层板上，与喷雾点样技术相比，接触式点样可将更多样品点在薄层板上，在点样过程中样品被浓缩到所选取长度的狭窄条带中。点样时，样品溶液吸在微量注射器中，点样器不接触薄层，而是用氮气将注射器针尖的溶液吹落在薄层上，薄层板在针头下定速移动点成 0～199mm 的窄带。喷样时，注射器针尖离开薄层表面约 1mm。除了样品溶液需手动吸入注射器外，带状点样展开后的斑点分辨率高于点状点样。

图 5-6　Linomat 5 半自动点样仪

(3) 自动点样

CAMAG ATS 4 型（见图 5-7）设备是全自动的点样装

置,吸样、点样、清洗、样品和标准品位置的安排以及点样速度等全部由程序控制,点样量为0.1～0.5μL,建议采用接触式点样;点样量大于0.5μL时,可用条带状或长方形状喷雾式样品点样,以长方形状点样允许单位时间大剂量点样,而不用担心把薄层冲掉,这对含水试样的样品尤其重要。这种点样器是注射器式的,不用喷雾技术,是依靠调节点样速度控制原点大小的一致。这种点样器的特点是节省时间及提高点样精度,但价格较贵。ATS 4的程序允许重叠斑点点样,也就是说,在同一位置上从不同的小瓶取样品进行连续点样。这个技术能运用于色谱前的衍生,追加示踪剂等工作。ATS 4加热喷头可加热到60℃,适合水性样品或大体积点样,尤其是痕量分析,可提高点样体积从而提高检测限。

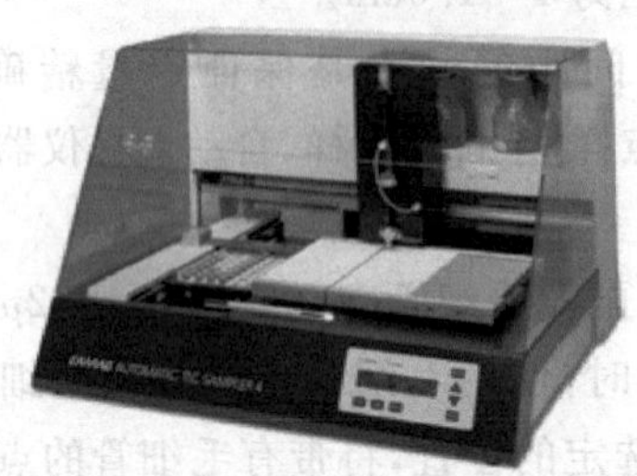

(a) 全自动点样仪

(b) ATS 4加热喷头

图5-7 CAMAG ATS 4全自动点样仪及加热喷头

2. 展开方式

薄层层析展开方式有水平、上行、下行、径向和双向展开等。现仅就常用的几种展开方式介绍如下。

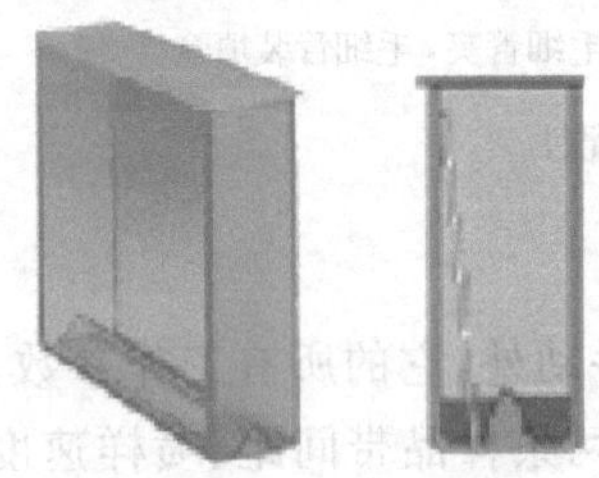

图5-8 上行法展开用双底层析缸

1) 上行展开

上行法展开方式是层析分离最常用的方式。对于软板(干板),吸附剂容易滑落而脱离载板,因此采用近水平方向的层析缸展开。图5-8所示为双底层析缸,其优点之一是展开剂仅需4～20mL,不但节省溶剂,展开后几乎没有溶剂留下,减少了废液处理问题;第二个优点是一个槽中放入展开剂,薄层板置于空槽中,饱和后将展开剂倾倒入薄层板所在的槽开始展开,解决了层析板的预饱和问题;第三个优点是用户可决定预平衡时间,在薄层板所在的槽中加入展开剂即开始展开。

2) 双向展开

对组成复杂或组分间性质较接近的试样,一次展开难以完全分离或分离效果不好。此时可以考虑采用双向展开方式加以分离。双向展开通常采用正方形薄层板,将试样点在一角,先沿一个边方向展开,取出薄层板,待展开剂挥发后,薄板旋转90°,载有组分斑点一端朝下,置于层析缸中进行二次展开,两次所用展开剂可以相同也可以不同。

3) 水平展开

(1) 水平展开层析缸

现介绍两种常用的水平层析用层析缸。样品点在高效薄层板的两边,展开剂从两边向中心展开,因而分离的样品数可以增加1倍。展开室如图5-9所示,此设备有20cm×10cm

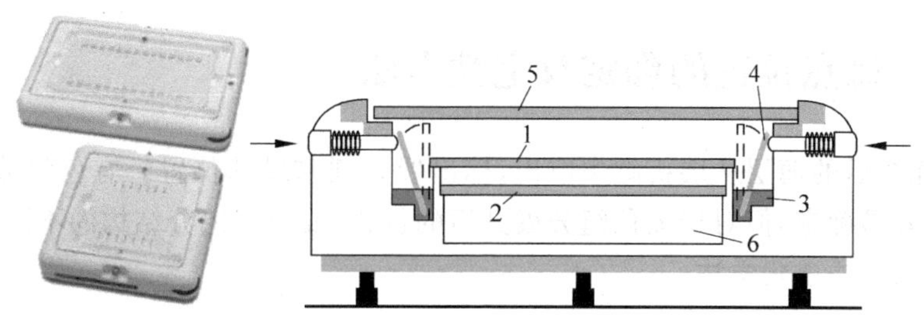

图 5-9　水平展开层析缸结构示意图

1—高效薄层板(面向下)；2—夹心玻璃板；3—展开剂储槽；4—条形玻璃；5—盖板；6—调节托盘

及 10cm×10cm 两种规格。

(2) CAMAG HPTLC VARIO 系统

为高效薄层色谱法快速优化色谱分离条件设计的展开室，见图 5-10。

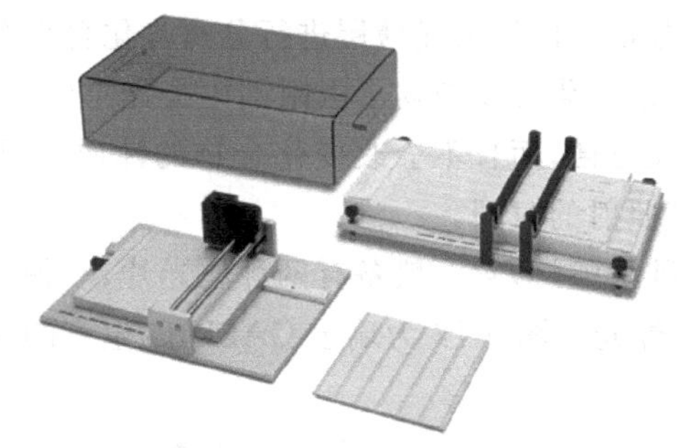

图 5-10　CAMAG HPTLC VARIO 系统展开装置

将 10cm×10cm 的高效薄层板用刮板设备分割成 6 条，在设备的一端有 6 个溶剂槽，可以分别放置 6 种不同的展开剂；在设备的另一端有一个展开剂槽，有 6 条相应于薄层的凹槽，可以设计 6 种不同的预平衡条件，包括不同的溶剂蒸气和相对湿度，这样可以同时选择最佳的展开剂和预平衡条件。

(3) CAMAG VARIO KS 展开室

为 20cm×20cm 的普通薄层设计的水平展开室，见图 5-11。这种展开室节约展开剂，对同一块板上的几条样品带可用几种流动相同时展开，便于选择最佳展开剂；可在展开时用适当的溶剂蒸气或水蒸气对薄层进行饱和，也可进行夹心展开。

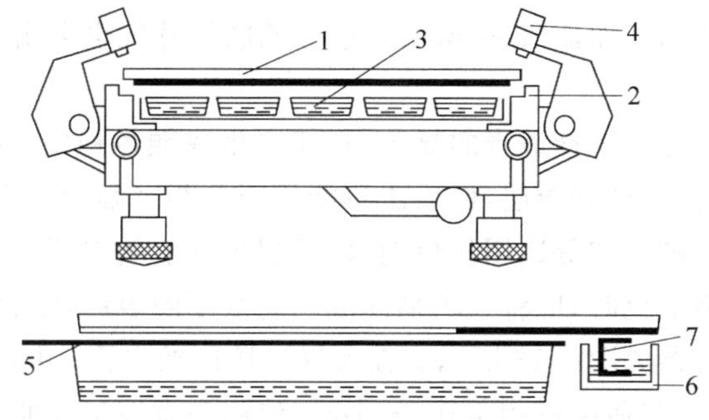

图 5-11　CAMAG VARIO KS 展开室

1—薄层板；2—槽体；3—溶剂(饱和薄层用)；4—固定夹；5—隔板；6—展开剂槽；7—导芯

5.2.5 斑点位置的确定及定性方法

将展开完毕后的薄层从层析缸中取出，标出展开剂前缘的位置。有色组分呈现明显的斑点，位置很容易确定，但对于无色组分展开后的位置，要依据组分结构的不同，选择相应的确定方法，即物理法或化学法。

1. 斑点位置的确定

展开后的薄层，挥尽展开剂，可用以下几种方法观察被分离化合物在薄层色谱上的位置。

(1) 光学检出法

化合物本身有色，在自然光下可以观察到不同颜色的斑点。有些化合物在可见光下不显色，但可吸收紫外光，在紫外光灯下显现不同颜色的暗点；有些化合物不仅能吸收紫外光，而且能发射更长波长的光而显出不同颜色的荧光斑点；在可见光、紫外光下都不显示，也没有合适显色方法的化合物可以用荧光薄层进行分离。化合物在紫外灯下可以在发亮的背景上显示暗点，这是由于这些化合物减弱了吸附剂中荧光物质的紫外吸收强度，引起了荧光的熄灭。光学检出法不仅方便，而且不会改变化合物的性质。对光敏感的化合物要注意避光，并尽量缩短用紫外灯照射的时间。

常用的紫外光灯是一种汞弧灯，它一般备有两种滤光片，一种能透过 254nm 的紫外光，另一种能透过 366nm 的紫外光。图 5-12 为瑞士 CAMAG 生产的薄层层析用紫外灯。

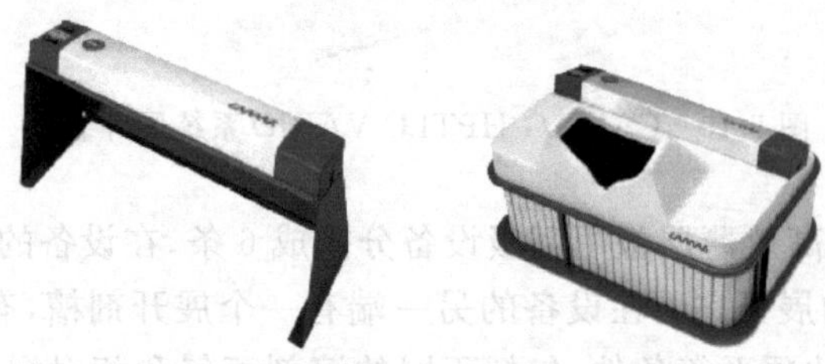

图 5-12　瑞士 CAMAG 紫外灯

(2) 蒸气显色法

利用一些物质的蒸气与样品作用生成不同颜色或产生荧光，这种反应有可逆的和不可逆的，多数有机化合物吸附碘蒸气显示黄色斑点，但当薄层离开碘蒸气后黄色逐渐消退。这是可逆的反应；有些化合物遇碘蒸气后发生紫外吸收的变化或产生极强的荧光，这些反应都不可逆。挥发性的酸、碱，如盐酸、硝酸、浓氨、二乙胺等蒸气也常用于蒸气显色。

(3) 试剂显色法

根据分离化合物的性质选择适当的显色剂，使之生成颜色稳定、轮廓清楚、灵敏度高的色斑，常用喷雾法或浸渍法处理薄层，但后法不能用于软板。显色试剂有硫酸、碘的氯仿溶液、碱性高锰酸钾溶液、磷钼酸等通用显色剂，以及根据化合物分类或特殊官能团设计的专属性显色剂。采用喷雾显色时，应将显色剂配成一定浓度的溶液，然后用喷雾器均匀地喷洒在薄层上。常用的喷雾器如图 5-13 所示。在吹气口接以橡皮管，用橡皮球吹气。要求喷出的雾滴细而均匀，喷雾器与薄层应相距 0.7～1m。使用刺激性与腐蚀性显色剂时，应在通风橱中喷雾显色。

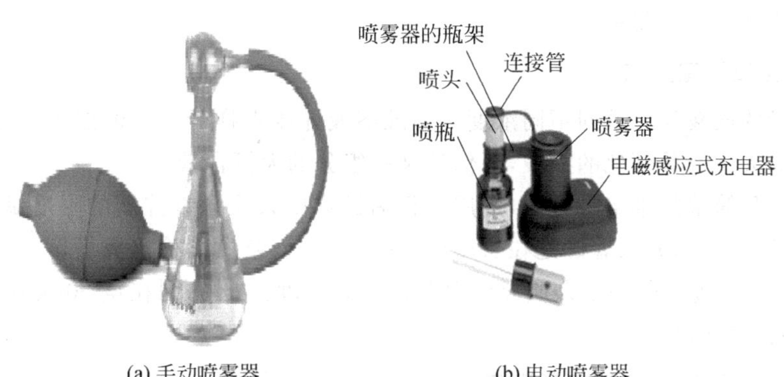

(a) 手动喷雾器　　(b) 电动喷雾器

图 5-13　喷雾器

(4) 生物自显影(bioautography)——生物与酶检出法

对抗生素等具生物活性的物质，将分离后的薄层与有适当微生物的琼脂培养基表面接触，经过培养后观察抑菌点。酶检出法常用于农药的检出，薄层上的活性酶与同位农药结合，抑制了底物酯的水解，农药在深色背景上呈无色斑点。

(5) 放射自显影(autoradiography)

在薄层上分离的放射性同位素的辐射线，可使照相底片感光，胶片所呈暗度与斑点的放射活性成正比，因此，得到的放射显迹图可以定性和定量。

2. 斑点组分定性

除了专属性显色定位外，其他定位方法只能说明斑点位置，并不能说明斑点是何种物质，结构如何。薄层层析中斑点的定性分析，常用下列方法：

(1) 斑点的 R_f

在一定条件下，化合物的 R_f 应该是个常数，但由于影响 R_f 值的因素较多，因此，根据一种展开剂展开后得到的 R_f 作为定性依据是不够的，需要经过两种以上不同组成的展开剂得到的 R_f 与标准品一致时，才可认定该斑点与标准品是同一化合物。

(2) 斑点的显色特性

通过斑点的颜色，有无紫外吸收或产生荧光的颜色，以及用专属性显色剂后斑点显色的情况与标准品对照可以帮助鉴定。

(3) 斑点的原位扫描

展开后的斑点，用光密度作原位扫描可得到该斑点的光谱图，其吸收峰形及最大吸收波长应与标准品一致。

(4) 与其他方法联用

将薄层分离后得到的单一斑点收集、洗脱，与气相色谱、液相色谱或红外光谱等方法联用帮助鉴定。

5.2.6　薄层定量方法

为了达到测定的准确度，层析分离的要求较高，操作要求较严。层析展开后，可以应用以下几种方法进行定量测定。

1. 目视比较半定量法

将相同量的试液与一系列不同浓度的标准溶液并排点样于同一薄层板上，层析展开后比较各斑点的大小及其颜色的深浅，可估计某一组分的大概含量。

这只是一种简单的半定量方法，适用于作为试样中杂质含量控制的限度试验。例如要检查药物中某一杂质，先试验确定在所用层析条件下，该杂质的检出灵敏度，如确定最低检出量为 0.5μg。若规定药物中杂质允许存在的最高限度为 1%，则在点 50μg 试样进行层析后，不得出现该杂质斑点。

2. 测量斑点面积以进行定量测定

层析展开后薄层上斑点的面积与含量之间存在一定的关系，因此测量斑点的面积可以进行定量测定。关于斑点面积和含量之间的定量关系，曾有不少报道，由于试样种类和层析条件的不同，所得结论也不一致。归纳起来，含量 W 和斑点面积 A 之间可以有如下几种不同的线性关系，即 $\lg W$ 与 A 呈线性关系，$\lg W$ 与 $\sqrt{A}$ 呈线性关系，$\lg W$ 与 $\lg A$ 呈线性关系。究竟哪一种线性关系适用于所测定的试样，需要通过实践确定。

测量斑点的面积，可用面积测量仪；也可以用透明纸将斑点大小描绘下来，再将透明纸印在坐标纸上，数出斑点面积相当于多少平方毫米；也可以把描绘下来的斑点再转印到质地均匀而又较厚的纸上，然后剪下称重，以质量代表面积，等等。由于面积一般在 15～150mm^2 之间，测量时会引入一定误差。

利用这种方法进行定量测定时，仪器设备比较简单，但对于层析操作要求较为严格。例如薄层的厚度、活度等要均匀一致；点样量与样品斑点的大小要求一致；层析缸的饱和程度要相同；展开时展开剂的液面与原点间的距离以及展开剂上升的速度和展开的距离也要求相同等。

展开后斑点的 R_f 应为 0.15～0.75。在这个范围内，不但分离较好，而且测定的重现性也较好。

由于面积测定的准确性关系到分析结果的准确度，所以只有斑点边缘清晰的层析才用这种方法进行定量测定。如需喷雾显色剂确定斑点的位置和轮廓，雾滴要细而均匀，喷雾距离要远一些，以免损伤薄层表面。

在进行定量测定时，需先用不同浓度的标准溶液点样展开后，绘制标准曲线。但在不同薄层上层析展开时层析条件可能有差异，为了消除这种差异，也为了免去绘制标准曲线的麻烦，可用下述简化方法进行测定。

取一定量的已知浓度的标准溶液、试液和稀释度为 d 的试液，分别并排点在同一块薄层上，展开、显色后测定斑点面积，设分别为 A_s，A 和 A_d。若 $\sqrt{A}$ 与 $\lg W$ 呈线性关系，则

试液：$$\sqrt{A}=m\lg W+C$$

稀释后的试液：$$\sqrt{A_d}=m\lg W_d+C$$

标准溶液：$$\sqrt{A_s}=m\lg W_s+C$$

式中，m，C 为常数；W，W_d，W_s 分别为试液、稀释后的试液和标准溶液中该被测组分的含量；d 为稀释度，$W_d=Wd$。上述 3 式合并，消去 m 及 C，则得

$$\lg W = \lg W_s + \frac{\sqrt{A}-\sqrt{A_s}}{\sqrt{A_d}-\sqrt{A}}\lg d$$

W_s 和 d 是已知数，将测得的 A_s，A，A_d 分别代入上式，可计算出试样含量 W。如果点样量与斑点面积之间符合不同的线性关系，同样可推导出相应的计算公式。

这种测定方法的相对误差为 5%～15%。

3. 从薄层上将被测组分洗脱下来进行定量测定

这是目前较常用的定量测定方法。这种方法是先将被测组分的斑点位置确定，将斑点连同吸附剂一起取下，用溶剂将被测组分洗脱下来，然后进行定量测定。这种方法的关键问题在于被测组分是否能够从薄层上被定量地洗脱下来。如能被定量地洗脱下来，则可以获得较为准确的测定结果。误差为 1%～5%，视试样的种类、所用层析和测定的方法、分析者操作的熟练程度而定。这种测定方法所需仪器设备也比较简单，但操作步骤较长，比较费时。

(1) 斑点位置的确定

有色斑点可直接确定其位置；能产生荧光的组分可在紫外光下观察，用针在斑点周围刺孔，记下位置；能吸收紫外光的组分可在含有荧光指示剂的薄层上层析展开，在紫外光下观察以确定位置。所用荧光指示剂应不干扰定量测定。常用碘蒸气熏来确定斑点的位置，由于碘蒸气的显色反应一般是可逆的，当薄层放置空气中时碘蒸气挥发逸去而褪色，不影响定量测定。如果碘与被测组分能发生化学反应，或残留的微量碘要影响测定，则不能用本法。

如果用以上各种方法都不能确定斑点位置，可采用“对照法”。为此，在薄层上，与试液并排点上被测组分的标准溶液作对照。展开后用玻璃板将前者盖住，喷以显色剂。然后根据已显色的对照斑点的位置，判断试样中被测组分斑点的位置。酚类、葡萄糖、维生素 B_2 等常需用这种方法确定斑点位置，较少应用直接在薄层上喷显色剂以定位的办法，因显色剂往往影响定量测定。

(2) 斑点的取下及洗脱

最简单的方法是用小刀或小毛刷将斑点和吸附剂一起刮下或刷下，置于 4～5 号砂芯漏斗中，在减压抽滤下用适当的溶剂将被测组分洗脱。或用吸集器将斑点连同吸附剂一起吸下。吸集器有各种不同型式，这里介绍一种，如图 5-14(a)所示。吸集器中塞入一小团脱脂棉(如果棉花能吸附被测组分或棉花中含有杂质能被洗脱而干扰测定，则改用一小团预先用洗涤液浸洗过的玻璃棉)作为洗脱时的过滤层。吸集器的一端与减压系统相连，另一端接一吸取头。将吸取头的尖嘴靠近薄层上要吸取的斑点，把斑点连同吸附剂一齐吸入吸集器中。然后用溶剂洗脱，先洗吸取头，再洗吸集器管柱，直至吸附剂上被测组分全部洗下为止。为了增加洗脱速度，可在减压情况下洗脱，装置如图 5-14(b)所示。

洗脱剂的选择十分重要，应选用既能完全洗下被测组分，又不干扰以后测定的溶剂。常用的有水、乙醇、甲醇、丙酮、氯仿、乙醚等。如果用单一的溶剂洗脱效果不好，也可用混合溶剂，如在乙醚、氯仿中加入一定量的醇，或在醇中加入少许氨水、乙醚等。

Falk 建议用一种新设计的装置，可把层析分离后的各个斑点直接从薄层上定量地洗脱，不必把吸附剂取下来。据报道，每次点试液 10μL，内含试样 5～100μg，展开后只需溶剂 1～2mL，耗时 2～10min，即可洗脱完毕，洗脱回收效率为98%～100%。

(3) 测定

进行定量测定时，层析点样量大致为数十微克到数百微克，展开、洗脱后某种被测组分

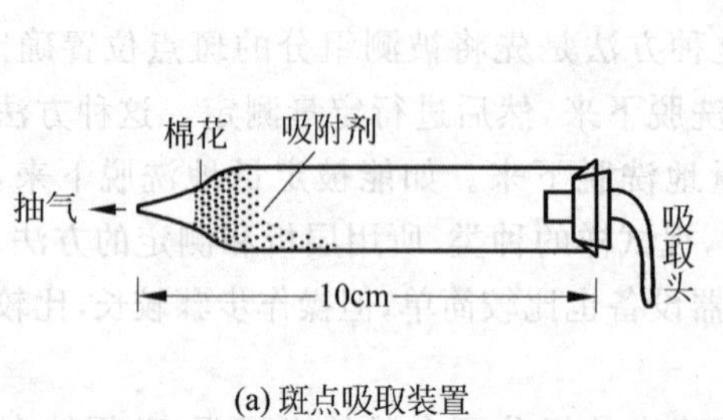

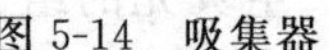

(a) 斑点吸取装置

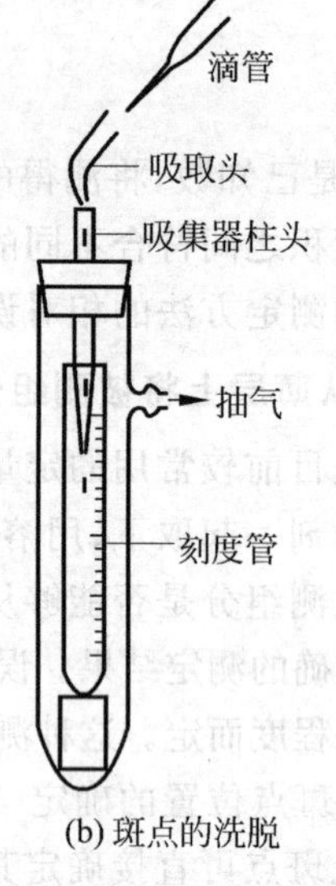

(b) 斑点的洗脱

图 5-14　吸集器

的量当然更少于上述数值。这种少量组分的测定,一般采用可见及紫外分光光度法,也可应用荧光分光光度法等。对于有色的或能吸收紫外光的组分,测定比较简单,在收集洗脱液,稀释至一定体积后即可进行测定。但须注意,所用洗脱液应不干扰测定,即对于所选用波长的紫外光,洗脱液应完全不吸收。此外,还应进行空白试验,即对薄层上斑点的相应位置上的空白吸附剂,需进行同样的洗脱处理,然后测定洗脱液的吸光度。经空白试验证实空白值为零时,就可用溶剂作参比溶液进行测定,否则还应用空白洗脱液作参比。

无色及不吸收紫外光的组分,可在洗脱后显色,稀释至一定体积再进行测定。在薄层上显色后再洗脱下来用光度法测定是不合适的,这样做会引起较大的误差,因显色剂用量不能控制一致。

4. 薄层色谱扫描仪原位扫描定量测定

1) 薄层色谱扫描仪的基本原理

用一束长宽可以调节的一定波长、一定强度的可见光、紫外光或荧光照射到薄层斑点上进行整个斑点的扫描,用通过仪器的光电管或光电倍增管将通过斑点或被斑点反射的光束强度转化为电信号加以测量,根据电信号与斑点吸收光强的关系达到定量测量的目的。这种仪器适用于薄层色谱的光密度扫描。

由于薄层是由许多细小颗粒涂布成的半透明物体,当光照射到薄层表面时,除透射光、反射光外,还有相当多的散射光。薄层扫描与比色法不同,样品量与测得值之间并非简单的线性关系,特别在高浓度区这种情况更为明显,这就给定量工作带来困难。斑点中被测物含量越多,颜色越深(如果是有色物质),光线被吸收越多,反射光和透射光的减弱也越显著,其间存在一定的定量关系。因此可以根据反射光的减弱,也可以根据透射光的减弱来进行定量测定。当然也可以同时测量反射光和透射光的光强来进行定量测定,这时两种信号叠加在一起,可使测定的灵敏度大为提高。

2) 测定方法

薄层扫描测定法可分为两类,一是紫外-可见吸收测定法,另一是荧光测定法。

(1) 紫外-可见吸收测定法

根据对光测定方式的不同,可分为3种测定方法。

① 透射法:入射光与光电检测器安装在薄层板的两侧。入射光通过薄层上斑点时,由于部分被组分吸收而使光强减弱,透过薄板的光被光电检测器转化为电信号,经放大后记录,如图5-15(a)所示。由于薄层板多用普通玻璃板,玻璃板对紫外光有吸收,故不能用紫外光作透射光源扫描,只能用可见光对有色斑点进行透射扫描。

② 反射法:入射光与光电检测器安装在薄层同侧。单色光垂直照射到薄层斑点上,光电检测器置于45°角处测反射光强度,如图5-15(b)所示。玻璃板对反射法测量无影响,紫外、可见光均可使用,故薄层扫描定量一般多采用反射法。

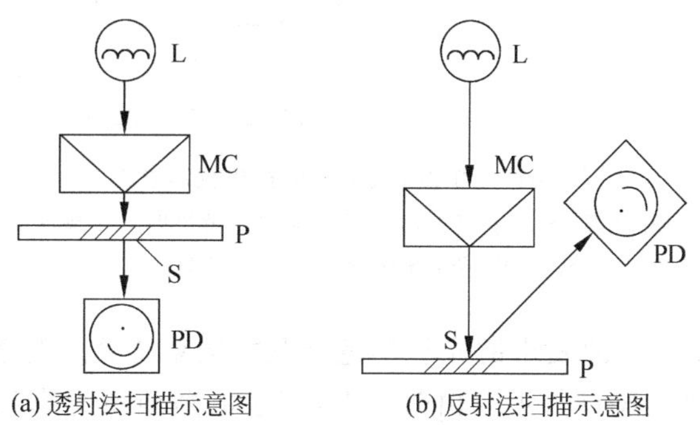

图5-15　透射及反射扫描示意图

L—光源;MC—单色器;P—薄层板;S—斑点;PD—检测器

③ 透射-反射法:本法系同时测定透射光及反射光,测得的两种光信号相加。由于薄层较厚处,透射光减弱而反射光相应增强;薄层较薄处,透射光增强而反射光减弱,故二者之和可以补偿由于薄层厚度不均所造成的基线不稳,使精密度得到改善。

(2) 荧光测定法

又可分为荧光发射法和荧光猝灭法两种。

① 荧光发射法:在激发光的照射下,斑点中物质本身有荧光或经过处理生成荧光化合物者,可测量其发射的荧光强度而进行定量。荧光法的光源通常为汞灯或氙灯。若用反射法测量斑点被激发所发射的荧光,在光电检测器前,需放置二级滤光片以滤除反射的激发光(如图5-16中F)。若用透射法测量,激发光为紫外光,则薄层板所用的玻璃板即可起到二级滤光片的作用。荧光测定法灵敏度高,因而点样量少,相应地改善了分离效果。由于物质浓度与荧光强度存在较好的线性关系,故斑点形状不同对测量值影响不大。

② 荧光猝灭法:该法使用含有荧光指示剂的薄层板,在紫外光照射下,斑点中组分使荧光指示剂产生的荧光强度减弱,借助于测量荧光强度减弱的程度测出斑点中组分含量。荧光猝灭法的测量中,组分浓度与荧光强度没有较好的线性关系,其定量关系需由具体实验确定。

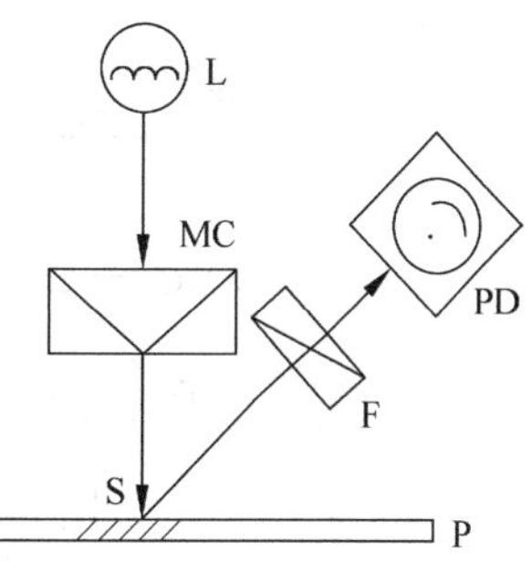

图5-16　荧光反射扫描示意图

L—光源;MC—单色器;P—薄层板;S—斑点;F—二级滤光片;PD—检测器

3) 扫描波长和光束

(1) 单波长扫描

使用一种波长光对薄层进行扫描,又分成单光束和双光束两种。

① 单波长、单光束：岛津 920 型(日本)、CamagTLC 型(瑞士)、ZeissKM3 型(德)均属于这种类型扫描仪。该类扫描仪无法消除薄层厚度不匀、显色不均等背景不均匀的影响，因此对薄层制作要求较高。或采用透射-反射式扫描加以补偿(KM3 型具有此性能)。其基本光路图如图 5-17 所示。

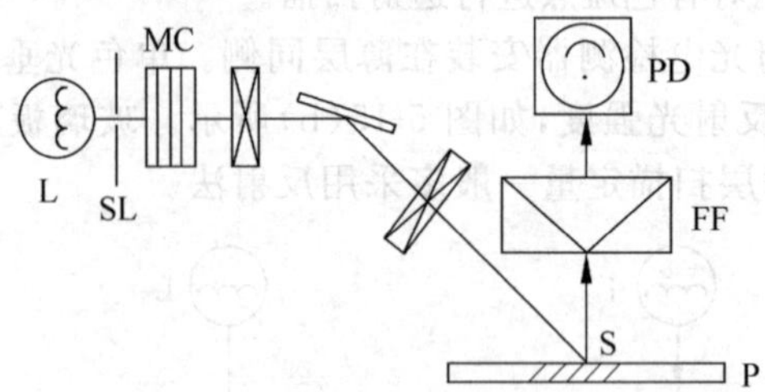

图 5-17 单波长、单光束扫描仪示意图

L—光源；SL—狭缝；MC—单色器；P—薄层板；S—斑点；FF—二级滤光片(荧光测定时用)；PD—检测器

② 单波长、双光束：光源发出的光经单色器及棱镜系统分成两条均等的光束，一条照在斑点部位，另一条照在斑点邻近空白薄层上，记录的是两条光束扫描所得的吸光度差。此类型仪器如 Schoeffel SD3000 型(美国)，其光路系统如图 5-18 所示。由于测得的空白值并非斑点所在的部位，故对薄层背景不均匀的影响只能在一定程度上得到消除。

(2) 双波长扫描

双波长扫描是采用两种不同波长的光束先后扫描所要测定的斑点，并记录两波长吸光度之差。两种波长的选择，通常是选择斑点中组分的吸收峰波长作为样品测定波长 λ_S；组分无吸收的波长作为参比波长 λ_R，如图 5-19 所示。

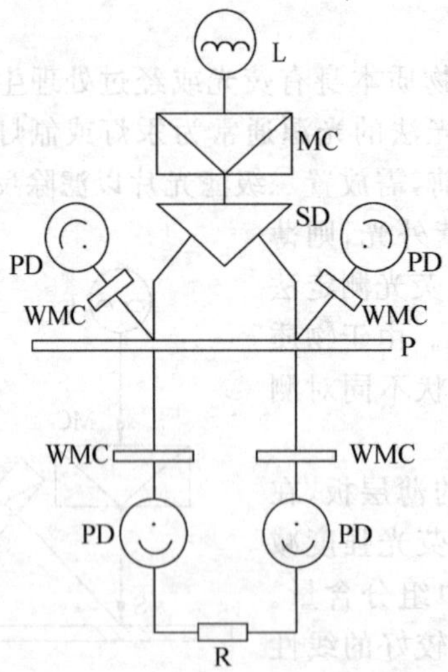

图 5-18 单波长、双光束扫描仪基本光路系统

L—光源；MC—单色器，SD—光路切分装置；WMC—楔形补偿；PD—光电检测器，P—薄层板；R—比例调节器

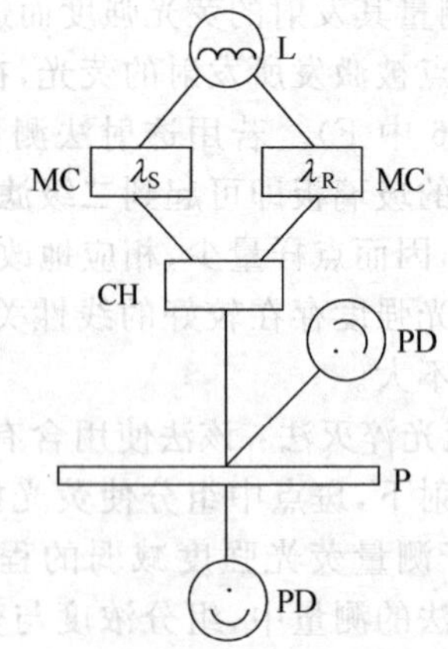

图 5-19 双波长、双光束扫描仪基本光路系统

L—光源；MC—单色器；CH—斩波器；P—薄层板；PD—光电检测器

在双波长扫描中，由于对样品扫描进行了背景扣除，使薄层背景不均匀性得到补偿，扫描曲线的基线较为平稳，测定精度得到改善。图 5-20 中显示了用 λ_S475nm 和 λ_R 678nm 单波长扫描及 λ_S 和 λ_R 双波长扫描一些胡萝卜色素类化合物所得到的扫描曲线，由图可见，双波长扫描能显著改善基线的平稳性。

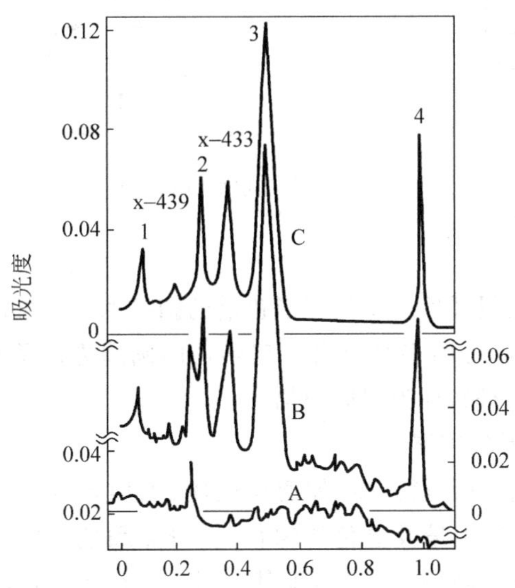

图 5-20　单波长与双波长对类胡萝卜素薄层色谱扫描效果

双波长、双光束扫描仪，如岛津 CS-900、CS-910 等，其光路系统如图 5-19 所示。λ_S 及 λ_R 两种波长交替照射到薄层上，二者对应的吸光度之差为记录仪所记录。

双波长、单光束扫描仪，如岛津 CS-930、CamagTLC Ⅱ 型，其光路系统同单波长、单光束，只是用计算机程序来完成双波长扫描。斑点先被 λ_R 扫描，测得值存储于计算机中，然后再被 λ_S 扫描，两次测得值之差由计算机计算并记录下来。这种仪器只需一个单色器，结构较为简单，但扫描分两次进行，故较费时。

4）扫描轨迹

根据扫描时光束（或光点）轨迹的不同，扫描方式有以下几种。

（1）直线扫描

一定长度和宽度的光束以直线轨迹扫描通过斑点，如图 5-21(a)所示。光束应将整个斑点包括且要对准斑点中心，扫描测得的是光束在斑点各部分吸光度之和。

由于薄层扫描中吸光度与样品之间不呈直线关系，故对外形不规则即不呈圆形的斑点，光束从斑点的不同方向扫描，得到的吸光度积分值不同。故直线扫描对外形规则的斑点较适用，其装置简单，速度快。

（2）锯齿状扫描

以一定大小的正方形小光点，呈锯齿状轨迹扫描前进，如图 5-21(b)所示。光点大小可随斑点面积大小进行调节，如较大斑点用 1.2mm×1.2mm，小斑点用 0.4mm×0.4mm 等。这种扫描方式特别适用于外形不规则的斑点，从不同的方向扫描可得到基本一致的吸光度积分值。锯齿状扫描，还可用背景补偿装置从所测值中减去背景吸收，得到更为准确的测定结果。

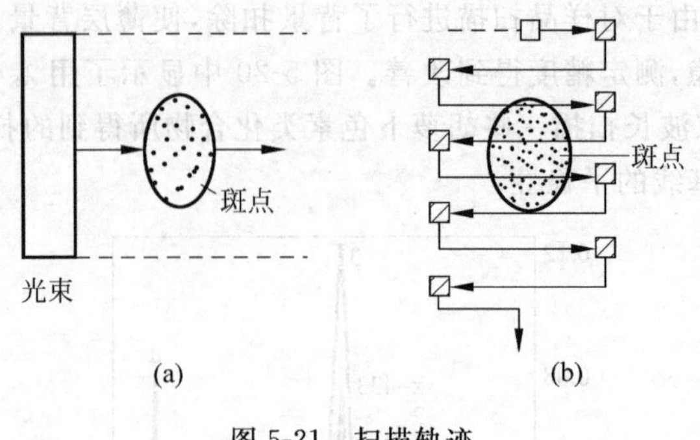

图 5-21　扫描轨迹

(3) 圆形扫描

用于圆心式或向心式展开后所得的圆形色谱的扫描测定。可以将光束由圆心向圆周方向扫描,称为径向扫描。也可以将光束沿一定半径的圆周方向移动,光束长轴可与圆周一致,也可与圆周垂直进行扫描,称为圆周扫描。

5) 影响薄层扫描定量的因素

能影响薄层扫描定量的因素很多,如薄层性质、点样多少、原点大小、展开距离、层析缸中蒸气饱和程度、显色剂用量及显色均匀程度、斑点颜色稳定性等。因此,为获得准确而重现的结果,必须严格控制层析条件,即使如此,扫描定量时,仍很难将层析条件控制一致,误差产生在所难免。为此应要特别注意以下几方面。

(1) 薄层的均匀性

虽然仪器对背景不均匀性有不同的补偿方式,但也只能在一定程度上进行补偿。故用作定量的薄层板,必须选用铺层均匀者。可将空白薄层板先行扫描,选择基线平直者使用。

(2) 展开距离要保持恒定

展开距离不同会影响展开后斑点的直径,即使同样量的样品由于展开后斑点大小不同也会得到不同的积分值。

(3) 随行标准及点样顺序

定量时,尽可能在同一块薄层板上同时点已知浓度的标准品进行展开和定量,并由这些标准品的测量值计算样品含量。样品与标准在同一块薄层板上展开定量,在很大程度上能降低因层析条件不同所引起的误差,在薄层板上点样的顺序以 123,123,123 的方式较好(若是 3 个样品),这样可使每个样品在薄层上各不同部位有测定值,然后由平均值计算结果,如此可减少误差。

(4) 显色的均匀性及稳定性

层析分离后的斑点需喷雾显色后再扫描定量,喷雾时要注意所喷试剂的均匀性。喷雾液滴要细,用量要适当。多数情况下,显色斑点往往会因光照或空气氧化而缓慢褪色,故扫描测定应在稳定时间内进行。

5.2.7　薄层层析的应用

薄层色谱是应用比较广泛的分离方法之一,分述如下。

1. 中草药和中成药的成分分析

中草药和中成药成分极为复杂，要在大量杂质(无关成分)存在下，检出微量的一种或多种有效成分，其难度之大是可以想象的，过去只能测定某种药材中生物碱、黄酮、皂苷等的总含量，自从薄层色谱法被采用以来，几乎成了分析中草药和中成药成分的首选方法。因为薄层色谱法在仅有简单设备的条件下也可以开展工作，比较适合我国国情。在中药材的真伪鉴别这方面，薄层层析分离技术起到了积极的作用。长期以来，中成药的质量，多依靠形、色、气、味等外观性状或显微鉴别，虽在一定程度上能反映其外在质量，但为了保证中成药的质量及对外出口需要，这是远远不够的，实践证明薄层色谱技术在中成药的质量分析中是行之有效的方法。

(1) 中药材品种鉴别

中药材品种主要靠斑点比移值、斑点颜色及薄层指纹图谱来鉴别。在这方面，我国许多科研工作者做了大量的研究工作，如欧当归与当归的鉴别、熊胆汁是否掺有其他动物胆汁的鉴别、黄连真伪的鉴别、不同产地黄芩的鉴别、土鳖中 7 种氨基酸的分离分析、7 种马钱子碱的鉴别、厚朴及野厚朴树皮的鉴别等。

(2) 中药的薄层指纹图谱鉴别

产地、栽培条件、生长周期、采收季节，加工方法等因素均会影响中药材质量，中成药的药效也会受原料质量、工艺方法等因素的影响。无论是中药材，还是中成药，其组成均相当复杂。要解决这一难题，只靠显微鉴别、理化鉴别、含量测定等多种方法尚不足以解决。目前国际上较为通用的办法是采用指纹图谱的方法。指纹图谱可以通过对体系化学成分的物理指标的表征，将物质体系的内涵表达出来，从而达到对体系的整体性描述。这也正好符合中医药整体综合的特点，必将成为中药现代化的一个突破口。目前我国药典中收录了 101 个中药品种的共 200 多幅彩色薄层谱图，供分析工作者参考。薄层分离指纹图谱的建立，为鉴别药材的真伪、产地、生长年代提供了技术手段，也为药材种植的条件选择提供了便利。

(3) 中成药成分分析

中草药分析方法一般包括 3 个步骤，即提取、分离和测定，中草药的提取要求能将所测成分定量提出，而同时提取液中应尽量少含杂质，以免干扰测定。这可通过选择适当的提取溶剂和提取方法来达到。常用的提取溶剂有氯仿、乙醚、乙酸乙酯、甲醇或乙醇等，可用单一的溶剂也可用两种或两种以上成分的混合溶剂，为了改善提取的效果，有时在提取溶剂中加入少量酸或碱。提取的方法最常用的是浸渍法和热回流法，浸渍可以一次浸渍提取，也可以反复多次提取。若单纯浸渍不易提净，可用加热回流提取的方法，但对热不稳定的成分必须慎用，以防止有效成分在提取过程中被破坏。提取液经过浓缩，调整至一定体积后供作薄层点样，若原有提取溶剂不适于点样，可蒸干后将残渣改溶于其他溶剂后，再行点样。

提取液中若含有一些能干扰分离测定的杂质，应在薄层分离前净化除去，如将提取液先通过一根小色谱柱，使杂质滞留柱上，将所测成分冲下，洗脱液点样进行薄层分离；或用沉淀剂沉淀除去杂质等。可根据所测成分及杂质的性质设计适当的净化方法除去杂质。

分离所用的薄层以硅胶薄层用得最为普遍，其他如氧化铝、聚酰胺、纤维素等薄层的使用也均有报道。有时为了达到分离某些化合物的特殊要求，硅胶中还加入某些试剂，制成特殊性能的薄层，如分离三尖杉酯碱类生物碱时，用 1mol/L 氢氧化钠水溶液代替水调制硅胶，制成碱性硅胶薄层，在这种薄层上，生物碱的解离被抑制，展开所得斑点圆整，分离良好。又如测定满山红叶中杜鹃素时，因杜鹃素在薄层上很容易被空气中的氧氧化，故在薄层中加入 10% 亚硫酸氢钠，然后加水调制成薄层，以防止杜鹃素在薄层上展开时分解变质。对极性较强的苷类，若用吸附薄层分离效果不理想时，也可用分配薄层分离，如洋地黄强心苷在硅藻土薄层上以甲酰胺作固定相，用甲酰胺饱和的溶剂作为流动相展开，一些用吸附薄层难以分离的一级苷能获得良好的分离。近来键合相薄层的产生和发展，开辟了一种新的薄层类型，并已应用于植物成分分析，如在烷基键合相薄层上分离黄酮类化合物、洋地黄强心苷类化合物等。

展开后的薄层定量现多用扫描法，对既无紫外吸收又无颜色的斑点，需先用适当的方法显色，再扫描测定，但显色操作本身会带入一定的误差。

下面以三七中皂苷成分的分析为例，说明中药的薄层分离测定方法。

取三七粉(40 目)1g，准确称量，加甲醇 25mL，冷浸 36h(过夜后振摇5～10min)，精密吸取上清液 5mL，自然挥去甲醇，将残渣移入 2mL 容量瓶中，稀释至刻度。用微量注射器吸取标准品甲醇溶液(2mg/L)及样品溶液各 1～2μL，分别间隔点于薄层上，将薄层用 1,2-二氯乙烷-正丁醇-甲醇-水(30∶40∶15∶25，下层)为展开剂上行展开，展开槽内放置两小杯冰醋酸，展开后挥去溶剂，薄层用硫酸氢铵的乙醇饱和溶液均匀浸渍，立即用热风吹干，115～120℃烤 5～7min，取出后板面上盖一块玻板，四周用胶纸密封，用双波长、反射法直接扫描测定，样品波长 λ_S525nm，参比波长 λ_R700nm，由标准品和样品的峰面积计算样品中三七皂苷的含量。

(4) 合成药物和药物代谢分析

薄层色谱法在合成药物中的应用也很广泛。每一类药物，例如磺胺、巴比妥、苯并噻嗪、甾体激素、抗生素、生物碱、强心苷、黄酮、挥发油和萜等，都包括几种或十几种化学结构和性质非常相似的化合物，可以在上述文献中找出一二种全盘的展开剂，一次即能把每一类的多种化合物很好地分开。药物代谢产物的样品一般先经预处理后用薄层分析。

2. 化工原料及化学反应进程的控制

用薄层色谱法分析有机化工原料，操作简便易行。如含各种官能团的有机物、石油产品、塑料单体、橡胶裂解产物、油漆原料、合成洗涤剂原料等均可采用薄层层析监测原料质量。在化学反应过程中，反应终点可以通过定期检验反应产物中原料和目标产物的量来判断。如果到达了反应终点，目标产物的浓度达到最大值，原料浓度降到最小。如果超过反应终点，不但浪费时间及人力物力，也会增加副反应，降低目标产物纯度及收率。例如在合成辛酸三甘酯过程中，需要定时采样，分析产物中辛酸、甘油以及单酯、双酯和三酯的浓度变化情况，当三酯的浓度不再增加或辛酸、甘油和单酯、双酯浓度不再降低时，证明反应终点已经到达。

3. 柱色谱法分离条件的探索

柱色谱法的实验条件选择可以借助于薄层分离，例如选用何种流动相，组分按什么顺序被洗脱出来，每一份洗脱液中是含单一组分或仍然存在尚未分离开的几个组分等，都可以在薄层上进行探索和检验。薄层上所有的展开剂虽不完全照搬柱色谱法，但仍有参考价值。

4. 食品和营养

食品中的营养成分是蛋白质、氨基酸、糖类、油和脂肪、维生素、食用色素等。与食品和营养有害的物质有残留农药、致癌的黄曲霉素等。这些成分都可用薄层色谱法定性和定量。蛋白质和多肽水解为氨基酸，对不同来源的动物性和植物性蛋白水解后产生不同的氨基酸进行定性和定量，有助于解决蛋白质的结构和食品营养问题。20多种氨基酸用硅胶G薄层板双向展开，一次即能分开，然后定性和定量，方法快速而简便。多糖和寡糖可水解为单糖，用薄层色谱法进行单糖和双糖的定性和定量。油和脂肪分解为脂肪酸，脂肪酸的种类和结构中的不饱和键数，与营养和卫生有关，关于油和脂肪的薄层（硅胶、硅藻土、纤维素）分析，有大量的文献报道。脂溶性和水溶性维生素在薄层上可方便地定性和定量。

5. 毒物分析和法医化学

经典的毒物分析有许多缺点，目前毒物分析和法医化学采用薄层色谱法等新的手段，对麻醉药、巴比妥、印度大麻、鸦片生物碱等均可分析。

6. 环境污染物分析

具稠环结构的某些多环芳烃是致癌物质，空气中存在量不得多于10ng/m^3，而世界卫生组织拟定的饮用水中6种有代表性的多环芳烃可接受的最高浓度为0.02ng/L，因此其分离和测定方法必须具有高灵敏度。用氧化铝、纤维素-氧化铝或纤维素-硅胶作固定相，并用双向展开是分离多环芳烃的较好方法，展开后斑点可用荧光法检测。如在氧化铝薄层上，用乙酸钾饱和溶液的正己烷-乙醚（19∶1）作第一方向展开，然后再用甲酸-乙醚-水（4∶4∶1）作第二方向展开，成功地分离了蒽、菲、芘、苯并[c]蒽、苯并[a]芘、苯并[e]芘、二苯并蒽、二苯并芘等。

水中酚类物质的分离可以通过与某些试剂发生反应生成易溶于有机溶剂的有色物，然后进行薄层分离，根据斑点的颜色深浅判断是否超过标准。水中汞含量的测定原理是在一定酸度下，无机汞与双硫腙反应后，与有机汞一起进入有机相氯仿中，将有机相进行薄层层析分离。可将无机汞、苯基汞和甲基汞、乙基汞分离，但甲基汞和乙基汞彼此难以分离。

5.3 加压及旋转薄层

5.3.1 加压薄层色谱

加压薄层色谱（OPLC）是Tyihak等人1979年提出的应用加压室的平面液相色谱技术。它结合了高效液相色谱与薄层色谱的优点。现对超微型加压（pressurized ultramicro，PUM）室和典型的加压薄层色谱仪进行简单介绍。

1. 超微型加压室

圆形的PUM室的纵截面，如图5-22所示。吸附层6涂布于玻璃板或塑料板7上，吸附板上面完全覆盖一塑料薄膜9，由于交界空间内部的气体压力使膜与上支架金属板8紧贴，固定于其表面上，并用O形密闭环5封闭，因此，空间作为气体压力缓冲室。安装在上支架金属上的入口2用于在加压下样品的导入，上、下支架金属板的直径分别为230mm及235mm。吸附层面积为10cm×10cm或20cm×20cm不等，上下支架金属板用几个夹子4固定。

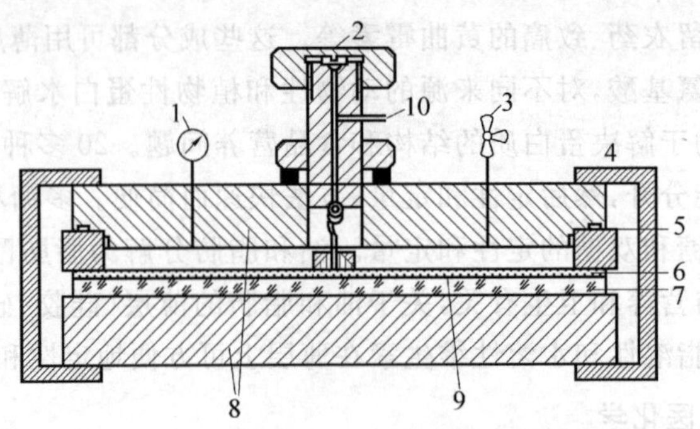

图5-22　圆形超微加压室纵截面

1—压力计；2—加压下样品进口；3—压缩气体进口；4—夹子；5—O形密闭环；6—吸附层；7—玻璃板/塑料板；8—上、下支持板块；9—塑料薄膜；10—展开剂进口

2. 加压薄层色谱仪

加压薄层色谱仪是分析了薄层色谱法及高效液相色谱法两者的优缺点后设计的，其原理是用平板柱代替HPLC中的色谱柱。由于平板柱中的摩擦力非常低，所以可使用十分细小的颗粒(小于5μm)来提高分辨力和分离效率，也无系统压力超压的限制。平板柱用往复泵输送的恒流溶剂展开并洗脱各组分。平板柱一次性使用，价格较便宜，有正相、反相、高效(5μm)及常效(11μm)等各种规格，适用于不同样品、不同要求的分离。

仪器(图5-23)的关键部件是薄层板夹(cassette)。板夹主要由两层构成，上层为聚四氟乙烯薄膜层，下层为一块钢板，薄层板吸附剂面向上置于聚四氟乙烯薄膜与钢板之间。在聚四氟乙烯薄膜两边均有一个小孔，溶剂通过这两个小孔进出薄层板。在孔的两侧与薄层板接触的一面刻有凹槽，使溶剂可以快速到达薄层板边缘，从而保证薄层板中间和边缘几乎同时开始展开。在薄层板的边缘有一圈约2mm的吸附剂被刮掉，再用高分子材料加上一层密封条，防止加压展开时展开剂从薄层板边缘溢出。板夹下层的钢板主要起支撑作用。工作时用一个泵在板夹上加压，压力最大可达5MPa，同时，用另一个泵将展开剂泵入薄层板，

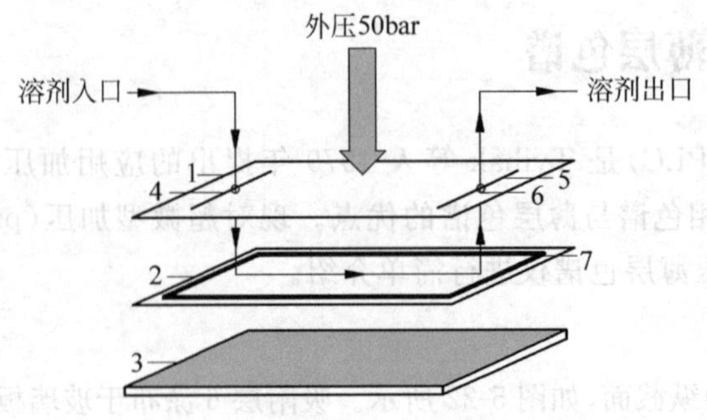

图5-23　加压薄层色谱工作原理示意图

1—聚四氟乙烯薄膜；2—薄层板；3—钢板；4—溶剂流入孔；5—凹槽；6—溶剂流出孔；7—密封条

完成分离过程。加压薄层色谱中常用的薄层板有 5cm×20cm，10cm×20cm 以及 20cm×20cm 3 种规格，不同大小的薄层板使用不同的板夹。

加压薄层色谱仪主要由两部分构成，上层主要有电源、控制系统以及泵系统等。下层为展开室，工作时将板夹插入。仪器具有独立的加压泵和输液泵系统，可进行分析和制备等工作，并可通过阀切换实现简单的梯度洗脱。

加压薄层色谱属于薄层色谱的一个分支，由于采用泵输送溶剂，因此可进行类似高效液相色谱的在线分析，且具多种工作方式可供选择。点样和扫描检测均可以采用在线和离线两种方式，兼具制备和分析的功能，运行成本较低，适用样品范围广泛。

5.3.2　旋转薄层色谱

旋转薄层色谱(rotation planar chromatography，RPC)是靠离心力来加快分离速度的一种薄层色谱技术，主要用于制备。

1. 分离原理及仪器

根据被分离组分在固定相和流动相之间的吸附和分配作用不同，加上离心作用，使样品中各组分之间原有的 R_f 差异加大，从而提高了分离效果，加快了分离速度。

若样品为含有 A，B 两个组分的混合物，其 R_f 不同(即各组分圆环的半径不同)，当旋转离心时，各自所受的离心力也不同，使它们之间的距离加大，并减少了各个环节的拖尾和区域加宽现象，使同一组分的环带更加集中变窄，最后依次从转子边缘甩出。

典型的旋转薄层仪如图 5-24 所示。

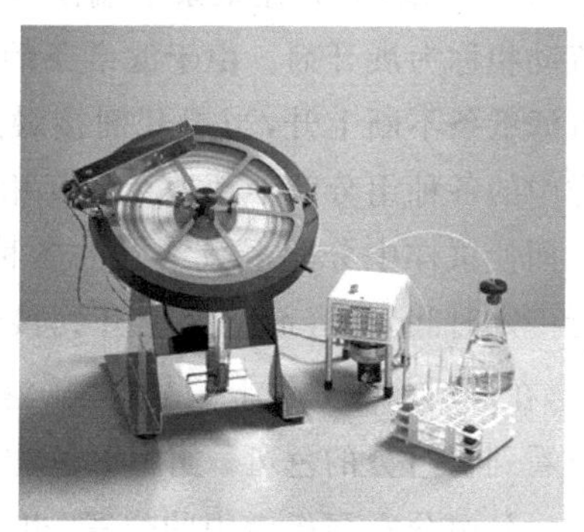

图 5-24　典型的旋转薄层仪

2. 操作方法及用途

由于主要用于制备，要求板容量较普通薄层高，吸附剂厚度一般为 1～4mm，黏合剂的用量也较普通板多。

在实际操作过程中，要考虑流动相的组成、洗脱速率、组分的确定方法、板的再生方式、分离过程是否需要惰性气体保护等问题。实验时，先要将旋转薄层板固定在旋转薄层圆盘上，盖上石英板罩后，开启离心旋转钮，用溶剂泵将预先选择的流动相注入薄层，使其达到饱和后，再将试液注入。或者先加试液，再用流动相洗脱。流动相的流速控制在 0.5～10mL/min 为宜，如果流动相选择适当，整个分离过程一般不超过 30min。梯度洗脱对大多数样品来说，可得到更好的分离效果。对组分易于发生变化的情形可采用惰性气体(如氮气)进行保护。薄层板可反复使用，使用一次后，可用极性溶剂，如四氢呋喃、乙腈、甲醇等，作流动相清洗，然后在烘箱中加热，除去溶剂，即可再生。发射波长为 365nm 或 254nm 的紫外灯是最便利的检测手段，适于对紫外有吸收化合物的检测，不能利用紫外吸收作用检测的化合物，经过分段收集后，如 1min 接 1 管，然后将每管洗脱液分别检测。

旋转薄层技术应用于合成产物、天然产物、同系物及异构体的分离制备。

5.4 纸层析分离技术

5.4.1 概述

纸层析又称纸上色层(paper chromatography,PC),是在滤纸上进行的色层分析方法。它的分离原理一般认为是分配层析。滤纸被看作是一种惰性载体,滤纸纤维素中吸附着的水分为固定相。由于吸附水有部分是以氢键缔合形式与纤维素的羟基结合在一起的,在一般条件下难以脱去,因而纸层析不但可用与水不相混溶的溶剂作流动相,也可以用丙醇、乙醇、丙酮等与水混溶的溶剂作流动相。但实际上纸层析的分离原理往往是比较复杂的,除了分配层析外,还可能包括溶质分子和纤维素之间的吸附作用,以及溶质分子和纤维素上某些基团之间的离子交换作用,这些基团可能是在造纸过程中引入到纤维素上的。

纸层析的操作一般是取滤纸条,在接近纸条的一端点上欲分离的试液,然后把滤纸条悬挂于玻璃圆筒,即层析筒内,如图 5-25 所示,并让纸条下端浸入流动相中,一般纸层析的流动相称为展开剂。由于滤纸条的毛细管作用,展开剂将沿着滤纸条不断上升,当展开剂接触点在滤纸上的试样时,试样中的各种组分就不断地在固定相和展开剂之间进行分配,从而使试样中分配系数不同的各种组分得以分离。层析进行一定时间,待溶剂前缘上升到接近滤纸条上端时,取出纸条,在溶剂前缘处做上记号,晾干滤纸条。如果试样中各组分是有色物质,在滤纸条上就可以看到各组分的色斑;如为无色物质,则可用各种方法使之显现出来,而后决定其位置。

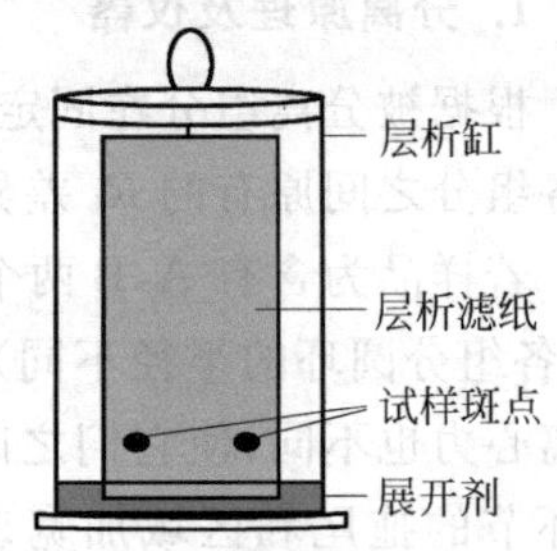

图 5-25 纸层析分离示意图

各组分在层析谱中的位置,也可用比移值 R_f 来表示。

对于一定的纸层析体系,R_f 只与分配系数有关。不同的组分因其分配系数不同而有不同的 R_f,因此根据 R_f 可以进行定性鉴定。但由于影响 R_f 的因素很多,从文献上查得的在某种层析条件下某种组分的 R_f 只能作参考。为了进行定性鉴定,必须用纯物质,在同一滤纸上与试样并排点样,在相同条件进行对照层析,得到相同的 R_f 时,才能认为二者可能是同一组分。但由于用某种展开剂展开时,可能有两种或两种以上组分具有相同的 R_f,因此要确定某种组分,最好用两种以上不同的展开剂展开,这时如获得相同的 R_f,才能无误地确证某种组分。

5.4.2 纸色谱层析条件的选择

为了获得良好的层析分离和重现性较好的 R_f,必须适当选择和严格控制层析条件。首先,层析用纸(即担体)的选择十分重要。层析用纸要组织均匀,平整无折痕,边缘整齐,以保证展开速度均匀。层析用纸的纤维素要松紧合适,过于疏松,易使斑点扩散;过于紧密,则层析进度太慢。但也要结合展开剂的性质和分离对象来考虑。当较黏稠的正丁醇作为展开剂时，应选较疏松薄型的快速滤纸；用石油醚、氯仿等为展开剂时，应选用较紧密的较厚的慢速滤纸；试样中各组分的 R_f 相差较大时可用快速滤纸，反之则应用慢速滤纸。滤纸应质地纯净，杂质含量少，必要时可加以纯化处置。层析用滤纸有多种不同规格可供选用，此外，还应注意滤纸纤维素的方向，应使层析方向与纤维素方向垂直。

纸层析中的固定液大多为纤维素中吸附着的水分，因而适用于水溶性有机物，如氨基酸、糖类等的分离，此时流动相多用以水饱和的正丁醇、正戊醇、酚类等，同时加入适量的弱酸和弱碱，如乙酸、吡啶、氨水以调节 pH 值并防止某些被分离组分的离解。有时也加入一定比例的甲醇、乙醇，以增大水在正丁醇中的溶解度，增加展开剂的极性。分离某些极性较小的物质，如酚类时，为了增加其在固定液中的溶解度，常用甲酰胺、二甲基甲酰胺、丙二醇等的溶液预先处理滤纸，使之吸着于纤维素中作为固定液，此时用非极性溶剂，如氯仿、苯、环己烷、四氯化碳以及它们的混合溶剂等作展开剂。分离非极性物质，如芳香油等，往往采用液体石蜡、硅油、正十一烷等为固定液，这时常用极性溶剂水、甲醇、乙醇等作展开剂，这是反相层析。

纸层析条件的选择最终还必须通过实践来决定。

5.4.3　纸色谱点样和展开

试样需溶于适当的溶剂中，最好采用与展开剂极性相似且易于挥发的溶剂，一般可用乙醇、丙酮、氯仿，应尽量避免用水作溶剂，因为水溶液斑点易扩散，且不易挥发除去，但无机纸层析也常用水为溶剂。如为液体试样，也可直接点样。纸层析是微量分离方法，所点试样量一般为几微克到几十微克，随显色反应的灵敏度和滤纸的性能和厚薄而定，可通过实践确定。点样可用管口平整的玻璃毛细管(内径约为 0.5mm)做成微量注射器，吸取试液，轻轻接触滤纸。一张滤纸条可并排点上数个试样，两点试液间应相距 2cm，点样处应距离滤纸条的一端 3～4cm。原点越小越好，一般直径以 2～3mm 为宜。如试液较稀，可反复点样数次，每次点样后应待溶剂挥发后再点，以免原点扩散。为了促使溶剂挥发，可用红外线灯照或用电吹风吹。

纸层析常用上升法，如图 5-25 所示。层析缸盖应密闭不漏气，缸内应先用展开剂蒸气饱和。上升法设备简单，应用较广，但展开较慢。对于 R_f 较小的试样用下降法可得到较好的分离效果。下降法是把试液点在滤纸条接近上端处，而把纸条的上端浸入盛展开剂的玻璃槽中，玻璃槽放在架子上，玻璃槽和架子整个放在层析筒中。层析时展开剂沿着滤纸条逐渐向下移动。

还可以利用圆形滤纸进行层析。此时可在滤纸中心穿一小孔，小孔周围点上试液，小孔中插入一条由滤纸条卷成的纸芯。另取两只直径较滤纸略小的培养皿，在一皿中放置展开剂，滤纸就平放在这只培养皿上，并使滤纸芯向下浸入展开剂中，上面再罩一只培养皿以防止展开剂挥发，见图 5-26。展开剂沿着纸芯上升，待展开剂接触滤纸时就向小孔周围的滤纸扩散，点在小孔周

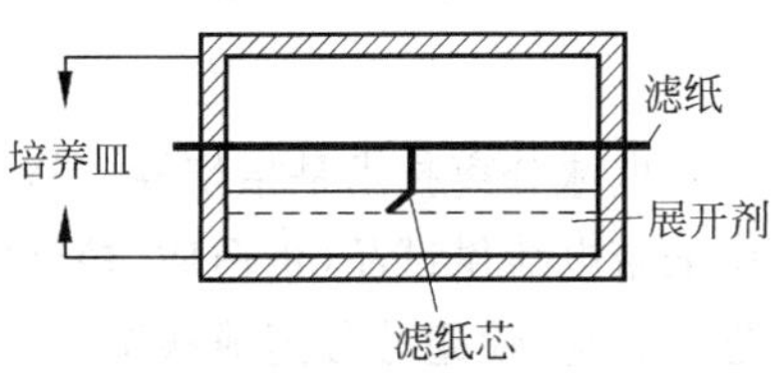

图 5-26　径向层析装置图

围的试样就随着展开剂向外移动而进行层析，形成同心圆的弧形谱带，这种层析称径向展开，又称灯芯法。这种方法简单快速，适用 R_f 相差较大的各种组分的分离，亦可用来作试探性分析。

对于组成极为复杂的试样，一次层析往往不可能把各种组分完全分离，可用双向层析。为此，用长方形或方形的滤纸，在滤纸的一角点上试液，先用一种展开剂朝一个方向展开，展开完毕溶剂挥发后，再用另一种展开剂朝着与原来垂直的方向进行第二次层析。如两次层析展开剂选择适当，可以使各种组分完全分离。例如氨基酸的分离可用双向层析法。

5.4.4 纸色谱显色和应用示例

对于有色物质，展开后即可直接观察到各个色斑。对于无色物质，应用各种物理的和化学的方法使之显色。最简单的是用紫外光灯照。许多有机物对紫外光有吸收，或者吸收紫外光后能发射出各种不同颜色的荧光。因此可以观察有无吸收和荧光斑点，并记录其颜色、位置及强弱，从而进行检出。例如生物碱在层析展开后即可用这种方法检出。亦可喷以各种显色剂，例如被分离物质可能含有羧酸时，可喷以酸碱指示剂溴甲酚绿，如出现黄色斑，证明羧酸的存在；如可能为氨基酸，则可喷以茚三酮试剂，多数氨基酸呈紫色，个别呈紫蓝色、紫红色或橙色。

由于纸层析设备简单，操作方便，试样需用量少，分离后可在纸上直接进行定性鉴定，比较斑点面积和颜色深浅还可以进行半定量，因此纸层析常用于有机化合物的分离和检出，但也可用于分离和检出无机物质。举例说明如下：

磺胺类药物，如磺胺噻唑和硝胺嘧啶混合物的分离和检出，可用1%的氨水作展开剂，用对二甲氨基苯甲醛(即 Ehrlich 试剂)乙醇溶液作显色剂。

氨基酸的分离和检出需用双向层析。先用酚-水(7∶3)作展开剂进行第一次展开，再用丁醇-醋酸-水(4∶1∶2)作展开剂进行第二展开，可分离出近20种氨基酸。展开后喷以茚三酮的丁醇溶液，使之显色。

纸层析不但可用于分离各种常见无机离子，由于它需用试样量很少，在各种贵金属和稀有元素的分离方面也得到了很好的应用。例如金、铂、钯、铑离子的分离，可用乙醚-丁醇-浓盐酸(1∶2∶2.5)混合溶剂作展开剂，展开后喷以 $SnCl_2$ 溶液，金、铂、钯立即出现色斑，铑则在稍温热后显色。铑、钌、钯、铂、铱、金离子的分离则可用 *N*,*N*-二仲辛基乙酰胺为固定液，5mol/L HCl溶液为展开剂进行纸上反相层析等。

5.5 平板电泳分离技术

电泳分离技术是指惰性支持介质(如纸、醋酸纤维素、琼脂糖凝胶、聚丙烯酰胺凝胶等)中的带电荷供试品(蛋白质、核苷酸等)，在电场的作用下，向对应的电极方向按各自的速度进行泳动，使组分分离成狭窄的区带，用适宜的检测方法记录其电泳区带图谱或计算其百分含量的方法。

5.5.1 电泳技术的基本原理及分类

在电场中，推动带电质点运动的力(F)等于质点所带净电荷量(Q)与电场强度(E)的乘积，

$$F = QE$$

质点的前移同样要受到阻力(f)的影响，对于一个球形质点，服从 Stoke 定律，即

$$f = 6\pi r\eta v$$

式中，r 为质点半径；η 为介质黏度；v 为质点移动速度，当质点在电场中作稳定运动时，$F=f$，即

$$QE = 6\pi r\eta v, \quad v = QE/6\pi r\eta$$

可见，球形带电质点的迁移速率，取决于带电粒子自身状态，即与粒子半径、所带电荷及介质黏度有关。除了自身状态的因素外，电泳体系中其他因素也影响质点的电泳迁移速率。

(1) 电场强度

电场强度是指单位长度(cm)的电位降，也称电势梯度。如以滤纸作支持物，其两端浸入到电极液中，电极液与滤纸交界面的纸长为 20cm，测得的电位降为 200V，那么电场强度为 200V/20cm＝10V/cm。当电压在 500V 以下，电场强度在 2～10V/cm 时为常压电泳；电压在 500V 以上，电场强度在 20～200V/cm 时为高压电泳。电场强度大，带电质点的迁移率加大，因此省时，但因产生大量热量，应配备冷却装置以维持恒温。

(2) 溶液的 pH 值

溶液的 pH 决定被分离物质的解离程度和质点的带电性质以及所带净电荷量。例如蛋白质分子，它是既有酸性基团(—COOH)，又有碱性基团($—NH_2$)的两性电解质，在某一溶液中所带正、负电荷相等，即分子的净电荷等于零，此时，蛋白质在电场中不再移动，溶液的这一 pH 值为该蛋白质的等电点(isoelectric point，pI)。若溶液 pH 处于等电点酸侧，即 pH＜pI，则蛋白质带正电荷，在电场中向负极移动；若溶液 pH 处于等电点碱侧，即 pH＞pI，则蛋白质带负电荷，向正极移动。溶液的 pH 离 pI 越远，质点所带净电荷越多，电泳迁移率越大。因此在电泳时，应根据样品性质，选择合适的 pH 值缓冲液。

(3) 溶液的离子强度

电泳液中的离子浓度增加时会引起质点迁移速率的降低。其原因是带电质点吸引带相反电荷的离子聚集其周围，形成一个与运动质点电荷符号相反的离子氛(ionic atmosphere)，离子氛不仅降低质点的带电量，同时增加质点前移的阻力，甚至使其不能泳动。然而离子浓度过低，会降低缓冲液的总浓度及缓冲容量，不易维持溶液的 pH 值，影响质点的带电量，改变泳动速度。离子的这种障碍效应与其浓度和价数相关。可用离子强度 I 表示。

(4) 电渗

在电场作用下液体对于固体支持物的相对移动称为电渗(electro-osmosis)。由于电泳支持介质上含有带电基团，主要是酸性基团，如聚丙烯酰胺会在一定程度上脱氨化，琼脂糖含有一定比例的硫酸基和羧基，这些固定的带负电的基团会从缓冲液中吸引带正电的反离子，以保持系统的电中性。这些小的、高度水化的反离子是不完全固定的，它会偶然解离进

溶液中,随着电压梯度被带向阴极,直至被凝胶介质上的下一带电基团所捕获。整体效果就是将液体从阳极转运到阴极。因此电泳时,带电颗粒的迁移速度是颗粒本身的迁移速度与电渗流携带颗粒的移动速度之矢量和。电渗流的强度取决于凝胶的电荷密度、电压和缓冲液浓度。凝胶上固定电荷越多,意味着越多的反离子携带电渗流,电压越高会增加反离子的迁移电压,而缓冲液浓度降低会迫使更高比例的电流运输反离子,从而使反离子移动更快。由于所有凝胶介质都含有带电基团,这使得等电聚焦的电渗影响格外显著,因为等电聚焦的电压特别高而且离子强度很低。因此在等电聚焦中,只有极低荷电的凝胶材料,如聚丙烯酰胺和电平衡的琼脂糖才能正常工作。

在凝胶电泳分离过程中,电渗经常导致靠近电极(多为阳极)一端凝胶发生收缩,另一端溶胀,有时溶胀会非常严重,以至于缓冲液从凝胶中渗出,导致凝胶“流汗”。而在收缩端凝胶偶尔有可能完全变干,使实验彻底失败。

电泳法可分为自由电泳(无支持体)及区带电泳(有支持体)两大类。前者包括 Tiseleas 式微量电泳、显微电泳、等电聚焦电泳、等速电泳及密度梯度电泳,自由电泳法因其电泳仪构造复杂,体积庞大,操作要求严格,价格昂贵等,发展并不迅速。区带电泳则包括滤纸电泳(常压及高压)、薄层电泳(薄膜及薄板)、凝胶电泳(琼脂、琼脂糖、淀粉胶、聚丙烯酰胺凝胶)等。区带电泳可用各种类型的物质作支持体,应用比较广泛。这里仅就常用的几种区带电泳分别加以叙述。

5.5.2 常用电泳分离技术

1. 醋酸纤维素薄膜电泳

醋酸纤维素是纤维素的羟基乙酰化形成的纤维素醋酸酯。由该物质制成的薄膜称为醋酸纤维素薄膜。这种薄膜对蛋白质样品吸附性小,几乎能完全消除纸电泳中出现的“拖尾”现象,又因为膜的亲水性比较小,它所容纳的缓冲液也少,电泳时电流的大部分由样品传导,所以分离速度快,电泳时间短,样品用量少,5μg 的蛋白质可得到满意的分离效果。因此特别适合于病理情况下微量异常蛋白的检测。

醋酸纤维素膜经过冰醋酸乙醇溶液或其他透明液处理后可使膜透明化,有利于对电泳图谱的光吸收扫描测定和膜的长期保存。

2. 凝胶电泳

聚丙烯酰胺凝胶和琼脂糖凝胶是目前广泛使用的两种凝胶介质。前者孔径大小与蛋白质分子处于同一数量级,被认为是分子筛凝胶,是蛋白质分离与分析中最常使用的电泳方法,后者的孔径较大,被认为是非分子筛凝胶。聚丙烯酰胺凝胶电泳(polyacrylamide gelelectrophoresis,PAGE)普遍用于蛋白质、核酸及酶等生物大分子的分离分析、定性定量及小量制备,琼脂糖凝胶孔径较大,蛋白分离容易扩散,干扰分离效果,一般不适于蛋白分离,但可用于分离分子质量较大的 DNA,也适于作等电聚焦电泳的介质。

聚丙烯酰胺凝胶是由单体丙烯酰胺和交联剂 *N*,*N*-亚甲基双丙烯酰胺在增速剂和催化剂的作用下,聚合而成的三维网状结构的凝胶,其孔径可以通过调节聚合反应物的配比和聚合条件来控制。

聚丙烯酰胺凝胶电泳包括天然聚丙烯酰胺电泳(PAGE)和十二烷基硫酸钠-聚丙烯酰胺电泳(SDS-PAGE)。PAGE依据蛋白质的电荷密度和分子形状、大小进行分离，而SDS-PAGE是通过SDS与蛋白质的结合来改变蛋白质分子内和分子间的氢键和疏水性，使分子去折叠，形成棒状蛋白质，同时由于SDS带有大量的负电荷，与蛋白结合后，使蛋白-SDS胶束所带的电荷远远超过了蛋白质原有的电荷量，使不同蛋白质分子原来具有的电荷差异得以消除，致使SDS-蛋白质复合物都是椭圆棒形，棒的长度与蛋白质的分子量有关。所以，SDS-PAGE依据蛋白质分子的大小进行分离，与所带的电荷无关。SDS对蛋白质分子具有强烈的助溶效果，使得几乎所有的蛋白质都可以进行电泳分析，即使是那些不溶性的蛋白质，如丝状蛋白和疏水性膜蛋白，但SDS与蛋白的结合会使蛋白质的活性丧失或减弱。

平板电泳分垂直平板电泳和水平平板电泳两种方式。

垂直平板电泳(见图5-27)有上下两个电泳槽，中间经垂直平板相连，凝胶夹在两块垂直的平行玻璃或塑料板之间，凝胶厚度一般为0.75～3mm。样品加在凝胶上部的加样孔内，电泳时向下泳动。平板胶的优点在于能在一块胶内同时跑多个样，因此均一、可靠，并易于对比电泳图谱，减少样品混淆的风险。平板胶的凝胶薄，表面积大，易于冷却，于是可使用较高的电压，因此分辨率高，电泳速度快；而且薄胶的染色效果好，又便于保存。垂直平板电泳也采用直接液体接触方式。现在它是PAGE，SDS-PAGE和蛋白质印迹的主要电泳方式。

水平平板电泳(见图5-28)由分置于两侧的缓冲液槽和中间的水平冷却板上的凝胶组成，缓冲液与凝胶之间通过滤纸桥或凝胶条搭接，即采用半干技术电泳，样品加在凝胶上部，既可以加在样品孔内，又可以直接滴在凝胶表面。水平电泳的电极由固定型转变成可移动型。水平电泳系统的特别优势就在于其电极缓冲液用量很少。缓冲液凝胶条使用很方便，特别是当分析标记蛋白质时可大量减少放射性污染。水平电泳的另一特别优势在于良好的冷却系统，从而可采用高电压，既提高了分辨率，又缩短了电泳时间。水平电泳现在主要用于PAGE、SDS-PAGE、蛋白质印迹、等电聚焦、双向电泳和免疫电泳。

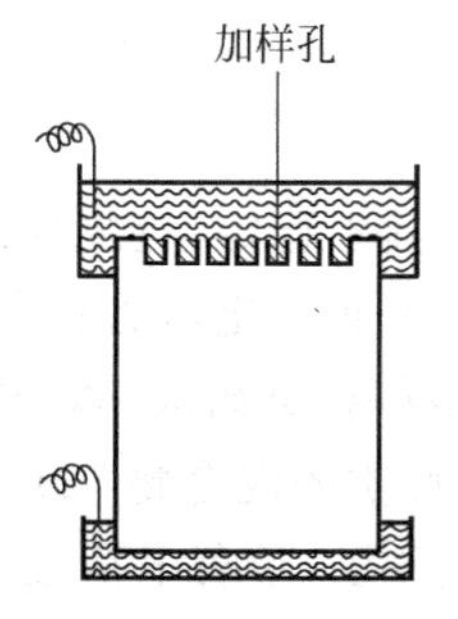

图5-27 垂直平板电泳

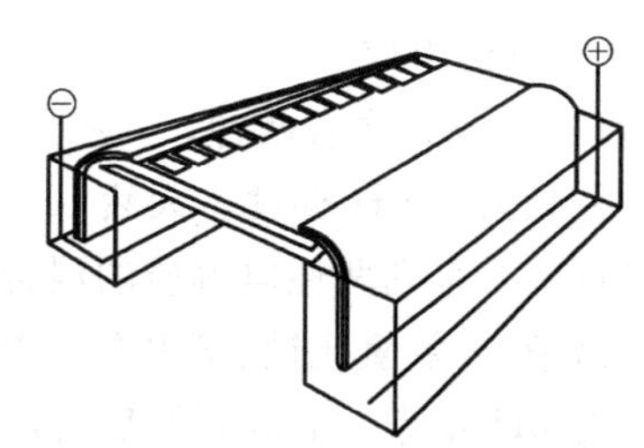

图5-28 水平平板电泳

分离后的蛋白质要经过染色后方可检测。考马斯亮蓝染色法最为常用，此外，还有银染色法和荧光染色法。

考马斯亮蓝主要有R-250和G-250两种。R-250为红蓝色，常用于蛋白质染色，经固定—染色—脱色3步完成；G-250为蓝绿色，主要对小分子肽染色，经固定和染色—脱色两步完成。固定的目的是防止分离后的蛋白扩散。

银染色法的原理是蛋白带上的 $AgNO_3$ 被还原成金属银而沉积在蛋白带上。显色方法主要有化学显色和光显色两种，前者还原靠化学试剂，后者靠光的作用使银离子还原。

荧光染色分电泳前预标记和电泳后再标记两种方法，其使用的荧光染料可以是染料本身发荧光或本身不发射荧光但结合蛋白后发荧光。预标记最常用的染料是荧光胺，它本身及其水解物无荧光，但其蛋白标记物发荧光，因此可以较好地检测出蛋白带。

3. 等电聚焦电泳技术

等电聚焦(isoelectricfocusing，IEF)是一种利用有 pH 梯度的介质分离等电点不同的蛋白质的电泳技术。由于其分辨率可达 0.01pH 单位，因此特别适合分离分子质量相近而等电点不同的蛋白质组分。

(1) IEF 的基本原理

在 IEF 的电泳中，具有 pH 梯度的介质其分布是从阳极到阴极，pH 值逐渐增大。蛋白质分子具有两性解离及等电点的特征，这样在碱性区域蛋白质分子带负电荷向阳极移动，直至某一 pH 位点时，失去电荷而停止移动，此处介质的 pH 恰好等于聚焦蛋白质分子的等电点(pI)。同理，位于酸性区域的蛋白质分子带正电荷向阴极移动，直到其等电点。可见在该方法中，等电点是蛋白质组分的特性量度，将等电点不同的蛋白质混合物加入有 pH 梯度的凝胶介质中，在电场内经过一定时间后，各组分将分别聚焦在各自等电点相应的 pH 位置上，形成分离的蛋白质区带(见图 5-29)。

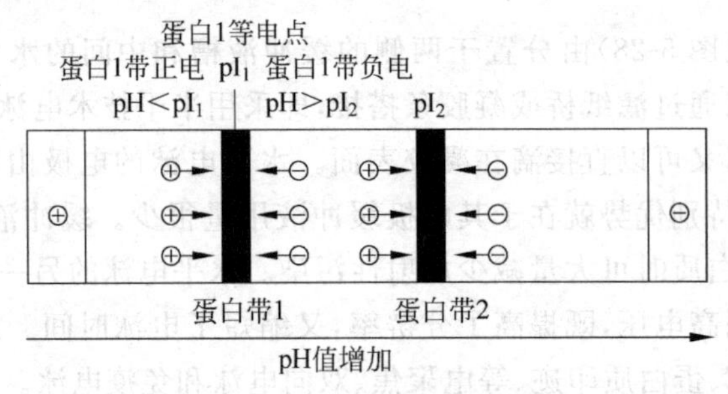

图 5-29 等电聚焦的聚焦效应

(2) pH 梯度的组成

pH 梯度的组成方式有两种，一种是人工 pH 梯度，由于其不稳定，重复性差，现已不再使用。另一种是天然 pH 梯度。天然 pH 梯度的建立是在水平板或电泳管正负极间引入等电点彼此接近的一系列两性电解质的混合物，在正极端吸入酸液，如硫酸、磷酸或醋酸等，在负极端引入碱液，如氢氧化钠、氨水等。电泳开始前两性电解质的混合物 pH 为一均值，即各段介质中的 pH 相等。电泳开始后，混合物中 pH 最低的分子，带负电荷最多，其等电点为 pI_1，稍高的第二种两性电解质，其等电点为 pI_2，也移向正极，由于 $pI_2 > pI_1$，因此定位于第一种两性电解质之后，这样，经过一定时间，具有不同等电点的两性电解质按各自的等电点依次排列，形成了从正极到负极等电点递增，由低到高的线性 pH 梯度。

(3) 两性电解质载体与支持介质

理想的两性电解质载体应在 pI 处有足够的缓冲能力及电导，前者保证 pH 梯度的稳定，后者允许一定的电流通过。不同 pI 的两性电解质应有相似的电导率从而使整个体系的电导均匀。两性电解质的分子质量要小，易于应用分子筛或透析方法将其与被分离的高分子物质分开，而且不应与被分离物质发生反应或使之变性。

常用的 pH 梯度支持介质有聚丙烯酰胺凝胶、琼脂糖凝胶、葡聚糖凝胶等，其中聚丙烯酰胺凝胶最常用。

电泳后，不可用染色剂直接染色，因为常用的蛋白质染色剂也能和两性电解质结合，因此应先将凝胶浸泡在 5%的三氯醋酸中去除两性电解质，然后再以适当的方法染色。

5.5.3 IEF/SDS-PAGE 双向电泳法

IEF/SDS-PAGE 双向电泳法是根据不同组分之间的等电点差异和分子质量差异建立起来的分离技术。其中 IEF 电泳(管柱状)为第一向，SDS-PAGE 为第二向(平板)。在进行第一向 IEF 电泳时，电泳体系中应加入高浓度尿素、适量非离子型去污剂 NP-40。蛋白质样品中除含有这两种物质外，还应有二硫苏糖醇以促使蛋白质变性和肽链舒展。

IEF 电泳结束后，将圆柱形凝胶在 SDS-PAGE 所应用的样品处理液(内含 SDS、β-巯基乙醇)中振荡平衡，然后包埋在 SDS-PAGE 的凝胶板上端，即可进行第二向电泳。

IEF/SDS-PAGE 双向电泳对蛋白质(包括核糖体蛋白、组蛋白等)的分离是极为精细的，因此特别适合于分离细菌或细胞中复杂的蛋白质组分。

1. 二维电泳技术的基本原理

目前所应用的二维电泳的分离原理是根据蛋白质的两个一级属性，即等电点和分子质量的特异性，将蛋白质混合物在电荷(采用等电聚焦方式)和分子质量(采用 SDS-PAGE 方式)两个方向上进行分离。

蛋白质混合物在第一维方向上的分离是利用蛋白质等电点的不同在大孔凝胶中将蛋白质分离开，这一过程称作等电聚焦。蛋白质是两性分子，根据环境 pH 值的不同分别带正电、负电或零电荷，在 pH 高于其等电点的位置时，蛋白质带负电，反之带正电。在电场作用下，蛋白质分子会分别向正极或负极漂移，当达到与其等电点相同的 pH 位置时，蛋白质不带电，就不再发生漂移。根据此原理，在凝胶中预先由小分子载体两性电解质形成 pH 梯度。载体两性电解质是一些可溶性的两性小分子，它们在其 pI 附近有很高的缓冲能力。当电压加在载体两性电解质混合物之间时，最高 pI 值的分子(带正电荷最多的分子)移向阴极，最低 pI 值的分子(带负电荷最多的分子)移向阳极，其余分子将根据其 pI 值在两个极值之间分散，形成一个连续的 pH 梯度。当蛋白质迁移至与其等电点相同的 pH 值位置时，带电状态达到平衡，不再迁移，结果等电点不同的蛋白质分子得到分离。蛋白质带电状态取决于其二级结构，因此，没有完全去除二级结构的蛋白质，就可能会产生连续分布的带电状态各异的同一蛋白质的各种构象，从而在 2-DE 胶上产生条纹现象而降低分辨率。因此，要达到最好的分辨率，蛋白质必须充分变性，如在 9mol/L 尿素(urea)和 70mmol/L 二硫苏糖醇(DTT)条件下变性。

蛋白质混合物在第二维方向上的分离是按照蛋白质的分子质量的大小进行分离。蛋白质是带电的生物大分子，在第二维方向按其分子质量分离时，为了消除电荷的干扰，需要采用 SDS 对蛋白质进行变性处理。在 2-DE 谱上所看到的是不完整的蛋白质亚基分子，而 SDS 是一种强离子去污剂，作为变性剂与助溶性试剂，可以断裂分子内与分子间的氢键或其他非共价键，使分子变性，破坏蛋白质分子的二级结构与三级结构；同时，强还原试剂巯基乙醇和二硫苏糖醇能使半胱氨酸残基之间的二硫键断裂。在样品和凝胶中加入SDS和还原剂后，蛋白质分子被解聚成它的多肽链。解聚后的氨基酸侧链与SDS充分结合形成带负电荷的蛋白质-SDS胶束，所带的电荷大大超过了蛋白质分子原有的电荷，这就消除了不同分子之间原有的电荷差异。因此这种胶束在SDS-PAGE中的电泳迁移率不受蛋白质原有电荷的影响，而主要取决于蛋白质或亚基的大小。

2. 分离胶的染色

二维电泳分离后的蛋白质点经显色后才能被鉴定。二维电泳中的显色是一个重要的步骤，常用的非放射性染色方法中最灵敏的为银染法，其灵敏度可达到1ng甚至更低；其次是荧光染色以及铜染、锌-咪唑负性染色、考马斯亮蓝染色等，后者染色灵敏度为50～100ng。由于银染凝胶的质谱鉴定较难，附着在凝胶基质上的肽片段胶内提取效率较低，因此，大多实验室用银染寻找差异蛋白质点，再加大上样量，进行考马斯亮蓝染色，结合胶内酶切提取鉴定蛋白质。

3. 分离胶的图像分析

图像分析也是2-DE研究的重要方面。获得蛋白质二维凝胶电泳图像后，要对凝胶图像进行备份保存，以数字化图像的形式将其存储下来，而且要尽量完整地保留其定性和定量信息，以利于进一步的分析。通过对批量二维凝胶图谱的分析，应该获得的信息包括每一块凝胶中分离得到的总蛋白质点数、凝胶之间的批次重现性、蛋白质点的缺失和出现以及多块胶之间蛋白质点的表达丰度的定量变化。这些工作仅仅依靠眼睛的分辨能力来完成是不现实的。要对上千个蛋白质点进行分析，只有依赖于凝胶图像分析软件。目前已有数种商业化的图像处理软件包，可以方便地处理二维凝胶电泳图谱。

4. 二维电泳技术的局限性

大规模基因组测序技术的问世使人类基因组计划的最终目标得以提前实现。目前所面临的技术挑战是如何分析基因组计划已获得的大量序列信息并加以运用。基因的生物学功能研究不能只通过对核酸的序列检测来实现，而需要通过对其表达产物——蛋白质的结构与功能的研究来进行判定。2-DE的优势是它可以更直观地提供这些表达产物的分子质量、等电点、表达丰度的相对量等信息，但它又不可能完全呈现出所要关注的蛋白质，一些问题依然是该技术所无法克服的，如低丰度蛋白质点的检测，极酸性和极碱性区蛋白质的分离，高分子质量区蛋白质的分离，疏水性膜蛋白的分离提取。另外，还有2-DE的自动化操作也是一个期待解决的难点。虽然目前已经有能够同时运行10块与20块胶的垂直电泳槽问世，但2-DE仍是一个高强度、难以自动化的蛋白质组分离技术。

5. 二维电泳技术的改进

双向电泳和质谱技术的飞速发展，使得蛋白质分析从传统的单个蛋白质分离分析很快转向复杂样品中的大量蛋白质的同时分离和鉴定，加快了高通量蛋白质的分析进程。

针对二维电泳技术的一些缺陷和飞速发展的蛋白质组研究对分离技术的需求，近年来开发出许多基于传统二维电泳技术的改进方法，包括从样本制备、分离到染色各个方面。正是这些方法的开发，保证了二维电泳技术能继续在蛋白质组分离中得到更加广泛的应用。

习　题

5-1 什么是相对比移值(R_f)?如何测定?它代表了什么?为什么可以利用它来进行定性鉴定?

5-2 在薄层层析分离中,展开剂距原点的距离为 2cm,原点距展开剂前缘的距离为 12cm,原点距展开斑点 A,B 的距离各为 6cm,8cm。A,B 两斑点的比移值各为多少?

5-3 在薄层层析过程中,为什么不讨论平均塔板高度与展开剂流速间的关系,而是讨论它与展开距离间的关系?

5-4 纤维素薄层和聚酰胺薄层的作用机理是什么?

5-5 简述混合薄层、酸碱薄层、络合薄层、涂布固定液薄层、具有浓缩区的薄层、高效薄层的分离原理。

5-6 用 Al_2O_3 薄层层析分离并测定氨基蒽醌中的 α-氨基蒽醌时,用环己烷/丙酮(3∶1)的混合溶剂为展开剂。下列 3 种溶剂中选用哪一种来溶解试样最为合适?为什么?这 3 种溶剂是吡啶、二氧六烷、丙酮,它们的沸点分别为 116℃,101℃,56℃,溶剂的极性和试样在它们之中的溶解度都依次递减。

5-7 试说明在薄层色谱扫描仪中采用双波长扫描的作用原理。

5-8 为什么从文献查得的 R_f 值只能供参考?为了鉴定试样中的各组分,应该怎样处理?

5-9 怎样选择薄层层析的展开剂?应该怎样来考虑?

5-10 为什么硅胶薄层既可以进行吸附层析又可以进行分配层析?分别说明其作用原理。

5-11 层析用硅胶,有硅胶 G、硅胶 H、硅胶 GF_{254}、硅胶 HF_{366} 等不同标号,它们分别表示什么含义?应用这些硅胶时应分别注意什么问题?

5-12 化合物 A 在薄层板上从原点迁移 7.6cm,溶剂前沿距原点 16.2cm。

(1) 计算化合物 A 的 R_f 值。

(2) 在相同的薄层系统中,溶剂前沿距原点 14.3cm,化合物 A 的斑点应在此薄层板上何处?

5-13 在某分配薄层色谱中,流动相、固定相和载体的体积比为 $V_m ∶ V_s ∶ V_g = 0.33 ∶ 0.10 ∶ 0.57$,若溶质在固定相和流动相中的分配系数为 0.50,计算它的 R_f 和 k。

5-14 今有两种性质相似的组分 A 和 B,共存于同一溶液中。用纸色谱分离时,它们的比移值分别为 0.45,0.63。欲使分离后两斑点中心间的距离为 2cm,问滤纸条应为多长?

第6章

超临界流体色谱法

超临界流体色谱(supercritical fluid chromatography,SFC)是指以超临界流体(supercritical fluid,SF)为流动相,以固体吸附剂(如硅胶)或键合到载体(或毛细管壁)上的高聚物为固定相的色谱分离模式。混合物在SFC上的分离机理与气相色谱(GC)及液相色谱(LC)一样,即基于各化合物在两相间的分配系数不同而得到分离。SFC始于20世纪60年代,直到20世纪80年代成功开发了空心毛细管柱式SFC,使SFC的应用领域逐渐拓宽。SFC以其流动相的特殊性质而在分离分析领域占有一席之地,可作为GC和HPLC的重要补充技术。SFC既可分离GC不适应的高沸点、低挥发性的样品,又比HPLC具有更快的分离速度和柱效率。其应用领域非常广泛,可用于分离分析热敏性物质、非挥发性高分子、生物大分子、极性物质和手性对映体等。本章主要介绍SFC的基本原理、仪器以及近年来若干新兴的SFC技术及其在样品的分离分析方面的应用。

6.1 超临界流体色谱的基本原理

超临界流体色谱是采用超过临界温度(T_c)和临界压力(p_c)的高压流体作为流动相的一种新颖的色谱技术。本节将对超临界流体及超临界流体色谱的基本特征进行简要的介绍,回顾SFC的发展过程。

6.1.1 超临界现象和超临界流体的特征

图6-1给出了纯物质的p-T图。1—2线表示气固平衡线(升华曲线),2—C线表示气液平衡线(汽化曲线),2—3线表示液固平衡线(熔化曲线),3条曲线的交点(2点)为三相点。C点为临界点,其对应的温度T_c和压力p_c分别称为临界温度和临界压力。临界等温线在临界点处的斜率和曲率都等于零,数学上可表示为

$$\left(\frac{\partial p}{\partial V}\right)_{T=T_c}=0 \qquad (6\text{-}1)$$

$$\left(\frac{\partial^2 p}{\partial V^2}\right)_{T=T_c} = 0 \qquad (6\text{-}2)$$

临界参数(临界温度 T_c、临界压力 p_c、临界比容 V_c、临界密度 ρ_c、临界压缩因子 Z_c)是物质最重要和最基本的物性参数。物质处于其临界温度和临界压力以上的状态时,是单一相态,称为超临界流体。

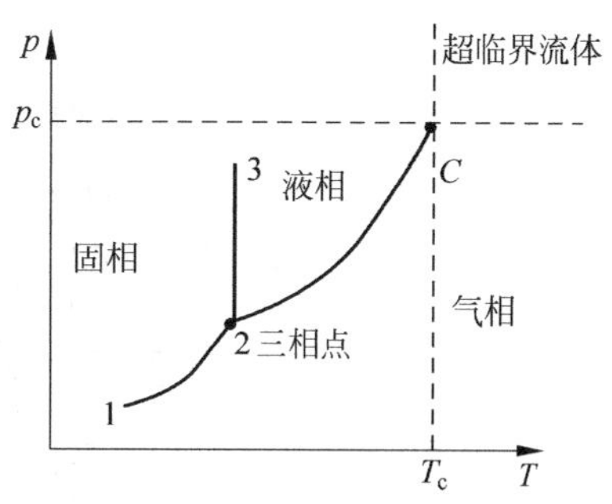

图 6-1　纯物质的 p-T 图

图 6-2 给出了 CO_2 的 p-T-ρ 曲线图。图中清楚地表示出气体区、液体区、固体区和 SF 区。图中的等密度线在临界点附近出现收缩,因此,在此位置压力的微小变化将导致 SF 的密度发生显著变化,而此时 SF 的密度接近其液体的密度。

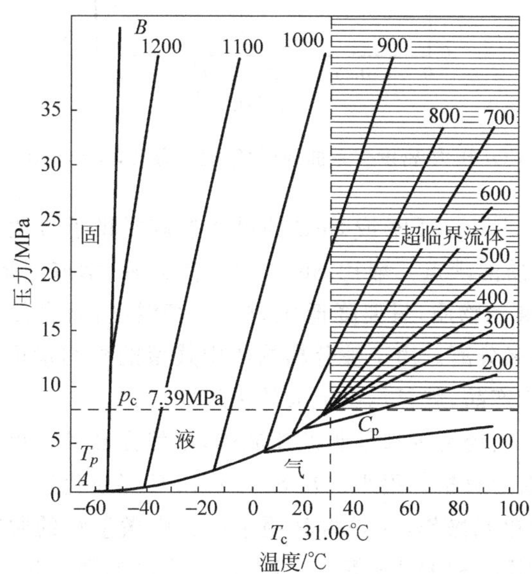

图 6-2　CO_2 压力、温度和密度的关系(各线上的数值为 CO_2 的密度 ρ,单位为 g/L)

表 6-1 给出了 SF 和其他流体的传递性质的比较。可以看出,SF 具有与液体相近的密度,其黏度与气体接近,而扩散系数却比液体大近 100 倍。由于 SF 具有这些优越的物性,SF 的萃取效率优于传统的液液萃取。关于纯物质的气液临界点常用图 6-3 来说明。

表 6-1　SF 与其他流体的传递性质比较

物　　性	气体(常温、常压)	SF		液体(常温、常压)
		(T_c,p_c)	(约 T_c,$4p_c$)	
密度/(g/cm^3)	0.0006～0.002	0.2～0.5	0.4～0.9	0.6～1.6
黏度/(mPa·s)	0.01～0.03	0.01～0.03	0.03～0.09	0.2～3.0
扩散系数/(cm^2/s)	0.1～0.4	0.7×10^{-3}	0.2×10^{-3}	$(0.2\sim2)\times10^{-5}$

SF 的密度既是温度的函数,又是压力的函数,不论改变温度或压力都可以使 SF 的密度发生变化,而溶质的溶解度和所用 SF 的密度有密切关系,这就为超临界流体萃取

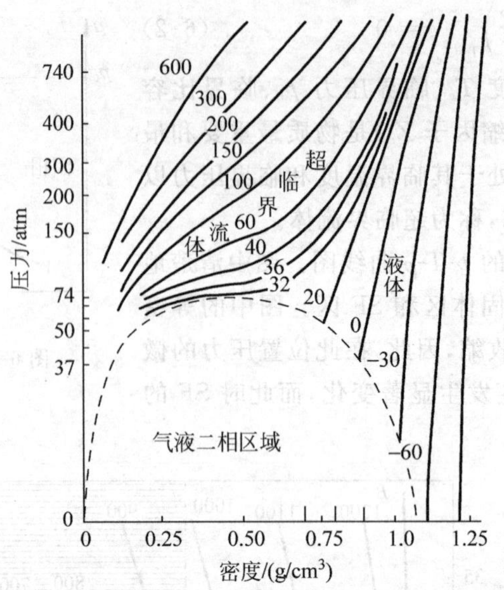

图 6-3　CO_2 压力-密度关系曲线(数字表示温度,1atm=101 325Pa)

(supercritical fluid extraction,SFE)或 SFC 的过程控制提供了方便,增加了过程控制的可调变量。要分离分析物质的沸点一般比 SF 的沸点高得多,萃取后形成的超临界流体相中既含有 SF 又含有被分离的物质,只要降低压力或升高温度,就会使两者得以完全分离,不需要再耗用蒸馏操作等来分离。由于被分离物质中残留的溶剂量可以降到零,用此种方法来处理医药、食品和生物产品,就显示出极大的优越性。

通常用的 SF,如 CO_2、烃类等都是非极性流体,虽然提高其密度后,其溶解度会快速增长,但溶质在其中的一次溶解量仍很小。在 SFE 或 SFC 工业化过程中,通常并不把 SFE 或 SFC 看作是主体分离的单元操作,而是将其用于产品中微量物的脱除,如从咖啡豆中去除咖啡因,从鱼油中提取 EPA 和 DHA 等。一般来说,产品的档次越高,其附加值越大,往往分离过程也越复杂,步骤越多,总效率越低。为了提高总效率,分离思路不断改进,将过去那种"竭泽而渔"的方法(即依次除去固体物质、溶剂和杂质)改为"钓鱼"的方法(加强分离过程的选择性),直接从大量稀溶液中把所需的产品提出,或把杂质从已具相当纯度的物质中除去。根据这种分离思路来看,SFE 或 SFC 是颇具适应性和有效性的。由于观念的转变,不仅可以扬长避短,而且把一次萃取溶解能力低的缺点变为实现微量有用物质回收或微量有害物质脱除的优点。正是这种观念的转变会对技术开发和产品开发带来新的进展。

6.1.2　超临界流体色谱的特点

1958 年,James Lovelock 在国际气相色谱学术研讨会上,首次提出了以超临界流体作为色谱分析流动相的设想。1962 年,Klesper 等发表了第一篇关于超临界流体色谱方面的论文,用超临界二氯二氟甲烷、二氯一氟甲烷分离镍卟啉异构体。1966 年,用超临界 CO_2 和超临界正戊烷为流动相,分析了多环芳烃、染料和环氧树脂。1968 年,Giddings 等用超临界 CO_2 和超临界氨为流动相,分析了核苷、糖、氨基酸、甾醇、类固醇、类胡萝卜素等,并对溶质在超临界流体中的迁移机理进行了研究。但是，在20世纪60～70年代，由于其他分析技术的高速发展，特别是高效液相色谱仪的出现和SFC本身的技术困难以及SFC理论和实验技术尚不完善，其发展速度很慢。进入80年代，出现了毛细管超临界流体色谱技术，使超临界色谱技术日益完善。

SFC出现以前，色谱分离分析都采用气体或液体作为流动相。在GC中，由于气体的溶解能力有限，因此只能分离分析那些能在载气中挥发的物质。实际上约有80%物质，由于挥发度不够或热不稳定等原因，不能用GC进行分离分析。在LC中，溶剂的溶解能力很强，但溶质在流动相中的扩散速度比在气相中低几个数量级，因而分析速度慢，总柱效也较低。从表6-1可以看出，SF的密度与液体相近，使其溶解能力高于气体；SF的黏度与气体相近，使其流动性能优于一般的普通溶剂；SF的扩散系数比液体大100倍，使其传递性能优于普通溶剂。正是由于SF具有气体和普通溶剂无可比拟的优势，人们期望SFC能补充GC和LC的不足而兼有二者的优点。70年代中期高效液相色谱技术的发展及交联键合型毛细管柱的出现，也促进了SFC的发展，下面通过分析SF的各种物理性质讨论SFC的特点。

1. 流动相的溶剂化能力和溶解度参数

超临界流体色谱依靠流动相的溶剂化能力使气相色谱不能分析的高沸点、低挥发性样品的分离分析成为可能。但超临界流体色谱原则上也只能分离分析那些在流动相中有一定溶解度的样品。因此流动相的溶剂化能力对整个色谱过程有着十分重要的意义。

目前很难对SF的溶剂能力下一个严格的定义，Giddings认为，溶剂化能力主要由状态效应(state effect)和化学效应(chemical effect)组成。溶解度参数δ与临界参数的关系式可表示为

$$\delta = 1.25 p_c^{0.5} (\rho_{rg}/\rho_{rl}) \tag{6-3}$$

式中，p_c为临界压力；ρ_{rg}为流动相气体的对比密度：$\rho_{rg}=\rho_g/\rho_c$；ρ_{rl}为流动相液体的对比密度：$\rho_{rl}=\rho_l/\rho_c$。$1.25p_c^{0.5}$项为化学效应项，它和分子中的内部作用力(如极性、酸碱性、氢键亲和力等)有关；ρ_{rg}/ρ_{rl}项为状态效应项，它和分子的摩尔体积有关。由式(6-3)还可清楚看出溶解度参数δ随着密度的增加而增加，当$\rho_g=\rho_l$时，δ有最大值。经验表明，两组分溶解度参数差的绝对值小于等于2.04MPa$^{1/2}$时，两者的互溶性就好，这就是说，两组分溶解度参数的数值越接近，它们之间的互溶性就越好。

由于超临界流体的密度近似于相应液体的密度，因此，在相同温度下，任何被分离分析物质在超临界流体色谱中，与相应的气相色谱相比，溶解度将增加，近似于在同一温度下液相色谱中的溶解度，即用SFC分离分析难挥发性样品优于GC。

2. 扩散

溶质在超临界流体中的扩散系数大于在液相中的扩散系数。与HPLC相比，在超临界流体中，被分析物质较高的扩散系数使其具有较窄的色谱峰，较窄的色谱峰又使检测器的灵敏度增高。同时，被分析物质较高的扩散系数使最佳平均线速度(u_{opt})增高，从而使SFC的分析速度高于HPLC。Gere绘制了平均线速度与理论塔板高度(HETP)的Van Deemeter曲线，如图6-4所示。在最小HETP值同为0.012的情况下，HPLC中芘的最佳平均线速度为0.13cm/s，而SFC中为0.4cm/s，约为前者的3倍。SFC由于扩散速度快，平均线速度较

高,因而使 Van Deemeter 曲线较宽且平坦,致使 SFC 在单位时间内的分离度增加,且高柱效区域变宽。

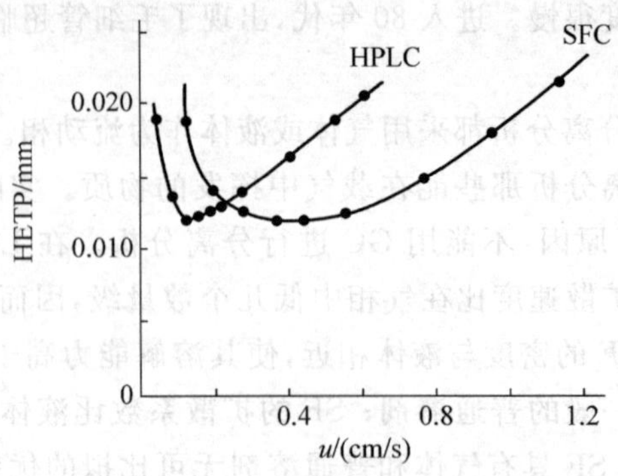

图 6-4 芘的 SFC 和 HPLC 的 Van Deemeter 脱洗曲线

HETP—理论塔板当量高度;u—平均线速度。色谱条件:SFC—流动相 CO_2,温度 40℃,ODS 柱;HPLC—流动相乙腈-水,温度 40℃,ODS 柱

3. 黏度

超临界流体的黏度近似于气体,但低于液体。因此,用同一根柱进行 HPLC 和 SFC 分离分析时,SFC 的柱压降较低,使每米的理论塔板数提高,在毛细管超临界流体色谱(CSFC)中,可用增加柱长度的方法来提高色谱柱的效率。

4. 密度

超临界流体的物性参数,如溶解度参数、扩散系数和黏度等都是密度的函数。因此,可通过改变流体的密度使其性质从类似气体变化到类似液体,无需经过气液平衡线。密度的变化可以通过调节系统的压力来实现,近年发展起来的程序升压 SFC 正是基于这一原理而设计的。

6.1.3 流动相及改性剂

由于 SF 兼有气体和液体的优点,扩散速度快、黏度低及溶解能力强等,使得在气相色谱条件下不能分离分析的高沸点、低挥发性样品的分离分析成为可能。但 SFC 也只能分离分析那些在流动相中有一定溶解度的样品,因此,流动相及改性剂的选择和优化是 SFC 研究中必须首先解决的问题。

1. 流动相

理论上讲,任何一种在其临界点以上热稳定的物质均可作为 SFC 的流动相。但是,实际上既需要考虑在临界条件下流动相的溶剂强度、溶剂的选择性以及流动相的化学活性等因素,又要考虑其在操作温度下的稳定性。Klesper 等在早期研究中,使用碳氢化合物,如乙烷、戊烷、丁烷等作为 SFC 的流动相,然而由于这些烃类的临界温度都在其沸点以上,出于安全角度考虑目前很少采用。氧化氮是除 CO_2 以外被研究最多的 SFC 流动相,据报道它具有很强的洗脱能力,在胺类的分离中,如使用 CO_2 作为流动相,由于担心反应生成氨基甲酸,因此常采用氧化氮作为流动相。近年来人们对采用惰性气体氙作为流动相产生特殊的兴趣，由于氙是单原子分子，没有本身的固有光谱，用其作为 SFC 的流动相，非常适合于在线 SFC-FTIR 联用。用超临界或近临界(subcritical)水作为 SFC 流动相，亦引起了人们的注意。

常用的 SFC 流动相可分为两类：第一类临界温度 $T_c<190℃$，这类物质在常温下大部分是气体，如 CO_2、乙烯、乙烷、丙烯等，它们通常用于分离热稳定性差的物质；另一类为临界温度 $T_c>190℃$，这类物质常温下为液体，如正戊烷、正己烷、异丙醇等，它们通常用于分离挥发度低、分子质量大的化合物。表 6-2 给出了可作为 SFC 流动相的物质，其中 CO_2、正戊烷、正己烷、异丙醇等已在 SFC 中应用。

表 6-2 用作 SFC 流动相的化合物的性质

化合物	沸点/℃	临界性质		
		T_c/℃	p_c/atm	ρ_c/(g/cm^3)
CO_2	−78.3	31.3	72.9	0.448
NH_3	−33.4	132.3	111.3	0.240
甲醇	64.7	240.5	78.9	0.272
H_2O	100	374.4	226.8	0.344
乙醇	78.4	243.4	63.0	0.276
异丙醇	82.5	235.3	47.0	0.273
乙烷	−88	32.4	48.3	0.230
n-丙烷	−44.5	96.8	42.0	0.220
n-丁烷	−0.5	152.0	37.5	0.228
n-戊烷	36.3	196.6	33.3	0.232
n-己烷	69.0	234.2	29.6	0.234
n-庚烷	98.4	267.0	27.0	0.235
2,3-二甲基丁烷	58.0	226.8	31.0	0.241
苯	80.1	288.9	48.3	0.302
二氯二氟甲烷	−29.8	111.7	39.4	0.558
二氯一氟甲烷	8.9	178.5	51.0	0.522
三氯一氟甲烷	3.7	196.6	41.7	0.554
1,2-二氯四氟乙烷	3.5	146.1	35.5	0.582
一氯三氟甲烷	−81.4	28.8	39.0	0.580
N_2O	−89	36.5	71.4	0.457
乙醚	34.6	193.6	36.3	0.267
乙基乙醚	7.6	164.7	43.4	0.272

CO_2 是最常用的 SFC 流动相，它具有无色、无味、无毒、不易燃、临界条件适中($T_c=31.3℃$，$p_c=72.9atm$)、环境友好等特点，特别适于分离分析热敏性物质。此外，用 CO_2 作流动相时，易于与 FID 检测器联用。大多数 SFC 仪器都采用 CO_2 作为流动相，其缺点是不利于对极性物质及能与 CO_2 起化学反应的物质(如烷基伯胺等)洗脱。极性化合物可用 N_2O 或 NH_3 作为流动相，高分子质量的烃类化合物常用正己烷作为流动相。

前面已经提到,用氙作为 SFC 的流动相,其临界参数以及与 FTIR 匹配性能都较好,但其价格太贵。超临界氨对分离分析极性物质是很好的流动相,胺类、氨基酸、二肽、三肽、单糖、二糖、核苷等用氨作为流动相时都能很快地流出。但氨气的化学性质活泼,对固定相的要求十分苛刻,目前仅有正辛基和正壬基的聚硅氧烷柱能够使用。为了寻找更为理想的 SFC 流动相,以满足分离分析极性和大分子质量化合物的要求,目前普遍采用的方法是,在 CO_2 流体中加入第二组分,即改性剂,来改变 CO_2 的极性。

2. 改性剂

由于 CO_2 的极性较差,因此,在用超临界 CO_2 作为流动相分离分析极性化合物或高分子质量化合物时,常需加入有机改性剂,如甲醇、乙腈等,以改善流动相对极性样品的溶解能力,扩大二氧化碳对样品的适用范围。作为改性剂除了要求有较强的极性外,还要求与 CO_2 的互溶性好,在实验条件下稳定。

改性剂对流动相的影响,对于不同的柱型是不同的:

(1) 对于毛细管 SFC,改性剂对洗脱液强度的影响与其浓度成比例;只有改性剂的浓度较高时,才能改变流动相主体的性质,进而达到改善溶解性能的目的。

(2) 对于填充柱 SFC,即使很小量的改性剂也能改善其分离效果。在毛细管 SFC 中,改性剂改变洗脱液主体的极性;而在填充柱 SFC 中,改性剂降低固定相表面的活性。

值得注意的是,改性剂的加入亦改变 SF 混合物的临界性质,可用下列方程近似地表示这种临界性质的变化:

$$T_c = y_a T_a + y_b T_b \tag{6-4}$$

$$p_c = y_a p_a + y_b p_b \tag{6-5}$$

式中,T_c,p_c 为 SF 混合物的临界性质;T_a,T_b,p_a,p_b 分别为 a 及 b 纯组分的临界温度和临界压力;y_a,y_b 为 a 及 b 在化合物中的摩尔分数。

最常用的 SF 改性剂为甲醇,其他常用的改性剂及 CO_2 添加改性剂后与检测器的匹配情况见表 6-3。

表 6-3 改性剂及其检测方法

改性剂	检测方法	改性剂	检测方法
甲醇	UV,MS,FID	二甲亚砜	UV
脂肪醇	UV,MS	乙腈	UV,MS
四氢呋喃	UV,MS	二氯甲烷	UV,MS
2-甲氧基乙醇	UV	二硫化碳	UV,MS,FID
脂肪醚	UV	水	UV,MS,FID

注:MS—质谱检测器;UV—紫外检测器;FID—氢火焰离子化检测器。

最近,Weckwerth 等报道了用甲酸和水作为改性剂,在 FID 检测器中,发现不可忽略的背景信号,与通常的洗脱液相比,这种现象和混合相的性质引起了人们的注意。Page 等报道了加入改性剂有可能造成相分离,而要确定改性剂的浓度达到何值会出现此种现象,是非常难的。因此采用改性剂时,应特别注意其加入量,否则会使分析效果恶化。

6.1.4　色谱柱和固定相

在 SFC 中，通常使用化学键合的固定相，如将固定相聚硅氧烷用自由基交联方法键合至硅石英柱上。在气相色谱中常用的涂布方法不适用于 SFC，因为液膜很容易溶解于超临界流体中，被流动相带走。在用超临界温度的流动相时，通常用各种吸附剂，如硅胶、氧化铝和分子筛。SFC 常用的色谱柱有填充柱及毛细管柱，由于超临界流体的扩散速率低于气体，开口管柱的内管一般在 50～100μm，以保证较高的分离效率。

1. 色谱柱

填充柱一般选用商品化的液相色谱柱，在生物工程中，一般用内径 4.6mm、长度为 150～250mm 的色谱柱。这类柱具有较高选择性，为强极性分子的拆分提供了可能。由于超临界流体黏度低，可使用细而长、填料粒度小的高效分离柱，也可将不同类型的柱串联起来，以获得高的立体选择性和柱效。填充柱的填料一般是以 5～10μm 的硅胶作为载体。

在毛细管 SFC 中，柱径与柱效和最佳线速度成反比，降低柱径将导致 u_{opt}增加和柱效的提高，有利于分离。但是柱径降低对同样的分析条件，将导致压差的大幅度增加。这就限制了特细内径、高效柱的应用，故毛细管 SFC 通常选用内径为 50μm 和 100μm。

在毛细管 SFC 中，柱长与总柱效和柱容量成正比。增加柱长将增加总柱效和柱容量，对分离多组分混合物有利。但是 SFC 中的线速度即使采用 10 倍 u_{opt}也是很低的(1～2cm/s)。为了获得可接受的分析时间，柱长必须较短。SFC 柱的柱效较高，短柱子一般也有足够的总柱效。

2. 固定相

在超临界流体色谱中，使用最多的固定相是甲基聚硅氧烷，如 OV-1，OV-101，DB-1，SPB-1，SB-Methyl-100；苯基聚硅氧烷，如 DB-5，SB-phenyl-5，OV-73；二苯基聚硅氧烷，如 SB-biphenyl-25，SB-biphenyl-30；乙烯基聚硅氧烷，如 SE-33，SE-54；正辛基、正壬基聚硅氧烷，如 SB-octyl-50，SB-nonyl-50；以及二酰胺类交联手性固定相等。SFC 用于分离分析手性对映体是近年来 SFC 应用的一个热点。SFC 的手性固定相是在 HPLC 和 GC 手性固定相的基础上发展起来的，近年来也出现了专为 SFC 所设计的手性固定相。通常手性固定相(CSPs)的类型可分为酰胺类、环糊精类和聚糖类等，除冠醚类和蛋白质类外，绝大多数 CSPs 都可直接用于 SFC，而不需要任何预处理。

(1) Pirkle 型手性固定相

Pirkle 型手性固定相的母体结构为 3，5-二硝基苯甲酰，然后接上苯基甘氨酸或亮氨酸等基团。Pirkle 型 CSPs 在 SFC 上可直接分离氨基酸、亚砜、内酰胺等对映体，极性更强的物质一般在进样前先转化为弱极性的衍生物，然后再进行分离。

(2) 环糊精类手性固定相

环糊精(cyclodextrin，CD)是一种包含 6～12 个葡萄糖单元的手性环状低聚糖，包括 α，β，γ 等类型，其中以 β 型应用最广。环糊精类 CSPs 主要用于开管式 SFC。含有不同官能团(单醇、二醇 、内酯、酮、胺、羧酸和甾体等)的手性物可在 β-CD 型 CSPs 得到有效分离。

Susane 等用开管式 SFC,在β-CD 型 CSPs 上分离了 5 种拟除虫菊酯。Armstrong 等报道了以一种短链聚硅氧烷为取代基的甲基化 β-CD 型 CSPs,在开管式 SFC 上分离了 1-氨基二氢化茚和全氢化吲哚。

(3) 聚糖类手性固定相

聚糖类 CSPs 包括纤维素衍生物和直链淀粉衍生物两种,过去只用于填充色谱柱,1992 年,Juvancz 等把它推广到了开管式 SFC 上。纤维素三苯甲酸酯(chiralcel OB)和纤维素三-3,5-二甲苯基氨基甲酸酯(chiralcel OD)是两种广泛应用的纤维素 CSPs。在 SFC 上,OB 可分离 α-亚甲基-γ-内酯与内酰胺、芳基酰胺、1,2-氨基醇(β-blocblers)等对映体。

(4) 氨基酸和酰胺类手性固定相

气相色谱中使用的氨基酸和酰胺类手性固定相已在 SFC 中用于手性药物的拆分。由 GC 发展起来的 Chirasil-Val 固定相已用于 SFC 分离氨基酸衍生物。

6.2 超临界流体色谱仪器

最早出现的"商用"SFC 仪器,是由 Hewlett-Packard 在 1983 年设计制造的。它由标准填充柱、1082B HPLC 系统、背压式调节器及泵头冷却系统组成。随后 Lee 及其合作者对仪器进行了改进,并完善了 SFC 仪器的基本设计。SFC 应用的许多问题都来源于仪器,如保持背压恒定,精确地将样品引入到高压流动系统,以及与检测器的技术接口等,这些问题阻碍了 SFC 在 20 世纪 80 年代的应用。直到 90 年代,设计出第二代仪器,上述问题才得到解决。

当前,SFC 仪器在生物工程领域中的应用引人关注,特别是手性对映体的分离。由于生物工业的发展,推动了 SFC 仪器的不断更新,价格也有所下降。目前已有美国、日本、法国、瑞士等数十家厂商生产 SFC 成套设备及其配件。

6.2.1 SFC 的一般流程

虽然各 SFC 厂商推出的 SFC 仪器,在结构、性能、操作条件及应用范围等方面不尽相同,但其基本原理是一致的,图 6-5 为 SFC 的一般流程图。高压 CO_2 由气源 1 流经净化管 2。净化管内装入已活化的硅胶、活性炭等吸附剂以除去其中杂质(如用 SFC 专用 CO_2,则可省去此步)。净化后气体经开关阀 3 进入高压泵 4,由高压泵压缩至所需压力,然后经热平衡柱 5 到进样阀 6,样品由进样阀导入系统。一部分经分流器 7 分流,另一部分经色谱柱 8 分离后,经过限流器 9 进入检测器 10,整个系统由微处理机 11 控制。微处理机控制柱温、检测器温度、流动相的压力或密度,同时采集检测器的信息进行定性、定量分析计算,并由显示打印装置 12 给出色谱峰谱图和定性、定量报告。

用 CO_2 为流动相的 SFC,其色谱柱温度一般为 50～200℃,工作压力为 7.0～50MPa,其中气源、净化管、高压泵、进样阀、柱系统、限流器以及连接件等都处于较高的工作压力,这就要求这些部件不仅能耐高压而且要有良好的气密性。其中限流器的作用是实现相的瞬间转变,它一方面使色谱柱处于高压超临界状态,另一方面又要使色谱流出物变为气相进入常

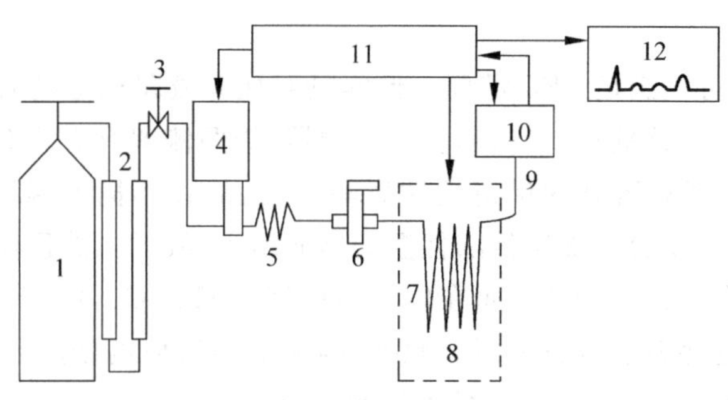

图 6-5 SFC的流程简图

1—气源；2—净化管；3—开关阀；4—高压泵；5—热平衡柱；6—进样阀；7—分流器；8—色谱柱；9—限流器；10—检测器；11—微处理机；12—显示打印装置

用的检测仪器，如 FID。若检测器本身能够承受高压（如 UV），可将限流器放到检测器后部。由图 6-5 可以看出，SFC 仪器大致可分为 4 部分：流动相输送系统、分离系统、控制系统及检测系统。

6.2.2 SFC 流动相输送系统

流动相输送系统是 SFC 的重要组成部分，其主要部件为流体输送泵。对泵的设计要求相当严格：无脉冲、精密控压、快速升压程序（100～150atm/min）、对超临界流体适用范围广等。在 SFC 仪器的更新换代中，泵的研究一直为人们所关注，几乎每一次泵性能的改进都会对 SFC 仪器产生重大影响。在 20 世纪 80 年代，大多数 SFC 系统采用螺旋泵作为提供压力的装置，这种泵的优点是流量稳定，无脉冲。但这种泵的最大缺点是，流动相的流速被动地由柱后限流器控制，而对密度、温度、流速、组成等独立变量螺旋泵不能调节，这些参数都与被分析物的保留时间有密切关系，因此会使 SFC 分析的重现性下降。另外，对于多元流动相，即使采用多个螺旋泵也是难以精确控制的。对于二元流动相，其一组分是可压缩性流体（CO_2），另一组分相对于 CO_2 为不可压缩流体（改性剂），要想精确地控制两组分的组成，泵必须能提供流速控制参数。

现代的 SFC 仪器大多采用往复泵来控制压力及流速，往复泵是利用马达驱动偏心轮使活塞在液缸内作往复运动，在进出口单向阀的协同工作下，吸液排液连续进行，这种泵在设计上要尽可能减小输出脉动。往复泵使用较螺旋泵方便，用 CO_2 作为流动相时，泵头要冷却，冷却温度一般为－20℃左右。Kawaguchi 等对 20 世纪 80 年代以后出现的 SFC 仪器用泵的结构、性质、工作范围等进行了详细的研究。

6.2.3 SFC 分离系统

SFC 分离系统包括柱温箱、色谱柱、限流器及连接器等。色谱柱是仪器的核心部件，目前广泛使用的是石英弹性柱，内径为 50～100μm，柱型为交联、键合型的聚硅氧烷固定相。关于 SFC 色谱柱前面已经介绍过，本节仅讨论柱温箱、限流器。

1. 柱温箱

一般GC柱温箱可以满足SFC需要。低容量双柱双流路柱温箱的炉膛一般较大,便于安装柱子及限流器、检测器插件,能适用多种检测器,炉两侧留有MS,FTIR,NMR等接口。

在SFC中由于柱温对组分的保留性质影响复杂,故在不同的温区要求不同的温度程序,在低温区(<100℃)组分的保留值随柱温增高而增大,故对宽沸程样品分析,要求有负温度程序,即在程序降温下进行分析;而在较高温度区(>100℃),组分的保留值随柱温的增高而降低,则要求用程序升温进行分析。此外,因超临界流体的密度与柱温有密切关系,而密度又决定SF的溶剂化能力,故要求精确控制柱温。

2. 限流器

为使SF在整个色谱柱分离过程中始终保持在超临界流体状态,当用FID,MS等检测器时,在柱出口与检测器之间需要有一个流量限制器,以保证柱子的出口压力缓慢地降至常压。当用UV检测器时,因其本身可在高压下操作,故可在检测器出口接限流器。限流器分多种类型,常用的有直管型限流器、小孔型限流器、多孔型限流器等。

6.2.4 SFC检测系统

SFC的优点之一是可兼容多种检测器。HPLC和GC所用检测器均适用于SFC。氢火焰离子化检测器(FID)是在用CO_2作流动相时,最为普遍采用的检测器。FID对大多数有机分子均有响应,对碳的检测限度为1~10pg/s,动态线性范围为10^6。除高灵敏度外,FID亦能承受程序升压,同时便于操作,对CO_2没有响应,既适用于开口柱亦适用于填充柱。在SFC中,紫外检测器(UV)是居于第二位的普遍采用的检测器。MS检测器过去大多用于开管柱,现在填充柱也普遍采用SFC-MS,它与其他检测器相比有较高的灵敏度,在鉴别未知化合物或确定某一类化合物方面具有较大的专属性。电子捕获检测器(ECD)对高电子亲和的化合物(如卤代化合物)具有高灵敏度。在超临界流体色谱中,解压后流动相的流速较低,一般在1~10mL/min,为了在CO_2中提高热激活电子的扩散速度使基线平稳,有必要加入10%CH_4和90%Ar气组成混合气。

近年来,对氮和硫具有专属性的检测技术引人瞩目。该技术首先将从柱上洗脱下来的含氮和硫的样品进行燃烧,然后将燃烧产物与O_3反应产生激发态的NO_2(或SO_2),导致化学发光,进一步检测。

6.3 SFC联用技术

色谱在定性、确定结构方面的能力较差,通常只是利用各组分的保留特性来定性,在欲定性的组分完全未知的情况下进行定性分析极其困难。随着一些定性和结构分析手段,如质谱(MS)、红外光谱(IR)、紫外光谱(UV)、原子吸收光谱(AAS)、等离子体发射光谱(ICP-AES)、核磁共振(NMR)等分析技术的发展,确定一个纯组分是什么化合物,其结构如何,已非常容易。实现色谱方法与其他检测技术联机、在线的联用是色谱技术发展的方向和潮流。

这里主要介绍 SFC 与 MS,FTIR,NMR 等仪器的联用及相应的接口技术。

6.3.1　SFC-MS 联用

SFC 与 MS 联用技术已较为成熟。由于超临界流体的特殊性质,将 SF 导入 MS 要比将液体导入 MS 容易,因此,实现 SFC-MS 联用比实现 LC-MS 联用容易。SFC 与 MS 联用技术应用非常广泛,可分离分析药物、天然产物、高分子添加剂等。Taylor 等对 SFC-MS 联用技术进行了综述。SFC 与 MS 联用的接口方式可分为直接流体导入式接口、传输带式接口、喷雾式接口等。

1. 直接流体导入式接口

这是一类较早发展起来的接口技术,现已被广泛采用。此技术是基于流体在接口两端迅速相变的效应设计的,主要由接头、限流器及温控部分组成(见图 6-6)。限流器可为一根长 2～10cm、内径 5～10μm 的石英毛细管,也可以是内径为 2μm 左右的锥形毛细管。为了防止来自色谱柱的超临界流体经限流器出口时发生缔合或溶质析出,限流器应保持较高的温度(300℃左右),这对于分析热敏性物质不利,为了克服这一缺点,可采用出口径为 8～10μm 的较大流量的限流器,使其传输性能改善。其加热温度可降至 150℃以下,并且只对出口端长约 7μm 一段区域加热,这样,基本上可以适用于生物样品的分析。

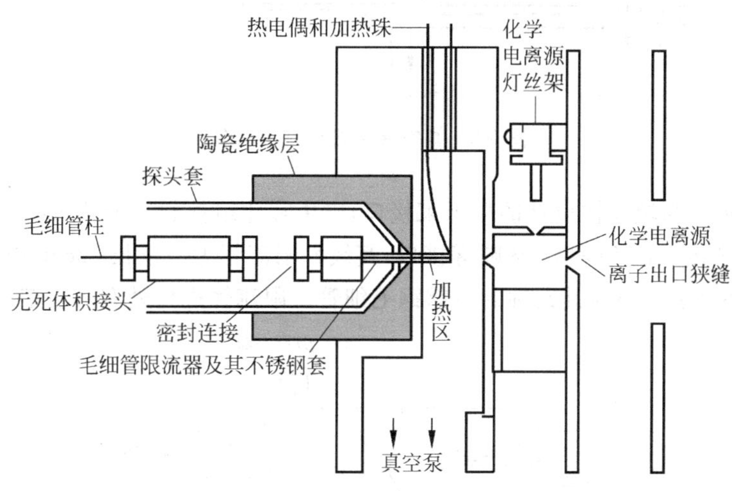

图 6-6　直接流体导入式接口

2. 传输带式接口

这是一种基于 LC-MS 接口发展起来的接口技术,其基本结构如图 6-7 所示。色谱流出物经喷嘴到运动着的不锈钢带或高性能塑料带上,接着进入加热区以除去大部分溶剂,然后顺序穿过低、高真空室,使溶剂进一步挥发,最后进入离子源区,在该区瞬间加热装置将被分析物气化并引入离子源。传输带离开离子源区后,再一次被加热,以清洗残留的被分析物,减小携带的记忆效应。适当选择加热温度和带速,可以获得较好的检测灵敏度和分析结果。其不足是对不挥发和热不稳定性物质的分析有待改进。

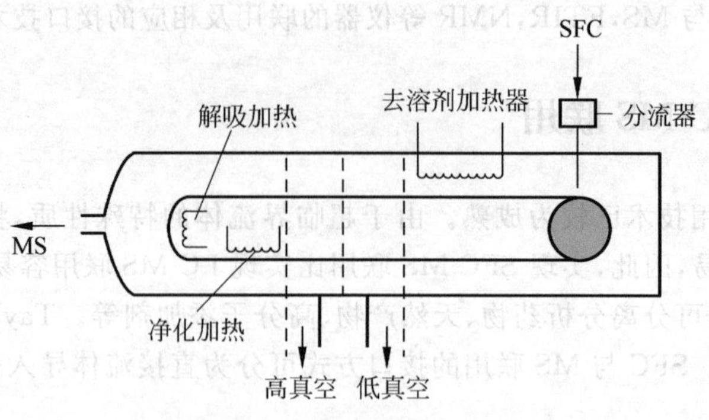

图 6-7　传输带式接口

3. 喷雾式接口

图 6-8 为适用于毛细管柱的真空雾化式接口。色谱柱流出液和作为雾化气的氦气，经喷嘴形成射流而雾化，其中的溶剂被真空抽走，待分析样品则通过一被加热的导管进入离子源。此接口技术适用于化学电离源，而不适用于电子轰击源。

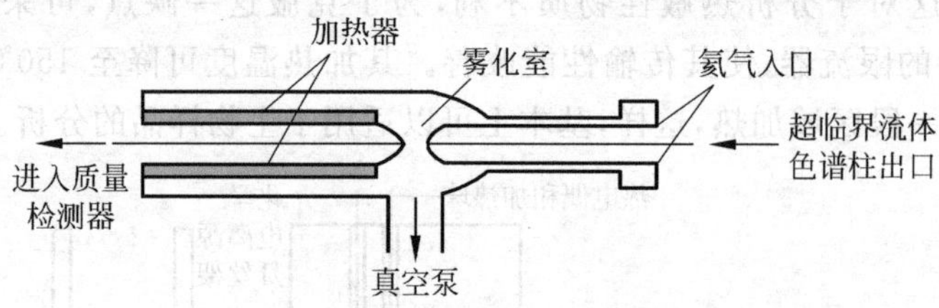

图 6-8　真空雾化式接口示意图

图 6-9 所示是为填充柱设计的粒子束接口，它由雾化组件和一个两级喷射分离器组成。雾化组件为一个改型的 LC-MS 热喷雾接口，其线性限流管为一根长 22cm、内径 50μm 的熔融石英管，其外套装一根与其共轴的不锈钢毛细管。限流管进口处有一小型三通，氦气流由

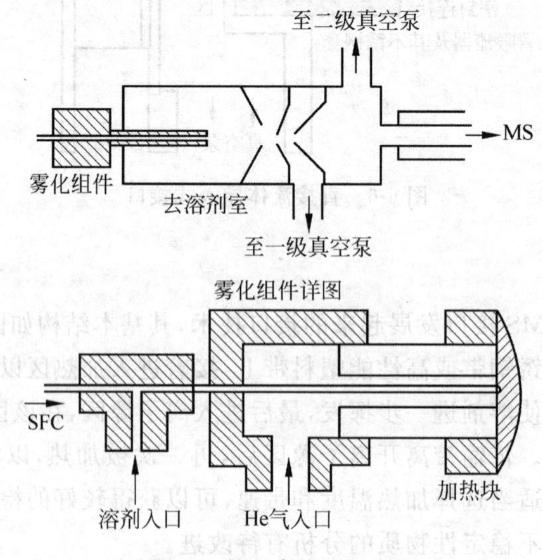

图 6-9　粒子束接口示意图

其中一路导入不锈钢管，并在限流器的出口处与色谱流出物相遇，形成射流，然后再进入两级喷射分离器，以除去流动相和溶剂，并把待分析物导入离子源。这种接口方式可适用于化学电离源和电子轰击源，该接口容许流量为 0.4～2.0mL/min，检测精度为 μg 级。

6.3.2　SFC-FTIR 联用

SFC-FTIR 联用是 20 世纪 90 年代发展起来的联用技术。SFC 是分离热不稳定性、高相对分子质量样品的有效分离手段，而 FTIR 则可提供物质的结构信息，因此，SFC-FTIR 联用是有力的现代分析手段之一。由于 SFC 的色谱柱容量很低，故要求 SFC-FTIR 的检测限必须低于 ng 级或达到 pg 级，这样才能与 SFC 仪器匹配。SFC-FTIR 联用技术的关键是设计高检测灵敏度的接口，已报道的 SFC-FTIR 接口有流动池式及流动相去除式两类。

1. 稳压恒温流动池式接口

稳压恒温流动池式接口如图 6-10 所示，为适应细内径柱的要求，流动池体积应足够小。例如，对 50μm 内径的毛细管柱，流动池的体积应在 100nL 左右。但是，由于光谱灵敏度较低，要求样品量足够大，即要求池的光程足够长。因此，实际的流动池内径一般为 1～0.5mm，光程长为 10～4mm，体积为 8～0.8μL。为了使之与柱流量相匹配，可在流动池入口引入适当流量的补充流体，并在池出口采用限流管，同时池体配置温度控制装置，以使其温度与柱温相同。采用这种接口所测得的光谱为流动相与样品物质的叠加光谱。因此，需要经过计算机差谱处理，方可扣除流动相背景光谱，得到待分析样品的光谱。

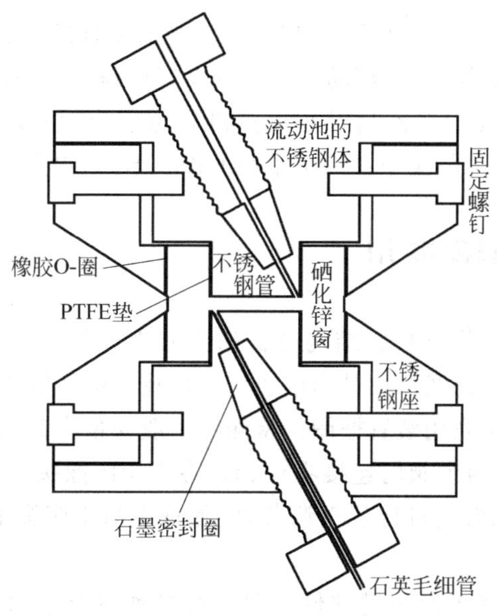

图 6-10　SFC-FTIR 稳压恒温流动池式接口

流动池式接口技术的优点是结构简单，操作方便，可在线实时检测。但是，由于 SFC 常用的超临界 CO_2 在 3800～3500cm^{-1} 和 2500～2200cm^{-1} 附近有两组强吸收，使得醇、炔、腈等类化合物的主要伸缩振动带无法检测。尤其在程序升压时，流动相密度增加，背景红外吸收增加,给谱图的处理带来困难。当在流动相中加入改性剂时,情况将更加复杂。这种系统的检测灵敏度一般在100ng左右。此外,在此联用系统上所得到的红外光谱图,与相应的气相或凝聚相光谱图会有差异,往往需要有标准物对照。

2. 流动相去除式接口

由于CO_2在室温下具有高挥发性,因此与流动相去除式的HPLC-FTIR相比,采用流动相去除式的SFC-FTIR接口要容易得多,并可在不需要加热的情况下使溶剂完全去除。这种接口的原理示意图如图6-11所示。

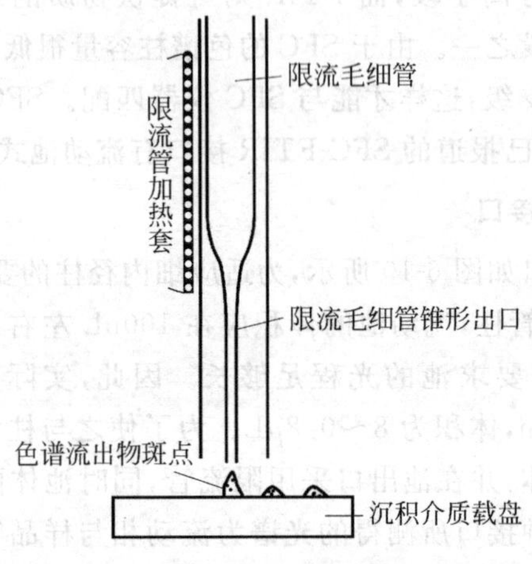

图6-11 SFC-FTIR流动相去除式接口

色谱流出物顺序经限流管减压后,喷到一个步进的或连续平行移动或转动的托盘所载的适当介质(如ZnSe,KBr等)上。流动相迅速挥发,待分析组分被沉积在光谱介质上,形成小斑点(直径为250～100μm)。然后对小斑点进行透射、反射或漫反射法红外光谱检测。每个色谱馏分的沉积应尽可能集中在一个很小的面积上,以提高检测灵敏度。

6.3.3 SFC-NMR联用

核磁共振波谱(NMR)是有机物结构分析的强有力工具,特别是对于同分异构体的分析,但实现色谱与NMR的在线联用是当前色谱联用技术中最困难的。

图6-12为SFC-NMR联用装置框图。检测器一般为带有高压流动腔的NMR检测器,检测器与NMR探头通过两个阀门连接在一起。在NMR探头后连接一个背压调节器(限流器),其作用是对压力和流速进行独立调节,以保证NMR探头中的流体维持在超临界流体状态。

NMR探头是联用装置的最关键部件。现在有多种适合于超临界流体的高压池,Dorn等在液相检测探头的基础上设计了一个适用于超临界工作条件的NMR探头,如图6-12放大部分所示。探头内部的玻璃管是一个外径为5mm、内径为3mm、体积为120μL的蓝宝石管,一个氢-氚双调谐线圈直接嵌在流动腔壁上,并将其置于常规探头玻璃器皿的中央。在探头中还插有一个热电偶,用于实时测量温度。为了研究SFC-NMR联用装置的性能,Albert等测定了^{1}H-NMR探头在^{13}C峰高度时的^{1}H线宽。在超临界条件下,所获得的^{1}H谱线的

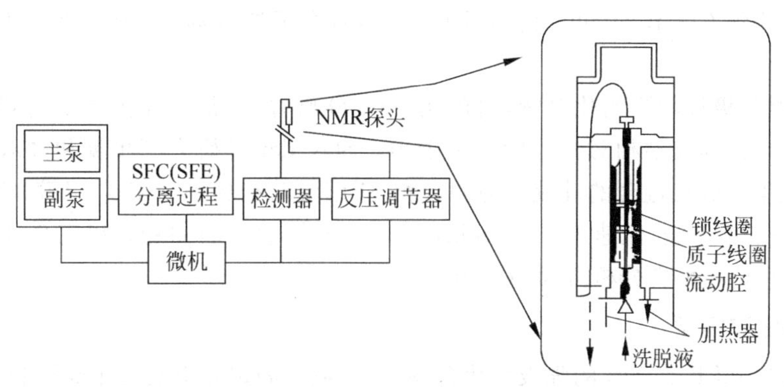

图 6-12　SFC-NMR 联用装置框图及 NMR 探头

线宽与 HPLC-NMR 联用装置在液态下所得的结果无明显差异。在匀场较好的情况下，谱线的线宽主要由自旋-自旋弛豫时间决定。Albert 等发现即使在超临界条件下，谱线线宽也基本不变，这意味着质子的自旋-自旋弛豫时间无明显变化。然而与自旋-自旋弛豫时间不同的是，在超临界条件下作为流动相的 CO_2 随着压力的增大，黏度降低，自旋-晶格弛豫时间明显增大。采用反转恢复法脉冲序列测量邻苯二甲酸正丁基苯酯 ^1H 谱的自旋-晶格弛豫时间表明：在超临界条件下的时间为同一温度下液态时间的 2～3 倍。为此，当信噪比较低需多次叠加时，应适当延长脉冲重复时间，或设定较小的脉冲翻转角，以提高单位时间内的信噪比。最近，Albert 对 SFC-NMR 联用技术有关装置及应用等方面进行了综述。

SFC-NMR 联用技术避免了 HPLC-NMR 联用技术中溶剂峰干扰问题，解决了样品处理过程中可能造成损失、污染、分解等缺点，从而提供了一种快捷有效的分离分析手段，并能提供混合物的组成和结构等方面的信息。SFC-NMR 联用技术的优点不仅来自超临界流体独特的分离能力和 NMR 精确的结构分析能力，而且还在于将二者的优点有机结合成巧妙而完美的联用技术。目前 SFC-NMR 已成为分析难挥发、热敏性的大分子化合物和生物样品的有效方法，在分析复杂混合物(如中药复方体系)中有着广阔的应用前景。为进一步完善此联用技术，除需对硬件进一步改进外，还应探索更优化的联用方式和快速准确的谱图库。

6.4　超临界流体色谱的应用

由于 SFC 采用 SF 作为色谱过程的流动相，SFC 与 GC 和 LC 相比有许多独到之处。SFC 的分离温度较 GC 低，有更强的溶剂化能力，可通过改变操作条件而得到比 GC 更高的选择性。同 LC 相比，SFC 具有高得多的总柱效和可广泛使用的与其匹配的检测器种类。因此，SFC 可作为 GC 和 LC 的补充。SFC 的应用领域非常广泛，可用于分离分析热敏性物质、非挥发性高分子、生物大分子、极性物质和手性对映体。

1. 糖类

很多色谱方法可用于糖类的分析，但都存在一定的局限性。用 SFC 分离分析糖类要相对容易得多，一般无需进行衍生化处理，并有较高的分离选择性。

Chester 用纯 CO_2 作为 SFC 的流动相，最早研究了低聚糖、多聚糖及聚甘油酯的保留性质。

由于糖类是极性较强的化合物，目前用 SFC 分离时，通常需在主流动相 CO_2 中加入流动相改性剂，以提高流动相对样品的溶解能力。Slavader 等研究了单糖和多双键烯烃的保留性质，用三甲基硅烷键合的硅胶作为固定相，所用流动相分别为 CO_2-甲醇、CO_2-甲醇-水、CO_2-甲醇-水-三甲基胺，流速为 5mL/min，在 10min 内，使 4 种单糖得以完全分离。Lafosse 等曾综述了 SFC 在糖类分析方面的应用。

2. 脂肪酸和酯类

脂肪酸是一类具有酸性的强极性化合物，在一般的固定相上易发生吸附和拖尾，有时需制成相应的衍生物。由于 SFC 所用的石英弹性交联柱的惰性极好，一般游离脂肪酸可以得到对称峰，对于那些热不稳定的脂肪酸，SFC 中等柱温，也很适宜于分离分析这类化合物。未衍生的脂肪酸、甲基脂肪酸酯，在键合的 pcSFC(packed column SFC，填充柱超临界流体色谱)上用纯 CO_2 作为流动相很容易洗脱，其原因是分子上有较长的碳氢端基。

大多数芳香酸和多取代酸，不能用纯 CO_2 分离。羟基在甲基脂肪酸酯上取代，将使保留值明显增大。直链甲基酯用纯 CO_2 可以在 C_{18} 柱上迅速洗脱，但 2-羟基酸甲基酯则不能洗脱。

3. 甘油酯

甘油一、二、三酯由于含有较少的羟基基团，极性不是很强，但通常含有 30～70 个碳原子，相对分子质量都比较大。在 pcSFC 上用纯 CO_2 作为流动相可以洗脱它们，若加入少量甲醇或乙腈改性剂，将得到较高的选择性。Lubke 综述了 SFC 在甘油酯分离分析中的应用，其中包括 5 篇 pcSFC 文献及 15 篇 cSFC(capillary SFC，毛细管超临界流体色谱)文献。从那以后发表了很多该方面的论文，King 等对超临界流体技术在油脂化学中的应用进行了非常详细的介绍，其中包含大量的分离分析实例。France 等用水和 CO_2 为流动相，在聚碱性 PRN-300 柱和一个毛细管柱上，分离了蔬菜油中的脂肪酸及其二、三甘油酯，乙腈和甲醇的加入将明显改善其选择性，当改性剂浓度较高时，改性剂浓度的增加使脱洗能力增强，而选择性下降，这表明成为反相 SFC。

4. 甾类化合物

甾类化合物是一种含有羟基的极性异构体混合物，其异构体性质极其相似，用其他的分离技术较难分离，而用 SFC 则相对容易。胆固醇和甾酮用纯 CO_2 为流动相，在 pcSFC 或 cSFC 很容易被分离，如果极性取代基的数量增加，用纯 CO_2 脱洗将困难或不能洗脱。多数的 cSFC 分离甾类用纯 CO_2，而 pcSFC 则多加入改性剂。用纯 CO_2 作为流动相，分离的主要是极性较低的甾酮类。Bored 等在 CO_2 中加入 1.5%的甲醇作为改性剂，分离了孕甾酮和雌素酮。Berry 等用含 20%甲氧基乙醇的 CO_2 作为流动相，在 100mm×4.6mm I.D 硅胶填充柱上，在 10min 内分离了 8 种甾类。Lesellier 等用含 6.1%甲醇的 CO_2 流动相，在 75mm×4.6mm I.D 柱上，分离了包括睾酮、雌素酮、雌二酮、雌三酮等的 11 种甾类。Hanson 研究了甾类化合物的保留性质，提出用一个分析装置进行半制备的分离技术，Baicchi 等用 SFC 在 OV-1701 固定相上，分离了 6 种甾类化合物。

蜕皮激素甾中含 4 个甾环骨架和 7 个羟基，极性强不能用纯 CO_2 洗脱，而加入低浓度的甲醇为改性剂，可以非常容易被洗脱。Snyder 等根据分析天然产物的经验，用 SFE 富集天然油样品中的植物甾醇，发现用 SFC 分离之前，在温和条件下用 SFE 预浓缩样品是一种理想的分离分析手段。

5. 维生素

1986 年，Giddings 首先报道了用纯 CO_2 作为流动相，在 SFC 上分离 α-和 β-胡萝卜素。Gere 也从辣椒树脂油中分离了 α-和 β-胡萝卜素以及番茄红素。随后，Skelton 等对商业辣椒样品进行了研究，完成了在线萃取与 pcSFC 联用技术。Bubke 综述了该方面的文献，其中列出 5 篇 pcSFC 分离胡萝卜素的参考文献。Leselier 等综述了 HPLC 和 SFC 在维生素分离分析方面的应用。Leselier 等发表了诸多关于胡萝卜素分离方面的论文，Salvador 等用 SFE/SFC 联用技术，从药剂和营养品中分离了维生素 E。Senorans 等发现了电化学检测方法，用其选择性分离生蔬菜油样品中的维生素 A 和维生素 E，在 pcSFC 上，无需经样品制备，将油样品直接导入 SFC 仪器，分析过程中未发现干涉现象，且检测限非常高，达到微微克(10^{-12}g)级。

6. 氨基酸、肽、蛋白质

Taylor 等将铵盐加入到含甲醇和水的 CO_2 中作为第四组分，研究了氨基酸的洗脱过程。研究结果表明：加入铵盐作为改性剂，可以拓展 SFC 对氨基酸的分离范围，经 FMOC 衍生化的氨基酸也可分离。

SFC 对多数生物大分子的选择性较差，例如多肽、蛋白质、DNA、RNA 等，对于小肽有一些成功的示例，但 SFC 适用于何种范围的肽链，目前尚未弄清。Berry 等用一氯二氟甲烷与 10%的甲醇(含 0.5%TFA(六氟乙酸))作为流动相，分离了含有三个氨基酸的小肽及四种氨基酸。Steuer 等用一个小肽作为手性固定相组分，以及一个短链胺作为流动相改性剂，分离了氨基酸。

Weder 研究了酶在超临界条件下的活性，如溶菌酶和核糖核酸酶，在 30bar、室温条件下，对其活性无影响。Randolph 等考察了碱性磷酸酶和胆固醇氧化酶，在含 0.1%水的 CO_2 溶液中其活性仍存在。

7. 药物

药物制备及分析领域中 SFC 应用的发展十分迅速，高分析速度和减少溶剂的浪费是 SFC 明显优于 HPLC 之处。在 pcSFC 上，用 CO_2 作为主流动相，加入一定量的甲醇作为改性剂，几乎可以对所有的极性化合物进行分离分析。低浓度(小于 0.1%)的改性剂，如三氟代乙酰酸、醋酸、三甲基胺及异丙胺等常被用于改善强极性化合物 SFC 的峰型。Bhoiv 的研究小组，在利用 SFC 检测各种药剂方面的研究非常活跃，例如中枢神经肌肉松弛剂和血管舒张剂。

Gyllenhaal 和 Vessman 发现 SFC 对于美多心安(一种抗肾上腺素药物)和相似化合物的选择性优于 HPLC 方法。他们用醋和三甲基胺作为主体流动相 CO_2 的改性剂，用于改善峰形，在 12min 内完成了美多心安和 12 种相似体的分离。该研究领域中，另一较活跃的研究小组是 Taylar 小组，例如，Eckard 等在 pcSFC 上利用蒸发光散射检测技术，分离了 5 种磷脂。同时发现，用 0.1%的三氟代乙酰酸与 1∶1 的乙烷-甲醇作为改性剂时可以改善 SFC 磷脂流出峰。我国对 SFC 的应用研究主要集中在该领域，王学军等以含 0.05%(体积分数)

三乙胺的乙醇作为改性剂，对具有重要生物功能的大豆磷脂组成进行了分析，得到较好的重现性。刘志敏等以含0.5%磷酸的乙醇作为改性剂，分离黄酮醇异构体，发现苯基柱用于该类异构体的分离最为合适。

8. 手性对映体

随着生命科学的发展，对光学纯物质的需求量越来越大，手性对映物的分离日益引起人们的关注。目前，HPLC、GC、SFC 等技术在手性对映体分离领域中均发挥重要作用，而 SFC 与常规 HPLC 和 GC 相比，具有体系黏度低、扩散和传质速率高等特点，在提高手性分离效率、缩短分离时间等方面显示了明显的优越性，可以有效弥补 HPLC 和 GC 在分离手性物质方面的不足。Williams 等对 SFC 和 LC 分离手性对映体的保留时间和分离速度进行了对比，用 SFC 分离手性对映体所需的时间明显比用 LC 缩短，分离速度有大幅提高。Susanne 等用开管式 SFC，在β-环糊精固定相上，基线分离了5种拟除虫菊酯，Yaku 等在多糖类手性固定相上，用 SFC 分离了钙离子拮抗剂。

Gerald 对 SFC 在手性对映体的分离领域中的应用进行了详细的综述，认为几乎所有现行用 GC 和 HPLC 分离的对映体都可以用 SFC 代替，并且比 GC 和 HPLC 有一定的优势。

9. 展望

超临界流体色谱技术是一种重要的分离分析工具，SFC 虽不能完全取代 HPLC 和 GC，但它较 HPLC、GC 技术，具有分离效率高、分离时间短、产品质量好及易与检测器匹配等优点。在分离分析非挥发性大分子、生物大分子、手性对映体以及其他生物工程下游产物等领域有广阔的应用前景。

SFC 以其流动相的特殊性质而在分离分析领域中占有一席之地，然而由于 SFC 的理论研究还不够深入和透彻，使其应用缺少相应的理论指导，所以对 SFC 中物质的保留性质以及相应的热力学和动力学因素对分离效率的影响的研究无疑是 SFC 工作的重点。

习　题

6-1　试述超临界流体色谱的特点。

6-2　超临界流体的基本特征有哪些？超临界流体色谱常用的流动相有哪些？

6-3　与气相和液相色谱相比，超临界色谱有什么优缺点，超临界流体色谱仪器结构上的主要特点是什么？

6-4　超临界色谱中，对固定相有哪些要求？

6-5　在超临界色谱中，流体压力对分离会产生哪些影响？

6-6　超临界流体色谱适合什么类型的试样分析？

6-7　为什么超临界流体色谱比液相色谱效率高？

6-8　超临界流体色谱中可以使用哪些检测器？使用的前提条件是什么？

6-9　超临界流体色谱仪的流动相出口需要安装什么部件？为什么？

第 7 章

毛细管电泳

7.1 概述

毛细管电泳(capillary electrophoresis,CE),又称高效毛细管电泳(high performance capillary electrophoresis,HPCE),是一类以毛细管为分离通道,以高压直流电场为驱动力,以样品的多种特性(电荷、大小、等电点、极性、亲和行为、相分配特性等)为根据的液相微分离分析技术。CE 是分析科学中继高效液相色谱之后的又一重大进展,是近年来发展最快的分析化学研究领域之一。

1981 年 Jorgenson 等在 75μm 内径的毛细管内用高电压进行分离,创立了现代毛细管电泳。1984 年 Terabe 等发展了毛细管胶束电动色谱(MECC)。1987 年 Hjerten 建立了毛细管等电聚焦(CIEF),Cohen 和 Karger 提出了毛细管凝胶电泳(CGF)。1988—1989 年出现了第一批 CE 商品仪器,1989 年第一届国际毛细管电泳会议召开,标志着一门新的分支学科的产生。短短的几年内,由于 CE 符合了以生物工程为代表的生命科学各领域中对生物大分子(肽、蛋白、DNA 等)的高度分离分析的要求,得到了迅速发展,正逐步成为生命科学及其他学科实验室中一种常用的分析手段。

7.2 毛细管电泳分离的一般过程

7.2.1 分离的一般过程

分离是研究物质组成乃至整体性能的十分有效和常用的现代分析化学方法。目前已经出现了许多不同的分离方法,比如萃取、过滤、离心、色谱、电泳等,不过,无论它们表面上多么不同,实际上都是混合的逆过程。混合总是自发的,而分离则是被动的,需要能量或外力的推动。根据所施加作用力的不同,可以将分离分成不同的类型,详见表 7-1。

表 7-1　分离方法及其对应作用力

分离类型	施加的外力或影响	分离的主要依据	化学实质
萃取	改变溶剂极性、加热等	溶解度	进入两相的速度不同
沉淀、结晶	改变分子间力等	溶解度	回归溶剂速度极小
升华	加热	热运动	分子热运动速度不同
蒸馏	加热	沸点	汽化速度不同
过滤	正或负压力	体积或尺寸大小	过孔速度不同
降沉	重力	密度与降沉阻力	降沉速度不同
离心	离心力(可视为重力场)	密度与降沉阻力	降沉速度不同
色谱	分子间力、静电力等	分配系数	前进速度不同
电泳	电场力	淌度等	前进速度不同
筛分	压力或电场力	穿插阻力或体积排阻	前进速度不同

表 7-1 说明,凡分离都可以归结为差速运动过程。毛细管电泳的分离过程是典型的差速运动过程,因此,可以利用速度理论统一描述和讨论。

为考察差速分离过程,可以想象一下赛跑及其因速度不同而形成方阵的过程。和赛跑一样,混合物在迁移过程中,各种样品分子因自身的速度不同,将逐渐分成不同的区带,快者趋前,慢者落后。时间或距离越长,区带数目越多,即分离越好。

由此可见,凡影响迁移速度的因素,都会影响分离结果,这为控制或优化分离以及发展毛细管电泳分离新模式提供了依据。

7.2.2　数学描述

为了更细致地分析分离过程的一些特性,可借助数学描述方法。

设组分沿轴向的速度为 $v(x)$,则在一定时间 t 内所迁移的距离 L 可表示为

$$L = \int_0^t v(x)\,\mathrm{d}t \tag{7-1}$$

CE 中的 $v(x)$,在多数情况下可看成为常数,直接积分得

$$L = vt_{\mathrm{R}} \tag{7-2}$$

或

$$t_{\mathrm{R}} = L/v \tag{7-3}$$

式中,t_{R} 称为出峰时间、迁移时间、流出时间或保留时间。式(7-2)描述的是固定时间的分离情况(简称定时分离),式(7-3)描述的是固定长度的分离形式(简称定长分离)。前者对应于先分离、后扫描检出的方式,常见于传统电泳,在 CE 中也有但很少使用;后者对应于各种在线和离线的定位检测形式,CE 主要采用这种形式。

设有一样品含 x_1, x_2, x_3 3 个组分,其轴向方向的平均速度分别为 v_1, v_2, v_3,且有 $v_1 > v_2 > v_3$,则当它们独立迁移时,总是高速者居前,慢速者落后,在定时分离模式中有

$$L_{x_1} > L_{x_2} > L_{x_3}$$

在定长分离模式中则有

$$t_{\mathrm{R}(x_1)} < t_{\mathrm{R}(x_2)} < t_{\mathrm{R}(x_3)}$$

如果进一步考虑电泳介质的性质,还能获得更细致的区带与区带间的关系。CE 中的介质

可分为连续和不连续两大类型，前者如 CITP，后者包括除 CITP 以外的各种分离模式。

毛细管等速电泳（capillary isotachophresis，CITP）的介质由前导电解质（leading electrolyte，LE）和终末电解质（terminating electrolyte，TE）组成，要求 $v_{LE}>v_{x_1}>v_{x_2}>v_{TE}$。在此条件下，样品离子将永远被夹在 LE 和 TE 之间，不能超前也不会落后。当样品各组分相互分开后，除按速度大小排列外，区带与区带、区带与 LE 和 TE 之间必须紧紧相连，不得脱开。设想有一对区带相互脱开，则脱离间隙便没有其他同号离子来运载电流，这就会迫使后一区带迅速跟上前一区带，前一区带以多大速度离开，后一区带就得以多大速度跟上，亦即后一区带的速度受上一区带的控制。依此类推，所有的区带（包括 TE）最终都将受 LE 控制并都按 LE 的速度等速前进。

当使用连续介质时，因为背景电解质无处不在，不需要样品离子来承当导电任务，所以区带可以独立迁移、相互分开。在连续介质中，有些介质可能具有不同形式的梯度，此时样品将变速迁移，但运用平均速度，可以进行同样的分析。

一种比较特殊的情况是 pH 梯度介质，它使弱解离和两性样品发生变速迁移。弱解离样品的分离可用平均速度进行分析。两性样品因为存在 $v_{pI}=0$（pI 为等电点），分离区带会停止在各自对应的等电点上。在固定迁移长度的 CIEF 方式中，需要采用其他辅助手段，如压力等使区带流经检测器，方能测出分离区带。

归纳起来，CE 中的分离，在开始阶段样品自由迁移，位置由其速度决定，逐渐分开后视介质性质的变化，区带或者相互连接前进（CITP），或者不断拉开距离直至经过检测器（CZE，MECC，CEC，ACE 等），或者拉开一定距离后即停止不动（CIEF），详见图 7-1。

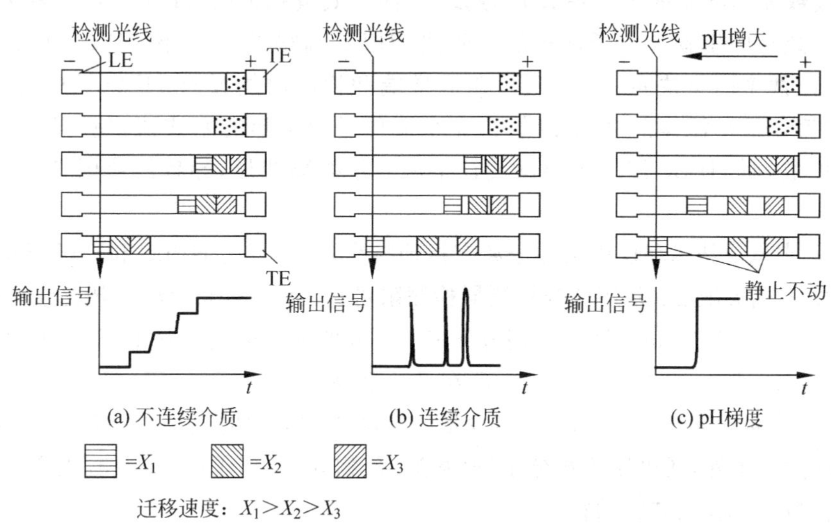

图 7-1　毛细管电泳中的 3 种典型分离过程

7.3　毛细管电泳分离的基本原理

CE 是以高压电场为驱动力，以毛细管为分离通道，依据样品中各组成之间淌度和分配行为的差异，而实现分离的一类液相分离技术。仪器装置包括高压电源、毛细管、柱上检测器和供毛细管两端插入且和电源相连的两个缓冲储液瓶,在电解质溶液中,带电粒子在电场作用下,以不同的速度向所带电荷相反方向迁移的现象称电泳。CE所用的石英毛细管在pH>3时,其内液面带负电,和溶液接触形成一双电层,在高电压作用下,双电层中的水合阳离子层引起溶液在毛细管内整体向负极流动,形成电渗液。带电粒子在毛细管内电解质溶液中的迁移速度等于电泳和电渗流(EOF)二者的矢量和。带正电荷粒子最先流出;中性粒子的电泳速度为"零",故其迁移速度相当于EOF速度;带负电荷粒子运动方向与EOF方向相反,因EOF速度一般大于电泳速度,故它将在中性粒子之后流出。各种粒子因迁移速度不同而实现分离,这就是毛细管区带电泳(capillary zone electrophoresis,CZE)的分离原理。CZE的迁移时间 t 可用下式表示:

$$t=\frac{l_d l_t}{\mu_{ep}+\mu_{eo}} \tag{7-4}$$

式中,μ_{ep}为电泳淌度;μ_{eo}为电渗淌度;l_t 为毛细管总长度;l_d 为进样到检测器间毛细管长度。理论塔板数 n 为

$$n=\frac{(\mu_{ep}+\mu_{eo})V}{2D} \tag{7-5}$$

式中,D 为扩散系数;V 为外加电压。分离度 R 为

$$R=0.177(\mu_1+\mu_2)\left[\frac{V}{D(\bar{\mu}_{ep}+\mu_{eo})}\right]^{1/2} \tag{7-6}$$

式中,μ_1,μ_2 分别为二溶质的电泳淌度;$\bar{\mu}_{ep}$为二溶质的平均电泳淌度。从式(7-5)可看出,CE的理论塔板数 n 和溶质的扩散系数 D 成反比,而高效液相色谱(HPLC)的 n 和 D 成正比,因此扩散系数小的生物大分子,CE的柱效比HPLC高得多。CE比HPLC有更高的分离能力,主要由两个因素决定:一是CE在进样端和检测时均没有HPLC的死体积;二是CE用电渗流作推动流体前进的驱动力,整个流体呈扁平形的塞式流,使溶质区带在毛细管内不易扩散,而HPLC用压力驱动使柱中流体呈抛物线形,导致溶质区带扩散,使柱效下降。

CE将经典电泳技术和现代微柱分离有机地结合,取得了比HPLC和平板凝胶电泳更多的优点。第一,高灵敏度:常用紫外检测器检测限可达 $10^{-13}\sim10^{-15}$ mol,激光诱导荧光检测器(LIF)达 $10^{-19}\sim10^{-21}$ mol;第二,高分辨率:每米理论塔板数为几十万,高者可达几百万乃至几千万;第三,高速度:许多分析可在几十秒内完成;第四,所需样品少:只需纳升(10^{-9} L)的进样量;第五,成本低:只需少量的流动相和低廉的毛细管;第六,应用范围广:除分离生物大分子外,还可用于小分子(氨基酸、药物等)及离子(无机及有机离子),甚至可分离各种颗粒(如细胞、硅胶颗粒等)。

7.4 基本概念

7.4.1 电泳、淌度、绝对淌度及有效淌度

带电粒子在电场作用下于一定介质中所发生的定向运动就是电泳。单位电场下的电泳

速度(v/E)称为淌度或电迁移率(μ_{em}),在无限稀释溶液中(稀溶液数据外推)测得的淌度称为绝对淌度(μ_{em}^0)。

想象一个带电粒子在电场中的运动情形,它除受到电场力 F_E 的作用外,还会受到溶剂阻力 F_f 的作用。一定时间($<10^{-11}$s)后,两种力的作用就会达到平衡,即 $F_E=F_f$,此时离子作匀速运动,电泳进入稳态。根据电学定律可知,电场作用力是离子电荷 q 与电场强度 E 的乘积: $F_E=qE$; 又根据流体力学知道,(球形)离子的流动阻力与离子有效半径 r、运动速度 v 和溶剂黏度 η 成正比:

$$6\pi\eta r\mu_{em}^0 E = qE$$

从而有

$$\mu_{em}^0 = \frac{q}{6\pi\eta r} = \frac{ze}{6\pi\eta r} = \frac{2}{3}\frac{\varepsilon\zeta^0}{\eta} \tag{7-7}$$

式中,ε 和 ζ^0 分别为溶液的介电常数和离子在无限稀释时的电功电位。μ_{em}^0 为特征量,有些离子的 μ_{em}^0 可从物化手册等中查到或利用当量电导换算得到。

在实际溶液中,离子不可能只有一个,而是许多同种和不同种离子"共处一室"。由于活度特别是酸碱度的不同,样品分子的解离度不同,电荷也将发生变化,所表现出的淌度会小于 μ_{em}^0,这时的淌度可称为有效淌度,记作 μ_{em},可表示为

$$\mu_{em} = \sum_i \alpha_i \gamma_i \mu_{em}^0 \tag{7-8}$$

式中,α_i 为样品分子的第 i 级解离,γ_i 为活度系数或其他平衡解离度。对于两性电解质,如忽略其他因素,对于 1-1 价组分,有

$$\begin{aligned}\mu_{em} &= (\alpha^+ - \alpha^-)\mu_{em}^0 = \frac{[H^+]^2 - K_{a1}K_{a2}}{[H^+]^2 + [H^+]K_{a1} + K_{a1}K_{a2}}\mu_{em}^0 \\ &= \frac{[H^+]^2 - [I]^2}{[H^+]^2 + [H^+]K_{a1} + [I]^2}\mu_{em}^0\end{aligned} \tag{7-9}$$

式中,$[I]=10^{-pI}$; K_{a1} 和 K_{a2} 为两性离子的两级解离常数。α^+ 和 α^- 分别为正、负离子的解离度,$[H^+]$为氢离子浓度。显然,当$[H^+]=[I]$时,有效淌度为零。式(7-7)~式(7-9)表明,离子所带电荷越多,解离度越大,体积越小,溶液的黏度越小,则电泳速度就越快。这正是电泳分离及其条件选择的根本依据之一。

7.4.2 电渗、电渗率及合淌度

电渗是毛细管中的溶剂因轴向直流电场作用而发生的定向流动,起因于定域电荷。定域电荷是指牢固结合在管壁上、在电场作用下不能迁移的离子或带电基团。根据电中性要求,定域电荷将吸引溶液中的反号离子,使其聚集在自己的周围,形成双电层。双电层的厚度用 δ 或 $1/\kappa_\delta$ 表示:

$$\delta = \frac{1}{\kappa_\delta} \approx \sqrt{\frac{\varepsilon RT}{2cF^2}} \tag{7-10}$$

式中,R 为摩尔气体常数; T 为热力学温度; c 为离子的物质的量浓度; F 为法拉第常数。计算表明,对应于 0.001~0.1mmol/L KCl(CE 缓冲液浓度一般不会超出此范围),δ 通常在 1~10nm 之间。

固液界面形成双电层的结果是，在靠近管壁的溶液层中形成高出溶液本体的“自由”离子，它们在电泳过程中通过碰撞等作用给溶剂分子施加单向的推力，使之同向运动，从而形成电渗。显然，电渗可看成电泳的特殊形式，即某种(定域)离子的电泳被溶剂的反向运动所取代，如果把坐标系建立在流动的溶剂上，我们看到的仍然是定域离子在电泳。由此有如下结论：

(1) 电渗的方向与固体表面电荷所具有的电泳方向相反；

(2) 电渗的强度与定域离子的数量或固液界面成正比；

(3) 电渗的强度与流路通道孔径有关。

理论研究表明，若 $\delta<10\text{nm}$，在开管(两端不封闭)条件下，毛细管内的电渗流为平头塞状，即流速在管截面方向不变：

$$\mu_{os}=\frac{v_{os}}{E}=\frac{\varepsilon\zeta_{os}}{\eta} \tag{7-11}$$

式中，μ_{os} 为电渗率；v_{os} 为电渗速度；ζ_{os} 为管壁的电动势，可表示为

$$\zeta_{os}=\frac{\delta\Theta}{\varepsilon} \tag{7-12}$$

式中，Θ 为管壁上定域电荷的面密度。合并式(7-10)、式(7-11)与式(7-12)，有

$$\mu_{os}=\sqrt{\frac{\varepsilon RT}{2cF^2}}\,\frac{\Theta}{\eta}=\frac{\Theta}{\kappa_{\delta}\eta} \tag{7-13}$$

当管内含有颗粒填充物时，如果流路孔径足够大，其平面流型可以维持不变。Knox 认为，流路孔径对电渗平均速度的影响，有表 7-2 的关系。由此可知，孔径与双电层厚度的比值应大于 20，小于 2 几乎无电渗。色谱介质填充毛细管属于前一种情况，凝胶填充毛细管属于这后一种情况。利用平头电渗流，可以克服机械泵推动所产生的抛物面流型对区带的加宽作用。

表 7-2 平均电渗流($_{av}\mu_{os}$)与流路孔径(d)、双电层厚度(δ)比值的关系

d/δ	2	5	10	20	50	100
$_{av}\mu_{os}/\mu_{os}$ ①	0.10	0.39	0.64	0.81	0.92	0.98

① μ_{os} 为 d/δ 趋于无穷大时的值。

在多数水溶液中，石英和玻璃毛细管表面因硅羟基解离会产生负的定域电荷，许多有机材料，如聚四氟乙烯、聚苯乙烯等也会因为残留的羧基而产生负的定域电荷，其结果是产生指向负极的电渗。当把样品从正极端注入到由上述材料制备或填充的毛细管中时，不同符号的离子将按表 7-3 的速度向负极迁移。

表 7-3 在电渗中样品分子的迁移速度

组　分	合淌度	合速度
正离子	$\mu_H=\mu_{em}+\mu_{os}$	$v_H=v_{em}+v_{os}$
中性分子	$\mu_H=\mu_{os}$	$v_H=v_{os}$
负离子	$\mu_H=\mu_{os}-\mu_{em}$	$v_H=v_{os}-v_{em}$

如果把正负号包括到 v_{em} 等中，可统一表示成

$$\begin{cases}\mu_H = \mu_{em} + \mu_{os} \\ v_H = v_{em} + v_{os}\end{cases} \tag{7-14}$$

式中，μ_H 为合淌度；v_H 为合速度（国外文献分别称其为有效淌度和有效电泳速度）。在石英毛细管电泳中，电渗速度比电泳速度可大一个数量级，所以能实现所有的样品组分的同向泳动，或说实现正负离子的同时分离，这和传统电泳不同。分离后的出峰次序是：正离子＞中性分子＞负离子。注意，此时的中性分子总与电渗同速，不会分离。

电渗与 pH 有密切关系，其变化类似于滴定或解离曲线，这表明它们的定域电荷主要来源于管壁上基团的解离。很显然，任何影响管壁电荷解离的因素，如毛细管洗涤过程、电泳缓冲液组成、黏度、温度等都同样会影响或改变电渗。电磁场以及许多能与毛细管表面作用的物质，如表面活性剂、蛋白质等，可以对电渗产生巨大影响，利用这种现象，能达到电渗控制的目的。

7.4.3　两相分配与权均淌度

毛细管一旦灌入缓冲液，就会形成固液界面，这就有了相分配的基础条件或可能。进一步，如果特意在毛细管内引入另一个相（比如胶束、高分子团等准固定相或真的色谱固定相）P，则样品就完全有机会在溶剂相与 P 相之间进行分配。容易想到，当样品组分在电迁移过程中发生相间分配时，其迁移速度或淌度将发生变化。这种改变了的速度和淌度，称为加权平均速度和加权平均淌度，简称为权均速度和权均淌度，以符号 v 和 μ 表示。设相分配过程远快于电泳过程，则有

$$\begin{cases}\mu = \dfrac{v}{E} = \dfrac{1}{1+k_P}\mu_H + \dfrac{k_P}{1+k_P}\mu_P \\ k_P = n_P/n_s\end{cases} \tag{7-15}$$

式中，k_P 为容量因子。n_P 和 n_s 分别为样品在 P 相和溶剂中的分子数，μ_P 为 P 相的合淌度。注意，P 相在电场中可静止也可迁移，运动方向可正可负，这与纯谱不同。利用两相分配，能使中性组分产生不同的权均淌度，因而可以分离。传统电泳技术做不到这一点。

值得指出的是，虽然毛细管电泳借用了色谱理论，但在很多过程和具体参数的使用时，其含义是有变化的，比如迁移速度与流动速度的差别，迁移时间与保留时间的差别等。

7.5　毛细管电泳分类

根据分离样本的原理设计不同，主要分为以下几种类型：①毛细管区带电泳（capillary zone electrophoresis，CZE）；②毛细管等速电泳（capillary isotachophresis，CITP）；③毛细管胶束电动色谱（micelle electrokinetic capillary chromatography，MECC 或 MEKC）；④毛细管凝胶电泳（capillary gelelectrophoresis，CGE）；⑤毛细管等电聚焦（capillary isoelectric focusing，CIEF）。

毛细管区带电泳（CZE）为 HPCE 的基本操作模式，一般采用磷酸盐或硼酸盐缓冲液，

实验条件包括缓冲液浓度、pH 值、电压、温度、改性剂(乙腈、甲醇等),用于对带电物质(药物、蛋白质、肽类等)分离分析,对于中性物质无法实现分离。毛细管胶束电动色谱(MECC)是一种基于胶束增溶和电动迁移的新型液体色谱,在缓冲液中加入离子型表面活性剂作为胶束剂,利用溶质分子在水相和胶束相分配的差异进行分离,拓宽了 CZE 的应用范围,适合于中性物质的分离,亦可区别手性化合物,可用于氨基酸、肽类、小分子物质、手性物质、药物样品及体液样品的分析。毛细管等速电泳(CITP)采用先导电解质和后继电解质,构成不连续缓冲体系,基于溶质的电泳淌度差异进行分离,常用于离子型物质(如有机酸),并因适用较大内径的毛细管而可用于微制备,但本法空间分辨率较差。毛细管等电聚焦电泳(CIEF)用于具兼性离子的样品(蛋白质、肽类),等电点仅差 0.001 可分离的物质。毛细管凝胶电泳(CGE)依据大分子物质的分子质量大小进行分离,主要用于蛋白质、核苷酸片段的分离。此外,还有毛细管电色谱(CEC)及非水毛细管电泳(CNACE),用于水溶性差的物质和水中难进行反应的分析研究。目前 CZE 和 MECC 用得较多。

也可以根据式(7-15),通过对 k_P,μ_{os} 和 μ 的取值设置,对毛细管电泳的各种分离模式进行分类。表 7-4 列出了一些常见模式及其相关取值。

表 7-4　毛细管电泳分离模式分类表

类　别		相关参数取值			备　注
		k_P	μ_{os}	μ	
电泳	CZE	0	≥0	μ_H	裸管或涂层管,装均匀 pH 缓冲溶液
	CGE,NGCE	0	0	K_G/M^n	填充凝胶毛细管,装均匀 pH 缓冲溶液
	CIEF	0	0	$(\alpha^+-\alpha^-)\mu_{em}$	涂层管或裸管,装 pH 梯度缓冲溶液
	CITP	0	0	$(\mu_{em})_L$	涂层管,装前导和终结电解质溶液
电泳/色谱	ACE	>0	≥0	$(\mu_H+k_A\mu_A)/(1+k_A)$	管中需装含抗原或抗体的 pH 缓冲溶液
	MEKC,MEEKC	>0	>0	$(\mu_H+k_P\mu_M)/(1+k_P)$	裸管,装含胶束溶液或微乳液
	CEC	>0	>0	$\mu_H/(1+k_P)$	颗粒物填充毛细管,装 pH 缓冲溶液

注:下标 G,A,P 分别表示凝胶、抗原或抗体、色谱载体,指数 n 多为分数如 1/3 等,α^+ 和 α^- 分别表示两性物质对应正、负形态离子的解离度。

7.6　毛细管电泳仪系统

7.6.1　电泳仪的结构

毛细管电泳系统可分为进样系统、分离系统、检测系统和数据处理系统,基本结构包括进样、填灌/清洗、电流回路、毛细管/温度控制、检测/记录/数据处理等部分,如图 7-2 所示,可以简化为包含了一段电解质溶液导体的导电回路。

1. 进样系统

可分为静压力进样和电动进样。死体积越小越好,进样体积一般在纳升级。进样长度必须控制在毛细管总长度的 1%~2%,否则将影响分离效率。

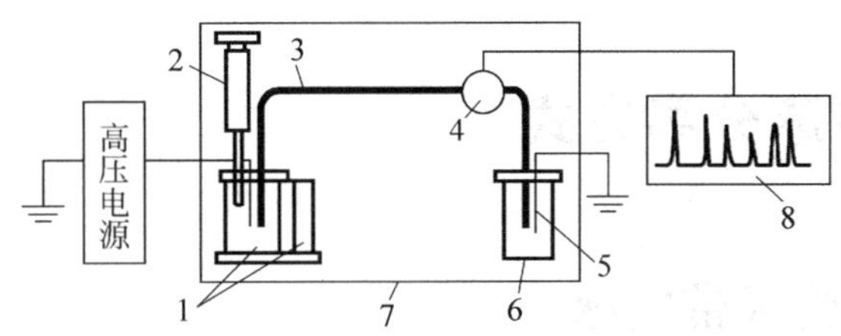

图 7-2　毛细管电泳系统的基本结构

1—高压电极槽与进样系统；2—填灌清洗系统；3—毛细管；4—检测器；5—铂电极；6—低压电极槽；7—恒温系统；8—数据处理系统

2. 分离系统

毛细管一般由熔融石英制成，内径通常为 25～75μm，外径为 350～400μm，有效长度为 80～100cm。要求恒温系统控制柱温变化在±0.10℃。高压电源的电流 0～300μA，电压 0～30kV，电压稳定性在±0.1%。

3. 检测系统

常用的检测方式是紫外-可见光吸收。检测器位于距样品盘大约为毛细管总长的 2/3～4/5 处，对毛细管壁内部分进行光聚焦。此外，荧光、激光诱导荧光、质谱等检测方法也被应用于毛细管电泳。

7.6.2　毛细管电泳仪的特点

1. 仪器简单，操作方便，容易实现自动化

简易的高效毛细管电泳仪器组成极其简单，只要有一个高压电源、一根毛细管、一个检测器和两个缓冲溶液瓶，就能进行高效毛细管电泳实验。

2. 分离效率高，分析速度快

由于毛细管能抑制溶液对流，并具有良好的散热性，允许在很高的电场(可达 400V/cm 以上)下进行电泳，因此可在很短时间内完成高效分离。

3. 操作模式多，分析方法开发容易

只要更换毛细管填充溶液的种类、浓度、酸度或添加剂等，就可以用同一台仪器实现多种分离模式。

4. 实验成本低，消耗少

因为进样为纳升级或纳克级；分离在水介质中进行，消耗的大多是价格较低的无机盐；毛细管长度仅 50～70cm，内径 20～75μm，容积仅几微升。

5. 应用范围广

由于 HPCE 具有高效、快速、样品用量少等特点，所以广泛用于分子生物学、医学、药学、材料学以及与化学有关的化工、环保、食品、饮料等各个领域，从无机小分子到生物大分子，从带电物质到中性物质都可以用 HPCE 进行分离分析。

7.7 毛细管电泳分离方式

7.7.1 毛细管区带电泳

毛细管区带电泳(CZE)通常采用 25～75μm 内径、长 30～80cm 的弹性石英毛细管，使用 10～30kV 直流高压形成高强度电场，由于细管径毛细管的电阻率大、电流小，有效抑制了焦耳热效应，细管径毛细管具有较大散热比表面，也限制了电泳过程中溶液温度升高，使得分离速度快、分离柱效高。

1. 离子淌度

带 q 电荷的粒子在电场强度为 E 的电场中受到的力为

$$F_1 = qE \tag{7-16}$$

以速度为 v 运动的粒子在黏度为 η 的溶液中受到的运动阻力为

$$F_2 = 6\pi rv\eta \tag{7-17}$$

式中，r 为粒子半径。其中，粒子在强度为 E 的电场中具有的速度 v 与离子的淌度 μ_e(mobility)和场强成正比：

$$v = \mu_e E \tag{7-18}$$

若 $F_1 = F_2$，则粒子的淌度为

$$\mu_e = \frac{q}{6\pi r\eta} \tag{7-19}$$

这表明粒子的淌度与其所带电荷成正比，与体积大小即粒子半径和溶液黏度成反比。

2. 双电层

液、固两相界面上，固体分子会发生解离形成离子，同时也会吸附形成带电离子，表面的离子通过静电力又会吸附溶液中相反电荷的离子从而形成双电层。实验表明，石英表面在 pH＞2.5 的水溶液中会带负电荷，形成 SiO^- 的离子，水相一侧的第一层是带正电荷的离子。双电层的离子密度和厚度采用 zeta 电位 ζ 来描述：

$$\zeta = 4\pi\delta e/\varepsilon \tag{7-20}$$

式中，δ 为双电层外扩散层的厚度，离子浓度越高该值越小；e 为单位面积上的过剩电荷；ε 为溶液的介电常数。

3. 电渗流

由于液固界面的双电层存在，在高压电场中溶液一侧的电荷会发生移动，移动的方向通常是从正极到负极，双电层的“滑动”，带动毛细管中溶液整体向负极流动，该现象称为电渗流(electroosmotic flow，EOF)。电渗流的速度大小与电场强度、zeta 电位、溶液黏度和介电常数存在如下关系：

$$v_{EOF} = \varepsilon\zeta E/\eta \tag{7-21}$$

电渗流的淌度为

$$\mu_{EOF} = \varepsilon\zeta/\eta \tag{7-22}$$

由于电渗流的大小与 zeta 电位成正比关系，影响 zeta 电位的因素会影响电渗流速度。pH 值、盐浓度、温度、表面性质变化及吸附等均会影响电渗流的速度，通常 pH 越高，电渗流越大；盐浓度越高，电渗流越小；溶液黏度随温度升高而降低，温度升高，电渗流速度加快，但扩散也加快，导致分离效率降低。

4. 迁移时间与柱效

区带电泳中样品离子的迁移时间与离子的淌度和电渗流淌度之和成反比，与电场强度也成反比，与柱长成正比。当电泳系统电压保持不变时，离子的迁移时间随柱长缩短，呈平方倍下降：

$$t_{\mathrm{m}} = \frac{L_{\mathrm{eff}}}{(\mu_{\mathrm{e}} + \mu_{\mathrm{EOF}})E} = \frac{L_{\mathrm{eff}}^2}{(\mu_{\mathrm{e}} + \mu_{\mathrm{EOF}})V} \tag{7-23}$$

式中，t_{m} 为电泳迁移时间；L_{eff}为有效柱长，即进样口到检测点的长度；V 为电压。

区带电泳的柱效与色谱分配平衡所描述的柱效概念完全不同。区带电泳主要是由离子在电场中的迁移速度不同而得到分离的，在物理意义上其分离效率不能采用色谱塔板的概念，因为区带电泳过程不存在分配平衡。但是为了定量比较和描述系统的分离能力仍沿用了塔板数的概念和计算公式。

毛细管电泳与毛细管色谱分离过程的动力学有较大差别也有共同点。区带电泳中溶液和离子的移动驱动力是电场，不存在流型扩散问题；同时电泳分离没有固定相，也不存在传质动力学问题。但是两者均存在分子扩散项。因此，区带电泳的谱带方差与塔板高度 H 有如下关系：

$$H = \frac{\sigma^2}{L_{\mathrm{eff}}} = \frac{2D_{纵}}{v} \tag{7-24}$$

实验表明，分子扩散确实是影响区带电泳分离柱效的主要因素，增加电泳电压，提高电场强度可以提高电泳速度，提高分离柱效。因此，电泳可以在实现快速分离的同时提高分离柱效。从式(7-23)的后一项可以看出，在 V 保持不变的情况下，如果 L_{eff}减小 1 倍，其迁移时间会缩短 4 倍，同时柱长缩短，电场强度增强，电渗流和离子淌度增加。式(7-24)中，$D_{纵}$ 表示组分的纵向扩散系数。从式(7-24)可以看出，v 值(电渗流速度)增加 1 倍，塔板高度减小一半，缩短柱长后总的效果是提高电泳速度 4 倍，提高柱效 2 倍。图 7-3 为不同柱长下电泳分离情况，分析时间可以缩短到 2s，甚至 0.6s。

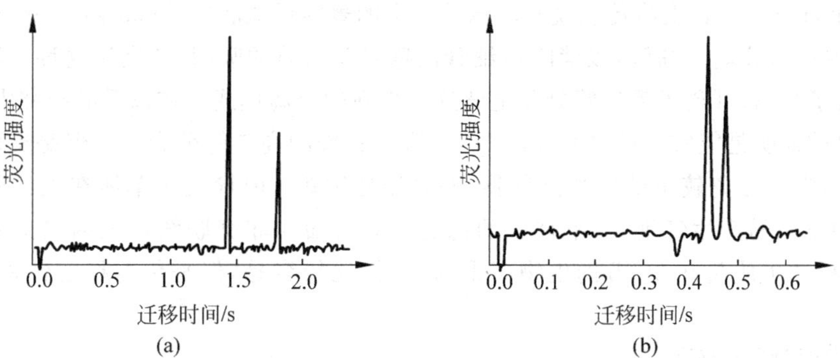

图 7-3　Jorgenson 采用激光门(gating)荧光检测技术获得的毛细管电泳快速分离肽结果

(毛细管总长 8cm、内径 10pm；20kV 电压下在(a)2cm，(b)0.45cm 处的毛细管上检测得到的肽分离图谱)

应该指出，在较高电场强度下，电泳过程的焦耳热仍然很大。特别是在较高浓度的缓冲溶液和较大管径时，电泳电流会随电场强度增加迅速增大，柱内温度升高，扩散加快，使分离效率下降。另一方面，柱长缩短后，对进样的初始带宽要求很窄，快速电泳才能取得高效。因此，区带电泳并非越快越好，超过一定范围，高速电泳的实际分辨率或分离度会随分离速度的提高而下降。

CZE 可用于分离绝大多数可溶于缓冲液的离子化合物。用 CZE 已经分离过如无机小分子和大有机分子等种类不同的样品。

7.7.2 毛细管凝胶电泳

在毛细管内进行凝胶电泳的操作，称为毛细管凝胶电泳(CGE)。一些生物大分子，如 DNA 及被 SDS(十二烷基硫酸钠)饱和的蛋白质，它们的电荷/质量比与分子的大小无关，在自由溶液中的淌度几乎没有差别，用 CZE 模式很难分离，而用凝胶电泳就能较好地分离。

1. 分离原理

在毛细管凝胶电泳中，毛细管内充有凝胶或其他筛分介质，如交联或非交联的聚丙烯酰胺。电荷/质量比相等但分子的大小不同的分子，在电场力的推动下经凝胶聚合物构成的网状介质电泳，其运动受到网状结构的阻碍。大小不同的分子经过网状结构时受阻力不同，大分子受到的阻力大，在毛细管中迁移的速度慢；小分子受到的阻力小，在毛细管中迁移的速度快，从而使它们得以分离。

2. 毛细管凝胶的特点

毛细管凝胶电泳的抗对流性好，具有大的比表面积，散热性好，可以加比传统凝胶电泳高 10～20 倍的电压，所以毛细管凝胶电泳与传统凝胶电泳相比，分析速度快、效率高。CGE 是当今分离度极高的一种电泳分析技术，是 DNA 排序的重要手段。毛细管凝胶电泳中的难题是难以制备性能良好、寿命较长的凝胶毛细管柱以及电泳过程中的气泡问题。现在研究了用非线性聚合物溶液代替传统凝胶，进行无胶筛分，以求解决这个难题。

3. 毛细管凝胶电泳的筛分介质

筛分介质是毛细管凝胶电泳分离的关键，也是毛细管凝胶电泳研究的热点。

1) 聚丙烯酰胺凝胶(PAG)

1983 年，Hjerten 首次将传统凝胶电泳技术中的聚丙烯酰胺凝胶(polyacryamide gel)装入 150μm 内径的玻璃毛细管，以消除毛细管内壁对蛋白质的吸附，并利用这种方法对多种蛋白质进行了分离，开创了毛细管凝胶电泳这一崭新的分离模式。在以后的研究中，聚丙烯酰胺凝胶也被证明是能实现单碱基分辨 DNA 聚核苷酸的高效筛分介质。但是交联聚丙烯酰胺筛孔小，限于分离较小的生物高聚物，并且制柱困难；丙烯酰胺单体在毛细管中聚合时及电泳中都极易产生气泡，影响柱子的稳定性和寿命。非交联线性聚丙烯酰胺筛孔较大，可以分析摩尔质量在 20 万的生物高聚物，装柱比较容易，但是仍有稳定性差、寿命有限的问题。

2) 琼脂糖凝胶(AG)

琼脂糖抗对流能力强，很早就用于板电泳，1988 年用于毛细管凝胶电泳。琼脂糖凝胶的突出特点是空隙大、机械强度高、生物惰性好。

3）HydroLink 胶

HydroLink 胶早已在板电泳中获广泛应用。近年来作为毛细管凝胶电泳的筛分介质，成功地分离了 DNA 限制片段。和聚丙烯酰胺凝胶相比较，HydroLink 胶的机械强度更大，可以进较大量的样品。

4）高聚物筛分溶液

为克服传统凝胶装柱的困难，近年来进行了用非交联的高聚物溶液作筛分介质的无胶筛分毛细管电泳研究。无胶筛分的突出特点是装柱容易，不会出现气泡，电泳后可以很方便地从毛细管柱中排出，可以重复装柱。

葡聚糖是分枝形的高聚物溶液，相对分子质量范围为 $10^4 \sim 2\times10^6$。用相对分子质量为 2×10^6 的 0.1mg/mL 葡聚糖溶液作筛分介质，按 SDS-蛋白质配合物的大小，可以分离摩尔质量很大的蛋白质，其选择性及分离效率都能与聚丙烯酰胺凝胶柱相媲美。

此外，葡甘露聚糖、聚乙二醇、纤维素及其衍生物也可以用来进行无胶筛分。

4. 毛细管凝胶电泳的分离选择性

毛细管凝胶电泳分离选择性受凝胶的浓度、交联度、分子质量、分离温度、电场强度、缓冲溶液等多种因素影响。通常分离较低分子质量的物质，采用较高的凝胶浓度或交联度，减小凝胶的孔径，增加小分子的迁移时间提高其分离效率；分离较大分子质量的物质则相反，采用较低的凝胶浓度，增加孔径，提高分辨率。对于线性凝胶，凝胶分子质量越大，对样品分离选择性越好，但在分离效果上，并非凝胶分子质量越大越好。在样品中同时含有小分子质量和大分子质量的物质时，不同聚合度的凝胶的混合物可以取得最好的效果。

温度是影响毛细管凝胶电泳分离的另一个因素。温度升高，凝胶溶液的黏度下降，样品淌度增加，分离速度加快，同时，由于凝胶溶液的黏度大，对溶液的热对流有较高的抑制性，因此适当提高分离温度可以取得更高效的分离。

毛细管凝胶电泳常用于蛋白质、寡聚核苷酸、核糖核酸（RNA）、DNA 片段分离和测序及聚合酶链反应（PCR）产物分析。CGE 能达到 CE 中最高的柱效。为了解决人类基因组计划的关键，即 DNA 测序的速度，已试制出 96 支毛细管阵列的 DNA 测序仪，并已有 8 支毛细管阵列的 DNA 测序商品仪器。凝胶的制备和不同模式令人关注，最近发展出一种低背景毛细管梯度凝胶电泳，在测定糖、寡聚核苷酸及人工模拟蛋白方面取得进展。还有报道，采用亲和凝胶电泳来识别和鉴定基于 DNA 药物的结合蛋白等。

7.7.3 胶束毛细管电动色谱

为了实现高效毛细管电泳对中性化合物的分离，1984 年日本京都大学的 Terabe 提出了胶束电动色谱 MEKC 的方法。该方法把电泳技术与色谱技术相结合，其突出特点是将只能分离离子型化合物的电泳变成不仅可分离离子型化合物，也能分离中性化合物，从而大大展宽了电泳的应用范围。

MEKC 的实验操作与 CZE 相同，唯一差别是在操作缓冲溶液中加入超过临界胶束浓度的表面活性剂。

1. 分离原理

阴离子或阳离子表面活性剂在大于临界胶束浓度(如十二烷基硫酸钠 SDS 的临界浓度约为 8～9mmol/L)时,由于其疏水端在水相中相互聚集形成胶束,根据表面活性剂疏水链长度性质不同,临界浓度也不同,胶束通常呈球形,达到特定浓度时也呈棒状甚至层状结构。胶束电动色谱是毛细管电泳中唯一能分离中性化合物的模式,同时它也能分离带电离子,特别是疏水性物质。这里以 SDS 胶束电动色谱为例说明其分离机理。

SDS 带负电荷,所形成的胶束表面也带负电荷,在电场作用下,胶束由负极向正极迁移,而在中性或碱性条件下,缓冲溶液的电渗流由正极流向负极。因此,胶束电动色谱中 EOF 快于胶束的移动先出来,胶束虽向相反方向移动,但其速度较电渗流小,最后也从负极一端流出。

2. 胶束电动色谱的容量因子与"迁移时间窗口"

中性化合物由于其疏水性不同,在胶束存在时便会在水相和胶束相进行分配,其中疏水性强的化合物在胶束相具有较大的浓度,在胶束中停留的时间较长,其迁移时间接近胶束出峰时间;疏水性小的化合物在胶束中的浓度较小,因此比较接近于 EOF 出峰,所有的中性化合物出峰次序主要按疏水性,依次在 EOF 和胶束峰之间的"时间窗口"(migrationtime window)中排列,胶束电动色谱中的胶束相也称为"伪固定相"(pseudostationary phase)。迁移时间与容量因子用下式表示:

$$k' = \frac{t_r - t_{eof}}{t_{eof}\left(1 - \dfrac{t_r}{t_m}\right)} = K\frac{V_m}{V_a} \tag{7-25}$$

式中,t_r 为样品化合物迁移时间;t_{eof} 为电渗流迁移时间;t_m 为胶束迁移时间;K 为分配系数;V_m,V_a 分别为胶束相和水相的体积。在上述容量因子表达式中,由于固定相是移动的,在分母上引入了$(1-t_r/t_m)$校正项,当 $t_m=\infty$时,即胶束不动,式(7-25)便简化成为常用的容量因子定义式。在用光度检测时,胶束电动色谱常用甲醇和苏丹(Sudan)Ⅲ作为 EOF 和胶束出峰的位置测定其时间窗口。时间窗口的大小和分离的选择性与胶束种类、浓度、盐浓度、pH 值以及电场强度等因素有关,同时也与添加剂,如甲醇、乙腈、异丙醇等浓度有关。表 7-5 为常用的胶束相种类和临界浓度等特性参数。

表 7-5 电泳中常用的表面活性剂及其特性参数

表面活性剂	临界胶束浓度 CMC/(mmol/L)	胶束分子数 n	Krafft 温度 T_b/℃
阴离子			
SDS(十二烷基硫酸钠)	8.2	62	16
STS(十四烷基硫酸钠)	2.1	138	32
阳离子			
CTAB(十六烷基三甲基氯化铵)	1.3	78	—
DTAB	14	50	—
非离子			
Triton X-100	10～15	140	—

续表

表面活性剂	临界胶束浓度 CMC/(mmol/L)	胶束分子数 n	Krafft 温度 T_b/℃
两性离子			
CHAPS	8	10	—
CHAPSO	8	11	—
胆汁酸			
胆酸	14	2～4	—
脱氧胆酸	5	4～10	—
牛磺胆酸	10～15	4	—

3. 影响胶束毛细管电动色谱分离的因素

1) 电渗流速度对塔板高度和分离效率的影响

在 CZE 中，峰的展宽主要由进样、检测和纵向扩散造成。在胶束电动色谱分离过程中，溶质根据其在胶束相和水相间分配系数的差异进行分离。因此，峰展宽的原因除了进样、检测和纵向扩散外，主要由胶束相和水相平衡动力学、径向温度效应以及胶束电泳分散造成的。其中，进样、检测可视为柱外因素，其他项为柱内峰展宽因素。进样和检测对峰展宽或塔板高度的贡献在进样、检测条件一定，柱长一定的情况下是常数，与分离时间长短无关。柱内效应与分离时间有关，在流速低的情况下，纵向扩散对塔板高度贡献占主导地位；在高流速时，贡献最大的则是分配平衡动力学和焦耳热引起的温度效应。

研究结果表明，纵向扩散的影响与流速的倒数成正比，而分配平衡动力学以及电泳分散引起的峰展宽或塔板高度增加都与流速成正比关系。因此，在胶束电动色谱中，理论塔板高度与流速之间的关系可表示为 Van Deenter 方程的形式（不考虑胶束间水相传质和焦耳热）：

$$H = A + B/u_0 + Cu_0 \tag{7-26}$$

A,B,C 为常数。实验所得的塔板高度 H 与电渗流速度 u_0 的值，按式(7-26)拟合的结果见图 7-4，表 7-6 列出了拟合所得参数值。表中的参数 A 理论上应为零或正值，但拟合结果为负，目前尚难以合理解释。由图可见，塔板高度 H 随电渗流速度 u_0 的变化符合 Van Deemter 方程。随着电渗流变化，H 有一最小值，其对应的电渗流速度应为最佳流速。当电渗流速度小于最佳流速时，扩散项 B/u_0 是影响塔板高度的主要因素；当电渗流速度大于最佳流速时，由于组分在水相与胶束相间平衡速度的限制，以及电泳分散程度的增加，Cu_0 贡献增大并呈一定的线性关系。对于所选用的 4 种化合物，最佳电渗流速度都在 1.5～2.0mm/s，这样的速度与液相色谱中的流速大致相同。Van Deemter 方程明确表明，分离速度的提高会导致分离效

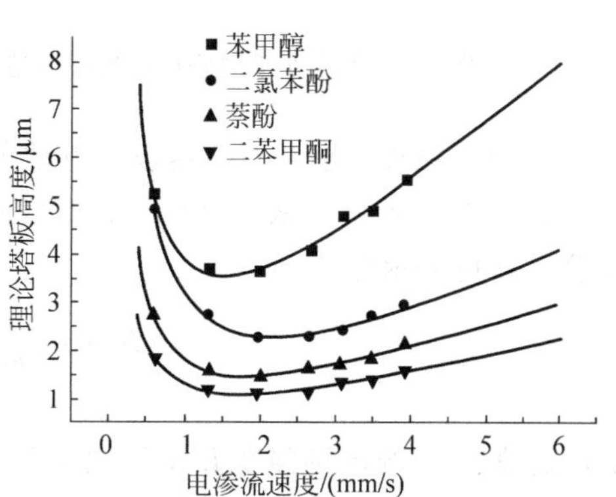

图 7-4　理论塔板高度与电渗流速度关系图
(SDS 浓度为 30mmol/L，有效柱长为 50cm)

率的损失。因此,分离效率与速度之间必须寻找到一个最佳的平衡点。评价快速胶束电动色谱更为有效的一个指标是单位时间获得的分离塔板数 N/t。

表 7-6 H-u_0 按 Van Deemter 方程拟合所得参数

化合物	A	B	C
苯甲醇	−0.317 29	2.860 21	1.300 43
二氯苯酚	−0.706 67	3.179 17	0.711 55
萘酚	−0.431 66	1.728 08	0.519 42
二苯甲酮	−0.227 49	1.135 84	0.386 28

2) 表面活性剂浓度对分离效率的影响

若以 N/t 作为分离效率的指标来考察,缓冲溶液中 SDS 浓度对 N/t 的影响,如图 7-5 所示。低的胶束浓度有利于溶质在水相和胶束相间快速完成分配平衡,允许使用比较高的电场强度而不损失 N/t,且低胶束浓度的缓冲溶液体系,一般能获得比高胶束浓度体系更高的单位时间柱效 N/t。但胶束浓度过低,会影响峰形,从而降低 N/t 值和分离度,同时,MEKC 分离时间窗口和峰容量也会进一步减小,因而胶束浓度不宜过低。实验结果表明,分离一般中性物质(有较好溶解度),快速 MEKC 选择 mmol/L SDS 浓度为宜。

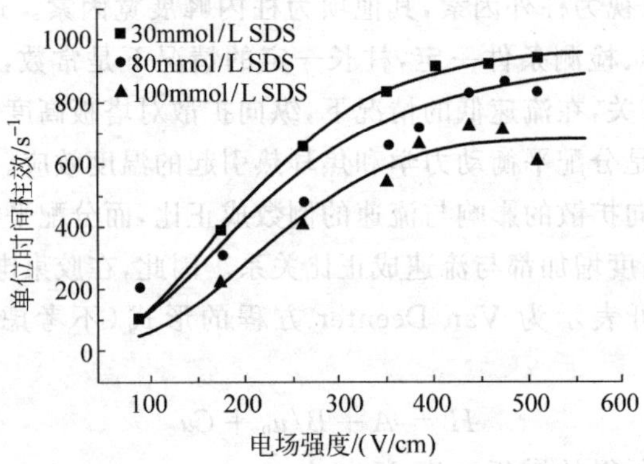

图 7-5 萘酚在不同胶束浓度缓冲溶液中单位时间柱效 N/t 随电场强度 E 的变化

3) 电场强度与柱长对快速胶束电动色谱分离效率的综合影响

根据塔板理论,柱效与理论塔板高度的关系为 $N=L/H$,把式(7-26)代入,则单位时间柱效 N/t 可表示为

$$N/t=\frac{L}{Ht}=\frac{1}{\frac{A}{u_0}+\frac{B}{u_0^2}+C} \tag{7-27}$$

电渗流速度 u_0 与电场强度 E 呈线性关系,$u_0=\mu_0 E$,其中 μ_0 为电渗流淌度,在同一缓冲体系中,基本保持不变,可视为常数,式(7-27)进一步演化成

$$N/t=\frac{1}{\frac{A}{\mu_0 E}+\frac{B}{(\mu_0 E)^2}+C}=\frac{1}{\frac{A'}{E}+\frac{B'}{E^2}+C'} \tag{7-28}$$

以 SDS 浓度为 30mmol/L 的溶液为 MEKC 缓冲液,考察 N/t 随电场强度 E 的变化,根据式(7-28)进行拟合,结果见图 7-6 和表 7-7。在场强较低时,溶质的扩散是造成峰变宽的

主要因素，也就是说，由于 B'数值较大，B'/E^2 对分母贡献最大，此时 N/t 随 E 值增大而迅速增大并表现为近似二次函数形式。而当电场强度大于 400V/cm 后，A'/E 和 B'/E^2 值较小，对 N/t 影响较小，N/t 值的增加趋于平缓，达到一最高值后开始下降，实际快速分离中电场强度为 400～600V/cm，可作为取得最大 N/t 的最佳场强范围。

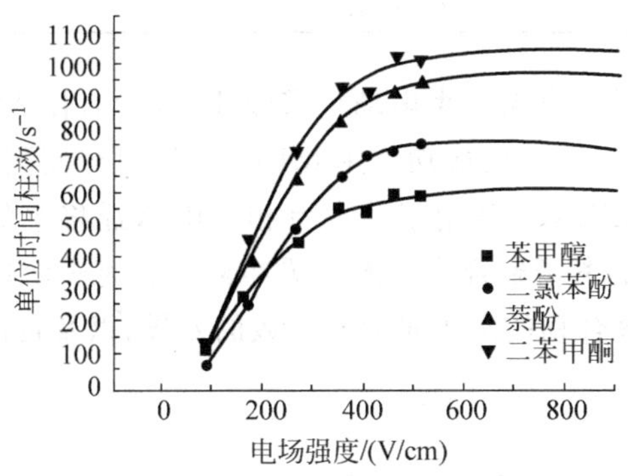

图 7-6　单位时间柱效 N/t 随电场强度 E 变化情况

点为实验测定值，线为实验数据按式(7-30)拟合的结果(SDS 浓度为 mmol/L，有效柱长 50cm)

表 7-7　二氯苯酚 N/t=500V/cm 时的实验参数

L/cm	E/(V/cm)	u_0/(mm/s)	t_0/s	u_{mc}/(mm/s)	t_{mc}/s	$(t_{mc}-t_0)$/s
26.5	470	3.60	73.6	1.49	177.8	104.2
27.5	490	3.77	72.9	1.57	175.0	102.1
28.5①	520①	3.90①	72.9①	1.64①	173.8①	100.9①
30.0	525	4.05	74.1	1.68	178.6	104.5
40.0	620	4.73	84.6	1.96	204.0	119.4
50.0	675	5.20	96.2	2.15	233.0	136.8
60.0	715	5.51	108.9	2.26	265.0	156.1

① 最佳实验条件。

实际 MEKC 分离中，柱长对分离时间和柱效有非常显著的影响，在以单位时间柱效 N/t 为指标进行快速 MEKC 分离条件优化时，必须考虑柱长的因素。

4）热效应影响

在以上的讨论中，认为热效应小，忽略了其对塔板高度的贡献。但实际上，随着电场强度的增加，塔板高度的增加一部分贡献来源于热效应，这一点从表 7-6 中拟合所得 A 值为负可以看出，很可能是由热效应导致的结果(正常情况下，A 值应大于或等于零)。热效应对塔板高度的影响还可以由塔板高度 H 与流速 u_0 的关系图中看出。表 7-8 列出了拟合所得参数值。在场强较低的情况下，H 随 u_0 的增加以一较小的斜率上升(C=0.922)。但实际上，在电渗流速度增大到 4.0mm/s 时(电场强度为 540kV/cm)，H 已与理想状况有了偏离，理论值为 4.60μm，实验值为 5.29μm，偏离部分约占实验值的 13%。在这种情况下，热效应所带来的柱效损失已不能忽略。从拟合结果看，在高场强下的实验数据得到了很高 C 值，这其中实际上已经包含了热效应的因素。因此高场强下热效应 C 项有正贡献，对 A 项有负贡献。

表 7-8　高场强和低场强下拟合所得参数值

参　数	高场强下拟合	低场强下拟合
A	−3.310 23	0.469 67
B	4.264 67	2.307 31
C	2.085 13	0.922 16

有报道,采用脂肪醇的微乳液胶束电动色谱(MEEKC)有比 MECC 更高的柱效、更快的分析速度和容易控制“窗口”。现已成功地用 MEEKC 同时分离测定酸性和碱性蛋白。

离子交换电动色谱(IEEKC)已用于分离有相似电泳迁移率的同分异构体。在此技术中,将离子溶质电荷相反的离子聚合物加入到缓冲液中。离子溶质和聚合物在溶液中形成离子对。分离基于溶质-聚合物的离子对形成常数的差异,以及自由溶质与聚合物离子的速度差异。

7.7.4　毛细管电色谱

毛细管电色谱(CEC)是由高效液相色谱和毛细管电泳结合而成,是两者的混合体。该分离模式使用电驱动力推动溶剂及样品流过色谱柱子。在原理上看,CEC 流过柱子的溶剂前沿与毛细管电泳相似,其切面呈塞状,具有很高的分离效率。同时,在分离机理上保留了高效液相色谱的选择性。因此,对于不带电的样品可以获得比高效液相色谱更好的分离,对于带电样品,离子电迁移和分配机理同时存在,共同对保留和分离产生影响,有更多的选择性变化。CEC 最大的特色是分离速度快和分离效率高。

1. CEC 的电渗流 EOF

通常电渗流速度采用 Von Smoluchowski 方程表示:

$$u = \frac{\varepsilon_0 \varepsilon_\gamma \zeta E}{\eta} = \mu_{eo} E \tag{7-29}$$

式中,ε_0,ε_γ,ζ,η,μ_{eo},E 分别为真空介电常数、介质介电常数、zeta 负电位、溶液黏度、电渗淌度、电场强度。

Overbeek 进一步对填充毛细管电色谱的电渗流进行研究分析,考虑填料多孔、无孔、形状以及其他因素均会影响电渗流的速度,提出用下式表示:

$$u = u_p \left[1 + \left(\frac{d_p}{R}\right)\left(\frac{2}{\beta}\right)\left(\frac{\zeta_w}{\zeta_p} - 1\right) \right] \tag{7-30}$$

式中,u_p 为填料表面产生的电渗流速度;d_p 为填料粒径;R 为毛细管半径;ζ_w 为毛细管壁的 zeta 电位;ζ_p 为填料颗粒表面的 zeta 电位;β 为柱子截面上空隙率与填料形状有关的参数。该方程说明对于填充电色谱,电渗流速度在管壁和填料表面可能产生差别,两者的速度不同会导致不同的流型,影响溶剂的塞状均匀流场。图 7-7 反映了管壁与填料表面电渗流差别随管径、填料粒度的变化。可以看出,随着两种电渗差别增加,填料粒度增加,毛细管径下降,该现象越严重,对分离效率的影响也越大。

2. 容量因子

电色谱中中性化合物在流动相和固定相之间的分配平衡与液相色谱相同,因此容量因

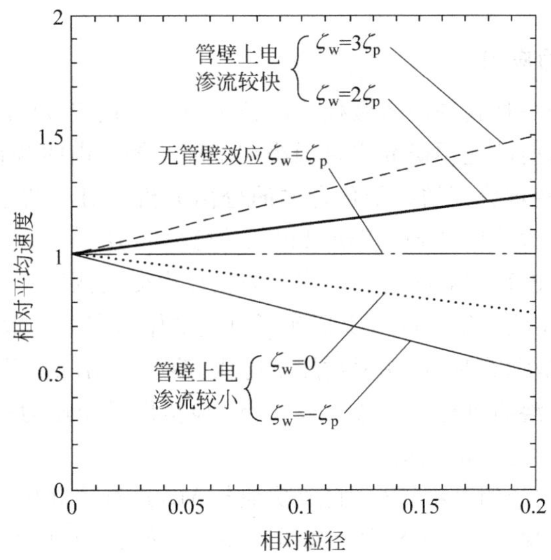

图 7-7　管壁与填料表面电渗流差别随管径、填料粒度的变化

子的计算与液相色谱相似：

$$k' = (t_R - t_{eof})/t_{eof} \tag{7-31}$$

式中，t_R 为保留时间；t_{eof} 为电渗流流出时间。然而，对于带电溶质离子，其保留具有电迁移和分配双重机理，邹汉法等将其近似定义为

$$k^* = \frac{k' - \mu_{ep}/\mu_{eof}}{1 + \mu_{ep}/\mu_{eof}} \tag{7-32}$$

式中，μ_{ep} 为离子电泳淌度；μ_{eof} 为电渗流淌度。电泳方向与电渗方向相同时，CEC 模式下的容量因子与液相色谱模式下的容量因子相比下降；反之，即溶质离子电泳方向与电渗方向相反，保留时间增加，相当于容量因子增加。

3. 塔板高度

电色谱中由于通过电渗驱动溶液流动，与电泳相似，其中液体流型类似塞状，如图 7-8 所示。因此，CEC 具有较液相色谱更窄的峰宽，更高的分离塔板数或柱效。

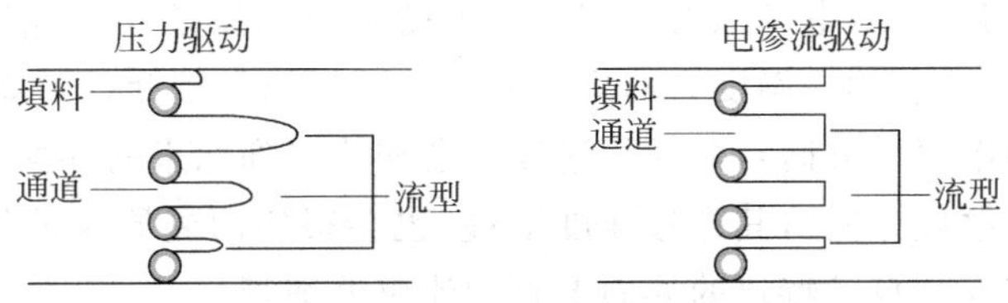

图 7-8　填充毛细管电色谱中流动相的流型

电色谱过程塔板高度与电渗流速度之间的关系也满足 Van Deemter 方程，只是其中的系数和物理意义有所不同。涡流扩散相 A 在 CEC 中明显小于 HPLC 中(通常小 2～4 倍)，主要是由于溶剂塞状流型造成的；B/u 扩散项与液相色谱非常相似；Cu 传质项与液相色谱有相似之处，也有不同。在传质过程中，CEC 模式下对于孔径大于 300Å 的填料 C 值较小，对于 80Å 的填料，由于双电层的相互作用，EOF 不能穿透填料内部孔道，因此 C 值没有明

显变化。

4. 毛细管电色谱的应用

毛细管电色谱作为一种新的高效微柱分离技术，自20世纪80年代末建立以来，已经得到了多方面的研究。目前的应用研究主要围绕在多环芳烃在内的芳香族化合物、药物、染料和对映体以及小肽、一些难分离的离子化合物的分离分析。对于疏水性很强的样品或电流淌度相近的离子化合物对映体，CEC表现出很强的分离能力。

另外，还可用CEC进行样品的富集。当溶质在柱内受到两种不同性质且方向相反的作用时，溶质在柱内得到富集。Tsuda首次证实了电色谱作为富集技术的潜力，在用压力驱动电色谱分离*N*-甲基苯基吡啶时，在柱两端加上电压，溶质不出峰；不加电压，溶质就被压力流冲出色谱柱。由此对溶质进行了富集。1990年，他指出了用压力驱动电色谱富集样品的前提条件，并设计了连续进样电色谱。

由于CEC使用细内径的毛细管柱，它成功地与MS进行了联用。Verhei首先报道了这项联用技术。这不仅解决了LC-MS中分离效率不高的问题，而且也克服了CE-MS中质量流量太小的缺陷。Dekkers等讨论了电色谱-MS联用的设备问题，并将CEC-ESI-MS与Micro-LC-MS的结果进行了对比。

CEC以它的高效和选择性，以及微量快捷、成本低的特点，必将在微量分析中占有重要的地位。

7.7.5 毛细管等速电泳

毛细管等速电泳(CITP)是一种动态界面移动浓缩分离模式。体系中采用两种不同迁移速度的电解质溶液，迁移速度(或离子淌度)比所分离样品都大的离子作为前导电解质(leading electrolyte)，迁移速度比所有被分离离子都小的离子作为尾随电解质(tailing electrolyte)，样品溶液可充满毛细管长度的30%～50%，加上高压电场后，夹在前导电解质和尾随电解质溶液界面之间的样品离子开始移动。由于前导电解质离子淌度最大，迁移速度最快，样品中迁移速度较快的离子紧随其后，达到特定速度后保持等速迁移。

等速电泳中不同离子之所以能够保持各自的等速状态得到分离，是因为在前导液和尾随液之间形成的不同界面上电场强度不同。在保持恒定电流条件下，溶质所在的区带界面会自动调整以维持等速移动。淌度大的离子所在的区带场强较低。如果离子扩散到其相邻的高场强区带(尾随电解质方向)，其迁移速度就会加快回到原来的界面上；反之，如果扩散到低场强区(前导电解质方向)，其迁移速度变慢，也会很快回到原来的位置。因此，达到等速后，不同溶质保持在其自己特定的界面上直到流出毛细管。

等速电泳有显著的浓缩特性，由于离子浓度与其淌度之比为电流大小，在恒电流方式下，淌度大的离子浓度越大，即浓缩比越高；最先出峰的样品组分可达到10^6塔板数的分离柱效和10^3倍的浓缩效率。淌度较小的离子，也能获得高效的分离和高的富集倍数。

等速电泳使用上最大的困难是适当的先导电解质和尾随电解质类化合物的选择，两种化合物在缓冲体系中又能形成分离所需的pH值。另外，样品中同时存在正离子和负离子分离问题时，不能同时进行堆积分离。

近些年发展的多种样品堆积(sample stacking)技术的原理多数与CITP分离模式相似。

7.7.6 毛细管等电聚焦

毛细管等电聚焦(CIEF)是通过对两性化合物的等电点(pI)差异进行分离的模式。等电聚焦具有高分辨的特性,pI 值相差 0.01 的蛋白质、肽以及氨基酸等两性化合物即可能得到分离。CIEF 分离与其他模式不同,在聚焦过程中,采用特定 pI 值分布范围的载体两性电解质物质(carrier ampholyte)形成 pH 梯度,采用酸性溶液作为阳极溶液,碱性溶液作为阴极溶液,消除电渗流使溶液在聚焦过程中处于“静止”状态,被分离样品通常与两性电解质溶液混合注入毛细管。

为了消除毛细管内的电渗流,通常采用内表面改性修饰的方法。其中,以聚丙烯酰胺和聚甲基纤维素涂渍后,进行交联键合到管壁表面的方法比较有效。表面涂渍处理的毛细管不仅能够有效抑制电渗流,而且可以阻止蛋白质等物质在管壁的吸附,提高蛋白质的分离效果和重现性。

等电聚焦的区带宽度主要受样品分子扩散系数、电场强度、离子淌度比以及 pH 精准程度等影响。

等电聚焦所用两性电解质是由一系列带有不同数量官能团的聚合物的混合物,在不同 pH 值带有不同数量的电荷,因此可以在电场中排列形成稳定的 pH 梯度,样品在形成的 pH 梯度中迁移到其等电点位置。两性电解质的 pH 分布有一定的范围,pH 3～10,是常用的 pH 范围较宽的一种,适合分离各种 pI 点分布较广的样品。如果要取得更高的分辨率。分离样品应采用 pH 范围较窄的两性电解质,其对应 pI 点附近具有较高 pH 精度。

CIEF 另一个特点是对被分离样品具有高度浓缩效果,其浓缩倍数可达到 3 个数量级以上。因此,等电聚焦分离对浓度较低的样品分离检测具有较好的效果;对于浓度较高的样品,等电聚焦后浓度进一步增加,以至于发生沉淀,会影响聚焦和分离效果。等电聚焦模式,要求被分离的样品有合适(或较低)的浓度。等电聚焦后的样品谱带的检测最好是采用柱上原位检测,但是对检测器的要求较高,不能在通常的电泳仪器上实现。由于等电聚焦毛细管没有电渗流,不能自动流出,因此采用外加压力,或通过正负极两端液面差将其中的聚焦区带缓慢流出。为了抑制聚焦带的扩散发生散焦现象,流出过程保持有电泳电压,同时流出速度要慢以降低流型扩散。

CIEF 广泛用于分离蛋白质,也可以用于分离不同 pI 值的化合物的混合物,只要在样品中能建立覆盖这些 pI 范围的 pH 梯度,例如使用 CIEF 分析人类生长激素。CIEF 可用于通过聚焦已知 pI 值蛋白质的混合物来确定未知蛋白质的 pI 值,建立 pI 对迁移时间的校准图,聚焦未知 pI 值的蛋白质,测量它们的迁移时间,然后从图中得知其 pI 值。

7.8 毛细管电泳柱技术

毛细管是 CE 的核心部件之一,早期研究集中在毛细管直径、长度、形状和材料方面,目前集中在管壁的改性和各种柱的制备上。管壁改性主要是消除吸附和控制电渗流,通常采用动态修饰和表面涂层两类方法。

1. 动态修饰毛细管内壁

动态修饰采用在运行缓冲液中加入添加剂，如加入阳离子表面活性剂十四烷基三甲基溴化铵(TTAB)，能在内壁形成物理吸附层，使 EOF 反向。添加剂还有聚胺、聚乙烯亚胺(PEI)等，甲基纤维素(MC)可形成中性亲水性覆盖层。

2. 毛细管内壁表面涂层

涂层方法有很多种，包括物理涂布、化学键合及交联等，最常用的方法是采用双官能团的偶联剂，如各种有机硅烷，第一个官能团(如甲氧基)与管壁上的游离羟基反应，与管壁共价结合，再用第二个官能团(如乙烯基)与涂渍物(如聚丙烯酰胺)反应，形成一稳定的涂层。此外，还有将纤维素、PEI 和聚醚组成多层涂层，亲水性的绒毛涂层(fuzzy)和连锁聚醚涂层。

3. 凝胶柱和无胶筛分

CGE 的关键是毛细管凝胶柱的制备，常用聚丙烯酰胺凝胶柱来进行 DNA 片段分析和测序。测定蛋白质和肽的分子量常用十二烷基硫酸钠聚丙烯酰胺电泳(SDS-LPAGE)。如将聚丙烯酰胺单体溶液中的交联剂甲基双丙烯酰胺(Bis)浓度降为零，得到线性非交联的亲水性聚合物用作操作溶液，仍有按分子大小分离的作用，称无胶筛分。此法简单，使用方便，分离能力比 CGE 差。

7.9 毛细管电泳检测技术

CE 对检测器灵敏度要求相当高，故检测是 CE 中的关键问题。迄今为止除了原子吸收光谱与红外光谱未用于 CE 外，其他检测手段均已用于 CE。现选择重要的几类检测器介绍其最新进展。

1. 紫外检测器(UV)

UV 检测器集中在提高灵敏度，如采用平面积分检测池，这种设计可使检测光路增加到 1cm。也有用光散射二极管(LEDS)作光源，其线性范围和信噪比优于汞灯。总体来说进展不大。

2. 激光诱导荧光检测(LIF)

LIF 是 CE 最灵敏的检测器之一，极大地拓展了 CE 的应用，DNA 测序就须用 LIF，单细胞和单分子检测也离不开 LIF。LIF 不但提高了灵敏度，也可增加选择性，缺点在于被测物需要用荧光试剂标记或染色。利用 CE-LIF 技术可检出染色的单个 DNA 分子，用于癌症的早期诊断及临床酶和免疫学检测等方向。CE-LIF 向 3 个方向发展：在原有氦-镉激光器(325nm)和氩离子激光器(488nm)之外，发展价廉、长波长的二极管激光器；发展更多的荧光标记试剂来扩展应用面；开展更多的应用研究。CE-LIF 和微透析结合可测定脑中神经肽。采用波长分辨荧光检测器可提供有关蛋白和 DNA 序列的一些结构和动态信息。一些适用于二极管激光器的荧光标记试剂，如 CY-5 等，正在不断开发和应用中。

3. CE-MS 联用

将现在最有力的分离手段 CE 和能提供组分结构信息的质谱联用，弥补了 CE 定性鉴定的不足，故发展特别快。CE-MS 联用主要在两方面发展：一是各种 CE 模式和 MS 联用，二是 CE 和各种 MS 联用。关键是解决接口装置。成功地应用到 CE-MS 接口中的离子化技术有电喷雾（ESI）、大气压化学电离（APCI）、离子喷雾（ISP）、连续流快原子轰击（CF-FAB）、基体辅助激光解吸离子化（MALDI）、等离子体解析（PD）、音波喷雾离子化（SSI）等。6 种 CE 模式均已和 MS 联用。最早报道 CE-MS 联用是采用单级四极杆质谱，现已发展到三级四极质谱、离子阱质谱、时间飞行质谱（TOF-MS）、电感耦合等离子体质谱（ICP-MS）、磁质谱和傅里叶变换离子回旋共振质谱（FTICR-MS）等。CE-MS 联用特别适合于复杂生物体系的分离鉴定。因所需样品少，目前大部分工作集中在基因工程产品和蛋白样品，如用 CIEF-ESI-MS 监测蛋白的去折叠过程，各种方法联用综合评价基因工程药物——促红细胞生成素（EPO）等。CE-ICP-MS 进行元素分析，连接 CE-TOF-MS 的新的激光蒸发离子化接口以及用 CE-FTICR-MS 成功地分离和鉴定单个红细胞中血红蛋白的 α 链和 β 链等，表明 CE-MS 联用已成为 CE 研究中的热点，CE-MS 联用在中药复杂体系分离分析中将起重要作用。

4. 电化学检测器（EC）

EC 可避免光学类检测器遇到的光程太短的问题，故和 LIF 同为 CE 中灵敏度最高的检测器。报道最多的是电化学伏安检测器，常用碳纤维微电极进行单细胞极微量神经递质（如多巴胺等）的测定，可用脉冲伏安法测定糖、糖肽及金属离子，也可用循环伏安法。另一类常用的 EC 为电导检测器。

5. 化学发光检测器（CL）

CL 具有结构简单、灵敏度高的特点，近年来引起重视。用 CE-CL 检测血红蛋白，其检测限比 CE-UV 降低约 4 个数量级。应用最多的仍是苯巴比妥（phenobarbital），因该体系对多数待测物，如一些金属离子、氨基酸及其衍生物的检测灵敏度很高，且反应在水相进行，会得到进一步发展。

6. 其他检测器

采用激光作激励源的除 LIF 外，还有激光热透镜检测、激光光热检测和激光拉曼检测等。普通荧光检测器研究集中在开发新的荧光染料，以提高灵敏度。同位素检测器具有高选择性和高灵敏度（可达 10^{-9} mol/L），但测定时需经同位素标记步骤，故应用受到限制。

放射性检测器可用于检测具有放射活性的溶质，或者将具有放射活性的物质标记在化合物上，就能检测到该化合物。

7.10 应用实例

CE 的应用十分广泛，现选择一些重要应用的发展作简要介绍。

1. DNA 分析

DNA 分析包括碱基、核苷、核苷酸、寡核苷酸、引物、探针、单链 DNA、双链 DNA（DNA

片段、PCR产物)分析及DNA序列测定。CZE和MECC通常用来分离碱基、核苷酸、简单的核苷酸等。CGE则用于较大的寡核苷酸、ssDNA、dsDNA和DNA序列分析。大片段DNA分析过去颇为困难，但又十分重要，因为人类染色体DNA在50～255Mbp范围内，用荧光显微镜可观察到单个大片段DNA分子的分析过程，对长度为166kbp的T4dcDNA经消解后，从1.26kbp到49.31kbp的8个片段只用8min就可分离。也有报道用CE结合原子力显微镜可进行单个DNA分子的分析。已有CE测定DNA序列的商品仪器面市，但快速测定DNA序列仍在研究中。采用毛细管电泳芯片，可更换的线性聚丙烯酰胺凝胶，350bp的DNA序列测定可在7min内完成，最小分离度为0.5。也有采用CEC-MS来研究带电和中性RNA及DNA的加合物。DNA分析中CE分离、鉴别PCR扩增产物及DNA基因突变是其重要发展方向。CE用于点突变测定，有单链构象多态性分析(SSCP)和限制片段长度多态性分析(RFLP)等。CE也用于法医领域、亲子鉴定和甄别罪犯等。

2. 肽和蛋白分析

CE在生物大分子蛋白和肽的应用可概括为两大方面：一是其结构的表征，二是研究相互作用。蛋白质一级结构表征的内容包括纯度、含量、等电点、分子量、肽谱、氨基酸序列和N-端序列的测定等，CE已广泛用作最有效的纯度检测手段，它可检测出多肽链上单个氨基酸的差异。用CIEF测定等电点，分辨率可达0.01pH单位。尤其是肽谱用CE-MS联用进行分析，可推断蛋白的分子结构。蛋白结构的完全表征尚需采用多种CE模式，结合多种仪器联用，特别是和MS、TOF-MS的联用，才能得到正确结果。蛋白，特别是基因工程所得蛋白药物的微多样性(非均一性)是影响其质量的因素之一。CE能较好地显示微多样性。用CE进行蛋白本身反应以及和小分子相互作用的研究是研究热点，如蛋白结合或降解反应、酶动力学、抗体-抗原结合动力学、受体-配体反应动力学等，蛋白和DNA分析始终是CE研究的重点，今后会有更多的研究。

3. 手性分离

手性对映体分离、鉴定有巨大的应用价值，已成为医药领域内一个重要课题。目前，手性分离论文约占CE论文总数的10%，可见手性分离受到的重视。除CIEF外，其余5种模式均可用于手性分离。常用的手性选择剂有环糊精及其衍生物、冠醚类、手性选择性金属络合物、胆酸盐、手性混合胶束、蛋白等。我国在环糊精类衍生物分离手性对映体方面做了大量、深入的研究工作，达到国际先进水平。有报道采用大环抗生素作手性选择剂，如用万古霉素、利福霉素、硫酸新霉素、硫酸卡那霉素、瑞斯西丁素等来进行手性分离，并探讨了分离机理。还有采用线性多糖，如角叉菜胶来分离弱碱性手性对映体。CE进行手性分离，通常均在运行缓冲液内加入手性选择剂，在操作及分离效率上均优于HPLC手性分离。今后CE手性分离将会在发展更多手性选择剂、更深入地探讨分离机理以及手性药物在体内的作用和代谢等方面开展研究。

4. 药物分析和临床检测

目前所发表的论文中，CE在药物和临床方面应用约占20%。目前CE在药物和临床研究领域已成为不可缺少的有力手段，但在医药领域尚未确定为法定方法，故未得到广泛使用。医药领域内大量研究工作表明CE正在走向成熟，CE已用于几百种药物及各种剂型中成药成分分析、相关杂质检测、纯度检查、无机离子含量测定及定性鉴别等。CE成为法定方法，最可能的突破点是手性药物的鉴别；基因工程药物的纯度检测和分子量测定；HPLC 或其他方法难以解决的药物质量难题，如主成分峰后尾随的痕量杂质 HPLC 难于准确定量，CE 高柱效则可迎刃而解。现在采用 EOF 内标及修正计算峰面积等方法已能很好解决 CE 定量问题。CE-MS 联用将促进 CE 快速发展。CE 在临床化学中除进行临床分子生物学测定外，也广泛用于疾病临床诊断、临床蛋白分析、临床药物监测和药物代谢研究。药物代谢研究对 CE 是一个挑战，虽有不少成功报道，但在提高灵敏度、解决蛋白吸附等方面仍待改进。

5. 环境监测和离子分析

CE 在环境监测中的应用也日趋增多，目前主要集中在用各种模式，包括 CEC 分离监测土壤等环境中多环芳烃(PAHs)，可在 10min 内分离 16 种多环芳烃。CE 在环境监测中应用还需提高灵敏度和发展浓缩、富集方法。毛细管离子分析(CIA)采用间接紫外法或间接荧光法，具有高效、快速的优势。最成功的例子是2.9min 内分离 36 种阴离子，1.8min 内分离 19 种阳离子。CIA 有特色，如在大量有机硒(硒酸酯多糖)存在下，可用 CIA 法定量测定不同价态的痕量无机硒，这是原子吸收光谱和离子色谱尚未解决的难题，目前 CIA 及 CE-MS 用于形态分析报道也日益增多。CE 较重要的应用还有糖的分析，目前最成功的是用 APTS 作糖的衍生化试剂，标记后用 LIF 可进行单糖和多糖的测定。

6. 单细胞、单分子检测

单细胞、单分子检测是 CE 研究达到的最高境界，对生命科学和化学有巨大潜在意义。已有对单个肾上腺细胞、红细胞、白血病细胞、淋巴细胞、嗜铬细胞和胚胎细胞等均取得成功的报道。如用 CE 测定单个淋巴细胞中的乳酸脱氢酶同工酶，用 CZE 间接紫外检测法钠离子和钾离子透过胚胎组织膜的传送，单细胞监测或许会对细胞水平的药理学、了解生命过程提供一种活体检测手段。单个 DNA 分子的检测早有报道，如 E. Yeung 报道用 CE 监测单个蛋白分子，是一突破性的进展，表明科学家向研究单分子间的各种化学和生物反应跨出了决定性的一步。

7. 毛细管电泳芯片(chip)

将所有的化学反应都集成在一小块玻璃芯片上，建立具有一个实验室功能的芯片将是 CE 发展的前景，如测 DNA 序列的芯片在 3cm 距离内，只加 20V/cm 的电压，就可在 13min 内测定 400bp 的序列，分离度大于 0.5，柱效高于 3000 万理论塔板。将 PCR 和 CE 集成在一起的芯片也已成功，还有将芯片和 MS 联用，极大扩展了芯片的前景。虽然目前各种检测器对芯片来说，体积不相称。但随着检测器的微型化(如质谱仪已可做到如手提箱大小)，芯片的优势会更加明显，这也是科学家集中力量发展芯片的理由。

习 题

7-1 在毛细管中实现电泳分离有什么优点？

7-2 简述毛细管区带电泳和胶束电动毛细管电泳的基本原理及异同点。

7-3 毛细管电泳与液相色谱在分离方面有哪些差异？

7-4　毛细管电泳与毛细管柱色谱分离过程有何异同？

7-5　电渗流是如何产生的？具有什么特点？如何控制电渗流的大小和方向？

7-6　简述双电层的产生。

7-7　毛细管电泳的检测器有哪些类型？

7-8　简述毛细管电泳的应用。

7-9　根据分离方式不同，毛细管电泳可分为哪几种主要类型？各有何特点？

第8章

色谱的定性和定量分析

色谱分析法具有很高的分离效能,可以在很短时间内分离极复杂的混合物,在物质的分离、提纯等方面有非常广泛的应用。但是分离不是唯一的目的,色谱法更大的优势在于对混合物组成及含量的分析,即定性分析和定量分析。理想的分离效能给定性、定量工作提供了更好的条件。

8.1 色谱定性分析

8.1.1 一般性定性

色谱法优于紫外、红外、光谱、质谱法等仪器分析法,在于能对多种组分的混合物进行分离分析。但由于能用于色谱分析的物质很多,不同组分在同一固定相上色谱保留行为可能相同,仅凭色谱峰对未知物定性有一定困难。对于一个未知样品,首先要了解它的来源、性质、分析目的;在此基础上,对样品可以进行初步估计;再结合已知纯物质或有关的色谱定性参考数据,用一定的方法进行定性鉴定。

1. 利用已知标准物对照定性

利用已知物直接对照进行定性分析是最简单的定性方法,在具有已知标准物质的情况下常使用这一方法。该方法定性的依据是:相同的色谱操作条件下(包括柱长、固定相、流动相等),组分有固定的色谱保留值。因此将未知物与标准物在同一根色谱柱上,用相同的色谱操作条件进行分析,作出色谱图进行对照比较,可对未知物进行比较鉴别,如图 8-1 所示。

1) 利用保留时间(t_R)对照定性

在一定的色谱条件下,一个未知物只有一个确定的保留时间。因此将已知纯物质在相同的色谱条件下的保留时间与未知物的保留时间进行比较,就可以定性鉴定未知物。若二者相同,则未知物可能是已知的纯物质;若 t_R 不同,则未知物就不是该纯物质,图 8-1 为醇溶液通过保留时间定性的色谱图。

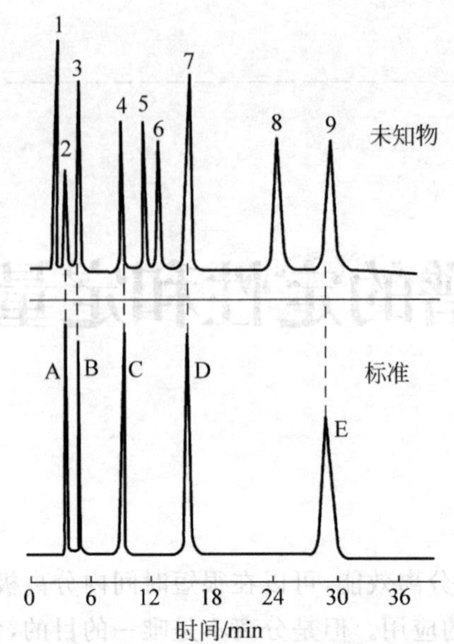

图 8-1 醇溶液定性分析色谱图

标准已知物：A—甲醇；B—乙醇；C—正丙醇；D—正丁醇；E—正戊醇

已知标准物对照法定性只适用于对组分性质已有所了解，组成比较简单，且有纯标准物质可以进行对照的未知物的定性，操作过程中色谱条件的微小变化(例如气相色谱中柱温的微小变化，流动相流速、组成的变化)会使保留值(t_R)发生改变，从而对定性结果产生影响，甚至出现定性错误。

2) 利用保留体积(V_R)对照定性

利用比较未知物与已知标准物保留体积进行定性，可避免载气流速变化的影响，但实际使用也有一定局限，因为保留体积的直接测定是比较困难的，一般都是利用流速和保留时间来计算保留体积。

以上两种定性方法都是利用与标准物质的色谱保留值直接比较的方法定性，其方法的可靠性与分离度有关。例如样品(如酒、茶叶、石油样品等)中组分较多，且色谱峰靠得很近，用 t_R 直接比较定性相对较困难。因为同一保留时间可能对应多种化合物，即使是色谱条件严格不变，也不能排除有数种化合物与之对应的可能性。因此单靠保留时间定性不是完全可靠的。

3) 利用加入法定性(已知物峰高增加法)

将已知纯物质加入到试样中，观察各组分色谱峰的相对变化来进行定性的方法。当未知样品中组分色谱峰过密，用 t_R 对照定性不易辨认时，可应用此种方法。首先作出未知样品的色谱图，然后在未知样品中加入某纯已知物，在同样的色谱条件下，作已加纯物质样品的色谱图，对比两张色谱图中色谱峰，峰高增加的组分即可能为所加入的已知物，如图 8-2(b)图中 3 号峰峰高增加。

也可能出现另外一种情况，即已加纯物质的未知样品的色谱图中没有色谱峰的峰高增加，而是增加了一个色谱峰，如图 8-2(b)中虚线的 6 号峰所示，则可知未知样品中不含已加纯物质。

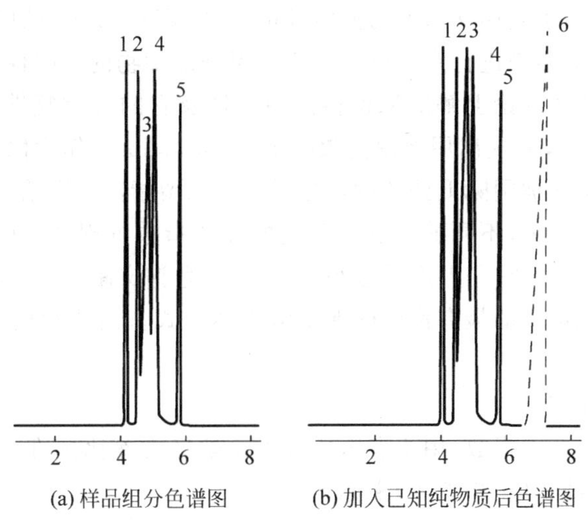

(a) 样品组分色谱图　　(b) 加入已知纯物质后色谱图

图 8-2 已知物峰高增加法定性

此方法可判断未知样品中是否含有某种物质，适用于未知样品组分较多，所得色谱峰过密，用保留值对照定性不易辨认时，该方法既可避免载气流速的微小变化对组分保留时间的影响，对定性结果产生干扰，又可避免因色谱图形复杂而无法准确测定保留时间的困难，是确认某一复杂样品中是否含有某一物质的最好办法。

2. 利用文献保留值定性

1) 相对保留值($r_{i,s}$)定性

对于一些组成比较简单的已知范围的混合物，可选定一基准物按文献报道的色谱条件进行实验，计算两组分的相对保留值。相对保留值($r_{i,s}$)是指组分(i)与基准物质(s)调整保留值的比值，它仅随固定液及柱温变化而变化，与其他操作条件无关。在色谱手册中都列有各种物质在不同固定液上的保留数据，可以用来进行定性鉴定。

在某一固定相及柱温下，分别测出组分(i)和基准物质(s)的调整保留值，再按计算式即可计算出相对保留值。

通常选择容易得到纯品的，与被分析组分保留值相近的物质作基准物质，最好是保留时间靠近色谱图中间的物质，以减少计算色谱图两端组分相对保留值的误差，可以作为基准物的如正丁烷、环己烷、正戊烷、苯、对二甲苯、环己醇、环己酮等。

该方法除具有迅速和直观定性的优点外，还不受载气流量的影响。当载气的流速发生微小变化时，被测组分与参比组分的保留值同时发生变化，而它们的比值——相对保留值则保持不变，即相对保留值只受柱温和固定相性质的影响，而柱长、固定相的填充情况(即固定相的紧密情况)、固定液用量和载气的流速均不影响相对保留值。因此在柱温和固定相一定时，相对保留值为定值，可作为定性的可靠参数。

2) 保留指数

利用已知物保留值对照定性受到标准物的限制，而且受色谱操作条件的影响较大。利用相对保留值定性的缺点是，对多组分混合物定性要选择一个共同的标准物质，并能照顾到所有被测组分几乎是不可能的，因为被测组分的保留时间与标准物质的保留时间相差太大，

准确度就差。人们发展了利用文献值对照定性的方法，即利用已知物的文献保留值与未知物的测定保留值进行对照来进行定性分析。为了保证已知物的文献保留值和未知物的实测保留值有可比性，就要从理论上解决保留值的通用性及它的可重复性。为此，1958 年匈牙利色谱学家 E. Kovats 首先提出用保留指数(retention index)I 作为保留值的标准用于定性分析，这是使用最广泛并被国际上公认的定性指标。保留指数的数值仅与柱温、固定相性质有关，与其他色谱条件无关，不同的实验室测定的保留指数重现性好(精度可达±0.1 指数单位或更低一些)，标准物统一，温度系数小，并且不少色谱文献上都可以查到很多物质的保留指数，是目前由文献记载的最有价值的保留值表达形式。因此利用保留指数定性具有可靠、方便等优点。

(1) 保留指数的计算

保留指数又称 Kovats 指数，用 I 表示。以正构烷烃为参比标准，把某组分的保留行为用两个紧靠近它的标准物(正构烷烃)来标定。

保留指数也是一种相对保留值，它是把正构烷烃中某两个组分的调整保留值的对数作为相对的尺度，并规定正构烷烃的保留指数为其碳原子数乘以 100，$I_z=100z$，z 为正构烷烃含碳原子数，如正戊烷 $I=500$，正己烷 $I=600$，正辛烷 $I=800$ 等，而对于除正构烷烃以外的其他化合物，$I_x=100x$，x 为组分相当于正构烷烃保留值的含碳原子数。例如，苯在某色谱柱上 $I_x=733$，表示该柱上苯的保留值相当于含有 7.33 个碳原子的正构烷烃的保留值。

如图 8-3 所示，被测物质 x 的调整保留时间应在相邻两个正构烷烃的调整保留值之间，化合物调整保留时间的对数值与其保留指数间的关系为线性关系。因此被测物的保留指数值可按式(8-1)采用内插法计算：

$$I_x=100\left(\frac{\lg t'_{R(x)}-\lg t'_{R(z)}}{\lg t'_{R(z+n)}-\lg t'_{R(z)}}\cdot n+z\right) \tag{8-1}$$

$$t'_{R(z+1)}>t'_{R(x)}>t'_{R(z)}$$

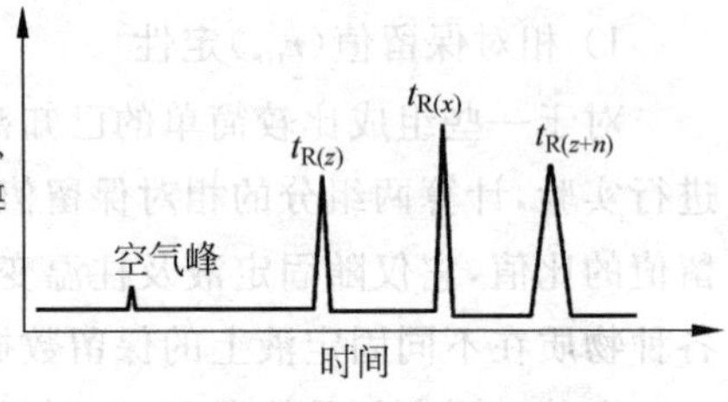

图 8-3 保留指数 I_x 计算的示意图

式中，n 为正构烷烃含碳原子数之差(n 值最好选为 1)；$t'_{R(z)}$ 为含有 z 个碳原子的正构烷烃的调整保留值；$t'_{R(z+n)}$ 为含有 $z+n$ 个碳原子的正构烷烃的调整保留值；$t'_{R(x)}$ 为未知组分(x)的调整保留值。

选取作为参比标准的两正构烷烃的调整保留值应在组分 x 的前后，为减少计算误差，两正构烷烃的碳原子数之差(n)通常选为 1。

保留指数的测定方法如下：测出组分的保留时间后，至少选择 3 种正构烷烃，它们的调整保留值分别大于和小于组分的调整保留时间。以正构烷烃的调整保留值的对数值对保留指数 I 作图，即得一条直线，由被测组分的调整保留值的对数从图上求得保留指数。

例 1 乙酸正丁酯在阿皮松柱上，柱温为 100℃时的保留行为如图 8-4 所示，选取正庚烷、正辛烷两个正构烷烃为参照物，乙酸正丁酯的色谱峰在此两正构烷烃色谱峰之间，计算乙酸正丁酯的保留指数。

各组分保留值数据如下：

组分	调整保留值
正庚烷(n-C_7)	$t_R{}'=174$mm

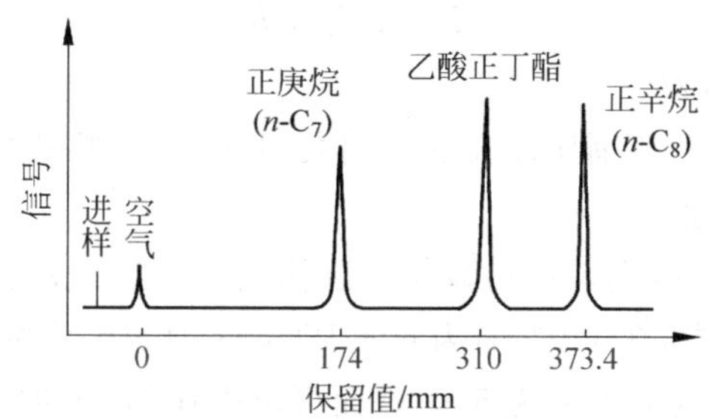

图 8-4 乙酸正丁酯保留指数测定

乙酸正丁酯 $t_R{}'=310.0\text{mm}$

正辛烷(n-C_8) $t_R{}'=373.4\text{mm}$

解 $\lg t_{R(7)}'=\lg 174=2.2406$

$\lg t_{R(x)}'=\lg 310=2.4914$

$\lg t_{R(8)}'=\lg 373.4=2.5722$

$z=7$,$n=1$,将上述数据代入式(8-1)得

$$I_x=100\left(\frac{\lg t'_{R(x)}-\lg t'_{R(z)}}{\lg t'_{R(z+n)}-\lg t'_{R(z)}}\cdot n+z\right)$$

$$=100\times[(2.4914-2.2406)/(2.5722-2.2406)+7]=775.63$$

(2) 保留指数的精密度及误差来源

很多物质的保留指数都可以在文献上查到,但使用保留指数定性,应当首先保证保留指数的可靠性,以及实验测定保留指数的精密度。不同实验室测得的保留指数有微小差别,重现性通常认为在±(2~3)个指数单位,若采用计算机联用的色谱工作站进行数据处理,可减小数据测量误差,保留指数测量误差可以控制在±0.1个指数单位以内。

如果测量结果的重现性较差,可以从以下几个方面查找原因,系统误差:气流速控制可能不稳,如钢瓶出口压力低等原因导致压力及流量的不稳定;气路有污染;温度控制不十分准确,温度对保留指数是有影响的。测量误差:包括死时间、保留时间、保留距离的测量都会引入误差。目前,气相色谱仪普遍采用与计算机联用的色谱工作站进行各参数测量及其他数据处理,可以消除由手工进行参数测量带来的误差。

为了提高保留指数定性结果的准确性,可以利用双柱或多柱定性。即使用一支极性和一支非极性柱或者再用一个特殊选择性柱,测定未知物的保留指数,用两组数据对制作成二维图,或利用三组数据对制作成三维图,通过比较3支极性完全不同的色谱柱上得到的保留指数进行定性,在很大程度上提高了方法的可靠性。

用保留指数进行定性时需要知道被测未知物属于哪一类化合物,然后在文献中查找分析该类化合物所用的固定相和柱温等色谱条件。一定要用文献上给出的色谱条件来分析未知物,并计算它的保留指数,然后再与文献中所给出的保留指数值进行对照,给出未知物的定性分析结果。如果分析未知物的色谱条件与文献给出的不同,则分析结果毫无意义。

(3) 温度对保留指数的影响

① 不同温度下的保留指数

同一物质在同一色谱柱上的保留指数,在一定温度范围内与柱温呈线性关系:

$$I = aT_c + b \tag{8-2}$$

式中,a,b 为常数;T_c 为柱温。

一般非极性固定相线性范围比极性固定相大,利用这一规律可以根据式(8-2)在小范围内计算不同温度下的保留指数。

但是如果温度范围过宽,则保留指数与柱温就成为双曲线关系。

例如某烷烃的保留指数,在 110℃时为 608,150℃时为 640,将两组数据分别代入式(8-2),通过计算求得式中常数 a 为 0.8,b 为 520,进而可求得在 130℃时保留指数为 624。

② 保留指数的温度效应

保留指数的温度变化率$\left(\dfrac{\Delta I}{\Delta t}\right)$对于不同类物质是不相同的,例如不同烃类的这一变化率次序为

芳烃 > 环烷烃 > 三取代烃 > 二取代烃和一取代烃

因此也可以根据上述规律比较改变柱温时测定的保留指数,观察$\dfrac{\Delta I}{\Delta t}$的大小,可以初步判断被测物属哪一类化合物。

(4) 计算机检索

随着计算机技术的发展,大量的保留指数可以储存在计算机中,并可以通过计算将储存在计算机中的标准保留指数转换成用户色谱条件下的保留指数(I_x)和保留时间($t_R{}'$),然后用计算机的检索功能进行定性分析,现已有商品化数据库出售。

(5) 保留指数定性的优点

保留指数定性的优点在于:

① 以正构烷烃为参比标准,把某组分的保留行为用两个紧靠近它的正构烷烃来标定。这样使 I_x 值计算更为准确。

② I_x 值具有形象化特点。它是与被测物质具有相同调整保留时间的假想的正构烷烃的碳数乘以 100 来表示的,$I=733$,$x=7.33$ 说明在该柱上,苯的保留值在庚烷与辛烷之间,相当于含有 7.33 个碳原子的正构烷烃。

③ 测得 I_x 值与文献值对照就可定性鉴定,而不必用纯物质相对照。保留指数仅与固定相的性质、柱温有关,与其他实验条件无关。只要柱温与固定相相同,其准确度和重现性都很好。

④ 保留指数与化合物结构的相关性要比其他保留值强,因此有利于判别化合物结构。

⑤ 保留指数是对数值,一组同系物的 I 值与化合物沸点和碳数呈线性关系。

在液相色谱中,由于组分的保留行为不仅与固定相有关,还与流动相的种类及浓度有关,所以,不能用 Kovats 指数定性。

保留指数定性与用已知标准物直接对照定性相比,虽然避免了寻找已知标准物质的困难,但它也有一定的局限性,对一些多官能团的化合物和结构比较复杂的天然产物,因为这类化合物的保留指数在文献上很少有报道,因此是无法采用保留指数对其进行定性的。

3. 用比保留体积(V_g)定性

$$V_g = \frac{V_N}{W_L}\frac{273}{T_c}$$

比保留体积是气液色谱法最重要的定性指标之一，组分的比保留体积只因固定液的种类和柱温而异，不受载气的流速和固定液用量的影响，不必采用标准物质。其缺点是在实际工作中，需要准确得知柱中固定液量，如果长期使用的色谱柱的固定液流失，难以准确知道固定液的质量，则定性不准确，所以它的应用也受到一定的限制。

8.1.2　利用保留值规律进行定性分析

无论采用已知物直接对照定性，还是采用文献值对照定性，其定性的准确度都不是很高的，往往还需要其他方法再加以确认。如果将已知物直接对照定性或文献值对照定性与保留值规律定性结合，则可以大大提高定性分析结果的准确度。

1. 利用双(多)柱或双(多)体系定性

无论采用已知物直接对照定性，还是采用文献值(保留指数)对照定性，都是在同一根色谱柱上进行分析比较来进行定性分析。这种定性分析结果的准确度往往不高，特别是对于一些同分异构体的分析往往无法区分。可能会出现这样的情况，性质相近的不同物质在同一根色谱柱上表现出相同的保留行为。

如 1-丁烯与异丁烯在阿皮松、硅油等非极性柱子上保留值相同。这时可采用双柱定性，即改用极性柱，1-丁烯与异丁烯将有不同的保留值，所以，可以在两根不同极性色谱柱上，将未知物的保留值与已知物的保留值或文献上的保留值(如保留指数)进行对比分析，两根色谱柱的极性相差越大，一般保留值也相差越大。这样就可以大大提高定性分析结果的准确度。在双柱选择上还可以选择氢键缔合能力有较大差异的不同色谱柱，对一些形成能力不同的化合物进行定性分析。

实验表明，各类同系物在两根极性不同的色谱柱上的比保留体积(V_g)有如下关系：

$$\lg V_g^{\mathrm{I}} = A_1 \lg V_g^{\mathrm{II}} + C_1 \tag{8-3}$$

式中，A_1 和 C_1 为常数；V_g^{I} 是柱Ⅰ上的比保留体积；V_g^{II} 是柱Ⅱ上的比保留体积。

由式(8-3)可见，同系物的保留值在两根不同极性色谱柱上呈线性关系。同系物不同，式中常数 A_1 和 C_1 的值不同。

图 8-5 是根据某些化合物在 2,4-二甲基 2-[2 羟基乙氧基]戊二醇-(1,5)柱(Ⅰ)和邻苯二甲酸二异癸酯柱(Ⅱ)上的比保留体积的对数。经过邻苯二甲酸二异癸酯柱(Ⅱ)分离后，在 $\lg V_g^{\mathrm{II}}$ 为 1.8 的位置上有一个未知峰，由图 8-5 查找有两种可能性，即酮与伯醇。此时，将样品在柱Ⅰ上进行分离，得到 $\lg V_g^{\mathrm{I}}$ 为 1.62 的色谱峰，从而可确定该组分是酮而不是醇。

由于非极性柱上各物质出峰顺序基本上是按沸点高低出峰，而在极性柱上各物质的出峰顺序则是主要由其化学结构所决定，因此双柱定性在同分异构体的确认中有很重要的作用。

两个纯化合物在性能(极性或氢键形成能力等)不同的二根或多根色谱柱上有完全相同的保留值(在不同柱上的保留时间不同)，则基本可以认定两个纯化合物为同一种物质。所使用的柱子越多，色谱柱的性能差别越大，则结果可信度越高。

也可以进一步改变色谱条件(分离柱、流动相、柱温等)或在样品中添加标准物质，来对比色谱条件改变前后样品组分的分离结果。例如在液相色谱中采用双体系定性，通过改变

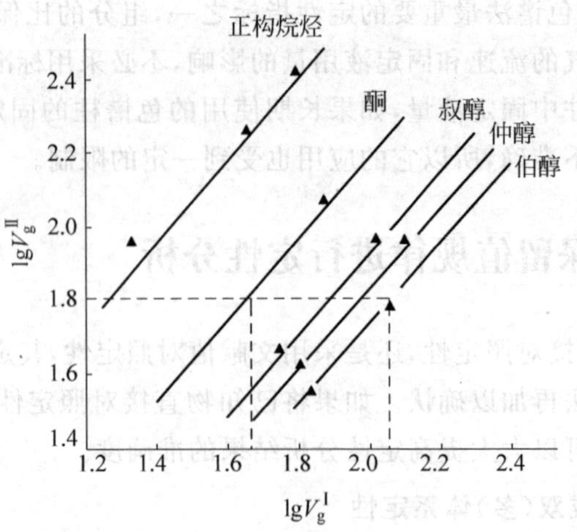

图 8-5　双柱定性

流动相和固定相，或者同时改变二者，改善分离的选择性。通常改用与原色谱体系有较大差别的其他色谱体系来实现分离。

2. 气相色谱中的碳数规律

一定温度(气相色谱)下，同系物间的调整保留值(也可采用比保留值、相对保留值)变化遵循如下规律：

$$\lg V'_R = An + B \tag{8-4}$$

式中，V'_R为组分的保留值(也可以为t'_R, V'_R, k')；A和B为与固定相和被分析组分的化学性质有关的常数；n为分子中的碳原子数。

图 8-6 为几类物质的调整保留体积与含碳数的关系图。

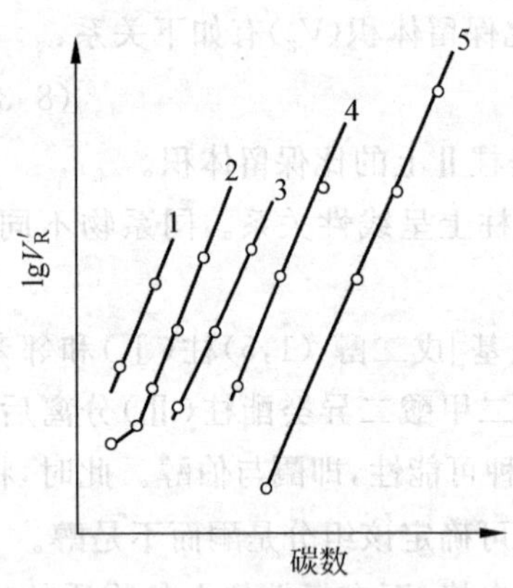

图 8-6　调整保留体积与碳数的关系
1—烷烃；2—醇类；3—甲酸酯类；
4—乙酸酯类；5—甲基酮类

利用碳数规律定性，可以在已知同系物中几个组分保留值情况下，推出同系物中其他组分的保留值，然后与未知物的色谱图进行对比分析。

利用碳数规律定性时，应先判断未知物类型，才能寻找适当的同系物。与此同时，要注意当碳原子数 $n=1$ 或 2，以及碳数较大时，可能与线性关系发生偏差。

这一规律适用于任何同系物，如有机化合物中含有的硅、硫、氮、氧等元素的原子数及某些重复结构单元(如苯环、C═C、亚氨基等)的数目，均与调整保留值的对数呈线性关系，同样适用于上述规律。

碳数规律在气相色谱中广泛应用，在液相色谱的等度淋洗条件下，该规律也同样适用。在对未知样品定性分析中，当缺乏纯样品对照时，可使用该法定性。

3. 气相色谱中的沸点规律

同族具有相同碳原子数目的同分异构体间的调整保留值(也可用比保留值)的对数值与

沸点呈线性关系：

$$\lg V'_R = CT_b + D \tag{8-5}$$

式中，C 和 D 为经验常数；T_b 为组分的沸点；V'_R为组分的调整保留体积。

与碳数规律相同，如果能测定同族中几个组分的保留值，就可利用上式或作图法求得其他组分的保留值，从而对未知物定性。

图 8-7 为 3 类卤代甲烷——CX_4，CHX_3，CH_2X_2（X 代表 F，Cl 或 Br）的 $\lg V'_R$-T_b 关系曲线。根据色谱图上未知峰的 V'_R值，从图 8-7 中查出该组分的可能沸点，参考文献上有关沸点的数据，就可以推断该组分为何种化合物。与利用碳数规律进行定性一样，对碳链异构体，也可以根据其中几个已知组分的调整保留值的对数与相应的沸点作图，然后根据未知组分的沸点，在图上示其相应的保留值，与色谱图上的未知峰对照进行定性分析。

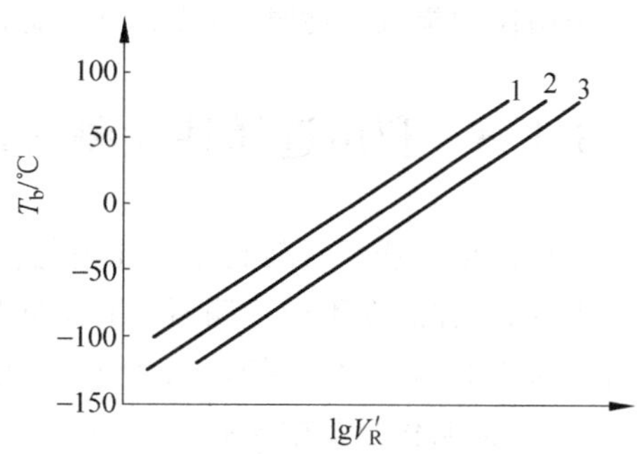

图 8-7　调整保留体积与沸点的关系

1—CX_4；2—CH_2X_2；3—CHX_3（X 代表 F，Cl 或 Br）

4. 液相色谱中的保留值规则

与气相色谱相比，液相色谱的分离机理就复杂多了，不仅仅是吸附和分配，还有离子交换、体积排阻、亲核作用、疏水作用等。组分的保留行为也不仅只与固定相有关，还与流动相的种类及组成有关，因此液相色谱中影响保留值的因素比气相色谱中要多很多，所以在气相色谱中广泛使用的 Kovats 指数不能直接用于液相色谱的定性分析。

液相色谱中存在如下规律：

$$\ln k' = a + b\ln C_B + cC_B \tag{8-6}$$

式中，C_B 为二元冲洗剂中强冲洗剂的浓度；a，b，c 为与分子结构有关的常数。

在反相液相色谱中，反映顶替作用的 b 项趋于一很小的常数，则式(8-6)可改写为

$$\ln k' = a + cC_B \tag{8-7}$$

对非极性、同系物或极性相似、氢键作用能相似的结构相关极性组分，其 a，c 之间有很好的线性：

$$a = E_1 + E_2C \tag{8-8}$$

其中

$$E_1 = I_1 - \frac{I_2}{m_2}m_1 + \left(I_3 - \frac{m_3}{m_2}I_2\right)\mu_A^2 + \left(I_4 - \frac{m_4}{m_2}I_2\right)XA_x$$

$$E_2 = \frac{I_2}{m_2}$$

I_1，I_2，I_3，I_4 是与柱子和流动相种类有关的常数；m_1，m_2，m_3，m_4 是与流动相有关的常数，X 为相互作用能，μ_A 为组分偶极矩。

因此，用一个化合物校正后，即可从作用指数 c 计算出 a，从而由式(8-7)计算出 k'，如果已知 t_M，可计算出 t_R。所以，只采用一个 c 库就可对非极性或同系物进行保留值预测及定性。

对于同种类型的键合均匀的 C_{18} 固定相，当组分与固定相作用不发生氢键变化以及构

象的变化时，各 C_{18} 柱热力学上的差别主要反映在固定相 C_{18} 的键合量、比表面以及柱相比上。a 参数在双柱上有简单的线性关系：

$$a^{\mathrm{I}} = k_1 a^{\mathrm{II}} + k_2 \tag{8-9}$$

不同极性取代基化合物的定性需同时建立 a,c 双参数数据库，在作用指数的基础上，将保留指数换算为 a 参数，再利用双柱间的 a^{I}-a^{II} 关系来定性。

采用作用指数定性时，可先选几个标准物来标定柱系统，然后获得 a^{I}-a^{II} 线性关系。

8.1.3 利用选择性检测器定性

选择性检测器只对某类或某几类化合物有信号，可以帮助进行定性分析。在相同色谱条件下，同一样品在不同检测器上有不同的响应信号，可利用选择性检测器定性。例如，某组分在氢火焰离子化检测器(FID)上有响应，证明是有机化合物；在电子捕获检测器(ECD)上有响应，证明化合物中含有卤素等电负性强的原子或基团；在火焰光度检测器(FPD)上有响应，证明组分是含有 S 或 P 的化合物；在氮磷检测器(NPD)上有响应，证明组分是含 N 或 P 的化合物；在紫外检测器(UVD)上有响应，证明组分具有双键共轭结构；液相色谱的二极管阵列检测器(DAD)不仅可以得到样品色谱图，还可以得到样品的时间-检测波长-响应信号的三维谱图，可以很方便观察到不同出峰时间段内组分的紫外(或紫外-可见)区光谱图，通过样品光谱图也可以进行样品鉴别，图 8-8 为二极管阵列检测器得到的苯的紫外光谱图。

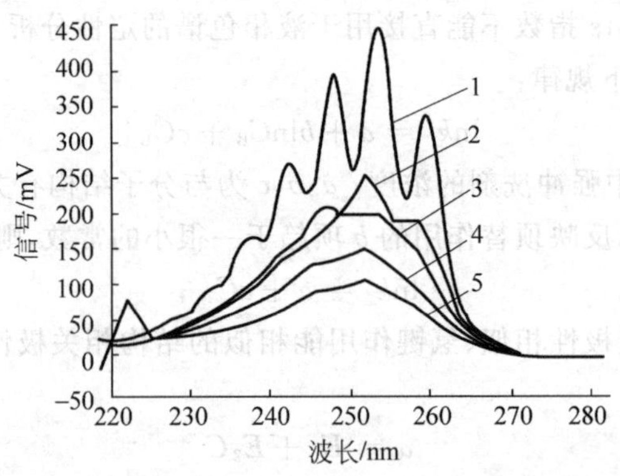

图 8-8 DAD(512 阵列)在不同分辨率下苯的光谱图

(图中 1,2,3,4,5 分别表示分辨率在 0.8nm,1.6nm,2.4nm,3.2nm,4.0nm 下苯的光谱图)

采用单检测器定性，只能确认某一类化合物存在，而不能指出具体是哪一种组分。

在实际分析中多采用双检测器定性。同一检测器对不同种类化合物的响应值有所不同，而不同检测器对同一化合物的响应也是不同的。所以当某一被测化合物同时被两个或两个以上检测器检测时，两个检测器或几个检测器对被测化合物检测灵敏度比值是与被测化合物的性质密切相关的，可以用来对被测化合物进行定性分析，这就是双检测器体系的原理。

双检测器体系可采用串联和并联两种连接方式。当两种检测器中的一种是非破坏性检测器(如 TCD)，则可采用简单的串联连接，将非破坏性检测器串接在破坏性检测器之前。

此时要注意两个检测器的出峰时间差。若两种检测器都是破坏性的(如 FID 和 FPD),则需采用并联方式连接。在色谱柱的出口端连接一个三通,然后分别连接到两个检测器上。连接后的两台检测器同时进行数据采集,对照所得到的两张色谱图可进行定性。

常用于定性鉴定工作的双检测器体系有 FID-ECD,FPD-TCD,FPD-FID 等检测器对。

8.1.4　联用方法定性

色谱法具有很高的分离效能,然而,它不便于对已分离的组分直接定性。而红外光谱法、质谱法、核磁共振等是剖析有机物结构的强有力工具,特别适用于单一组分定性,但是它们对混合物无能为力。如果把色谱仪与定性分析的仪器联用,则可以取长补短,解决组成复杂的混合物的定性问题。随着计算机技术的发展及应用,色谱联用技术得到了很好的发展。

色谱联用技术就是将一种色谱仪器和另一种仪器通过一种称为"接口"的装置直接连接起来,将通过色谱仪分离开的各种组分逐一通过接口送入到第二种仪器中进行分析。因此接口是色谱联用技术中的关键装置,它要协调前后两种仪器的输出和输入间的矛盾。接口的存在既要不影响前一级色谱仪器对组分的分离性能,又要满足后一级仪器对样品进样的要求和仪器的工作条件。接口将两种分析仪器的分析方法结合起来,协同作用,获得了两种仪器单独使用时所不具备的功能。连接在前的色谱仪起到了对样品进行分离提纯的作用,而联用仪的后一级仪器实质上是前级色谱仪的一种特殊的检测器,其作用是对样品进行检测定性。

常用的仪器联用包括色谱-质谱联用(GC-MS,LC-MS);色谱-傅里叶变换红外光谱联用(GC-FTIR);色谱-核磁共振联用(GC-NMR)等。

1. 色谱-质谱联用

气相色谱-质谱联用仪器是开发最早且最常用的一种联用方式,这是由于质谱灵敏度高,扫描速度快,并能准确测得未知物分子质量。是目前解决复杂未知物定性分析的最有效工具之一。

由于解决真空匹配及接口技术,使液相色谱-质谱联用技术发展较慢,直到 20 世纪 90 年代才出现了被广泛接受的商品接口及成套仪器。

常用的质谱谱库——NIST 库,由美国国家科学技术研究所(National Institute of Science and Technology,NIST)出版;NIST/EPA/NIH 库由美国国家科学技术研究所、美国环保局(EPA)和美国国立卫生研究院(NIH)共同出版,是应用最广泛的质谱谱库;Wiley 库是农药库(Standard Pesticide Libraray);药物库(Pfleger Drug Libraray)包括许多药物、杀虫剂、环境污染物及其代谢产物和它们的衍生化产物的标准质谱图;挥发油库(Essential Oil Libraray)中有挥发油的标准质谱图。

2. 色谱-傅里叶变换红外光谱联用

红外光谱在有机化合物的结构分析中有着很重要的作用,可用于对官能团定性,而且红外光谱有大量的标准谱图可查。该联用技术只适用于气相色谱及正相液相色谱与傅里叶变换红外光谱联用(反相液相色谱流动相中常含有水)。

已建立的气相-红外谱库有 EPA 气相谱库、Sadtler 气相光谱库、Aldrich 气相光谱库和

Nicolet 气相光谱库。

3. 色谱-原子光谱联用

原子光谱(原子吸收光谱和原子发射光谱)主要用于金属或非金属元素的定性、定量分析,随着有机金属化合物研究的深入,特别是人们发现某些元素(如铅、砷、汞、铬等)的不同价态或不同形态不仅对人们健康的影响有很大的差别,而且对环境危害的程度也有很大差别。要对这些元素的不同价态或不同形态进行测定和研究,就要对这些元素的不同价态或不同形态进行分离,这时色谱就成为最有力的分离方法,而分离后的定性和定量分析又是原子光谱的特长。

4. 色谱-核磁共振联用

核磁共振波谱也是有机化合物结构分析的强有力的工具,特别是对同分异构体的分析十分有用,但是实现色谱和核磁共振波谱的在线联用是当前色谱联用技术中最困难的,是目前使用最少的色谱联用技术,技术不十分成熟。

5. 色谱-色谱联用

对于一些组分较简单的样品往往用一根色谱柱,采用一种色谱分离模式就可以得到很好的分离和分析。但对于某些组分较复杂的样品采用单一的色谱分离模式无法使其中的某些组分得到很好的分离,这时可采用色谱-色谱联用技术——二维(或多维)色谱。将前一级色谱分不开的组分切割下来,选择另一根色谱柱,或用另一种色谱分离模式继续进行分离和分析,以便得到很好的分离和分析结果。

色谱-色谱联用技术是在通用型色谱仪的基础上发展起来的。从理论上讲,可以通过接口将任意级色谱连接起来,构成多维色谱,直到将所有欲分离组分都分离开,但是实际工作中通过两级色谱联用基本上可以满足分离的要求。

联用形式可以是气相色谱-气相色谱,气相色谱-液相色谱,液相色谱-液相色谱,液相色谱-毛细管电泳等,也可以是同种色谱形式采用不同分离模式,如液相色谱中的反相色谱与离子交换色谱联用。

8.1.5 化学方法定性

化学方法定性就是利用化学反应,使样品中某些化合物与特征试剂反应,生成相应的衍生物,常用的方法有以下3种。

1. 柱前预处理法

这是使用物理或化学消除剂将样品中某类化合物消除、减少或转化,从而得知样品中是否含有这类官能团化合物的方法。操作时将给定的消除剂涂在载体上或直接放在消除柱中,或放在进样的注射器中,当样品与消除剂接触后,消除剂迅速使这类化合物发生不可逆吸附或化学反应,进而使其色谱峰消失、变小或发生位移,通过比较色谱图,可以判定样品中有无这类官能团化合物的存在。

使用这种方法时可直接在色谱系统中装上预处理柱,如果反应进行较慢或进行复杂的试探性分析,也可使试样与试剂在注射器内或者其他小容器内反应,再将反应后的试样注入色谱柱。

1) 加入化学试剂

在样品进入色谱柱前加入特征试剂(衍生化试剂),使其与样品中的某些成分的特定官能团进行化学反应,生成相应的衍生物。比较用特征试剂处理前后的色谱图,保留值发生变化的色谱峰(或提前,或后移,或消失)即为含特定官能团的化合物。

特定官能团的化合物用化学衍生法定性的方法:

(1) 含羟基的化合物(酚和醇)可与乙酸酐反应,生成相应的乙酸酯,因此用乙酸酐处理样品后,色谱峰提前的组分是含羟基的化合物。

(2) 卤代烷可与乙醇-硝酸银反应,生成白色沉淀,因此样品经乙酸-硝酸银处理后,色谱峰消失的组分为卤代烷。

(3) 伯胺、仲胺与三氟乙酸酐作用,生成胺类乙酰物,而叔胺没有此反应,因此样品用三氟乙酸酐处理后色谱峰消失的组分为伯胺或仲胺,而叔胺的色谱峰没有变化。

(4) 石油样品中的烷烯芳烃,可与 HBr 起加成反应,因此石油样品中加入 HBr 后,色谱峰后移(保留值增加)的组分为烷烯芳烃。

(5) 酮类化合物可以与 2,4-二硝基苯肼反应,生成橙黄色沉淀,因此在样品中加入 2,4-二硝基苯肼后,色谱峰消失的组分是酮类化合物。

2) 裂解色谱法

在柱前预处理法中,除使用特征试剂和样品中特定官能团反应生成衍生物外,对于高分子化合物,可以使其在高温下发生热解反应,转变为小分子、低沸点组分,将反应后的产物引入色谱柱后进行分析,可得到该化合物的热裂解指纹图,即为裂解色谱法。热裂解具有一定规律性,不同化合物分子结构不同,热解后得到的热解产物的组成及含量也不相同。在一定热解条件(温度、保护气)下,热解指纹图中各峰的位置及强度,对于每一种结构的化合物是特征的。根据文献上查得的一些裂解产物指纹图可作定性根据,也可以依据标准物的裂解图进行比照定性。

2. 柱上选择除去法

与柱前预处理法的原理相同,将某些有特征性吸附的吸附剂装入一个短柱内,或将某些特征化学试剂涂到一些载体上,再装入一个短柱内,将该短柱(称为预柱)串联在分析柱前,使样品中某些组分在通过预柱时被吸附或与这些特征化学试剂发生化学反应而被吸附,使这些组分不能进入分析柱被分析,从而在色谱图上与这些组分相对应的色谱峰将消失。

如装有 5A 分子筛的预柱,可以不可逆吸附 C_3～C_{11} 的正构烷烃;填装有 KOH 涂渍的石英粉的预柱能将样品中的羧酸和酚类全部吸附;用酸性预柱可以完全吸附胺类化合物等。这些预柱所起到的作用与前面所述的柱前预处理所起到的作用相同,但操作却大大简化。此时仪器装置上应装有一个切换阀,通过该阀的切换,即可使样品直接进入分析柱,也可以使样品通过预柱后再进入分析柱。这样便于比较哪些色谱峰是预柱除去的,由此可以进行定性分析。

3. 柱后流出物化学反应定性法

将色谱分离后的组分直接通入到某些特征试剂中,或将柱后流出物收集后再加入特征试剂,观察这些组分与特征试剂发生化学反应后的某些变化,如颜色变化、沉淀出现,有气体放出或其他明显变化,即可对未知组分的类型作出初步鉴定。

用柱后流出物化学反应定性时，使用的色谱检测器应为非破坏性检测器，即样品在检测器内不能发生化学反应，如GC中的FID和ECD等检测器不能使用，HPLC中的电化学检测器也不能使用。

8.1.6 平面色谱中的定性方法

1. 比移值(R_f)定性

由于平面色谱的流动方式与柱色谱不同，所以在平面色谱中，组分被固定相保留的情况不用保留时间和保留体积来描述，而是用比移值来描述。

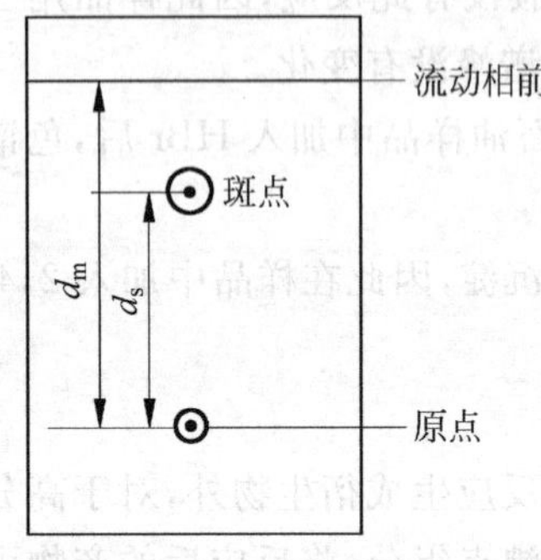

图 8-9 比移值定义

比移值 R_f(R_f value)是平面色谱法中，溶质迁移距离与流动相迁移距离之比。

$$R_f = \frac{d_s}{d_m} \tag{8-10}$$

式中，d_m 是原点至流动相前沿距离；d_s 是原点至溶质斑点中心距离。图 8-9 为物质的比移值图示。

在平面色谱中用保留值作定性分析时，主要是比对未知组分和已知标准物质的比移值。R_f 与固定相的性质(薄层板上的涂层的性质及厚度或纸的性质)、展开剂的性质(极性、组成、纯度、蒸气饱和度等)、被分离组分的性质、展开时的温度及展开距离有关。由于以上因素，故在报道或参考文献中描述 R_f 值时，应注意除载体纸或吸附剂的种类、规格以外，有关薄层厚度、展开剂、平衡时间、展开方式和距离、温度等，都应加以考虑，否则 R_f 不易重复和参考比较。

因此每次进行比移值定性时必须随行对照品，即使被分离的化合物与对照品的 R_f 一致，也不能立即下结论。因为仅根据一种展开剂展开后的 R_f 作为定性依据是不够的，需要经过两种以上不同组成的展开剂展开后的 R_f 均与对照品一致时，才可认定该斑点与对照品是同一化合物。

2. 相对比移值($R_{i,s}$)定性

为了提高比移值定性的可靠性，可以用相对比移值来定性。

相对比移值 $R_{i,s}$ 是组分与参比物质的比移值之比：

$$R_{i,s} = \frac{R_{f(i)}}{R_{f(s)}} \tag{8-11}$$

式中，$R_{f(i)}$，$R_{f(s)}$ 分别为在同一平板上，在同一展开条件下测得的组分 i 和参比物质 s 的比移值。

由于组分和参考物是在同一平板上，在完全相同的展开条件下展开的，因此相对比移值的重复性和可比性都比比移值好，用相对比移值定性的可信度高。

3. 斑点的显色特性

在自然光下观察斑点的颜色，或在紫外光下观察斑点的颜色或荧光，或使用专属性显色剂后，斑点显色的情况与对照品比较可以定性。

通常将 R_f 及斑点颜色记录或用笔描绘结果即可，若需对资料进行保存，可将纸或薄层色谱图复印下来，但为反映斑点颜色及荧光斑点则需进行彩色摄影，采用适当的技术将颜色或荧光斑点真实地记录下来。

另外物质的 R_f 与其分子结构也有紧密的联系，了解这种关系有助于在同类化合物中由物质的 R_f 推测其结构，同时也可由物质结构反过来推测可能的 R_f，借以确证。通常情况，在吸附薄层上物质的 R_f 与其极性有关，极性小的物质往往走在前面，R_f 较高，反之，极性大的 R_f 值较低。Gaspanri 等人提出了 R_m 值：

$$R_m = \lg\left(\frac{1}{R_f} - 1\right)$$

R_m 值与有机化合物的化学结构存在着加合性与线性关系，可以利用此关系推测同系物的 R_m 值或鉴别同系物。

8.1.7　多种方法配合定性

前述的任何一种定性方法都有一定局限性，仅靠一种方法很难对色谱峰准确定性，只有用两种或两种以上的不同方法配合使用，才能提高色谱定性结果的可靠程度。下面介绍常用的配合定性方法。

1. GC-MS 和保留指数配合定性

一些同分异构体的质谱图很相似，仅凭一张质谱图很难鉴定和区分这些同分异构体，例如分子式为 $C_{10}H_{14}O$ 的百里酚和香荆芥酚，分子式同为 $C_{10}H_{16}$ 的 α-蒎烯、莰烯、β-蒎烯、α-水芹烯等。由于这些同分异构体的元素组成虽然相同，但是结构不同，因而在色谱柱上的保留时间不同。所以，可以利用一些组分的标准样品，核对这些保留时间，或者计算这些同分异构体的保留指数，再根据文献保留指数值对照，加以确认。

2. GC-MS 和 GC-FTIR 配合定性

一些同分异构体，特别是顺反异构体的质谱谱图差别很小，很难仅利用质谱进行分析鉴定。此时，除了利用 GC-MS 和保留指数来配合定性外，还可以用 GC-MS 和 GC-FTIR 配合定性。

8.2　色谱定量分析

色谱分析的重要作用之一是测定样品含量——定量分析。色谱法定量的依据是组分的质量或在流动相中的浓度与检测器的响应信号成正比。可见，进行色谱定量分析时需要准确测量检测器的响应信号（峰面积或峰高），准确求得比例常数（校正因子），正确选择合适的定量计算方法，将测得的峰面积或峰高换算为组分的含量。

8.2.1　定量分析的基本公式

定量分析就是要确定样品中某一组分的准确含量。色谱定量分析是根据仪器检测器的响应值与被测组分的量，在某些条件限定下成正比的关系来进行定量分析的。也就是说，在色谱分析中，在某些条件限定下，色谱峰的峰高或峰面积(检测器的响应值)与所测组分的质量(或浓度)成正比。因此，色谱定量分析的基本公式为

$$m_i = f_i A_i \tag{8-12}$$

式中，m_i 为被测组分 i 的量；A_i 为被测组分 i 的峰面积；f_i 为被测组分 i 的校正因子，其数值与检测器的性质和被测组分的性质有关。

在色谱定量分析中，要想得到可靠的定量分析结果，必须能准确地测定检测器的响应值——峰面积(A_i)或峰高(h_i)以及校正因子(f_i)。为了能正确地选择合适的定量方法，并尽可能减少各分析步骤带来的误差，下面将分别介绍检测器响应值的准确测定方法、校正因子的准确测定方法和定量分析方法的选择，并讨论影响定量分析结果的一些因素。

8.2.2 色谱峰高和峰面积的测定

色谱图上基本的定量数据是峰面积和峰高，色谱定量分析基础是得到的峰面积(或峰高)和进样量呈函数关系，因此在定量分析时，必须得到峰面积(或峰高)的数据，其测量的准确程度将直接影响定量结果的准确度，面积测定要根据不同的色谱峰形采用不同的测量计算方法。

色谱分离结果对峰高和峰面积的测量有一定影响。若形成的色谱峰为对称峰，并且与相邻色谱峰达基线分离的程度，峰高和峰面积的准确测量比较容易。若色谱分离结果不十分理想，得到的色谱峰峰形不对称，没有完全分离开以及基线发生较明显的漂移时，准确地测量色谱峰的峰面积和峰高会有一定困难。此时就要根据实际情况，利用一些相应的测量及计算方法，以尽可能地减少峰面积和峰高测量值与实际值的差别。

峰高是出峰极大极值点至峰底(或基线的)的距离，峰面积是色谱峰与峰底(或基线)所围成的面积。因此要准确测定峰高和峰面积，关键在于峰底(或基线)的确定。

峰底是从峰的起点与峰的终点之间的一条连接直线。一个完全分离的峰，峰底与基线应该是互相重合的。

随着电子信息科学的发展以及计算机应用的普及，绝大部分色谱仪都配备了积分仪色谱数据处理机——色谱工作站，使色谱峰高和峰面积的测量变得相对简单，同时减少了峰高和峰面积的测量误差，提高了仪器的自动化程度。根据需要，人们可预先设定积分参数(半峰宽、峰高和最小峰面积等)和基线，仪器根据这些参数来计算每个色谱峰的峰高和峰面积，并直接给出峰高和峰面积的结果，以便于定量计算使用。但当计算机无法正确识别一个完整的色谱峰，以至于计算结果出错时，也需要人为地调整色谱峰的起落点、增加或删除色谱峰，以保证结果的准确性。

1. 对称峰的峰高和峰面积的测量

1) 峰高乘以半高峰宽法

如图 8-10 所示，峰面积可按下式计算：

$$A_1 = hW_{1/2} \tag{8-13}$$

式中，h 为色谱峰高；$W_{1/2}$ 为色谱峰的半高峰宽。

理论证明，这种方法测量的峰面积是真实面积的 0.94 倍，因此要乘以系数 1.065：

$$A = 1.065hW_{1/2} \tag{8-14}$$

这种方法计算简便，对窄峰测量误差较大，一般误差≤2.5%。

2）三角形法

如图8-11所示，从色谱峰的两个拐点作切线与色谱峰的底线相交，形成一个三角形 KML，可用此三角形的面积代替色谱峰的峰面积。此三角形的面积由三角形的高乘以三角形的半高宽来计算：

$$A_2 = (BM)W_i \tag{8-15}$$

式中，W_i 为三角形 KML 的半高宽，等于色谱峰高0.607处的峰宽；BM 为所形成的三角形的高。

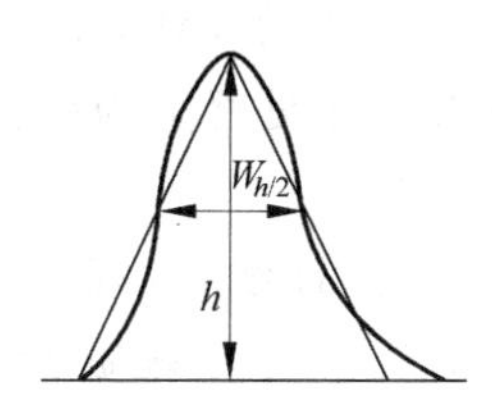

图8-10 峰高乘以半高峰宽法

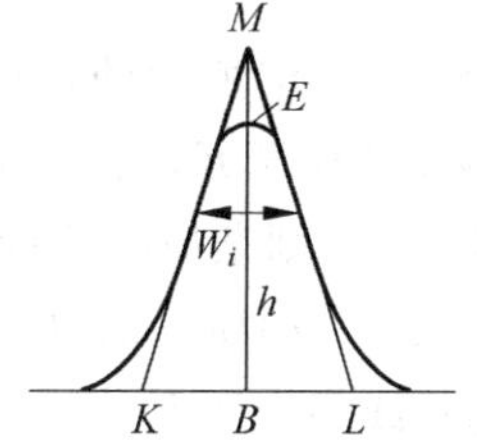

图8-11 三角形法

理论证明，该三角形面积为实际色谱峰面积的0.968倍，所以

$$A = 1.03\ A_2 \tag{8-16}$$

其中，A 为实际色谱峰峰面积；A_2 为所形成的三角形的面积。

在实际计算时通常可以通过将未知物的峰面积和已知物的峰面积进行比较，而将式(8-14)中系数1.065、式(8-16)中系数1.03消去，对定量计算结果无影响，但测量绝对的峰面积数值时，则要分别乘以这些系数。

2. 不对称峰峰高和峰面积的测量——峰高乘平均峰宽法

在色谱分析中，经常会遇到不对称的色谱峰，如图8-12所示。对于此类色谱峰，可采用峰高乘以平均峰宽法计算色谱峰峰面积，即选取峰高与在峰高的0.85和0.15处峰宽平均值的乘积来表示该色谱峰峰面积，

$$A = \frac{1}{2}h(W_{0.85} + W_{0.15}) \tag{8-17}$$

式中，$W_{0.85}$ 为峰高的0.85处峰宽；$W_{0.15}$ 为峰高的0.15处峰宽。

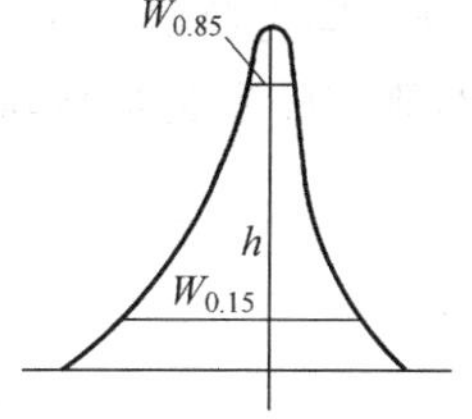

图8-12 不对称色谱峰面积的测量

3. 大峰上的小峰峰面积的测量

分析某主成分中痕量组分时，经常出现痕量组分色谱峰受到主峰的干扰，主峰未回到基线而杂质就开始出峰了，或在主峰前沿出现一个杂质小峰。常见的情况如图8-13所示，此时测量附在主峰上的杂质小峰峰面积的关键在于如何确定色谱峰峰高。

(1) 如图8-13(a)所示的峰形，沿主峰底部画出杂质峰的基线，由峰顶点 A 作主峰基线的垂线 AD，与杂质峰的峰底相交于点 E，则 AE 为杂质峰的峰高(h)。峰高一半处峰宽为 b，则杂质峰峰面积为 $A=hb$。

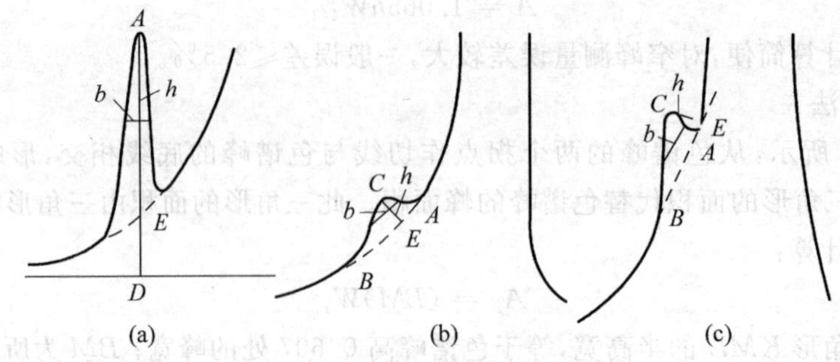

图 8-13　大峰上小峰面积测量

(2) 如图 8-13(b)所示的峰形，首先作峰起点 A 和终点 B 的连线 AB，从小峰顶点 C 作 AB 的垂直线交 AB 于 E，则 CE 即为小峰的峰高(h)，CE 一半处峰宽为 b(过 CE 中点作 AB 的平行线，可得 b)，则杂质峰峰面积为 $A=hb$。

(3) 如图 8-13(c)所示的峰形，作峰起点 A 和终点 B 的连线，过峰顶点 C 作 AB 的垂线，与 BA 延长线相交于 E 点，CE 即为小峰的峰高(h)，CE 一半处峰宽为 b(过 CE 中点作 AB 的平行线，可得 b)，则杂质峰峰面积为 $A=hb$。

4. 基线漂移时色谱峰面积的测量

当峰面积测量时发生基线漂移，灵敏度不改变，若产生的色谱峰形状与大峰上小峰的形状相似，计算方法同上。其他情况如下：

1) 灵敏度不改变时色谱峰面积的测量

当基线的漂移程度不大，色谱峰比较窄时，如图 8-14 所示，首先画出漂移基线 AB，过峰顶点 E 作时间坐标(t)的垂线，交 AB 于 F，EF 即为峰高(h)，过 EF 中点作时间坐标(t)的平行线，得到该色谱峰的半高峰宽(b)，该色谱峰峰面积为$A=hb$。

如图 8-15，当基线 AB 漂移较大，色谱峰较宽时，由顶点 E 作 AB 的垂线，与 AB 相交于 G，EG 即为色谱峰峰高(h)。过 EG 中点作漂移基线的平行线与色谱峰两侧分别相交于 F，H，则 FH 即为半高峰宽(b)，该色谱峰峰面积为 $A=hb$。

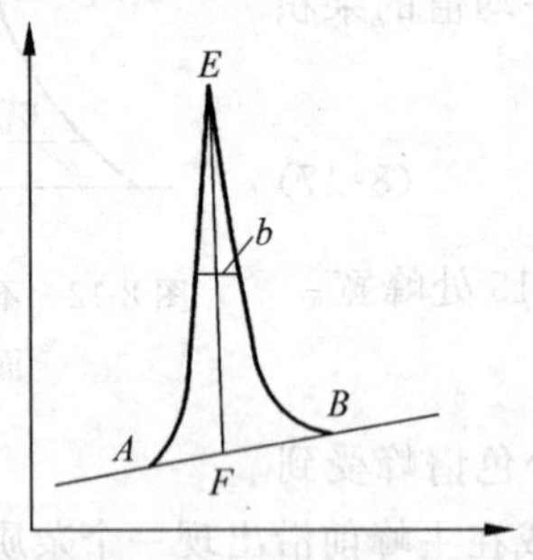

图 8-14　基线漂移较小的峰面积测量

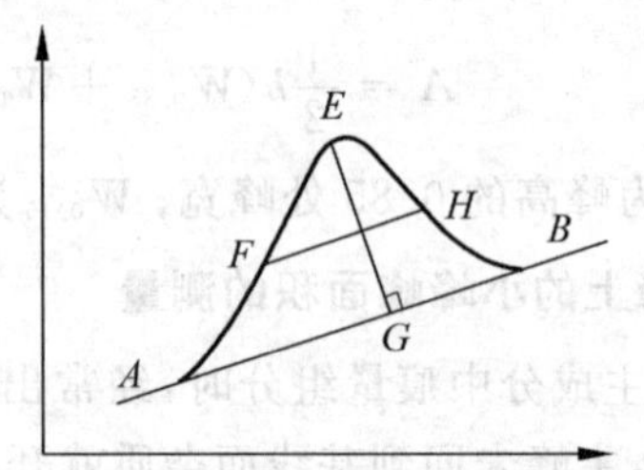

图 8-15　基线漂移较大时的峰面积测量

2) 灵敏度改变时色谱峰面积的测量

如图 8-16，2# 峰测量时所用的灵敏度与 1# 峰和 3# 峰不同，如果变换灵敏度时不影响 2# 峰的起点和终点的记录，则基线位置及色谱峰面积可按前面所述方法确定。若变换灵敏度时，2# 峰的起点和终点位置不能明确确认，可按下述方法确定峰高：先作 1# 峰和 3# 峰所用灵敏度挡的漂移基线，再由 2# 峰顶点 M 作时间坐标的垂线，交漂移基线于 A，交时间坐标于 O。将 OA 的距离乘(或除)以换挡的倍数，即可确定换挡后漂移的基线与峰高的交点 B，连接原点与 B，即可得换挡后基线，MB 即为峰高(h)，过 MB 中点作换挡后基线的平行线可得 2# 峰半高峰宽(b)。这时 2# 峰峰面积为 $A=hb$。

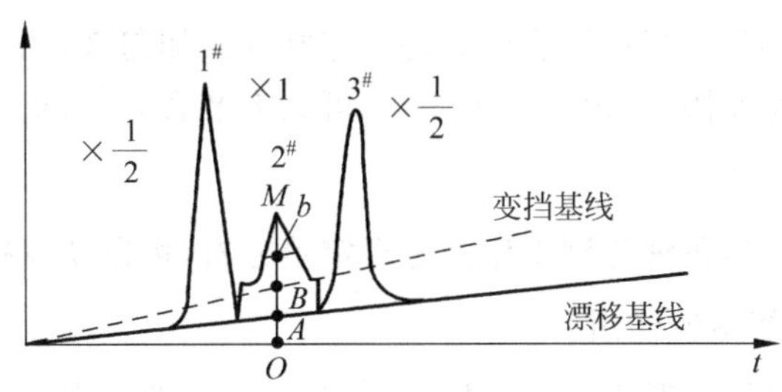

图 8-16　灵敏度改变时峰面积的测量

值得注意的是，当灵敏度挡增加或减小时，基线变化的方向。

5. 重叠峰峰面积的测量

色谱分析中，常遇到不能完全分离的重叠峰，如图 8-17 和图 8-18 所示，其色谱峰面积测量分为两种情况：

(1) 两色谱峰交点位于小峰半峰高以下时(见图 8-17)，可按上述方法测量色谱峰高及半高峰宽，色谱峰峰面积可按峰高(h)和半高峰宽(b)乘积计算。

(2) 两色谱峰交点位于小峰半峰高以上时(见图 8-18)，可采用谷-谷切割，由交点 Y 作基线的垂线，将两色谱峰分开，然后可用积分仪或用剪纸称重等方法测量由该垂线分开的两个色谱峰的峰面积。此方法测量峰面积，当两色谱峰峰高(或峰面积)不等时，小峰峰面积测量的相对误差将随大峰与小峰的峰高(或峰面积)比值的增大而显著增大。

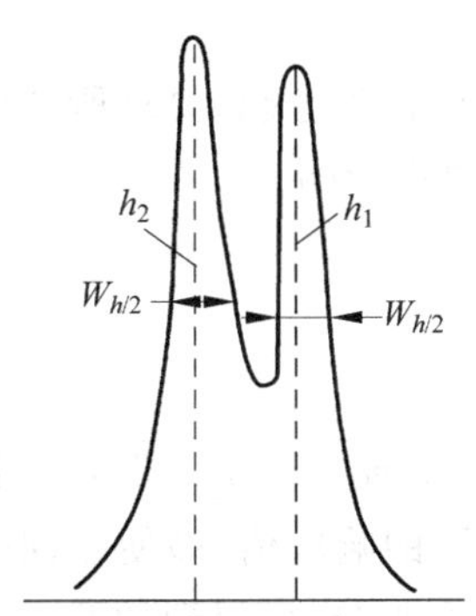

图 8-17　两峰重叠交点低于小峰半峰高

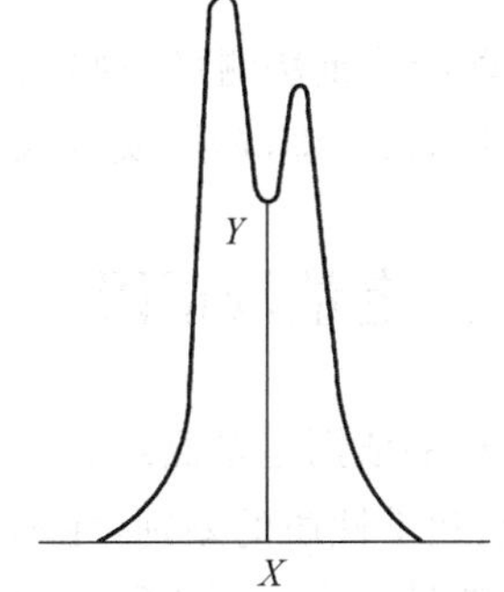

图 8-18　两峰重叠交点高于小峰半峰高

6. 峰高乘保留时间法

在一定范围内，同系物间，半高峰宽与保留时间呈线性关系：$W_{1/2}=bt_R+a$，对于填充柱 $a\approx 0$。当色峰很尖、很窄、半高峰宽不易准确测量时，可用保留时间代替半高峰宽：

$$A = 1.065hbt_R \tag{8-18}$$

7. 剪纸称重法

方法适用于任何色谱峰形。此法是将色谱峰沿其谱线一边剪下来，在天平上称量，以其质量代替峰面积。该方法要求剪纸熟练,记录纸均匀。缺点是色谱图被破坏,操作费时,纸的厚薄均匀性及天气的潮湿程度都对称重有影响。

8. 用自动积分仪

这一方法,是把色谱峰下面的面积进行积分而得到。从色谱仪出来的直流电压信号,经数模转换变成脉冲数字信号,当色谱峰出完之后把脉冲量加起来,用以表示峰面积。使用自动积分仪测量峰面积,速度快,测量的精密度高,可大大节省人力,提高分析自动化程度。

9. 用色谱工作站

把微机用于色谱仪,用各种色谱工作站进行定量分析,可以获得很好的精度。

10. 峰高在定量分析中的作用

峰高也可作为定量指标,对于一定的样品,如果操作条件保持不变,在一定的进样量范围内,半高峰宽是不变的,峰高可直接代表组分的浓度,由峰高代替面积计算。方法快速、简便,适用于固定不变的常规分析。与使用面积定量法比较,对于出峰早的组分,由于半高峰宽很小,相对测量误差大,这时用峰高定量更准确。对于出峰晚、峰较宽的组分,用峰面积定量更准确。

11. 测量色谱峰面积时需注意的几个问题

(1) 准确测量峰高和峰宽数值,减少人为误差。

(2) 正确确定基线和峰的主底线,以便测量峰高、峰宽、半高峰宽的数值。使用色谱工作站时,要合理设置色谱峰积分阈值参数,对于不理想的峰形,有时要根据情况正确调整色谱峰的起落点。

(3) 使用记录仪记录时,在分析过程中注意调节灵敏度和纸速,控制色谱峰的几何宽度适中。当峰高与半高峰宽比接近 3~5,峰高位于记录仪满量程的 30%~80%,测量的误差最小。

(4) 用剪纸称重法测量一些峰形不对称或拖尾峰效果较为理想,要求所选用的纸要有很好的均匀性,纸的潮湿性、实验人员的操作对测量结果也有影响。

8.2.3 定量校正因子

定量分析的依据是被测组分的量与响应信号成正比,即 $m_i=f_iA_i$。但是,同一种物质,由于其物理、化学性质的差别,在不同类型检测器上有不同的响应值,即使在同一检测器上产生的响应信号大小也不相同。例如含量均为 50%的两个组分,所得到的两个色谱峰峰面积并不相等;或者说两个峰面积相等的组分,其含量并不相等。为了使检测器产生的信号能真实反映物质的量,就要对峰面积进行校正,在定量分析时要引入校正因子(f_i),其物理意义是单位峰面积所代表的被测组分的量。

1. 绝对校正因子

对同一个检测器,等量的不同物质其响应值是不同的,但对同一种物质其响应值只与该物质的量(或浓度)有关。根据色谱定量分析基本公式(8-12),可以计算出定量校正因子:

$$f_i=m_i/A_i \tag{8-19}$$

根据这一公式，取一定量（或一定浓度）的 i 组分作色谱分析，准确测量其所得色谱峰的峰面积（或峰高），即可计算出校正因子 f_i。

对于被测组分一定的情况下，校正因子的数值，主要由仪器的灵敏度决定。相同量的同一物质在不同灵敏度的检测器上响应值不同，因此计算出来的校正因子也有所不同。同一个检测器，随着使用时间和操作条件改变，灵敏度也在改变。这些都使绝对校正因子在色谱定量分析中的使用有很大的局限性，因此进行面积校正时常采用相对值，人们提出了相对校正因子的概念，即某物质与标准物质的绝对校正因子之比。不同检测器所用的基准物质是不同的，热导池检测器常用的标准物质是苯，氢火焰离子化检测器常用的标准物质是正庚烷。通常人们将相对校正因子简称为校正因子。

2. 相对校正因子（f'）

校正因子（f'）为无因次量，它的数值与所用的计量单位有关，根据被测组分的计量单位不同，校正因子可分为质量校正因子、摩尔校正因子和体积校正因子。在被测样品一定的情况下，相对校正因子只与检测器类型有关，而与色谱条件无关。

1）质量校正因子（f'_{m}）

当组分量用质量表示时的校正因子称为质量校正因子（f'_{m}），即单位面积所代表组分的质量，是最常用的定量校正因子，表达式如下：

$$f'_{\mathrm{m}}=\frac{f_{\mathrm{m}(i)}}{f_{\mathrm{m(s)}}}=\frac{m_i/A_i}{m_{\mathrm{s}}/A_{\mathrm{s}}}=\frac{m_i}{m_{\mathrm{s}}}\frac{A_{\mathrm{s}}}{A_i} \tag{8-20}$$

式中，m_i，A_i 分别是被测组分的质量和峰面积；m_{s}，A_{s} 分别是标准物的质量和峰面积。

2）摩尔校正因子（f'_{M}）

当组分量用摩尔数表示时的校正因子称为摩尔校正因子（f'_{M}），表示单位峰面积所代表的被测组分的摩尔数：

$$f'_{\mathrm{M}}=\frac{f_{\mathrm{M}(i)}}{f_{\mathrm{M(s)}}}=\frac{\dfrac{m_i}{M_iA_i}}{\dfrac{m_{\mathrm{s}}}{M_{\mathrm{s}}A_{\mathrm{s}}}}=\frac{m_i}{m_{\mathrm{s}}}\frac{A_{\mathrm{s}}}{A_i}\frac{M_{\mathrm{s}}}{M_i}=f'_{\mathrm{m}}\frac{M_{\mathrm{s}}}{M_i} \tag{8-21}$$

式中，m_i，M_i，A_i 分别是被测组分的质量、摩尔质量、峰面积；m_{s}，M_{s}，A_{s} 分别是标准物的质量、摩尔质量、峰面积。

3）体积校正因子（f'_{v}）

当组分量用体积表示时的校正因子称为体积校正因子（f'_{v}），表示单位峰面积所代表的组分的体积：

$$f'_{\mathrm{v}}=\frac{f_{\mathrm{v}(i)}}{f_{\mathrm{v(s)}}}=\frac{A_{\mathrm{s}}V_i}{A_iV_{\mathrm{s}}} \tag{8-22}$$

式中，V_i，A_i 分别是被测物质的体积、峰面积；V_{s}，A_{s} 分别是标准物质的体积、峰面积。

对于气体样品，其体积校正因子等于摩尔校正因子：

$$f'_{\mathrm{v}}=\frac{f_{\mathrm{v}(i)}}{f_{\mathrm{v(s)}}}=\frac{m_i}{m_{\mathrm{s}}}\frac{A_{\mathrm{s}}}{A_i}\frac{M_{\mathrm{s}}}{M_i}=f'_{\mathrm{M}} \tag{8-23}$$

式中，m_i，M_i，A_i 分别是被测组分的质量、摩尔质量、峰面积；m_{s}，M_{s}，A_{s} 分别是标准物的质量、摩尔质量、峰面积。

物质的校正因子的数值可以通过查文献或手册获得。物质相对校正因子的数值随检测器的类别和使用的载气不同而有差异,有时甚至受到物质浓度、仪器结构和操作条件的影响,故在引用文献数据时应予以注意。

例 2 把二氯苯 3 个异构体和苯组成混合物,每种物质在混合物中的含量均为 20%,然后在 PME 色谱柱上分离并测定混合物中各组分的峰面积,数据如下:

组分	苯	间二氯苯	邻二氯苯	对二氯苯
峰面积/cm^2	10.0	7.53	7.36	7.95

现以苯为标准物求二氯苯 3 个异构体的相对校正因子。

解 按式(8-20)求二氯苯 3 个异构体的相对校正因子:

$$f'_{\mathrm{m}} = \frac{f_{\mathrm{m}(i)}}{f_{\mathrm{m(s)}}} = \frac{\dfrac{m_i}{A_i}}{\dfrac{m_s}{A_s}} = \frac{m_i}{m_s}\frac{A_s}{A_i}$$

间二氯苯:

$$f'_{\mathrm{m}} = \frac{10\times 20\%}{7.53\times 20\%} = 1.33$$

邻二氯苯:

$$f'_{\mathrm{m}} = \frac{10\times 20\%}{7.36\times 20\%} = 1.36$$

对二氯苯:

$$f'_{\mathrm{m}} = \frac{10\times 20\%}{7.95\times 20\%} = 1.26$$

3. 峰高定量校正因子

对于用峰高进行定量的色谱峰,必须使用峰高定量校正因子。因为峰高定量校正因子受操作条件影响较大,因此一般不能直接引用文献值,必须在实际操作条件下,用标准纯物质测定。同系物的峰高定量校正因子与峰面积定量校正因子间有如下关系:

$$f^h = \frac{a + bt_{\mathrm{R}(i)}}{a + bt_{\mathrm{R(s)}}} f^A \tag{8-24}$$

式中,f^h 是组分对标准物质峰高校正因子;f^A 是组分对标准物质面积校正因子;$t_{\mathrm{R}(i)}$,$t_{\mathrm{R(s)}}$ 分别是被测物质和标准物质的保留时间;a,b 是常数。

对于保留值较大的组分,a 值可忽略,因此式(8-24)可近似表示为

$$f^h = \frac{t_{\mathrm{R}(i)}}{t_{\mathrm{R(s)}}} f^A \tag{8-25}$$

具体计算方法:测两个纯物质(标准物与欲测样品组分)的半高峰宽($W_{1/2}$)和保留值(t_{R}),根据 $W_{1/2} = a + bt_{\mathrm{R}}$,解下列方程组:

$$\begin{cases} W_{1/2_I} = a + bt_{\mathrm{R}(i)} \\ W_{1/2_S} = a + bt_{\mathrm{R(s)}} \end{cases}$$

即可得到 a,b 值,然后根据测得的保留时间,再从文献上查得面积校正因子 f^A,即可求得 f^h。

该方法不适用于不对称的色谱峰和保留时间过小的色谱峰。

4. 响应值(S_i)

响应值也称为应答值、灵敏度等，指色谱检测器中有样品通过时所产生的信号值。

1) 绝对响应值(s_i)

即单位量组分通过检测器时产生的信号值，也称为绝对灵敏度：

$$s_i = \frac{A_i\ (h_i)}{m_i\ (c_i)} = \frac{1}{f_i} \tag{8-26}$$

式中，$A_i(h_i)$是组分 i 色谱峰的峰面积(峰高)；$m_i(c_i)$是组分 i 的质量(浓度)。

绝对响应值与绝对校正因子互为倒数。

2) 相对响应值($s_{i,\mathrm{s}}$)

即被测样品和标准样品绝对应答值之比，也称为相对灵敏度：

$$s_{i,\mathrm{s}} = \frac{s_i}{s_\mathrm{s}} = \frac{A_i(h_i)m_\mathrm{s}(c_\mathrm{s})}{A_\mathrm{s}(h_\mathrm{s})m_i(c_i)} = \frac{1}{f_{i,\mathrm{s}}} \tag{8-27}$$

式中，$A_i(h_i)$是组分 i 色谱峰的峰面积(峰高)；$A_\mathrm{s}(h_\mathrm{s})$是标准物质色谱峰的峰面积(峰高)；$m_i(c_i)$是组分 i 的质量(浓度)；$m_\mathrm{s}(c_\mathrm{s})$是标准样品 s 的质量(浓度)。

相对响应值与相对校正因子互为倒数。

5. 校正因子的测量方法

1) 测量方法

测定定量校正因子需要纯品的待测化合物和标准物，将纯品的待测组分和标准物配制成已知比例的混合试样，在一定色谱条件下取准确量的样品(以便确定经过检测器的被测组分及标准物质的质量或浓度或体积)进样分析，并准确测量组分及标准物质所得色谱峰的峰面积，按上述公式计算质量校正因子、摩尔校正因子和体积校正因子。测定定量校正因子色谱条件最好与分析样品色谱条件相近。

对于气相色谱热导池和氢火焰离子化检测器，检测器响应值受操作条件影响较小，因此同种检测器，其色谱相对定量校正因子在不同实验室具有一定通用性。目前已积累了此类检测器的各类常见化合物的定量校正因子可供定量分析使用。氢火焰离子化检测器的定量校正因子与载气性质无关。热导池检测器用氢气或氦气作载气时，其质量校正因子可以通用，误差不超过 3%，热导池检测器当使用不同载气作流动相时，相对摩尔校正因子会发生变化。

液相色谱的相对定量校正因子受分离条件、检测器结构影响很大，例如，流动相性质和组成、检测池结构等，它的通用性较差。使用时，各实验室在分离样品的色谱条件下测定校正因子。

2) 校正因子的换算

如果将相对于某一基准物质(s)的校正因子，改为相对于另一标准物(ϕ)的校正因子，可按下式换算：

$$f_{\mathrm{m}(i,\phi)} = \frac{f_{\mathrm{m}(i,\mathrm{s})}}{f_{\mathrm{m}(\phi,\mathrm{s})}} \tag{8-28}$$

$$f_{\mathrm{M}(i,\phi)} = \frac{f_{\mathrm{M}(i,\mathrm{s})}}{f_{\mathrm{M}(\phi,\mathrm{s})}} \tag{8-29}$$

$$f_{v(i,\phi)} = \frac{f_{v(i,s)}}{f_{v(\phi,s)}} \tag{8-30}$$

式中，$f_{(i,\phi)}$ 是组分 i 相对于基准物质(ϕ)的校正因子；$f_{(i,s)}$ 是组分 i 相对于基准物质(s)的校正因子；$f_{(\phi,s)}$ 是基准物质(ϕ)相对于基准物质(s)的校正因子。

6. 确定校正因子的其他方法

校正因子的确定，除了按上述实验方法测定外，还可以通过以下方法获得。

1）利用文献获得

可在文献上查找气相色谱检测器的相关组分校正因子，由于液相色谱检测器的色谱操作条件变化较大，很难完全重复文献中的条件，因此使用时需要自己进行测定。

对于气相色谱热导池检测器，氢火焰离子化检测器组分的校正因子可以在文献中查找，由于电子捕获检测器的响应值和校正因子与许多操作参数及检测器结构有关，如检测器结构尺寸、放射源种类、载气种类以及载气流速、检测器温度、极化电压、脉冲周期及脉冲宽度等都会对其响应值和校正因子产生影响，各参数间存在复杂的依赖关系，各个化合物特别是不同类型的化合物，在使用电子捕获检测器时都存在最佳的操作条件。因此，文献上提供的电子捕获检测器的相对响应值和相对校正因子也受到操作条件和检测器性能的严格限制，具有相对性，一般只能作为色谱定量校正的参考，若想获得准确数值，须通过实际实验测得。

表 8-1、表 8-2 列出了某些有机化合物在气相色谱热导池检测器和氢火焰离子化检测器上的响应值和校正因子。

表 8-1 部分有机化合物在 TCD 上的校正因子

化合物	s_M	s_m	f_M	f_m
甲烷	0.357	1.73	2.80	0.58
乙烷	0.512	1.33	1.96	0.75
丙烷	0.645	1.16	1.55	0.86
丁烷	0.851	1.15	1.18	0.87
戊烷	1.05	1.14	0.95	0.88
己烷	1.23	1.12	0.81	0.89
庚烷	1.43	1.12	0.70	0.89
辛烷	1.60	1.09	0.63	0.92
壬烷	1.77	1.08	0.57	0.93
癸烷	1.99	1.09	0.50	0.92
苯	1.00	1.00	1.00	1.00
甲苯	1.16	0.98	0.86	1.02
乙基苯	1.29	0.95	0.78	1.05
间二甲苯	1.31	0.96	0.76	1.04
对二甲苯	1.31	0.96	0.76	1.04
邻二甲苯	1.27	0.93	0.79	1.08
异丙苯	1.42	0.92	0.70	1.09
正丙苯	1.45	0.95	0.69	1.05
萘	1.39	0.84	0.72	1.19
水	0.33	1.42	3.03	0.70

续表

化合物	s_M	s_m	f_M	f_m
丙酮	0.86	1.15	1.16	0.87
甲乙酮	0.98	1.05	1.02	0.95
甲醇	0.55	1.34	1.82	0.75
乙醇	0.72	1.22	1.39	0.82
丙醇	0.83	1.09	1.20	0.92
异丙醇	0.85	1.10	1.18	0.91
正丁醇	0.95	1.00	1.05	1.00
异丁醇	0.96	1.02	1.04	0.98
仲丁醇	0.97	1.03	1.03	0.97
叔丁醇	0.96	1.02	1.04	0.98

注：载气为 H_2，基准物为苯。

表 8-2　部分有机化合物在 FID 上的校正因子

化合物	f_m	化合物	f_m
甲烷	1.15	正丙苯	1.11
乙烷	1.15	苯胺	1.49
丙烷	1.15	丙酮	2.27
丁烷	1.09	甲乙酮	1.85
戊烷	1.08	甲醇	4.76
己烷	1.09	乙醇	2.43
庚烷	1.12	正丙醇	1.85
辛烷	1.15	异丙醇	2.13
壬烷	1.14	正丁醇	1.69
苯	1.00	异丁醇	1.64
甲苯	1.04	仲丁醇	1.79
乙基苯	1.09	叔丁醇	1.52
间二甲苯	1.08	甲酸	111.11
对二甲苯	1.12	乙酸	4.76
邻二甲苯	1.10	丙酸	2.78
异丙苯	1.15	丁酸	2.33

注：基准物为苯。

2）校正因子的估算

(1) 热导池检测器校正因子的估算

① 内插法

同系物的摩尔相对响应值 $S_{i,s}^{M}$ 与其相对分子质量呈线性关系：

$$S_{i,s}^{M} = a + bM \tag{8-31}$$

式中，a，b 为各类同系物的特征常数，M 为被测组分的相对分子质量，若已知同系物中两个组分的相对响应值，就可求出 a，b 值，从而求出同系物中其他组分的 $S_{i,s}^{M}$。同系物中碳数为 C_1 和 C_2 组分的计算结果误差大，其后组分的计算结果准确性很好。该方法计算值能与实验测定值较好地吻合。

表 8-3 列出了用苯作标准物时，一些同系物的 a 和 b 值。

表 8-3　同系物的 a 和 b 值

同　系　物	组　　分	截距 a	斜率 b
正构烷烃	$C_3 \sim C_{10}$	6.7	1.35
甲基烷烃	$C_4 \sim C_7$	10.8	1.25
二甲基烷烃	$C_5 \sim C_7$	13.0	1.20
甲基苯类	$C_7 \sim C_9$	9.7	1.16
正酮类	$C_3 \sim C_8$	35.9	0.861
伯醇	$C_2 \sim C_7$	34.9	0.808
仲醇	$C_3 \sim C_5$	33.6	0.857
叔醇	$C_4 \sim C_5$	34.8	0.808
正乙酸酯	$C_2 \sim C_7$	37.1	0.841
正醚酯	$C_4 \sim C_{10}$	43.3	0.886

注：标准物为苯。

② 加和法

加和法也称为基团截面积法，Littwood 等人证实，化合物的摩尔相对响应值 $S_{i,s}^{M}$，可由该分子剖析后各指定的结构单元的相对响应值加和计算，各种结构基团的相对响应值见表 8-4。

表 8-4　部分基团的相对响应值(以苯为 100)

基　团	相对响应值	基　团	相对响应值
CH_3—	12	—C—OH	60
CH_2—	11	—CH—OH	61
—CH	10	—CH_2—OH	62
—C—	9	—C_6H_5	99
—H	1	F(端基)	57
—O—	62	Cl(端基)	67
—C=O	64	Br(端基)	74
—O—C=O	77	I(端基)	83

例如，欲计算乙酸乙酯的响应值，由其分子式可知，它有两个 CH_3—基团，一个 CH_2—基团与一个—O—C═O 基团构成，查表计算得响应值 $2\times12+1\times11+77=112$，因此 $f_M=0.8929$，而响应值实验值为 111，文献值 $f_M=0.90$；又如甲乙酮有 2 个甲基、一个乙基、一个羰基，查表计算值为 99，实验值为 98。

利用此法计算醇、酮、醚、酯及卤素化合物的响应值能与实验值吻合良好，误差约为 ±3%。

③ 换算法

热导池检测器当使用不同载气作流动相时，相对摩尔校正因子会发生变化。热导池检测器用 H_2，He 作载气，相对摩尔校正因子的换算公式为

$$S_{i,s}^{M}(H_2)=0.86S_{i,s}^{M}(He)+14 \tag{8-32}$$

式中，$S_{i,s}^{M}(H_2)$是以 H_2 为载气时的相对摩尔响应值；$S_{i,s}^{M}(He)$是以 He 为载气时的相对摩

尔响应值。

当采用氮气作载气时，热导池检测器的相对定量校正因子值随色谱条件变化比较大，因而通用性很差。

(2) 氢火焰离子化检测器校正因子的估算

① 内插法

与热导池的内插法相同，在同系物中，摩尔相对响应值与分子中的碳数(n)也是线性的，$S_{i,s}^{M}=c+dn$，c 与 d 为常数。因此，在知道同系物中两个组分的相对响应值后，可以计算其他组分的相对响应。表 8-5 中列出部分同系物的 c 与 d 值。

表 8-5　不同类型同系物的 c 与 d 值

类　型	碳数范围	截距 c	斜率 d
直链烷烃	$C_1\sim C_{10}$	0	14.3
直链烯烃	$C_2\sim C_{10}$	0	14.0
环烷烃	$C_3\sim C_9$	0	14.0
支链芳烃	$C_5\sim C_{10}$	12.7	12.7
直链芳烃	$C_6\sim C_{12}$	18.4	11.45
甲基取代芳烃	$C_7\sim C_{12}$	26.8	10.3
伯醇	$C_1\sim C_{10}$	−6.07	13.8
仲醇	$C_3\sim C_6$	−10.2	14.0
叔醇	$C_4\sim C_6$	−0.96	13.7
多元醇	$C_2\sim C_6$	5.95	4.95
醛类	$C_1\sim C_{10}$	−9.4	13.4
直链酮类	$C_3\sim C_9$	−13.9	14.3
支链酮类	$C_5\sim C_9$	6.42	10.7
脂肪酸	$C_1\sim C_8$	−13.3	14.3
脂肪酸甲酯	$C_1\sim C_{10}$	−22.9	14.8
甲酸酯	$C_1\sim C_5$	−15.2	13.8
乙酸酯(直链)	$C_1\sim C_6$	−22.9	14.3
乙酸酯(支链)	$C_3\sim C_6$	−20.2	14.0
甲基丙烯酸酯	$C_1\sim C_5$	−6.32	11.5
直链取代酚类	$C_6\sim C_{10}$	8.1	8.1
烷基磺酸甲酯	$C_1\sim C_5$	0	14.0
脂肪胺类	$C_1\sim C_8$	−12.0	13.6

② 有效碳数法

对于不同类型组分的相对校正因子，可按有效碳数法进行计算。例如以正庚烷为标准物时，即正庚烷的有效碳数为 7.00，质量校正因子为 1，其他有机物的质量校正因子按下式计算：

$$f_{\mathrm{m}}=\frac{7M_i}{100N_{\mathrm{c}}} \tag{8-33}$$

式中，M_i 是组分 i 的相对分子质量；N_{c} 是有效碳数。

不同类型有机物原子的有效碳数见表 8-6。

表 8-6 不同类型物质的有效碳数

原子	物质的类型	有效碳数
C	烷烃	1.0
C	芳烃	1.0
C	烯烃	0.95
C	炔烃	1.30
C	羰基	0.0
C	羧基	0.32
C	腈基	0.3
O	醛酮	−1.0
O	伯醇	−0.6
O	仲醇	−0.75
O	叔醇	−0.25
O	酯类	−0.25
Cl	在烷基上有两个或两个以上的氯原子	−0.12(每个)
Cl	在烯烃碳原子上的氯	0.05
N	胺类	同相应醇上的O原子

8.2.4 定量方法

1. 归一化法

把所有出峰的组分(混合物中各组分)含量之和按100%计,计算其中某一组分含量百分数的定量方法,称为归一化法。此方法要求,欲测样品中各组分均能流出色谱柱,并在检测器上都能独立产生信号,可用归一化法定量,其中组分i的质量分数可按式(8-34)计算:

$$w_i = \frac{m_i}{\sum_i m_i} = \frac{f_i A_i}{\sum_i f_i A_i} \times 100\% \tag{8-34}$$

式中,A_i是组分i的峰面积;f_i是组分i的质量校正因子。

式(8-34)为归一化法计算公式。当f_i为摩尔校正因子或体积校正因子时,所得结果分别为组分i的摩尔分数或体积分数。

若样品中的组分为同系物或同分异构体时,校正因子近似相等,可不用引入校正因子,将峰面积或峰高直接利用归一化公式,则式(8-34)可简化为

$$w_i = \frac{A_i}{\sum_i A_i} \times 100\% \tag{8-35}$$

例3 为测定同分异构体对二甲苯、间二甲苯、邻二甲苯形成的混合物中各组分的含量,在一定色谱条件下,所得色谱图上各组分色谱峰(按对称色谱峰处理)的峰高及半高峰宽数据如下:

项目	对二甲苯	间二甲苯	邻二甲苯
峰高 h_i	4.95	14.40	3.22
半高峰宽 $W_{1/2}$	0.92	0.98	1.10

求混合物中各组分的质量分数。

解　$A_i=1.065h_iW_{1/2}$

$$A_{对}=1.065\times4.95\times0.92=4.85$$

$$A_{间}=1.065\times14.40\times0.98=15.03$$

$$A_{邻}=1.065\times3.22\times1.10=3.772$$

$$w_{对}=\frac{4.85}{4.85+15.03+3.772}\times100\%=\frac{4.85}{23.652}\times100\%=20.51\%$$

$$w_{间}=\frac{15.03}{14.85+15.03+3.772}\times100\%=63.55\%$$

$$w_{邻}=\frac{3.772}{4.85+15.03+3.772}\times100\%=15.95\%$$

归一化法的优点是简便、准确，进样量、流速、柱温等条件的变化对定量结果的影响很小。

归一化法定量的缺点：①校正因子的测定较为麻烦，虽然一些校正因子可以从文献中查到或经过一些计算方法算出，但要得到准确的校正因子，还是需要用每一组分的基准物质直接测定；②必须所有组分都出峰，且重叠色谱峰影响峰面积的测量。因此其应用受到一定程度的限制，在使用选择性检测器时，一般不用该法定量。

使用此方法进行定量分析，为提高结果准确度，准确测定校正因子较为繁琐。GC 的一些常用检测器，如 FID 和 TCD 等，对某些组分(如同系物)的校正因子相近或有一定的规律，从文献中可以查到或通过计算得到。当校正因子相近时，可按式(8-35)直接利用峰面积归一化进行定量。通过实验结果比较，在同分异构体或同系物间的定量分析，直接利用峰面积归一化进行定量十分方便，结果误差较小，在误差允许范围内。

归一化法主要用于 GC 的定量测定，而在 HPLC 中很少使用。因为，在 HPLC 定量分析中，经常使用的一些检测器，如紫外、荧光等，对即使是同系物的不同组分的响应值差别也较大，因此不能忽略校正因子的影响，而且对于此类非通用型检测器，对于某些组分可能没有响应值(即不出峰)，不符合方法的适用范围。

2. 标准曲线法

标准曲线法也称为校正曲线法、外标法或直接比较法，这是在色谱定量分析中，特别是 HPLC 定量分析中比较常用的方法，是一种操作比较简单，计算方便，快速的绝对定量分析方法。

标准曲线法首先采用欲测组分的标准样品绘制标准工作曲线。具体作法是：用标准样品配制成不同浓度的标准系列，在与分析欲测组分相同的色谱条件下，进行等体积进样，作出峰面积对浓度的工作曲线。理论上，此标准工作曲线应是通过原点的直线。若测定方法存在系统误差，标准工作曲线不通过原点。标准工作曲线的斜率即为绝对校正因子。

在测定样品中的组分含量时，应该在与绘制标准工作曲线完全相同的色谱条件下，注射相同量或已知量的试样进行色谱分析，得到色谱图，测量色谱峰的峰面积或峰高，然后根据峰面积和峰高在标准工作曲线上直接查出进入色谱柱的样品组分的浓度，再根据样品处理条件及进样量来计算原样品中该组分的含量。

曲线方程为

$$w_i = f_i A_i(h_i)$$

其中，$A_i(h_i)$为 i 组分峰的峰面积(峰高)；f_i 为 i 组分标准工作曲线的斜率。

若得到的工作曲线通过原点，并已知这一组分的大概含量，可采用单点校正法，即直接比较法测量，而不必绘制标准工作曲线。可配制一个与待测组分含量相近的已知浓度的标准溶液，在相同的色谱条件下，分别将待测样品溶液和标准样品溶液等体积进样，得到色谱图，测量待测组分和标准样品的峰面积或峰高，然后由式(8-36)直接计算样品溶液中待测组分的含量：

$$w_i = \frac{w_s}{A_s(h_s)} A_i(h_i) \times 100\% \tag{8-36}$$

式中，w_s 是标准样品溶液质量分数；w_i 是样品溶液中待测组分质量分数；$A_s(h_s)$是标准样品的峰面积(峰高)；$A_i(h_i)$是样品中 i 组分的峰面积(峰高)。

例 4 用气相色谱法(TCD)分析卤代烃混合物。在同样条件下，测得标准样和未知样数据如下：

组　分	标准样		未知样
	进样量/μg	峰面积/(标尺单位)^2	峰面积/(标尺单位)^2
氯乙烷	0.40	110.0	82.3
氯丙烷	0.40	112.2	无峰
氯戊烷	0.40	87.3	125.2
氯庚烷	0.40	78.4	180.0

求未知试样中各组分的质量百分含量。

解 氯乙烷：

$$m_{标准} = fA_{标准}$$

$$f = \frac{m_{标准}}{A_{标准}} = \frac{0.40}{110.0} = 0.003\,636$$

$$m_{氯乙烷} = fA = 0.003\,636 \times 82.3\mu g = 0.2993\mu g$$

氯戊烷：

$$f = \frac{m_{标准}}{A_{标准}}$$

$$m_{氯戊烷} = fA = \frac{m_{标准}}{A_{标准}} \times A = \frac{0.40}{87.3} \times 125.2\mu g = 0.5737\mu g$$

氯庚烷：

$$f = \frac{m_{标准}}{A_{标准}}$$

$$m_{氯庚烷} = fA = \frac{m_{标准}}{A_{标准}} \times A = \frac{0.40}{78.4} \times 180.0\mu g = 0.9184\mu g$$

由于未知样中没有出现氯丙烷的色谱峰，故未知样中不含有氯丙烷。

未知样总量：

$$m = (0.2993 + 0.5737 + 0.9184)\mu g = 1.7914\mu g$$

$$氯乙烷\% = \frac{0.2993}{1.7914} \times 100\% = 16.71\%$$

$$氯戊烷\% = 32.03\%$$

$$氯庚烷\% = 51.27\%$$

单点校正法利用原点及另一已知浓度的标准样品两数据点，绘制标准工作曲线。当方法存在系统误差时导致标准曲线偏离原点，利用单点校正法进行定量分析，结果误差较大。

标准曲线法的优点是：绘制好标准工作曲线后测定工作操作简单，计算方便，可直接从标准工作曲线上读出含量，特别适合于大批量样品分析。

标准曲线法的缺点是：仪器和操作条件对分析结果的影响很大，要求分析组分与其他组分完全分离，色谱分析条件也必须严格一致；而且标准物的色谱纯度要求高（或用准确知道浓度的标准物，配置浓度时进行折算）；标准曲线法属绝对定量法，标准工作曲线绘制时，一般使用欲测组分的标准样品（或已知准确含量的样品），因此对样品前处理过程中欲测组分的变化无法进行补偿。因为在样品分析过程中，色谱条件（检测器的响应性能、柱温、流动相流速及组成、进样量、柱效等）很难严格保证完全相同，因此容易出现较大误差，故标准工作曲使用一段时间后应当采用标准物质进行校正。

3. 内标法

内标法是将一种纯物质作为标准物，定量加到待测样品中去，依据欲测组分与参比物在检测器上的响应值（峰面积或峰高）之比以及参比物加入的量进行定量分析的方法。

与标准曲线法相比，该方法克服了每次样品分析时色谱条件很难完全相同而引起的定量误差。将参比物加到待测样品中去，使欲测组分和参比物在相同的色谱条件下进行分析，使由于检测器的响应性能、柱温、流动相流速及组成等色谱条件的变化而产生的影响，同时对欲测组分和参比物起作用而相互抵消，提高了定量的准确度；特别是内标法测定的欲测组分和参比物质在同一检测条件下响应值之比与进样量多少无关，这样就可以消除标准曲线定量法中由于进样量不准确产生的误差。

1）计算法

当欲测组分(i)的质量为 m_i，加入内标物(s)的质量为 m_s，待测组分和内标物的峰面积（或峰高）分别为 A_i（或 h_i）和 A_s（或 h_s），待测组分和内标物的质量绝对校正因子分别为 f_i 和 f_s，则有

$$m_i = f_i A_i(h_i)$$

$$m_s = f_s A_s(h_s)$$

$$m_i = \frac{f_i}{f_s}\frac{A_i(h_i)}{A_s(h_s)}m_s = f'_{i,s}\frac{A_i(h_i)}{A_s(h_s)}m_s$$

则被测组分百分含量为

$$w_i = f'_{i,s}\frac{A_i(h_i)}{A_s(h_s)}\frac{m_s}{m} \times 100\% \tag{8-37}$$

式中，$f'_{i,s}$为待测组分对内标物的质量相对校正因子，可由实验测定或由文献值进行计算得到；m 为样品质量。式(8-37)为内标法定量基本公式。

例 5　有一试样含甲酸、乙酸、丙酸以及水、苯等物质，称取此试样 1.055g。以环己酮作内标，称取环己酮 0.1907g，加到试样中，混合均匀后，吸取此试液 3mL 进样，得到色谱图。

从色谱图上测得各组分峰面积及已知的 S' 值如下表所示：

项目	甲酸	乙酸	环己酮	丙酸
峰面积	14.8	72.6	133	42.4
响应值 S'	0.261	0.562	1.00	0.938

求甲酸、乙酸、丙酸的质量分数。

解 根据公式

$$w_i = f'_{i,s}\frac{A_i(h_i)}{A_s(h_s)}\frac{m_s}{m}\times 100\% \quad 及 \quad f' = \frac{1}{S'}$$

求得各组分的校正因子分别为 3.831，1.779，1.00，1.07。代入质量分数的表达式中得到各组分的质量分数分别为

$$w_{甲酸} = (14.8/133)\times(0.1907/1.055)\times 3.831\times 100\% = 7.71\%$$

$$w_{乙酸} = (72.6/133)\times(0.1907/1.055)\times 1.779\times 100\% = 17.55\%$$

$$w_{丙酸} = (42.4/133)\times(0.1907/1.055)\times 1.07\times 100\% = 6.17\%$$

如何选择合适的内标物是内标法的关键。内标物应是原样品中不存在的纯物质，对于内标物质的要求是：该物质的性质应尽可能与欲测组分相近，化学稳定性好，不与样品或固定相发生反应；能与样品完全互溶；与样品中所有组分能很好地分离，即色谱峰不重叠，但又尽可能接近，或位于几个欲测组分的峰中间；加入内标的量要接近被测组分的含量；要称量准确；内标物的校正因子应该容易得到。

2）内标标准曲线法

为使内标法适用于大量样品分析，可对内标法进行简单改进，将内标法与标准曲线法相结合，即内标标准曲线法。

由式(8-37)可见，若称量同样量的试样，加入恒定量的内标物，则此式中 $f'_{i,s}\cdot\frac{m_s}{m}$ 为常数，此时

$$w_i = \frac{A_i(h_i)}{A_s(h_s)}\times 常数 \tag{8-38}$$

即被测物的含量与被测组分与内标物峰面积比呈线性关系。

方法如下：用欲测组分的纯物质配成一系列不同浓度的标准溶液。取相同体积的不同浓度的该标准溶液，分别加入同样量的内标物，然后在相同的色谱条件下进样分析。以标准溶液浓度为横坐标，欲测组分与内标物的响应值之比 $\frac{A_i(h_i)}{A_s(h_s)}$ 为纵坐标作图，得到一条内标标准工作曲线，此直线应通过原点(若不通过原点，则说明方法有系统误差)。在相同条件下分析样品，由 $\frac{A_i(h_i)}{A_s(h_s)}$ 比值可在内标标准工作曲线上查出样品中欲测组分的浓度，进而可以算出欲测组分在样品中的含量。这一方法可以省去测定相对校正因子的工作，特别适用于大批量样品的分析测定工作。

内标法的优点是：使用时没有归一化法的那些限制，可以抵消色谱条件(如柱温、载气流速、桥电流和进样量)对测定结果的影响，特别是在样品前处理(如浓缩、萃取、衍生化等)前加入内标物，然后再进行前处理时，可部分补偿欲测组分在样品前处理时的损失。

内标法的缺点是：选择合适的内标物比较困难，内标物的称量要准确，操作复杂，且必须事先测得相对校正因子；在加入内标物之后，在分离条件上比原样品要求更高一些，要求被测组分、内标物与其他组分都能分离。

4. 叠加法

叠加法实质是一种特殊的内标法，是在选择不到合适的内标物时，以样品中已有组分作内标物，将该组分纯物质，加入到待测样品中，然后在相同的色谱条件下，比较加入欲测组分纯物质前后欲测组分的峰面积(或峰高)，从而计算欲测组分在样品中的含量的方法。

叠加法测定多组分样品时，可选择样品中任一组分的纯物质作为内标物(一般选择样品中含量小的组分)进行定量分析。具体步骤是：首先将样品进行色谱分析，得到样品色谱图，然后如同内标法那样，称取样品 m(g)，加入作为内标物的组分 m_i(g)，在与上述相同的色谱操作条件下，对此样品进行色谱分析，得到色谱图。图 8-19 所示为叠加法定量的色谱图，以求组分 1 与 2 在原样品中的含量。

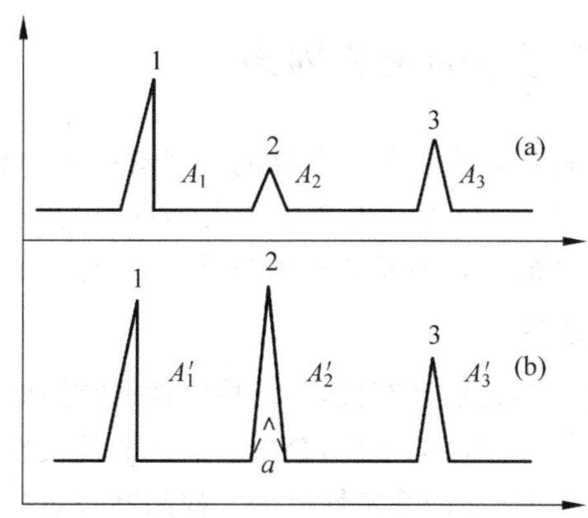

图 8-19　叠加法定量

(a) 未知样品的色谱分离谱图；(b) 加入内标物后的色谱分离谱图(此图以组分 2 为内标物)

由图 8-19 中的两张色谱图可知原样品中组分 1 与 2 的色谱峰面积分别为 A_1 和 A_2，原样品中加入叠加物后的色谱峰面积分别为 A_1' 和 A_2'。设色谱图 8-19(b) 中原样品组分 2 的实际峰面积为 a，a' 是加入叠加物后增加的峰面积，即 $A_2'=a+a'$，由于 $\dfrac{A_1}{A_2}=\dfrac{A_1'}{a}$，故

$$a' = A_2' - a = A_2' - \frac{A_1' A_2}{A_1}$$

然后按内标法计算出组分 1 与 2 的定量结果：

$$w_1 = \frac{A_1' f_1}{a' f_2}\frac{m_i}{m}\times 100\% = \frac{A_1' f_1'}{a' f_2'}\frac{m_i}{m}\times 100\% \tag{8-39}$$

$$w_2 = \frac{a f_2}{a' f_2}\frac{m_i}{m}\times 100\% = \frac{a}{a'}\frac{m_i}{m}\times 100\% \tag{8-40}$$

式中，m_i 是加入组分 i 的质量；m 是试样的质量。

应该注意的是，上述定量公式是以组分 2 为内标物得到的。

叠加法：操作简便，不需另外的标准物质作内标物，且更利于色谱分离；在样品前处理前加入已知量的内标物组分，可避免在前处理过程中欲测组分的损失所造成对定量结果的影响。为保护两结果的准确性,要求两次进样量必须完全相同。

5. 转化定量法

转化定量法是气相色谱中使用的一种定量方法,将被测组分在进入检测器前利用催化剂转化为同一组分,一般常转化为 CO_2 和 CH_4,使定量工作简化。

设某组分进样量为 m_i(mg),相对分子质量为 M_i,分子中含碳原子数为 N_i,转化为 CO_2 后所得峰面积为 A_i,每毫升 CO_2 的峰面积为 A'_{CO_2},则组分 i 的质量 m_i 为

$$m_i = \frac{M_i}{N_i} \times \frac{A_i}{A'_{CO_2}} \Big/ 22.4 \tag{8-41}$$

如果样品中所有组分都出峰,可用归一化法定量:

$$w_i = \frac{A_i \dfrac{M_i}{N_i}}{\sum A_i \dfrac{M_i}{N_i}} \times 100\% \tag{8-42}$$

8.2.5 影响准确定量的主要因素

色谱定量分析中,每个操作步骤和色谱条件的选择都会对色谱定量分析结果的准确性产生影响,操作不当,就会使定量分析结果产生较大的误差,甚至会得到完全错误的结果。影响定量准确性的因素除了峰高、峰面积的正确测量外,还有以下几个方面。

1. 样品的稳定性及代表性

取样要反映实际样品组成,选取具有代表性、稳定性的欲测样品是得到准确定量结果的前提,由于取样时间、地点、操作工序的不同,会影响取样的代表性,储存样品的容器、样品组分的性质、存放的条件等,则与样品的稳定性有关。样品制备对色谱定量分析结果准确性影响的主要因素是被分析样品中的欲测组分是否能100%地转入到制备好的、可用于色谱分析的实验用样品中去,这可用回收率试验来检验。当样品制备方法的回收率较低时,宜用标准加入法定量,这样可以补偿欲测组分在样品制备过程中的损失,使色谱定量分析结果更加准确、可靠。

气相色谱分析的许多样品是气体或挥发性液体,因此,要特别注意泄漏、挥发等问题,同时,从取样到进样要快速,尽量避免样品组分的挥发损失。

液相色谱中取样要注意样品的代表性、均匀性,样品是否完全溶解组成均匀的溶液。溶解样品的溶剂最好就是流动相,或是与流动相互溶的溶剂。

2. 进样技术的影响

当色谱定量分析采用归一化法、内标法和标准加入法时,进样的误差可以被这些方法本身所具有的特性所消除,即进样产生的误差不会影响最后的定量分析结果。但是,采用标准曲线法(外标法)和叠加法作定量分析时,进样的准确性和重复性将直接影响定量分析结果的误差。

影响进样准确度和精密度的因素主要包括进样装置的准确度、精密度和色谱分析人员对进样技术掌握的熟练程度。

采用定体积进样法作定量分析,进样的重复性是一个很关键的问题。进样采用进样阀,

重复性好，而用微量注射器，进样重复性与多种因素有关。在气相色谱定量分析中，对于气体样品进样，大都采用定量进样阀定体积进样，进样精度优于 0.5%。对于液体和固体样品，一般用溶剂溶解和稀释后，用微量注射器定体积进样，其准确性和重复性决定于所用注射器的质量、刻度读数的准确度和进样量大小。在使用微量注射器进样时，插针的快慢，进针的位置、深度和操作人员的熟练程度都将影响进样的准确性和重复性。对于沸程宽的液体样品，取样、进样要快，但拔针要慢，以防止难挥发的组分在拔针时还没完全进入柱子而随拔针逸出，引起进样的误差。微量进样器要保持干净、干燥，进样器的密封性能要好。气相色谱进样室的结构与气化温度不当，会使样品中组分分解或气化不良，也同样影响定量的准确性。

在高效液相色谱定量分析中，多采用六通阀的定量管进样，在采取大体积进样(进样体积为定量管体积的几倍)时，准确性和重复性都较好，进样精度优于 0.5%；利用微量注射器进样时，结果与注射器的准确度及取样操作有关。

3. 柱系统的影响

色谱柱是气相色谱仪的核心部件之一。它决定被测组分能否完全分离，分离度大小影响峰高和峰面积测量的准确度，而峰高和峰面积测量的准确度直接影响色谱定量分析的准确度。

在欲测组分达基线分离条件下，柱效对采用峰面积定量的分析结果没有影响，而对使用峰高定量的分析结果会产生影响。在分离度较好，色谱峰形较好，峰面积可以准确测量时，以用峰面积法定量为好。特别是在气相色谱使用程序升温和液相色谱使用多元梯度洗脱时，最好使用峰面积法定量。但当分离度不好，色谱峰形不好(如严重拖尾)时，峰面积测量引起的误差较大，此时使用峰高法定量较好。保留时间短的色谱峰峰形较尖，此时峰高测定较峰面积测定准确，宜用峰高法定量；保留时间长的色谱峰峰形较宽，此时峰面积测定较峰高测定准确，宜用峰面积法定量。

因此，色谱柱系统对混合样品组分的分离程度，是色谱定量分析的基础，保证色谱峰良好的分离是定量准确的必要条件。同时，色谱柱要稳定，以保证良好重现性。

4. 气相色谱操作条件的影响

1) 柱温

柱温直接影响保留值和峰高。柱温升高，保留值缩短，峰高增大。柱温变化对各组分峰高的影响是不等效的，随分子量增加而增大，即使是以相对法定量的归一化法、内标法和标准加入法也无法消除柱温的变化对峰高的影响。不同组分保留值的对数值随柱温变化的直线斜率是不同的，如果要控制柱温造成的误差小于 0.6%，则柱温变化不应超过 ±0.5℃。柱温变化对峰面积的影响较小，故在气相色谱中多采用峰面积定量。

2) 检测温度

对于热导池检测器，温度升高，灵敏度下降，它的影响比柱温影响小，采用相对测量法定量时此影响可抵消。

对于氢火焰离子化检测器，检测室温度对灵敏度没有影响，其温度等于或高于柱温即可。

3) 载气流速的影响

对于浓度型检测器，如热导池检测器，是测量流动相中组分浓度的瞬间变化，响应信号与流动相中组分浓度成正比。流速加大，浓度不变，故色谱峰峰高与流速无关；峰面积与流速成反比。在绝对法定量中,如用标准曲线法,用峰高定量比用面积定量好,不受流速影响。在用内标法、归一化法定量时,流速的影响可抵消。

对于质量型检测器,如氢火焰离子化检测器,测量的是单位时间进入检测器的物质量。流速加大,单位时间进入检测器的量增大,峰高增加,面积与流速无关,因此在绝对法定量时,用面积定量误差小一些。

在液相色谱中,流动相的组成变化,如采用梯度洗脱时,固定相、洗脱液和欲测组分之间的平衡很难保持严格一致,加之梯度洗脱时基线经常出现漂移及加大基线噪声,使色谱峰峰面积和峰高的测量容易产生较大的误差,故在液相色谱定量分析中不宜采用梯度洗脱,而且要尽量保护洗脱液组成的稳定。

在色谱定量分析中,要尽可能保持色谱条件的稳定,保证每次进样时色谱条件尽可能保持一致,并要定期清理进样装置,特别是高浓度样品进样后,防止样品的残留,干扰后续分析结果。

5. 检测器的影响

检测器种类的选择,检测器灵敏度、检测限、线性范围、稳定性及其他仪器参数设置(液相色谱紫外检测器的检测波长、响应时间等会对结果产生影响)等影响因素,都可影响定量结果的准确性。欲测组分浓度超过或接近检测器保持线性关系的浓度范围时,均不能得到很好的定量结果,此时需对样品进行适当的稀释或富集,并要控制好进样量。

对于某些特殊组分可使用选择性检测器,使某些干扰物在选择性检测器上不被检出,从而可以消除干扰,得到较好的定量分析结果。

6. 数据处理系统的正确应用

工作站在定量分析时会出现错判或不能计算的情况,分析人员要对其中的这些组分重新定性后重新计算结果,以免产生错误。合理设置积分参数值,避免积分阈值(最小峰宽、最小峰高、最小峰面积等)设置过大,使一些小峰无法识别。同时,对色谱谱图要能正确运用谱峰再处理参数对谱图进行正确处理,如峰的正确切割、拖尾峰的处理、谷谷基线、谷尾基线的运用等,如果这些参数设置不当,所得到的结果会有较大差别。

习　题

8-1　气相色谱的定性依据是什么?主要有哪些定性方法?

8-2　色谱定量依据是什么?主要的定量方法有哪些?

8-3　何为保留指数?应用保留指数作定性指标有什么优点?

8-4　为什么可以根据峰面积进行定量测定?峰面积如何测量?什么情况下可不用峰面积而用峰高进行定量测定?

8-5　什么是绝对校正因子、相对校正因子?为什么一般总是应用相对校正因子进行定量计算?在什么情况下可以不用校正因子进行定量计算?

8-6　“用纯物质对照进行定性鉴定时,未知物与纯物质的保留时间相同,则未知物就是该纯净物质”。这个结论是否可靠?应该如何处理这一问题?

8-7　什么叫内标法?为什么使用内标法?简述内标物的选择原则。

8-8 准确称取纯苯(内标物)及纯化合物 A,质量分别为 0.435g 及 0.864g,配成混合溶液,进行气相色谱分析。测得苯的峰面积为 4.0cm^2,化合物 A 的峰面积为 7.6cm^2,求化合物 A 的相对质量校正因子。

8-9 用标准加入法测定丙酮中微量水时,先称取 2.6723g 丙酮试样于样品瓶中,接着又称取 0.0252g 纯水标样于该样品瓶中,混合均匀。在完全相同的条件下,分别吸取 6.0μL 丙酮试样和 6.0μL 加入纯水标样后的丙酮试样于气相色谱仪中进行分析测试,得到相应水峰的峰高分别为 145mm 与 587mm。求丙酮试样中水分的质量分数。

8-10 化合物 A 与正二十四烷及二十五烷相混合后注入色谱柱进行试验,测得的调整保留时间为:A 10.20min,正二十四烷 9.81min,二十五烷 11.56min。计算化合物 A 的保留指数(I_A)。

8-11 用内标法测定环氧丙烷中的水分含量,称取 0.0115g 甲醇,加到 2.2679g 样品中,进行两次色谱分析,数据如下:

分析次数	水分峰高/mm	甲醇峰高/mm
1	150	174
2	148.8	172.3

已知水和内标甲醇的质量校正因子分别为 0.55 和 0.58,计算水分的百分含量,取平均值。

8-12 采用氢火焰离子化检测器,分析乙苯和二甲苯异构体,测得以下数据:

项目	乙苯	对二甲苯	间二甲苯	邻二甲苯
A_i/min^2	120	75	140	105
f_i	0.97	1.00	0.96	0.98

计算各组分的含量。

8-13 在某色谱条件下,分析只含有二氯乙烷、二溴乙烷和四乙基铅三组分的样品,结果如下:

项　目	二氯乙烷	二溴乙烷	四乙基铅
相对质量校正因子	1.00	1.65	1.75
峰面积/cm^2	1.50	1.01	2.82

(1) 试用归一化法求各组分的百分含量。

(2) 如果在色谱图上除了上述三组分峰外,还有未出峰组分,是否还能用归一化法进行定量?若用甲苯为内标物(其相对质量校正因子为 0.87),甲苯与样品配比为 1∶10,测得甲苯峰面积为 0.95cm^2,3 个主要成分的数据同上表,试求各组分的百分含量。

8-14 在一色谱柱上,测得各峰的保留时间如下:

组分	空气	正己烷	正庚烷	正辛烷	正壬烷	组分 A	组分 B
t_R/min	0.6	8.9	11.2	13.9	17.9	15.4	10.6

求组分 A 和 B 的保留指数。

8-15 在测定苯、甲苯、乙苯、邻二甲苯的峰高校正因子时，称取如下表所列的各组分的纯物质，在一定色谱条件下，所得色谱图上各种组分色谱峰的峰高及相应质量分别如下：

项目	苯	甲苯	乙苯	邻二甲苯
质量/g	0.5967	0.5478	0.6120	0.6680
峰高/mm	180.1	84.4	45.2	49.0

求各组分的峰高校正因子 f'，以苯为标准。

8-16 在固定的色谱分析条件下，检测 n-C_{10}、n-C_{11} 和 n-C_{12} 混合物，已知 $t'_{R,n\text{-}C_{10}}=10.0\text{min}$，$t'_{R,n\text{-}C_{12}}=14.0\text{min}$，试计算 $t'_{R,n\text{-}C_{11}}$（n-C_x 表示不同碳数的正构烷烃）。

8-17 测定同分异构体对二甲苯、间二甲苯、邻二甲苯形成的混合物中各组分的含量。在一定色谱条件下，所得色谱图上各组分色谱峰（按对称色谱峰处理）的峰高及半高峰宽数据如下：

项目	对二甲苯	间二甲苯	邻二甲苯
峰高 h_i	4.95	14.40	3.22
半高峰宽 $W_{1/2}$	0.92	0.98	1.10

(1) 求各组分色谱峰的峰面积。

(2) 求混合物中各组分的百分含量（面积校正因子可视为相同）。

8-18 在一定色谱条件下，对某厂生产的粗蒽质量进行检测。今欲测定其中的蒽含量，用吩嗪为内标。称取试样 0.130g，加入内标吩嗪 0.0401g。溶解后进样分析，测得以下数据：蒽峰高 51.6mm，吩嗪峰高 57.9mm。已知 $f_{蒽}=1.27$，$f_{吩嗪}=1.00$。求试样中蒽的质量分数。

8-19 测定苯、甲苯、乙苯、邻二甲苯的峰高校正因子。称取各组分的纯物质质量混合后进样，在一定色谱条件下，测得色谱图上各组分色谱峰的峰高分别如下：

项　目	苯	甲苯	乙苯	邻二甲苯
质量/g	0.5987	0.5678	0.6320	0.7680
峰高/mm	181.1	86.4	46.2	59.0

求各组分对苯（标准）的相对（质量）峰高校正因子。

第 9 章

色谱联用技术

9.1 气相色谱-质谱联用技术

气相色谱法对多组分样品有较高的分离能力和选择性，质谱法对单一组分具有较强的鉴定能力。二者的在线联用是分析易挥发多组分样品最强有力的手段。

9.1.1 气相色谱-质谱联用仪器系统简介

气相色谱仪将样品中各组分分离，然后经过气相色谱-质谱联用接口进入质谱仪进行质量分析。在气相色谱-质谱联用仪器系统中的主要技术问题就是仪器接口和质谱扫描速度。

色谱柱出口压力约为常压，而质谱仪必须在高真空（$10^{-5}\sim10^{-6}$ Pa）条件下工作。因此二者的在线连接需要特定接口进行匹配。接口的作用主要是尽量除去色谱柱后流出物中的载气而保留或浓缩其中的各分离组分，并且在一定程度上协调色谱仪和质谱仪系统之间的压力和流量。在色质联用技术的发展过程中，曾出现过多种接口形式。过去的教材中经常对多种接口装置进行详细介绍。由于接口技术的不断发展和抽真空效率的提高，接口装置在形式上越来越小并且简单，目前广泛采用直接导入式接口。

与气相色谱联用的质谱仪对于扫描速度是有要求的，因为气相色谱出峰速度快，峰宽以秒计，为满足误差需要，记录一个色谱峰要有足够的数据点。对于每个数据点，质谱计都要完成选定质量数范围内的质量扫描。例如，在 Finnigan Trace GC2000/Trace Mass 系统中，色谱峰的基线宽度为 2s，如果总离子流图数据采集速率设定为 10 次/s，那么该峰数据点为 20 个，全扫描（full scan）选定的质量数范围为 2～1023，则要求质谱计在 2s 内进行 20 次质量数从 2 到 1023 的质量扫描，获得 20 张碎片离子的质谱图。另一方面，在选择离子检测方式（SIM）时，要求质谱计能够在不同的质量数之间快速切换，以满足多个离子窗口同时检测的需要。这些任务都对质谱的扫描速度有较高的要求。尤其是近年来，高速数据采集技术的产生促成了高速色谱和高速质谱的发展。例如，美国 LECO 公司的专利——500 张全扫描质谱图/s 的高速质谱数据采集技术，可以和飞行时间质谱、高速色谱联用，产生更好的技术组合。

简单地说，气相色谱-质谱联用仪器由气相色谱仪和质谱仪通过联用接口连接而成，由计算机系统对色谱仪各部件、接口、离子源和质量分析器的各个指标进行控制，对色谱和质谱数据采集和数据处理的同步等内容进行控制和处理。气相色谱-质谱联用仪流程如图 9-1 所示。

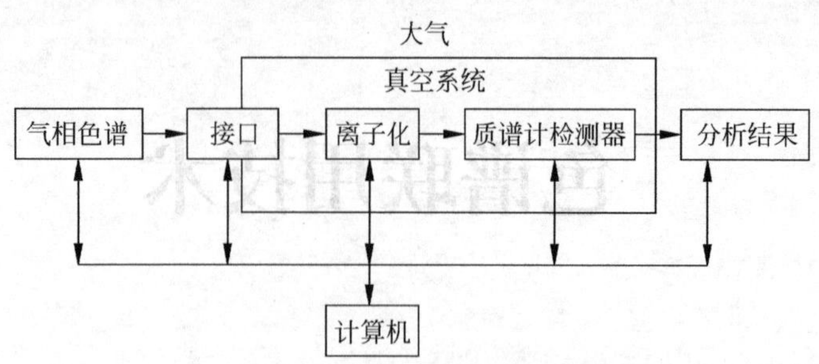

图 9-1　色质联用仪流程示意图

气相色谱-质谱联用仪器的种类很多，一般可以从仪器性能和仪器采用的质谱技术加以区分。按质谱技术主要有：气相色谱-磁(单、双)聚焦质谱(GC-MS)、气相色谱-四极杆质谱(GC-MS)、气相色谱-离子阱质谱(GC-ITMS)和气相色谱-飞行时间质谱(GC-TOFMS)等；从分辨率上大致分为高分辨率(大于 5000)、中分辨率(1000～5000)和低分辨率(低于 1000)。其中高分辨磁质谱的最高分辨率可达 60 000，飞行时间质谱分辨率为 5000 左右，台式四极杆质谱的分辨率通常在 2500 以下。

9.1.2　气相色谱-四极杆台式质谱联用仪器简介

近年来，随着仪器制造和计算机技术的快速发展，气相色谱-质谱联用仪器的尺寸和性能都得到了较大的改进。其中典型的是毛细管气相色谱与四极杆台式质谱(四极滤质器)联用方式，其特点是仪器结构简单、体积小、价格相对低廉、质量数范围(1～1000)适中、扫描速度快、灵敏度和分辨率能满足大多数实验室的要求。因此，毛细管气相色谱与四极杆台式质谱联用是近年来发展最快的色质联用系统之一。四极滤质器的工作原理如图 9-2 所示。

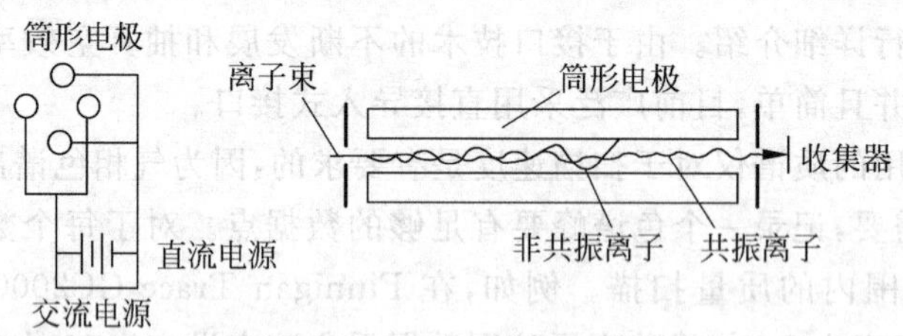

图 9-2　四极滤质器的工作原理示意图

四极滤质器的核心部分由 4 个高度平行的金属(通常为钼合金，亦有采用石英镀金材料的)圆柱电极组成，对角电极相连接构成两组。两组电极之间施加一定的直流电压和射频电压(频率在射频范围内的交流电压)，这样就在 4 个圆柱形电极围成的狭长空间内形成交变的磁场。离子束进入该空间时会作横向摆动，当直流电压的大小、射频电压的频率一定时，只有一种质荷比的离子能够不触及圆柱形电极而通过狭长空间到达检测装置(电子倍增器或光电管)，被收集并产生信号。该种质荷比的离子称为共振离子，其他质荷比的离子称为非共振离子，在横向摆动过程中撞击在圆柱形电极上被真空抽走。

如果保持交流电压的频率不变，而连续改变直流和交流电压的大小（其比值不变）；或者电压大小不变，而连续改变交流电压的频率，就可以使不同质荷比的离子按一定顺序到达检测装置，经放大记录得到质谱信号。这一过程一般理解为质谱扫描，对扫描的速度和频率有一定要求，不同仪器的设置范围略有不同。扫描频率越高，质谱信号的测量精度也越高。

另外，在离子进入滤质器之前，一般先由离子流检测装置检测总离子强度，以便形成总离子流图。

由于目前多数仪器都采用机械泵和至少一台大功率的分子涡轮泵，差动泵抽真空效率很高，因此可以不通过特定接口而将色谱毛细管的出口直接引入离子源。

毛细管气相色谱与离子阱质谱、飞行时间质谱的联用近年来也发展较快，而且有更高的分辨率和质量数范围。

9.1.3 气相色谱-质谱联用的条件选择

1）柱条件

用于气相色谱-质谱联用的毛细管柱通常要求采用 MS 柱。所谓 MS 柱即质谱专用柱，主要是对固定液的流失性加以控制，使其小于非 MS 柱。对 MS 柱尺寸的要求取决于质谱的真空系统能够接收的最大流量。台式质谱的抽真空一般都是由一组机械泵和一组分子涡轮泵共同完成，真空效率因分子涡轮泵的功率而异。一般的分子涡轮泵（250L）能够承受的毛细管柱后流量小于 5mL/min，最常用的流量为 1～2mL/min，采用的柱内径为 0.25～0.32mm；采用大功率的分子涡轮泵或 2 级分子涡轮泵联合抽真空，则可以接受大于 5mL/min 的流量，采用的柱内径可以为 0.53mm。总之，在气相色谱-质谱联用系统中倾向于使用较细内径的柱子，以便在较大的范围内选择载气的线速度。

2）扫描条件

如前述及，质谱扫描可以选定质量范围。一般的质谱扫描有两种方式：对给定的质量数范围进行全扫描的方式和选择离子检测的方式。

全扫描的方式（full scan）可以在质谱系统能够允许的最大质量数范围内任意选定一个范围，Finnigan Trace GC2000/Trace Mass 系统的质量数范围是 1～1023，则该系统的全扫描质量数范围不能超过 1023，例如，30～400 等。同时，选定的质量数范围越宽，扫描速度和分辨率就相对低一些。

选择离子检测的方式（selected ion moniter，SIM）是指在质谱系统能够允许的最大质量数范围内任意选定一个或多个质量数进行检测，如，28 或者 32，46，58 等，主要用于有选择地检测某个质量数的碎片或分子离子碎片。而且，可以根据离子流图中某个组分的出峰时间来选择某个质量数检测的时间范围。例如，在 Finnigan Trace GC2000/Trace Mass 系统中，最多可以选择 36 个质量数同时进行检测，对于每个质量数最多又可以选定 36 个时间窗口。例如对混合气样中的 CO_2 进行检测，已知 CO_2 出峰时间为 3min，则可以采用 SIM 方式，选择质量数为 44，时间窗口为 2.8～3.2min 进行检测。

由于只针对某一质量数检测，所以选择离子检测的方式的主要特点是特异性强，检测灵敏度高，比全扫描的方式平均高约 2 个数量级；另一个特点是可以分辨连续扫描时离子流图中不能分离或不能完全分离的组分，在一定程度上可以排除色谱峰重叠、本底和化学噪声带来的干扰。

而对给定的质量数范围进行全扫描的方式，由于此时的离子流图一般都是经过离子流检测器检测或由质谱图重建而获得的色谱图，其行为与一般的色谱图相同，因此要求色谱预先有较好的分离。

9.1.4 气相色谱-质谱联用的谱图及其信息

1）总离子流图及其两种获得方式

气相色谱-质谱联用系统最直观的信息就是总离子流图，在行为上与色谱图基本相同，离子流图中各组分峰的保留时间、峰面积等参数也可以作为定性、定量的依据。

很多质谱仪在质量分析器之前都装有总离子流检测器，将总离子流信号检测放大后输出形成总离子流图。

总离子流图除了可以由总离子流检测器获得外，还可以利用质谱仪磁场的循环质量扫描，由应用软件计算获取再现色谱图。简单地说，就是与色谱仪进样同步，质谱的质量分析器在设定的质量范围内按设定的频率，对经过离子源的离子碎片进行循环质量扫描。每扫描一次可获得一组质谱图，每组质谱图作为一组数据存储。由工作站应用软件计算出每一组质谱图的峰强总和，作为再现色谱图的纵坐标，每次扫描的起始时间作为再现色谱图的横坐标，这样每次扫描构成一个点。将多次扫描形成的各个点连线即可得到再现的色谱图，与总离子流检测器获得总离子流图非常相似。目前，大多数台式质谱系统中的总离子流图都是这种重建的色谱图。该种重建图的特点是可调出重建色谱图上任意一点对应的质谱图。并且可以利用重建色谱峰的保留时间和峰面积进行定性和定量分析。

2）质量碎片图

选择离子检测(SIM)方式是指在质谱系统能够允许的最大质量数范围内任意选定一个或多个质量数进行检测。在此种方式下，也可以生成类似质量范围全扫描方式下的重建色谱图，即 SIM 时的离子流图。由于此方式下，质谱质量检测的质量数是固定的或不连续的，所以重建色谱图中只能体现所选定质量数的组分的色谱峰，对于未选定的质量数的组分则不出现重建色谱峰。气相色谱-质谱联用正是利用 SIM 的这一特点来分辨全扫描时不能分辨的重叠色谱峰，并排除其他干扰信号的影响。

在 SIM 方式下，重建色谱峰的保留时间和峰面积亦可以用来定性和定量，但是其色谱峰上任意一点对应的质谱图都是相同的，即选定质量数的一根棒图，而且不能在线检索。

9.1.5 气相色谱-质谱联用质谱谱库及检索简介

目前的气相色谱-质谱联用系统都采用一种或一种以上的质谱谱库进行检索。质谱谱库一般是指标准条件下(电子轰击电流源，70eV 电子束轰击)大量已知纯化合物的标准质谱图按照一定的格式组成的数据库。检索就是将在标准电离条件下的样品组分的质谱图与标准质谱图数据库中的谱图按特定的程序进行比较，按相似度由高到低列出化合物(通常是前 100 个)的名称、相对分子质量、分子式、结构式及相似度和 CAS 登记号、库名称等信息。上述信息对未知组分的解析和定性提供了很大的方便。不同的质谱库系统包含的谱图数量和检索规则不同，对一张质谱图进行检索时，选择的信息线越多，匹配的准确度就越高。

常用的质谱谱库有下面几种：

(1) NIST 库

美国国家科学技术研究所(National Institute of Science and Technology)出版，2000 年版本收有 64×10^3 张谱图。

(2) NIST/EPA/NIH 库

美国国家科学技术研究所(National Insititute of Science and Technology)、美国环保局(EPA)和美国国立卫生研究院(NIH)出版，收集 128×10^3 张谱图。

(3) Wiley 库

第 6 版本的 Wiley 库收有标准质谱图 230×10^3 张；第 6 版本的 Wiley/NIST 库收有标准质谱图 275×10^3 张；Wiley Select Libraries 库收有标准质谱图 90×10^3 张。

另外，常用的还有农药库(Standard Pesticide Libraray)、药物库(Pfleger Drug Libraray)和挥发油库(Essential Oil Libraray)。

前 3 个是通用的质谱库，一般 GC-MS 仪器配有其中的一个或两个库。目前应用最广泛的是 NIST/EPA/NIH 库。以下简单介绍 NIST/EPA/NIH 库的检索。

几乎所有的 GC-MS 仪器都配有 NIST/EPA/NIH 库，由于所选版本和配置的不同，不同厂家的 GC-MS 仪器配备的 NIST/EPA/NIH 库所含有的标准谱图的数目可能不同。一般的 NIST/EPA/NIH 库都允许用户建立自己的谱图库，即使用者库(user libraray)，用来存储一些用户常用的物质和某些通用库中检索不到的物质的谱图。检索时，用户可以选择性地加入这些谱图库。

NIST/EPA/NIH 库的检索方式有两种：在线检索和离线检索。

(1) 在线检索

在线检索是对 GC-MS 仪器分析过程中已记录的离子流图上某一点所对应的质谱图进行实时的(在记录离子流图的同时)检索。对于离子流图中的色谱峰，必要时可以扣除一侧或两侧的背景，也可以不扣除。按照选定的谱图库和预先设定的库检索参数、库检索过滤器与谱图库中的质谱图进行比较，按相似度由高到低列出 100 种物质的有关参数，包括物质名称、相对分子质量、分子式、结构式、相似度以及库名、CAS 登记号等信息，供定性参考。在线检索与质谱数据采集在多任务的软件操作系统中是同时进行的，在数据采集的同时可以打开该时刻之前已获得的数据采集文件(包括离子流图及其每一点所对应的质谱图)进行质谱定性结果的检索。

(2) 离线检索

离线检索是由已经得到质谱图的有关信息，从谱图库中调出有关的质谱图进行比较，做出定性分析。常用的离线检索有如下几种。

① ID 号检索：ID(identify)号是 NIST/EPA/NIH 库给每一个化合物规定的识别号，即该化合物在库中的顺序号。如果已知某化合物的 ID 号，可直接输入 ID 号以调出此化合物的标准谱图及其他定性信息。

② CAS 登记号检索：CAS(chemical abstract service)登记号是化合物在化学文摘上登记的号码。如果已知某化合物的 CAS 登记号，则可以直接输入该号检索。

③ 分子式检索：将化合物的分子式输入，就可以给出库中符合该分子式的全部化合物

的标准质谱图。

④ 相对分子质量检索：将化合物的相对分子质量输入，就可以给出库中符合这一相对分子质量的全部化合物的标准质谱图。

⑤ 峰检索：将得到的质谱数据按峰的质量数(m/z)和相对强度(基峰为100，其他峰以基峰的百分数表示)范围依次输入。最大质量数可输入 Maxmass 栏中。如果从分子离子上有中性碎片丢失，则输入 Loss 栏中。如果此栏为0，则该质谱图一定有分子离子峰。输入上述数据后，就可以得到若干化合物的标准质谱图，质谱图的数量取决于输入峰数据的多少和相对强度的范围。输入峰数据越多，则检出的化合物数量就越少，甚至无法检出。此时，减少峰数据和放宽相对强度的范围就可以检出化合物。

⑥ NIST 库名称检索：已知化合物在 NIST 库中的名称，可以用此名称进行检索。

⑦ 使用者库(user libraray)名称检索：按化合物在使用者库中的名称进行准确检索。

为了使检索结果正确，在使用谱库检索时应注意以下几个问题：

(1) 质谱库中的标准质谱图都是在电子轰击电离源中，用70eV电子束轰击得到的，所以被检索的质谱图也必须是在电子轰击电离源中，用70eV电子束轰击得到的，否则检索结果是不可靠的。

(2) 质谱谱库中标准质谱图都是用纯化合物得到的，所以被检索的质谱图也应该是纯化合物的。本底的干扰往往使被检索的质谱图发生畸变，所以扣除本底的干扰对检索的正确与否十分重要。现在的质谱数据系统都带有本底扣除功能，重要的是如何确定(即选择)本底，这就要靠实践经验。在 GC-MS 分析中，有时要扣除色谱峰一侧的本底，有时要扣除峰两侧的本底。本底扣除时扣除的都是某一段本底的平均值，这一段长短及位置的选择也是凭经验决定的。

(3) 在总离子流图中选择哪次扫描的质谱图进行检索，对检索结果的影响也很重要。当总离子流的峰很强时，选择峰顶的扫描进行检索，可能由于峰顶时进入离子源的样品量太大，在离子源内发生分子-离子反应，使质谱图发生畸变，得不到正确的检索结果。当被检索的峰前干扰严重时(如检索主峰后的峰时)，往往在峰的后沿处选择质谱图进行检索；当被检索的峰后干扰严重时(如检索主峰前的峰时)，往往在峰的前沿处选择质谱图进行检索。这样做就是要尽可能避免被检索的质谱图被其他物质所干扰。

(4) 要注意检索后给出的相似度最高的化合物并不一定就是要检索的化合物，还要根据被检索质谱图中的基峰、分子离子峰及其已知的某些信息(如是否含某些特殊元素——F,Cl,Br,I,S,N 等，或其他性质等)，从检出的化合物列表中进一步确定。

(5) 必要时可以用已知标准物质的质谱图对照进行定性。例如，在某一已知标准物质的检索结果中，其正确名称的相似度排名并非第一，但可以根据已知标准物质质谱图的特征和检索结果来与未知样比较进行定性。

9.2 气相色谱-傅里叶变换红外光谱联用技术

9.2.1 气相色谱-傅里叶变换红外联用仪器系统简介

以棱镜或光栅作为色散元件的红外光谱仪器，由于采用了狭缝，使这类色散型仪器的能量受到严格限制，扫描时间慢，且灵敏度、分辨率和准确度都较低，不能与气相色谱尤其是毛细管气相色谱在线联用。随着计算方法和计算技术的发展，20 世纪 70 年代出现新一代的红外光谱测量技术及仪器——傅里叶变换红外分光光度计(Fourier transform infrared spectrophotometer，FTIS)。它没有色散元件，主要由光源、迈克耳孙(Micheison)干涉仪、探测器和计算机等组成，如图 9-3 所示。

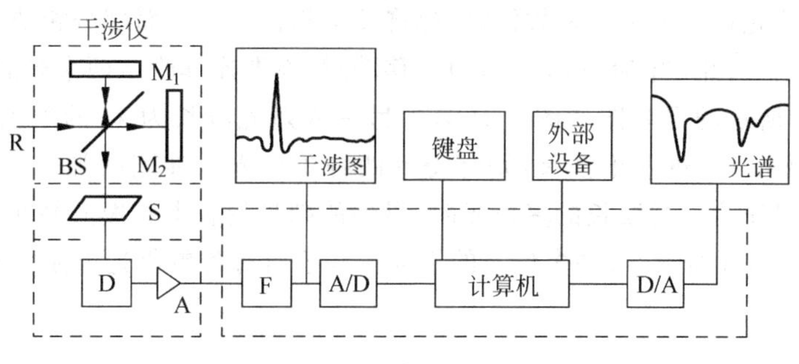

图 9-3 傅里叶变换红外分光光度计流程示意图

与色散型红外光谱仪相比，FTIR 仪器由于没有狭缝的限制，光通量只与干涉仪平面镜的大小有关，因此在同样的分辨率下，光通量要大得多，使检测器的信噪比增大，有很高的灵敏度。在干涉仪中，利用动镜前后移动代替光栅或棱镜的波数扫描，速度极快，全频域红外光谱响应时间小于 1s，能很好地和各种气相色谱在线联用。由于采用激光干涉条纹准确测定光程差，波数测定更为准确。采用光管作为气相色谱馏分的流动气体池，并用液氮冷却的窄带汞镉碲检测器进行检测。FTIR 具有高分辨率、波数精度高、扫描速度极快(一般在 0.5～1.0s 内可完成全谱扫描)、光谱范围宽、灵敏度高等优点，特别适用于弱红外光谱测定、红外光谱的快速测定以及与色谱联用等，因而得到迅速发展及应用。FTIS 与前述色散型仪器的工作原理有很大不同，其工作原理如图 9-4 所示。光源发出的红外辐射，经干涉仪转变成干涉图，通过试样后得到含试样信息的干涉图，由电子计算机采集，并经过快速傅里叶变换，得到吸光度或透过率随频率或波数变化的红外光谱图。

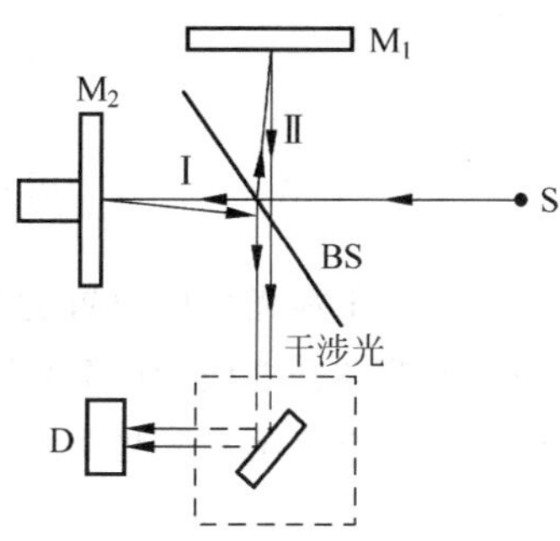

图 9-4 迈克耳孙干涉仪光学示意和工作原理图

FTIS 的核心部分是迈克耳孙干涉仪，图 9-4 是它的光学示意和工作原理图。

图中 M_1 和 M_2 为两块平面镜，它们相互垂直放置，M_1 固定不动，M_2 则可沿图示方向作微小的移动，称为动镜。在 M_1 和 M_2 之间放置一呈 45°角的半透膜光束分裂器 BS，可使 50%的入射光透过，其余部分被反射。当光源发出的入射光进入干涉仪后就被光束分裂器分成两束光——透射光Ⅰ和反射光Ⅱ，其中透射光Ⅰ穿过 BS 被动镜 M_2 反射，沿原路回到 BS 并被反射到达探测器 D，反射光Ⅱ则由固定镜 M_1 沿原路反射回来通过 BS 到达 D。这样，在探测器 D 上所得到的Ⅰ光和Ⅱ光是相干光。如果进入干涉仪的是波长为 λ_1 的单色光，开始时，因 M_1 和 M_2 离 BS 距离相等(此时称 M_2 处于零位)，Ⅰ光和Ⅱ光到达探测器时位相相同，发生相长干涉，亮度最大。当动镜 M_2 移动的距离为 $\frac{1}{4}\lambda$(入射光波长 λ 的 1/4)

时，则Ⅰ光的光程变化为$\frac{1}{2}\lambda$，在探测器上两光位相差为180°，发生相消干涉，亮度最小。当动镜M_2移动的距离为$\frac{1}{4}\lambda$的奇数倍时，即Ⅰ光和Ⅱ光的光程差为$\pm\frac{1}{2}\lambda,\pm\frac{3}{2}\lambda,\pm\frac{5}{2}\lambda\cdots$时(正负号表示动镜零位向两边的位移)，都会发生这种相消干涉。同样，M_2位移为$\frac{1}{4}\lambda$的偶数倍时，即两光的光程差为λ的整数倍时，都将发生相长干涉。而部分相消干涉则发生在上述两种位移之间。因此，当M_2以匀速向BS移动时，亦即连续改变两束光的光程差时，就会得到如图9-5(a)所示的干涉图。图9-5(b)为另一入射光波长为λ_2的单色光所得干涉图。如果两种波长的光一起进入干涉仪，则将得到两种单色光干涉图的加合图，如图9-5(c)所示。同样，当入射光为连续波长的多色光时，得到的则是具有中心极大并向两边迅速衰减的对称干涉图，如图9-6所示，这种多色光的干涉图等于所有各单色光干涉图的加合。

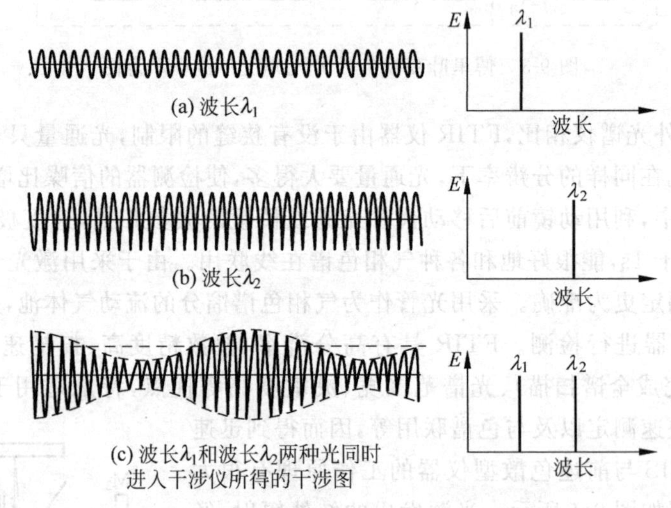

图 9-5 用单色仪获得的单色光的干涉图

若在此干涉光束中放置能吸收红外光的试样，由于试样吸收了某些频率的能量，结果所得到的干涉图强度曲线函数(干涉光强度-时间函数)就发生变化。但由此技术所获得的干涉图不便于直接解释和理解(见图9-7)，需要用计算机进行处理。

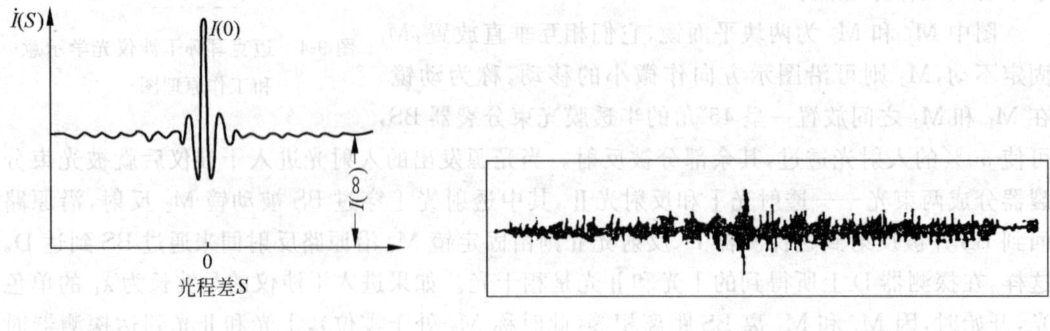

图 9-6 多色光的干涉图

图 9-7 有机物质的干涉图

对于已知的干涉图，从数学观点讲，相当于傅里叶变换，所以需要进行傅里叶逆变换，以得到人们所熟悉的透过率随波数变化的普通红外光谱图（光强度-频率函数）。实际上，干涉仪并没有把光按频率分开，而只是将各种频率的光信号经干涉作用调制为干涉图函数，只有再经过傅里叶逆变换才能计算出原来的光谱。这就是 FTIS 的最基本的原理。

气相色谱-傅里叶红外光谱联用（gas chromatography-Fourier transform infraredspectro，GC-FTIR）仪器的流程图如图 9-8 所示。

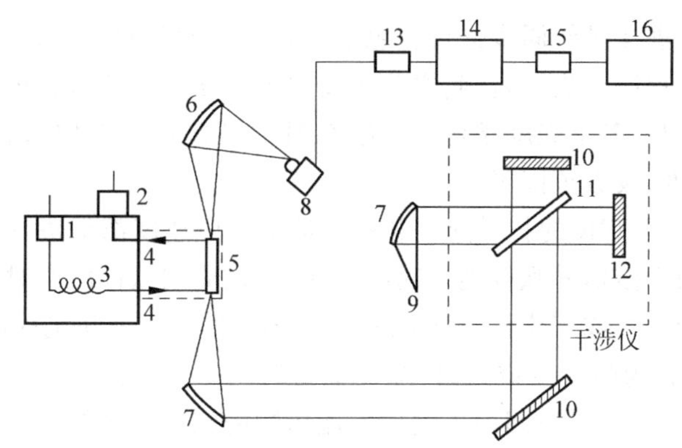

图 9-8 气相色谱-傅里叶红外光谱联用仪器的流程图

1—气化室；2—气相色谱检测器；3—毛细管色谱柱；4—传输线；5—光管；6—椭圆镜面；7—抛物面镜；8—汞碲镉检测器；9—红外光源；10—固定镜；11—分束器；12—移动镜；13—A/D 转换器；14—计算机；15—D/A 转换器；16—记录器

上述流程可分两路说明。首先，来自红外光源的红外光被抛物面镜形成平行光后到达分束器，一部分反射到固定镜，另一部分透射到前后移动的动镜；两部分光又分别被固定镜和动镜反射回分束器叠合后被导入光管（吸收池）。在上述过程中两束光由于动镜的移动而产生光程差，当光程差为原光束波长一半的奇数倍时，也就是动镜移动距离为$\frac{1}{4}\lambda$ 的奇数倍时，两束光的位相差为 180°的奇数倍，为相消干涉，干涉光强度最小；当动镜距离为$\frac{1}{4}\lambda$ 的偶数倍时，两束光的位相差为 180°的偶数倍，为相长干涉，干涉光强度最大。复色光经调制后为一音频干涉波，如图 9-6 所示。上述经调制后的干涉光通过光管镀金内壁的多重反射后（多重反射能增加光程，提高灵敏度）又聚焦到汞镉碲检测器上，同时，经色谱柱流出的组分也通过光管，并且吸收一部分红外光用于其分子的振动能级跃迁。由于汞镉碲检测器产生的是干涉光强度的时间函数，需经过微机进行快速傅里叶逆变换运算将其变换为光强度的频率函数，即透过率随波数变化的红外图，才能用记录器绘出组分的气态红外光谱图。

流程的另一路是气相色谱部分。色谱流出组分经过加热的传输线，再经过 FTIR 的光管吸收红外光后又通过另一条加热的传输线回到气相色谱检测器。为了减少死体积对柱效的影响，光管的体积应和气相色谱峰对应的载气体积相匹配。一般要求色谱峰半宽体积大于或等于光管体积。传输线的内径和毛细管柱内径通常存在一定差异，因此，在连接区设置适当的尾吹装置，可以减少光管、传输线的死体积影响。另外，控制光管和传输线的温度，使其略高于柱温，以免色谱柱流出物在连接区滞流，使进入光管的受检组分量减少而影响灵敏度。

9.2.2 气相色谱-傅里叶变换红外数据采集与处理简介

气相色谱-傅里叶变换红外系统是由计算机系统控制并进行数据处理的自动化系统。下面仅简要介绍联机检测中的数据处理部分功能。

1. 数据采集

数据采集与色谱进样操作同步进行。色谱手动或自动进样后,随即启动色谱分析的程序和红外数据采集的程序。当然,在此之前要设置若干参数。色谱分析的参数,如样品分析时间(数据采集的时间)、各个温度条件(气化室、柱温及接口等部位)、载气条件等;红外部分的参数,如扫描速度、波数范围等。

采集开始后,由于FTIR的扫描速度和检测器的响应速度都很快,可以及时跟踪并记录毛细管柱后流出物的干涉信号强度随时间的变化,通过应用软件的实时傅里叶变换,可以记录分离后各个组分的二维或三维的气态红外光谱图。图9-9是联机检测显示的三维谱图,其中X轴为波数,Y轴为吸光度或透过率,Z轴为时间。红外谱图在Z轴上随时间不断更新,反映当前时刻至过去一段时间内色谱柱后流出物的红外光谱图。

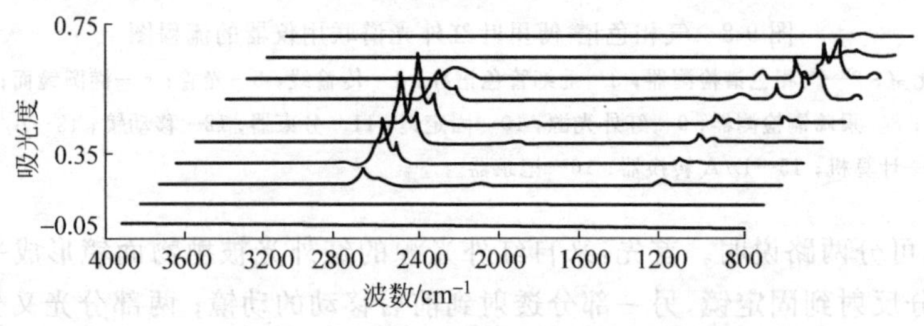

图9-9 联机检测实时显示的三维谱图

2. 重建色谱图

在FTIR检测中,希望能够获得类似于色质联用的总离子流图或者经过色谱检测器产生的色谱图,因此形成了重建色谱图。由GC-FTIR数据重建色谱图的方法主要有两种:一种是吸收重建,即将数据采集过程中的全窗口吸收或某个窗口吸收对数据点进行积分而产生的色谱图;另一种方法是干涉图重建,即Gram-Schmidt重建色谱图。其中最普遍应用的是Gram-Schmidt重建法。简介如下:

Gram-Schmidt重建法直接从未经傅里叶变换的干涉谱数据重建色谱图。干涉谱的每一部分均包含全部光谱信息,因此干涉谱的任何一小部分都可以用来判别光管中是否存在色谱馏分。首先采集载气干涉图,用以建立参比矢量子空间,而后采集试样组分,试样矢量与参比矢量子空间的距离取决于样品在光管中的吸收,其大小与GC馏分的浓度成正比,依此可建立馏分信号强度与时间的关系图,这就是Gram-Schmidt重建色谱图,如图9-10所示。

在实际联机操作中,在数据采集结束后,一般先进行色谱图重建,借助红外重建色谱图即可以判定试样的组成,也可以依据该图进行数据处理,使某数据点对应的信息得到进一步分析。

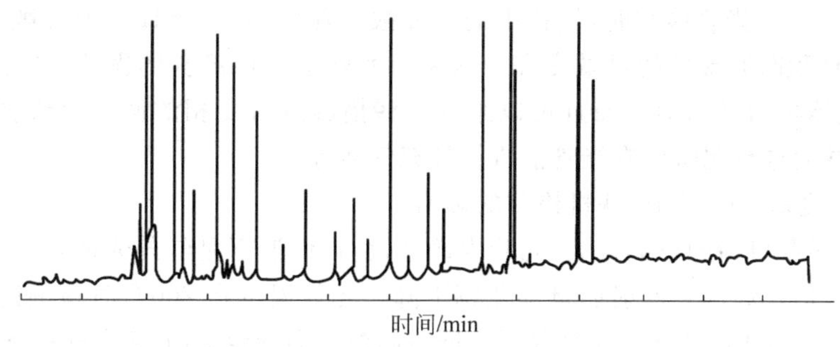

图 9-10 Gram-Schmidt 重建色谱图

3. FTIR 光谱图的获得

一般根据红外重建色谱图确定色谱峰的数据点范围或峰尖位置，然后根据需要选取适当数据点处的干涉图信息进行傅里叶变换，即可获得相应于该数据点的气态 FTIR 光谱图。当然，选取适当的数据点是得到质量高的 FTIR 图谱的关键。基本选定原则是：峰弱选峰尖，峰强选峰旁，混峰选两边，如若峰况杂，切莫忘差减。

4. GC-FTIR 谱库检索

目前，商用 GC-FTIR 仪一般均带有谱图检索软件，可对 GC 馏分进行定性检测，一般是将 GC 馏分的 FTIR 光谱图与计算机存储的气态红外标准谱图比较，以实现未知组分的确认。需要指出的是，各 GC-FTIR 厂商均可提供气相红外光谱库，如 Nicolet 公司及 Digilab 公司提供的气相谱库有 4000 多张谱图，Analect 公司提供的谱库有 5012 张谱图，与 GC-MS 数万张谱图库相比相差悬殊。尚不能完全满足实际检测的需要。

9.2.3 气相色谱-傅里叶变换红外的条件优化

1. 色谱柱的影响

在 GC-FTIR 系统中，不像 GC-MS 那样有真空度的要求。所以对 GC 柱后的流量限制并不严格。因此，综合柱分离效能和柱容量两方面的因素，一般都选择宽口径、厚液膜的涂壁开管柱(WCOT)和柱容量较大的大口径毛细管柱，这样可以兼顾分离效率和柱容量，使联用系统有较高的检测灵敏度。

2. 色谱进样方式的选择

GC-FTIR 系统一般采用柱前气化进样技术，可以采用分流和不分流进样技术。考虑到 GC-FTIR 系统的灵敏度问题，所以尽可能减小分流比或不分流。一般 GC-FTIR 系统采用的分流比要小于 GC-MS，如，10∶1 或 5∶1。

3. 光管接口的影响

1) 光管的体积与色谱峰体积匹配

GC-FTIR 检测要求光管的体积与色谱峰体积大小相匹配，但在多组分复杂的样品中各组分对应的半峰宽体积($V_{1/2}$)相差较大，所以光管体积难以兼顾所有的组分。一般情况是考虑组分的平均半峰宽体积。当 $V_{1/2}$ 小于光管体积时，易产生谱带展宽，峰变形，检测灵敏度降低；当 $V_{1/2}$ 大于光管体积时，气相中的组分浓度降低，亦会导致检测灵敏度降低，只有 $V_{1/2}$ 等于光管体积时有最佳的灵敏度和分辨率。实际上采取经验的做法，使光管体积略小于色谱峰半宽体积的平均值。而且可以采取一些措施进行变相的调节以改善二者的匹配性。例如，在柱后进行尾吹或在光管前进行补充气体等。

2）光管温度对GC-FTIR联机检测的影响

光管温度对联机检测影响很大，光管内镀金，金在低温下是红外光的良好反射体，可提高检测灵敏度，但在高温下反射能量却急剧下降。光管温度在200℃时检测能量约为室温下的50%；在300℃时，其能量还会降低。同时高温下会导致KBr窗片材料因挥发而变毛，密封圈变坏，而且许多有机样品会裂解炭化，积炭会很快降低光管的使用寿命，使信噪比下降，恶化联机检测。一般光管工作温度应控制在200℃以下。

4. FTIR光谱仪对GC-FTIR联机检测的影响

在GC-FTIR联机检测中，FTIR光谱仪是一种特殊的检测器，它能提供丰富的分子结构信息。联机检测要求FTIR光谱仪能快速同步跟踪扫描与检测GC馏分，这一任务是由迈克耳孙干涉仪和碲化汞-碲化镉复合半导体检测器(mercury cadmium telluride detector, MCT)来完成的。

大多数毛细管GC的出峰时间为1～5s，同步跟踪扫描要求迈克耳孙干涉仪的扫描速度为1次/s，现行FTIR光谱仪扫描速度一般可达10次/s，能在每一时刻同时采集全频域的光谱信息。扫描速度越快，对GC峰分割测量越细致，对系统分辨越有利；扫描速度不能太慢，否则对系统分辨不利。

另外，多数毛细管GC的峰含量在0.1μg以下，这要求检测器有足够高的灵敏度，以满足微量或痕量分析的目的。FTIR光谱仪光通量的优点决定了它具有比色散型仪器高得多的灵敏度，液氮低温下的MCT能满足微量或痕量分析的需要。MCT检测器分为窄带、中带、宽带3种类型，其中，窄带检测器的灵敏度大约是宽带的4倍，其覆盖频率范围为4000～700cm^{-1}，GC-FTIR系统多采用窄带MCT。

9.2.4 气相色谱-傅里叶变换红外联用技术的应用

随着GC-FTIR联用技术的不断发展和完善，目前它已成为复杂有机混合物定性、定量分析的有效手段，在环保、医药、化工、石油工业、食品、香料和生化等领域得到了广泛的应用。

9.3 液相色谱-质谱联用技术

液相色谱-质谱(liquid chromatography-mass spectrometry, LC-MS)联用技术的研究开始于20世纪70年代，20世纪80年代以后液相色谱-质谱的联用进入实用阶段，90年代才出现了被接受的商品接口及成套仪器。与气相色谱-质谱已取得的成功相比，液相色谱-质谱的联用还有一些技术难题有待解决，主要是色谱系统各种难挥发溶剂的排除问题。

液相色谱仪和质谱仪联用时存在的技术难题：

(1) 色谱仪与质谱仪的压力匹配

质谱仪要求在高真空情况下工作，这与液相色谱高压操作环境难以匹配，其方法只能是增大真空泵的抽速，维持一个必要的动态高真空。

(2) 流量匹配

质谱仪流量范围较小，最多只允许1～3mL/min气体进入离子源，而液相色谱的液体流动相气化后体积远远超过上述范围。

(3) 气化问题

要求液相色谱流出物在进入质谱仪之前，必须采用不使组分发生化学变化的方法使之气化。

为达到液相色谱与质谱的联用必须在两种仪器之间加入合适的连接装置——接口，它具有去除大量色谱流动相分子，浓集和气化样品的作用，是联用仪器的关键部件。

9.3.1　LC-MS接口

1. 直接液体导入接口

直接导入接口(DLI)最早出现于20世纪70年代，实验操作中，LC的柱后流出物经分流，在负压的驱动下经喷射作用进入溶剂室形成细小的液滴并在加热作用下脱去溶剂，其离子化过程在离子源内完成。当HPLC采用微径柱时，也可以不经分流让柱后流出物直接进质谱仪离子源。这一技术始终停留在实验室使用阶段，最终未形成商品化仪器。

2. 移动带式接口

移动带技术最初出现在20世纪70年代。该技术是在LC柱后增加了一个速度可调整的流出物传送带，柱后流出物滴落在传送带上，溶剂经红外线加热蒸发掉由传送带送入到离子源电离。该技术适用于热稳定样品。存在的问题是离子化效率低，灵敏度低，对于难挥发物质易造成记忆效应而干扰分析，特别对于沸点很高，在离子源真空下不能显著挥发的化合物则无法分析。

3. 热喷雾接口

该技术最早出现于20世纪80年代，利用一根似探针的加热输送管和特殊设计的离子源，流动相经过喷雾探针时被加热蒸发后，以超声速喷出探针形成微小的液滴、粒子和蒸气，并使生成的离子导入质谱系统。

热喷雾接口的特点是适用于相对分子质量为200～1000的化合物，可以适应较大的液相色谱流动相流速，适应极性分子及含水较多的流动相，但对于热稳定性较差的化合物有比较明显的分解作用。

4. 粒子束接口技术

该技术在操作中，流动相及被分析物被喷雾成气溶胶，脱去溶剂后在动量分离器内产生动量分离，而后经一根加热的转移管进入质谱。该技术适合于分析非极性或中等极性的，相对分子质量小于1000的化合物，由于电离过程与溶剂分离过程分开，使接口更适合于使用不同的流动相及分析物质，不适合热不稳定化合物的分析。

5. 电喷雾电离接口

电喷雾电离(ESI)及大气压化学电离(APCI)商品接口是非常实用、高效的“软”离子化技术。电喷雾电离已应用于四极质谱、磁质谱和飞行时间质谱上。该技术特点为离子化效率高、离子化模式多、测定蛋白质分子质量范围宽、可分析热不稳定化合物等。电喷雾电离接口结构示意图见图 9-11。

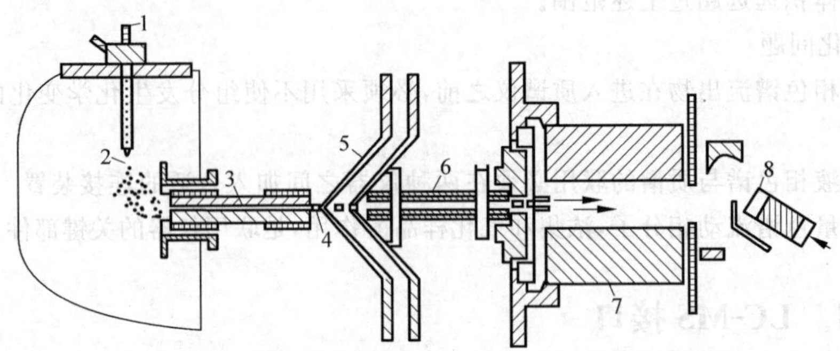

图 9-11 电喷雾电离接口结构示意图

1—液相入口；2—雾化喷口；3—毛细管；4—CID 区；5—锥形分离器；
6—八极杆；7—四极杆；8—HED 检测器

其他离子化方式还有声电离、场解吸电离、快原子轰击电离、二次离子质谱等。

9.3.2 LC-MS 分析条件的选择

1. 接口的选择

接口性能在很大程度上决定了仪器性能的优劣，在实际应用中不同的接口技术表现出不同的特点。操作中应根据实际情况选择合适的接口。例如电喷雾接口适合于中强极性化合物，不适合于极端非极性样品。

2. 正负离子模式的选择

一般的商品仪器中，可选择正负离子测定模式，正离子测定模式适合于碱性样品，负离子模式适合于酸性样品。样品中含有仲氨或叔氨基时可优先考虑使用正离子模式，若样品中含水量有较多的强负电性集团时，可优先考虑使用负离子模式。

3. 流动相的选择

甲醇、乙腈、水及其混合物为常用的流动相，应尽量避免使用磷酸缓冲液及离子对试剂。流动相流量对联机分析也有较大的影响，为提高样品的离子化效率，ESI 和 APCI 接口仪器应采用小内径柱子以保证较小的流动相流量。

4. 温度的选择

接口的干燥气体温度影响 ESI 和 APCI 接口仪器的分析效果，一般情况下干燥气体温度高于分析物的沸点 20℃左右即可，但要避免热不稳定化合物的分解。

为减少联用仪器在分析过程中的干扰，还应在实际操作中使用高纯度流动相(如色谱纯),样品需纯化等。

9.3.3　毛细管电泳-质谱联用

毛细管电泳与质谱的联用(CE-ESI-MS)已有商品化接口,CE 可以与电喷雾接口匹配与质谱仪相连,其接口结构见图 9-12,在储液罐 J 和 A 之间施加高电压 B 与施加在喷口上的高电压 C 共地连接,使被测组分能够进入 ESI 的离子化室。液体连接器的作用是对毛细管电泳的馏出物进行流量补偿及组成的调整。

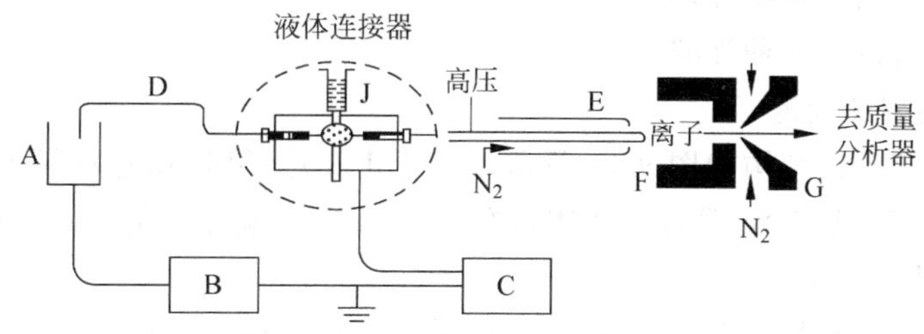

图 9-12　CE-ESI-MS 液体连接法接口示意图

A,J—缓冲溶液；B,C—高压源；D—毛细电泳柱；E—电喷雾喷口；F—离子化室；G—质量分析器入口

9.3.4　LC-MS 联用的应用

液相色谱-质谱联用仪可弥补气相色谱难以分析热不稳定和强极性化合物的缺陷,具有特殊的优点,在药物、化工、临床医学、分子生物等许多领域中有广泛的应用,例如氨基酸、大分子抗生素、多肽、蛋白质、维生素等的分析。

9.4　液相色谱-傅里叶变换红外光谱联用

液相色谱-傅里叶变换红外光谱(LC-FTIR)联用系统主要由色谱单元、接口和红外光谱仪组成,示意图见图 9-13。

红外光谱仪与液相色谱的联机同气相色谱联机不同,须解决两个难题。一是多数化合物的红外光谱吸收较弱,为保证被测组分响应信号,要求样品量大；二是 HPLC 的流动相具有红外吸收,若不采取适当的措施加以处理,则会对被测组分的红外光谱吸收产生干扰。

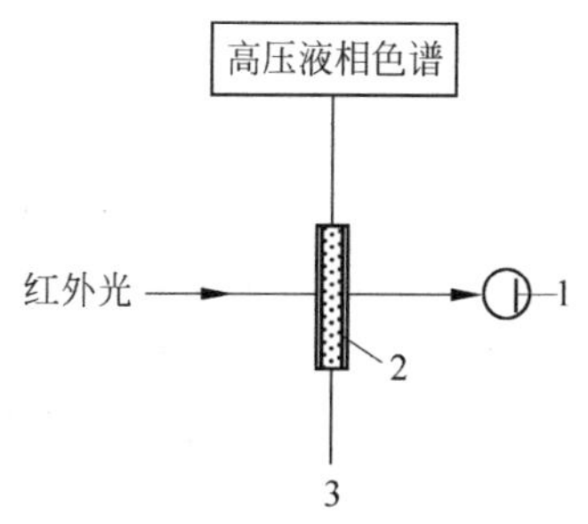

图 9-13　LC-FTIR 联机示意图

1—检测器；2—流动池；3—出液管口

色散型红外光谱仪不能得到色谱峰的完全红外光谱,且扫描速度与液相色谱的快速检测不相匹配。20 世纪 80 年代以来,傅里叶变换红外技术得到迅速的发展,傅里叶变换红外光谱仪(FTIR)具有测量快速、灵敏度高的特点,且能够在得到色谱图的同时,监测每个色谱峰的完整光谱。已有的 LC-FTIR 联机,可通过两种方式除去流动的红外吸收干扰,一是通过数据处理

机采用差减的方式，扣除溶剂的红外吸收光谱；二是除去溶剂后，进行红外检测。

LC-FTIR 联机主要由 4 部分组成：液相色谱(LC)——组分分离；接口装置——流动相或喷雾集样装置，被分离组分在此处停留而被检测；FTIR——同步跟踪检测；计算机数据系统——控制联机运行及采集、处理数据。

这里主要介绍 LC-FTIR 联用的接口。

1. 流动池接口

组分经液相色谱分离后，其馏分随流动相进入流动池，FTIR 进行同步红外检测，以获得扣除流动相背景的分析物红外光谱图。

流动池主要有以下几种类型：

1）平板式透射流动池

平板式透射流动池结构如图 9-14 所示。用于正相色谱时，窗片材料为 KBr，ZnSe 等；反相色谱中为 AgCl 或 ZnSe 晶片。池体积在 1.5～10μL，池程长在 0.2～1mm。

2）柱式透射流动池

柱式透射流动池结构见图 9-15，该流动池适应于正相细内径柱，由于其结构特点，液相色谱柱直接插入流动池中，消除了柱外效应的影响。

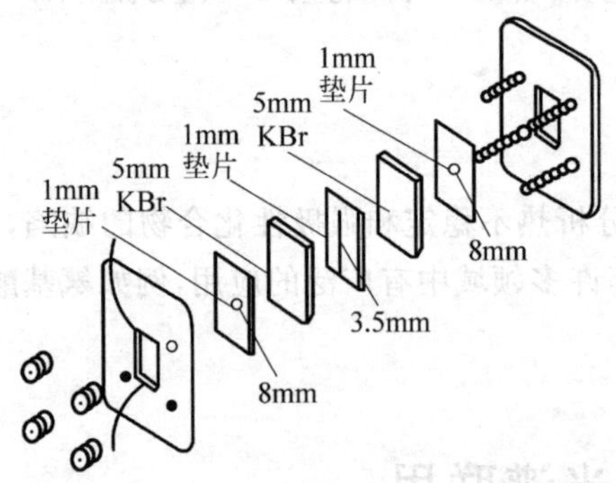

图 9-14　平板式透射流动池结构示意图

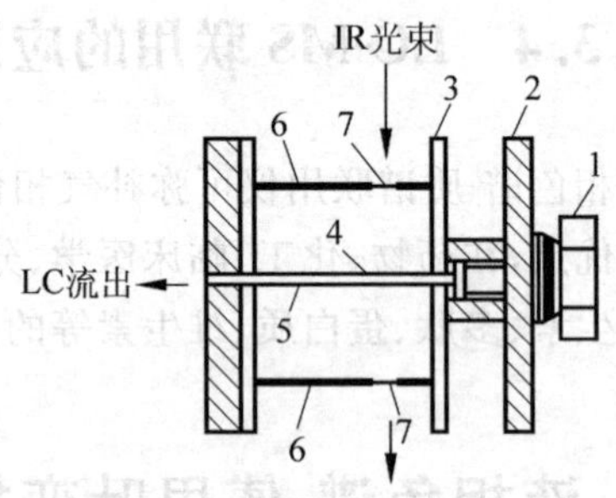

图 9-15　柱式透射流动池

1—色谱柱接头；2—池架；3—垫片；4—取样区；5—钻孔；6—挡板；7—KBr 窗

在此基础上出现了可用于反相色谱的流动萃取接口装置，见图 9-16。

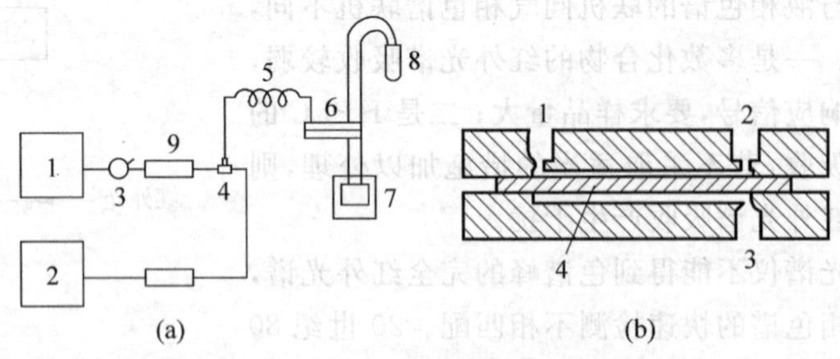

图 9-16　流动萃取接口装置(a)和相分离器(b)

(a) 1—HPLC 泵；2—萃取剂泵；3—进样阀；4—液流分隔器；5—萃取管；6—相分离器；7—流动相；8—废液；9—色谱柱

(b) 1—液流入口；2—水相液出口；3—有机相出口；4—分离膜

3）柱内 ATR 流动池

柱内流动池的装置见图 9-17，其晶体为 ZnSe 棒，该种流动池可用于正相和反相分离。

流动池具有接口装置简单、操作方便等优点，但对于流动相的干扰难以彻底排除，不适用于梯度洗脱技术。

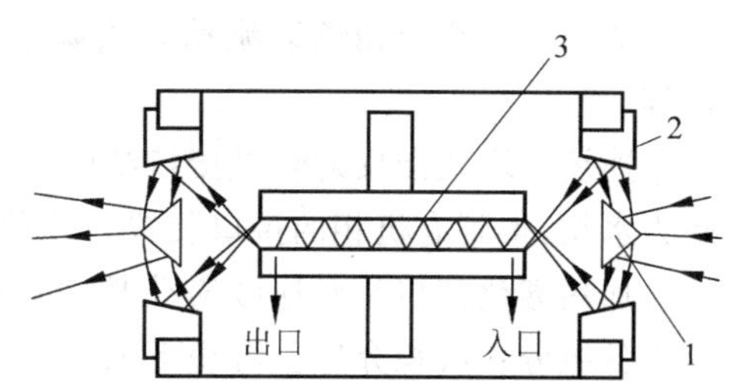

图 9-17　柱内 ATR 流动池

1—锥体；2—反射镜；3—晶体棒

2. 流动相去除接口

通过物理或化学方法将流动相去除后再逐一对各色谱组分进行红外检测。

适合于正相液相色谱流动相去除的接口有漫反射型转盘接口、缓冲型存储装置接口、连续雾化接口。

漫反射型转盘接口见图 9-18，主要由样品浓缩器和带多个漫反射样品杯的转盘组成，并由一 UV 检测器串联在 HPLC 柱和样品浓缩器之间，其输出的信号控制电磁阀的开关，达到控制色谱柱流出物运行路线（收集检测或排空）的目的。

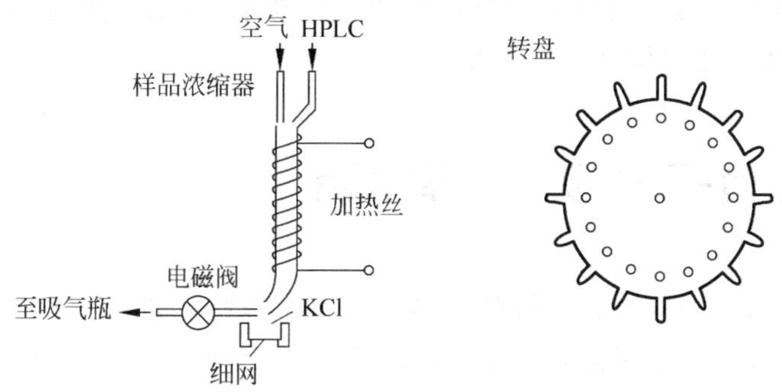

图 9-18　漫反射型转盘接口

缓冲型存储装置接口见图 9-19。液相色谱流出物喷到以一定速度平衡的盐片上，同时以热氮气在毛细管出口处吹除流动相，使分析物组分在盐片载体上留下“轨迹”，利用红外光谱检测。

连续雾化接口见图 9-20。其原理与缓冲型存储装置接口相似。

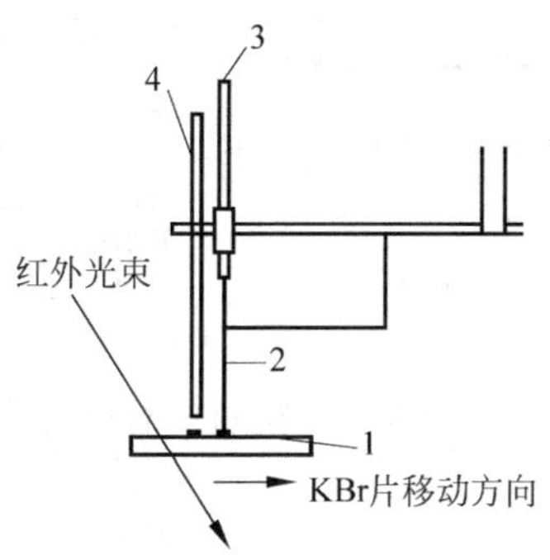

图 9-19　缓冲型存储装置接口

1—KBr 片；2—不锈钢毛细管；3—接 HPLC；4—接 N_2 气

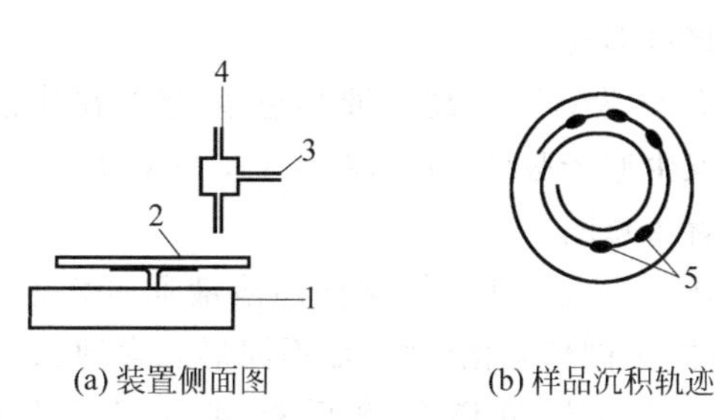

图 9-20　连续雾化接口示意图

1—驱动机构；2—反射表面；3—接 N_2 气；4—接 HPLC；5—样品沉积轨迹

适合于反相液相色谱流动相去除的接口有连续萃取式漫反射转盘接口、加热雾化接口等。

连续萃取式漫反射转盘接口结构见图 9-21，该装置是利用有机溶剂的连续萃取作用而除去水相，得到有机相的接口装置。该种装置适用于反相常规柱。

加热雾化接口是对连续雾化接口设计上的改进，见图 9-22。通过控制雾化条件，可使色谱各组分在沉积介质上沉积下来。

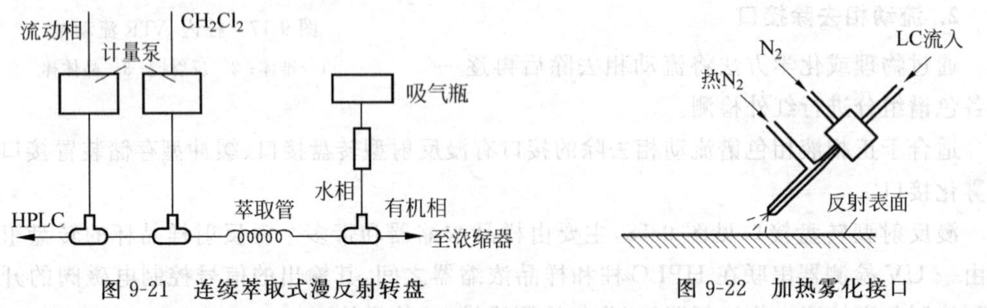

图 9-21　连续萃取式漫反射转盘　　图 9-22　加热雾化接口

LC-FTIR 联用技术是一种应用前景广阔的应用技术，可用于普通 HPLC 分析物的检测，但是在接口技术上还有待进一步发展。

9.5　液相色谱-原子吸收光谱联用

形态是指一种元素不同的分布情况，即指某一元素以特定的分子、电子和原子核结构存在的形式。元素的某一形态可能是有毒的，而其另一形态却可能是无毒的，甚至对生物组织的特定功能是必需的。目前国际上形态分离检测技术中的主流方法是利用色谱和光谱联用，它结合了色谱技术的高分离性和光谱技术的高灵敏度两方面的优点。

高效液相色谱-氢化物发生原子吸收光谱联用(HPLC-HGAAS) 用于元素形态分析，是一种联用检测方式。

HPLC-HGAAS 联用的关键是需要专门设计一个反应系统，即具有高效率的在线消解-氢化物发生功能的接口。接口是形态分析仪器的心脏，其性能将直接影响联用仪器分析的灵敏度、准确度和分辨率。紫外在线消解氢化物发生接口是一种新型的接口形式。

图 9-23 为典型的高效液相色谱-紫外在线消解-氢化物发生原子吸收（HPLC-UV-HGAAS）联用仪器的装置示意图。

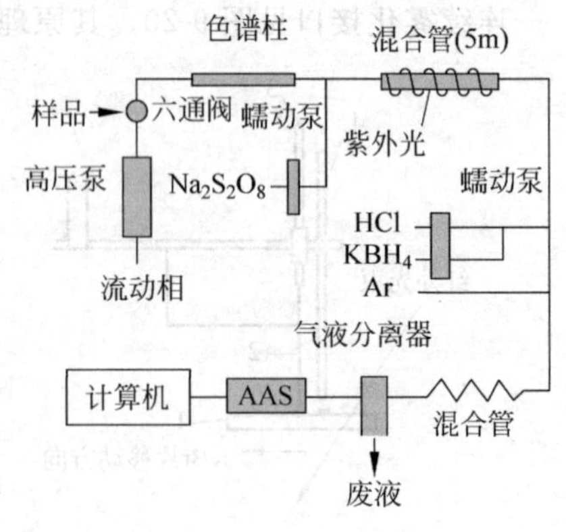

图 9-23　HPLC-UV-HGAAS 联用仪器

具体分析过程为：待测样品溶液通过六通阀注入色谱柱，不同形态化合物(如不同形态含砷、锡等的化合物）经液相色谱分离后被载气 Ar 带入与 $Na_2S_2O_8$ 混合，复杂有机分子流经附在紫外灯壁外的石英管时被紫外光催化降解成小分子化合物，进入氢化物发生器、盐酸溶液和硼氢化钠溶液，通过双毛细管同时进入氢化物发生器，与分离的化合物发生氢化反应，生成挥发性有机氢化物，再直接由载气引入原子吸收光谱仪进行检测，得到响应值随时间的色谱图。

与其他的元素形态分析方法相比，如 GC-MS、HPLC-ICP-MS 等，该方法无需样品衍生化步骤，操作简便，仪器价格相对便宜，其检出限和精密度可达到国内外相关法规的要求。

9.6 色谱与其他仪器的联用

1. 色谱-核磁共振联用

色谱-核磁共振联用技术的应用由于技术上的原因，最初发展比较缓慢，近年来得到迅猛发展。该技术应用领域比较广泛，用于测定组分结构、分子质量等。

2. 色谱-色谱

色谱-色谱联用技术是在通用型色谱仪的基础上发展起来的，将前一级分离不开的组分切割出来，选择另一根色谱柱，或另一种色谱分离模式继续进行分离和分析，以便得到更好的结果，也称为多维色谱。包括多种分离模式的气相色谱-气相色谱联用、液相色谱-液相色谱联用、液相色谱-气相色谱联用。

3. 与原子光谱的其他联用方式

除上述介绍的液相色谱-氢化物原子吸收光谱联用外，气相色谱、液相色谱分别可以与原子吸收光谱和原子发射光谱联用而解决实际问题。例如气相色谱-原子吸收光谱、液相色谱-原子发射光谱等联用方式已在环境和生物化学研究中得到应用。

与其他联用仪器相比，由于色谱馏出物的组成及状态对下一步的原子光谱测定影响不大，因而色谱-原子光谱联用的接口较为简单，容易实现，在无商品化整体仪器的情况下，也可自行连接，在一定条件范围内使用。

习　　题

9-1 色谱-质谱联用分析法有哪些特点？可提供何信息？

9-2 何为总离子流色谱图？何为质量色谱图？

9-3 试述 GC-MS 联用仪常用接口装置的特点与区别。

9-4 高效液相色谱-质谱（HPLC-MS）联用技术与 GC-MS 联用技术有何不同？

9-5 分别简述热喷雾接口、粒子束接口、电喷雾接口的原理和优缺点。

9-6 气相色谱-傅里叶变换红外光谱（GC-FTIR）联用技术能提供哪些信息？

9-7 举例说明二维色谱的用途。

9-8 简述如何实现气相色谱与质谱的联用。

9-9 常用的色谱联用技术有哪些？

第10章

液相色谱样品预处理

色谱分析的全过程主要包括4个步骤：样品的采集、样品的制备、色谱分析以及数据处理与结果的表达。其中，样品的采集包括取样点的选择和样品的收集、样品的运输和储存；样品的制备包括将样品中欲测组分与样品基体和干扰组分分离、富集及转化成色谱仪器可分析的形态。色谱分析样品的采集和制备是非常重要的和复杂的过程，通常将色谱样品的采集和样品的制备统称为色谱分析样品预处理。

10.1 概述

由于色谱分析技术涉及样品的种类繁多，组成及其浓度复杂多变，物理形态范围广泛，直接进行分析测定构成的干扰因素特别多，通常需要对样品做一些必要的预处理。

现代色谱仪器对样品的分析所用时间越来越短，但是样品的制备过程所用时间却仍然很长。统计表明，大部分色谱分析实验室中用于色谱分析样品制备过程的时间约占整个分析时间的2/3，而只有10%的时间用于色谱分析，其余时间用于分析测定结果的整理和输出报告等。对于提高工作效率，改善和优化色谱分析样品制备的方法和技术是一个重要环节。

液相色谱对样品的要求是液体或者是可溶解在某些溶剂中的固体，通常是不挥发或难挥发的样品，而且其中不能含有微小的颗粒物，以免堵塞色谱柱。此外，在使用色谱技术进行样品分析时，常常会遇到采集的原始样品不适合于直接进行色谱分析的要求，样品中目标组分的含量很低，特别是原始样品基体干扰大的情况，诸如样品是黏滞的流体、胶体溶液或者固体等，这使得色谱分析的样品制备方法及其技术在现代色谱分析中越来越重要。

迄今为止，除用于已知样品组成与测定范围的流程色谱仪外，色谱仪器还不能做到在现场环境直接收集样品，并自动地完成样品的选择、分离和测定等步骤，一般需要离线进行样品的采集和处理。表10-1依据样品的形态，对样品的预处理方法进行了系统的分类。

表 10-1　样品预处理方法

样品类型	样品预处理方法	技术原理	评　　述
液体	固相萃取	液体流过能选择性地捕集被测物(或干扰物)的固定相；捕集的被测物可用强溶剂洗脱下来；有时，保留干扰物而允许被测物通过固定相，不被保留。机制同 HPLC	用于选择性捕集无机、有机和生物被测物的固定相有很多种；也有用于药物、烃类、儿茶酚胺和许多其他种类的化合物、痕量水富集的特殊固定相
	液液萃取	样品在两种不混溶的液相中分配，应选溶解性差异较大的液相	不能形成乳液，否则加热、加盐可使之破坏。用不同溶剂或影响化学平衡的添加剂(如缓冲剂调节 pH、盐改变离子强度、络合试剂、离子对试剂等)改变 K_D 值。有许多连续提取低 K_D 或大体积样品的报道
	稀释	用与 HPLC 流动相相容的溶剂稀释样品，避免色谱柱超载，或使其浓度在检测器线性范围内	为避免谱峰扩展，溶剂应于 HPLC 流动相混溶。"稀释即可进样"是简单的液体样品，如药物制剂的一般样品制备方法
	蒸发	在大气压下缓缓加热除去液体，可通过气流、惰性气体或真空辅助操作进行	蒸发不能过快；爆沸会损失样品；注意样品在容器壁上的损失；勿过热蒸干，在惰性气体下蒸发较好，如 N_2；最好使用旋转蒸发器；已有自动系统(如 Turbovap)可用
	蒸馏	加热样品至溶剂的沸点，挥发性被测物在蒸气相中浓缩、冷凝和收集	主要用于易挥发的样品，如加热温度太高，样品会分解；低蒸气压化合物可用真空蒸馏；蒸汽蒸馏最高温度为 100℃，相当温和
	微渗析	在两种水溶液之间置一片半透膜，样品溶质依其浓度差，从一溶液转移至另一溶液中	渗析物需用富集技术浓缩，如 SPE。微渗析用于检测活性动植物组织和发酵液中细胞外的化学物质。已与微 LC 柱在线联用。由于高分子量蛋白不能通过滤膜，用分子量截止膜的渗析也能在线用于 HPLC 样品的脱蛋白，同样可用超滤与反渗析法
	冷冻干燥	冷冻水溶液样品，真空下水分被升华除去	有利于非挥发性有机物；可处理大体积样品；可能损失挥发性被测物；能浓缩无机物
混悬液	滤过	液体通过滤纸或滤膜，滤除悬浮颗粒	极力推荐该法以排除反压问题，延长色谱柱寿命；滤膜必须与溶剂相兼容，使其在实验中不致溶解；大孔径(>2μm)滤器可提高流速，小孔径滤器(<0.2μm)可除去细菌
	离心	样品放于锥形离心管中，以高速旋转；倾出上清液	有时从离心管中取出定量固体样品较难；超速离心一般不用于去除简单微粒
	沉降	在沉降容器中静止放置，使样品沉淀，沉降速率取决于 Stoke 半径	为一极慢过程。依照沉淀速率，可在不同水平下人工回收不同粒径的微粒

续表

样品类型	样品预处理方法	技术原理	评　述
固体	固液萃取	样品置于具塞容器内,加入溶剂溶解被测物,从固体中滤出溶液(有时亦称"振摇-过滤"法)	有时可煮沸或回馏溶剂以提高溶解度;细小分散状态的样品易于浸出;样品可用人工或自动振摇;经过滤、倾析或离心等操作,从不溶性固体中分离出样品
	索氏提取	样品置于活动的多孔容器(套管)中,回馏溶剂连续流过该套管,溶解被测物,连续收集到蒸馏瓶中	以纯溶剂提取;样品在溶剂的沸点处必须稳定;缓慢,但提取直至完成不需有人照看;价低;对自由流动粉末最好;回收率很好(可用于其他固相萃取法的参照标准)
	强制流动浸出	样品置于流通管中,并使溶剂从中流过,加热流通管至溶剂的沸点附近	适于颗粒性样品。溶剂能用高压 N_2 注入或推过;所需溶剂体积小于索氏提取,结果相似,速度更快
	均匀化	样品置于混合器中,加入溶剂,使样品均一化成细小离散状态,除去溶剂,进一步混匀	用于动植物组织、食品、环保样品。可用有机及水溶剂;可加干冰或硅藻土增大样品的流动性。对小分散样品的萃取效率较高
	超声	细小的分散样品浸没于装有溶剂的超声容器中,进行超声辐射;也可用超声探头或杯型超声破碎器进行操作	用超声作用辅助溶解,可加热提高萃取速率。安全、快速;最适于粗糙、颗粒状物质;可同时处理多份样品;与溶剂的接触效率高
	溶解	用强溶剂直接溶解试样,使被测物溶入溶液,避免发生化学反应	无机固体可能需加酸或碱达到完全溶解,有机样品往往能直接溶于溶剂中。溶解后,可能需要过滤
	加速溶剂萃取(ASE)	样品置于密封容器中,加热至沸点以上,使容器中的压力上升,自动取出萃取样品,并转移至小瓶中作进一步处理	可大大加快液固萃取过程,自动化。容器必须能耐高压。萃取的样品较稀,需进一步浓缩。由于使用高压、高温溶剂,需有安全措施
	自动索氏提取	热溶剂浸出与索氏提取的结合。套管中的样品先浸没在沸腾溶剂中,然后升温,进行常规索氏提取,用回馏溶剂淋洗,最后浓缩	人工与自动操作均可。所需溶剂量少于传统索氏法。溶剂可回收利用。由于两步操作,可减少提取时间
	超临界流体提取	样品置于流通容器中,超临界流体(如 CO_2)流过样品。降低压力后,提取的样品收集在溶剂中或捕集到吸附剂上,然后再以溶剂淋洗解吸附	人工与自动操作均可。可采用改变超临界流体密度或加入改性剂的方法,改变超临界流体的极性。收集的样品通常较浓,因为 CO_2 在提取结束后即被除去,因此相对无污染。基质影响提取过程。方法建立的时间可能比其他现代方法长

续表

样品类型	样品预处理方法	技术原理	评　　述
固体	微波辅助提取	样品置于开口或密闭的容器中，以微波能量加热，使被测物被提取到溶剂中	提取溶剂可分为吸收微波溶剂(MA)和不吸收微波溶剂(NMA)两种。采用MA，样品置于高压容器中，如加速溶剂萃取(ASE)，充分加热至沸点以上；采用NMA时，容器可开口操作，无压力升高现象。微波箱中用有机溶剂(MA或NMA)与MA在高压操作时，需有安全操作规程
	热提取	采用动力学顶空进样形式，但加热样品至很高(可控制)的温度，可高达350℃	系统必须由熔融石英或熔融硅胶制造，使提取的被测物不至于与热金属表面发生反应，应避免系统局部过冷。适用于蒸气压较低的样品

10.2　液液萃取

液液萃取(LLE)常用于样品中目标组分与基质的分离。根据目标组分在两种互不相容液体(或相)之间的分配，达到纯化目标组分、消除基质干扰的目的。多数情况下，一种液相是水溶剂，另一种液相是有机溶剂。可通过选择两种互不相溶的液体，以控制萃取过程的选择性和分离效率。在水和有机相组成的液液萃取体系中，亲水化合物的亲水性越强，进入水相的比例越大；憎水性化合物进入有机相的比例也越大。通常，在有机溶剂中分离出感兴趣的目标组分。有机溶剂多具有较高的蒸气压，可以便利地通过蒸发的方法将溶剂除去，以浓缩目标组分。

由能斯特(Nernst)分配定律可知，在温度、压力等条件不便的情况下，任何种类溶质在两不互溶的溶剂中的浓度之比保持恒定：

$$K_D = \frac{C_o}{C_{aq}} \tag{10-1}$$

其中，K_D 为分配常数；C_o 为被测物在有机相中的浓度；C_{aq} 为被测物在水相中的浓度。因此，被测物被萃取进有机相的分数为

$$E = \frac{C_oV_o}{C_oV_o + C_{aq}V_{aq}} = \frac{K_DV}{1+K_DV} \tag{10-2}$$

其中，V_o 为有机相的体积；V_{aq} 为水相的体积，V 为两相体积的比值 V_o/V_{aq}。

大多数液液萃取操作可在分液漏斗中进行，每一相的体积一般需几十至几百毫升。采用一步提取时，由于相比 V 必须保持在一定范围内，因此，K_D 对于定量回收目标组分必须足够大。当定量回收率大于99%时，需采取两步或多步萃取操作。多步萃取后，合并每步萃取得到的被测物，总分数 E 可表示为

$$E = 1 - \left(\frac{1}{1+K_DV}\right)^n \tag{10-3}$$

其中 n 为萃取次数。例如某被测物的 $K_D=5$，两相的体积相等($V=1$)，被测物回收率>99%，则需要3步萃取操作。可以采用以下几种方法增大 K_D：

(1) 更换有机溶剂,使 K_D 增大。

(2) 如目标组分是离子型或可电离的化合物,通过抑制其离子化,增大其在有机相中的溶解度;也可在有机相中添加离子对试剂,使被测物与其结合形成离子对,并被萃取进有机相。

(3) 可在水相中加入惰性的中性盐(例如硫酸钠),用盐析法降低目标组分在水相中的浓度。

10.2.1 液液萃取的基本操作

用液液萃取可从干扰物中分离出目标组分,基于其在两种不互溶的液体(或相)中的分配系数的不同,达到分离的目的。萃取进有机相的被测物经溶剂挥发容易回收,而萃取进入水相中的被测物经常能够直接注入反相 HPLC 中进行分离分析。将目标组分由水溶液萃取进有机相中的基本操作如图 10-1 所示。将目标组分萃取入水相时,使用的方法与此类似。

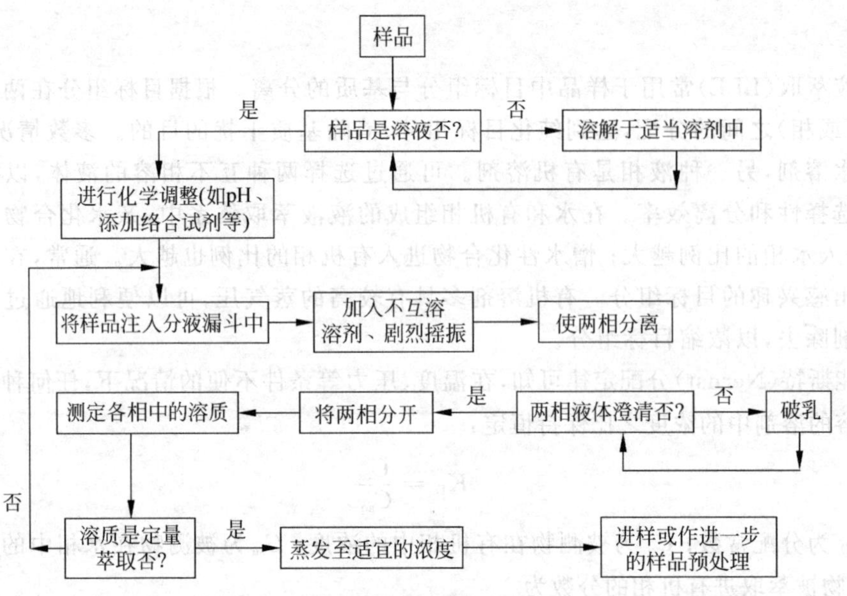

图 10-1 LLE 步骤框图

由于萃取为一平衡过程,效率有限,两相中仍存在数量可观的被测物,因此可利用包括改变 pH、离子对、络合作用等提高回收率,或消除干扰。

10.2.2 液液萃取溶剂的选择

LLE 中所采用的有机溶剂必须满足以下条件:

(1) 在水中有较低的溶解度(10%);

(2) 具有挥发性,萃取后易于除去,使样品浓缩;

(3) 与 HPLC 检测技术相容(避免使用对 UV 有吸收强的溶剂);

(4) 具有极性并可形成氢键，以利于提高有机相中被测物的回收率；

(5) 纯度高，尽可能降低对样品的污染。

表 10-2 提供了一些典型的萃取溶剂的示例。除考虑互溶性外，溶剂的极性以及与目标组分极性的关系是主要的选择标准。极性匹配，K_D 值最大。混合两种极性不同的溶剂（如己烷和氯仿）并测定其 K_D，能够方便地找到最佳极性的有机溶剂配比。

表 10-2　LLE 的提取溶剂[①]

水　溶　剂	与水不互溶的有机溶剂	与水互溶的有机溶剂[②]
纯水	脂肪烃类（己烷、异辛烷、石油醚等）	醇类（低分子量的）
酸溶液	二乙基醚或其他醚	酮类（低分子量的）
碱溶液	二氯甲烷	醛类（低分子量的）
浓盐（盐析作用）	氯仿	羧酸类（低分子量的）
络合剂（离子交换、螯合、手性等）	乙酸乙酯和其他酯	乙腈
	脂肪酮类（C_6 及以上酮）	二甲基亚砜
以上两种或多种溶剂混合	脂肪醇类（C_6 及以上醇）	二氧六环
	甲醛、二甲苯（有 UV 吸收）	
	以上两种或多种溶剂混合	

① 第一栏中的溶剂可与第二栏的任一溶剂相匹配。

② 与水互溶的有机溶剂不可与水溶剂一起用于 LLE。

在溶剂萃取中，离子型被测物按所选用条件的不同，在两相中的分配系数也会不同。如果被测物的 K_D 不适宜，可能需要另外的萃取方法以提高回收率。这种情况下，在原样品中重新加入不混溶的溶剂，提取剩余的溶质，最后合并所有的提取液。一般，最终提取溶剂的体积一定时，多次萃取比单次萃取的溶质回收率高。也可以用反提法进一步减少干扰物。

如果 K_D 非常低或所需样品的体积很大，多步提取将不实用，这种情况可采用连续液液萃取方法。

10.2.3　液液萃取常用装置

在连续液液萃取中，新鲜的有机溶剂可以循环地连续使用。图 10-2 给出了连续液液萃取器的结构图。使用比水重的有机溶剂进行萃取。这种萃取溶剂在烧瓶中加热蒸馏，上升到冷凝器被冷凝，并淋漓出两种不混合的水和带有萃取物的溶剂。最后，溶剂和萃取物返回到烧瓶中。此过程连续地进行直到足够量的被测物质被萃取出来。

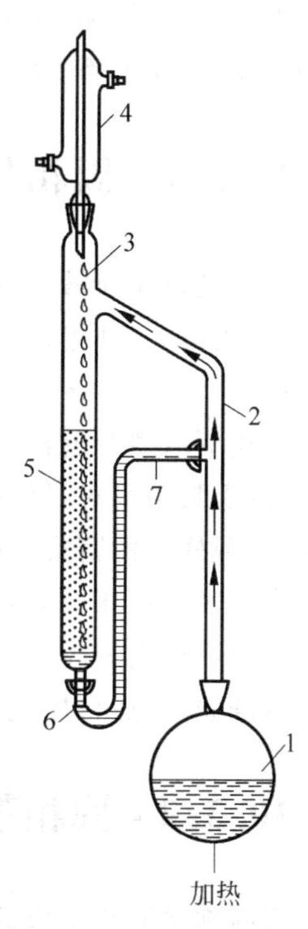

图 10-2　连续液液萃取装置示意图

1—萃取溶剂收集器；2—气态溶剂；3—萃取溶剂；4—冷凝器；5—萃取液；6—溶剂返回管；7—溶剂萃取返回到收集器

图 10-2 所示的装置也可以使用比水轻的有机溶剂进行连续萃取。撤去溶剂返回管，用两个塞子堵住接口，并将一端带有玻璃筛板的漏斗管放进萃取器中，在萃取器中放入样品和溶剂。冷凝的溶剂流入漏斗，由于冷凝液的静压高差通过玻璃筛

板。较轻的溶剂通过液体上升并且由于在萃取管中溢出而返回到烧瓶中。如果使用玻璃微珠充填萃取管内空间以减少萃取体积,给萃取溶剂提供弯曲的途径以改进液液接触。

对于效率更高的LLE,如逆流分配装置能提供上千次的平衡分配。可对 K_D 值极小的被测物进行抽提;逆流分配也可使被测物与干扰物更好地分离。

微萃取为LLE的另一种模式,其提取在有机物-水比例为0.001～0.01范围内进行。与常规的LLE相比,被测物回收较困难,但目标组分浓度在有机相中有很大提高,所用溶剂也大大减少。这种萃取可以很方便地在容量瓶中进行。选择密度小于水的有机提取溶剂,以便使小体积的有机溶剂聚集在瓶颈处,方便取出。对定量分析来说,应该使用内标,以对提取结果加以校正。

10.3 固相萃取

固相萃取(solid phase extraction,SPE)是一种由柱色谱发展而来的样品预处理技术,所用的填料粒径(>40μm)大于HPLC填料粒径(3～10μm)。SPE与HPLC的差别是柱压低、塔板数少、分离效率较低、一次性使用,因此只能分离保留性质有很大差别的化合物。

由于SPE实现了选择性的提取、分离、浓缩三位一体的过程,操作时间短、样品量小、干扰物质少,因此可用于挥发性和非挥发性组分的预处理,并具有很好的重现性。

10.3.1 固相萃取的原理及特点

SPE技术基于液固色谱理论,采用选择性吸附、选择性洗脱的方式,实现样品的富集、分离、纯化,是一种包括液相和固相的物理萃取过程,也可以将其近似地看作一种简单的色谱过程。

固相萃取整个过程可分为吸附和洗脱两个部分。在吸附过程中,当溶液通过吸附剂床层时,由于吸附剂对目标组分的吸附力大于溶剂的吸附力,因此被选择性地吸附到吸附剂床层上,实现样品的富集。此过程中由于共吸附作用、吸附剂选择性等因素的存在,部分干扰物也会在吸附剂床层上吸附。吸附过程完成后,通过加入一种对分离物的吸引大于吸附剂的溶剂使目标组分脱附。在此过程中,首先要选用适当的溶剂对吸附在吸附床层上的干扰物进行洗脱,然后再用洗脱剂对目标物质进行洗脱。

10.3.2 固相萃取常用的吸附剂

吸附剂是固相萃取的核心,吸附剂选用的好坏直接关系到能否实现萃取操作,以及萃取效率,同时新型吸附剂的研发也是固相萃取技术发展和应用的关键所在。

早期的吸附剂多为活性炭、氧化铝等强吸附性材料。常用的固相吸附材料有正相、反相和离子交换吸附剂三种。正相吸附剂主要包括硅酸镁、氨基、氰基、双醇基硅胶、氧化铝等,适用于极性化合物的萃取;反相吸附剂包括键合硅胶 C_{18}、键合硅胶 C_8、芳环氰基等,适用于非极性至一定极性化合物的萃取;离子交换吸附剂包括强阳离子吸附剂(苯磺酸、丙磺酸、丁磺酸等)和强阴离子吸附剂(三甲基丙基胺、氨基、二乙基丙基胺等),适用于阴阳离子型有机物的萃取。

目前国内外已经研制出多种复合型吸附剂。聚合二乙烯苯-*N*-乙烯吡咯烷酮及其盐是一类性能独特的反相吸附剂,独有的亲水和亲脂性质保持其在水中湿润,能同时萃取极性物质和非极性物质。以氯甲基化的高分子树脂 PS-DVB(苯乙烯-联苯乙烯共聚物)与二乙撑三胺反应制成的新型的阴离子交换聚合树脂,能同时萃取离子型和非离子型化合物;将碳化吸附剂与 PS-DVB 合用,能同时萃取强极性化合物和离子型化合物;将未封尾的 C_{18} 硅胶与单官能团的 C_{18} 硅胶混合,可以扩大 C_{18} 柱的极性范围。

免疫亲和型吸附剂是基于抗体-抗原相互作用的原理而研制出来的新型固相吸附剂。首先制备一种专属性的抗体,然后将其固定在琼脂糖或硅胶上,当样品通过吸附床层时发生抗原-抗体结合,从而专属性地将目标组分分离出来。这种吸附剂是目前已知选择性最强的固定吸附剂。近年来,这种吸附剂越来越多地被应用于医学、生物学以及环境分析等领域。

分子印迹型吸附剂是一类新型的高选择性吸附剂,能从复杂的生物基质中选择性地提取出微量分析物。

10.3.3 洗脱剂

在固相萃取中,选择洗脱剂时首先应考虑其对固定相的适应性和对目标物质的溶解度,其次是传质速率的快慢。洗脱正相吸附剂吸附的目标组分时,一般选用非极性有机溶剂(如正己烷、四氯化碳等);洗脱反相吸附剂吸附的目标物质时,一般选用极性有机溶剂(如甲醇、乙腈、一氯甲烷等);对于离子交换吸附剂,常采用的洗脱剂是高离子强度的缓冲液。

为了提高回收率,洗脱剂多选用小分子有机溶剂,同时增大洗脱剂用量。这样可使吸附剂上的目标组分尽可能地被洗脱下来,但同时可能会引进一些杂质,给分析带来干扰。值得注意的是,以甲醇为洗脱剂洗脱树脂时,如果甲醇体积过大,会引起树脂的充分溶胀,目标物质深入到树脂的内部间隙,很难再被洗脱,导致洗脱不完全,回收率降低。

10.3.4 固相萃取装置及操作

1. 固相萃取装置

自 1970 年发明固相萃取技术以来,其发展非常迅猛,出现了多种形式的萃取装置,包括 SPE 柱(SPE cartridge)、尖形 SPE 管(SPE pipette tip)、SPE 盘(SPE disk)以及 SPE 板(SPE plate)等。

SPE 柱(见图 10-3)的使用最为普遍,简单的 SPE 柱就是一根直径为数毫米的小玻璃柱,或聚丙烯、聚乙烯、聚四氟乙烯等塑料或不锈钢制成的柱子。柱下端有一孔径为 20μm 的烧结筛板,用以支撑吸附剂。在筛板上填装一定量的吸附剂,然后在吸附剂上再加一块筛板,以防止加样品时破坏柱床。基于对纯度的考虑,一般选用无添加剂且含有微量杂质的医用聚丙烯作为柱体材料,以免在萃取过程中污染试样。为了降低 SPE 空白中的杂质,可选用玻璃、纯聚四氟乙烯作为柱体材料。筛板材料是另一可能的杂质来源,制作筛板的材料有聚丙烯、纯聚四氟乙烯、不锈钢和钛等。金属筛板不含有机杂质,但易受酸的腐蚀。由于从柱体、筛板和填料都可能向试样中引进杂质，在建立和验证 SPE 方法时，必须做空白萃取实验。

SPE 的另一种形式是 SPE 盘(见图 10-4)，外观上与膜过滤器十分相似。盘式萃取器是含有填料的纯聚四氟乙烯圆片，或载有填料的玻璃纤维片。填料约占 SPE 盘总量的 60%～90%，盘的厚度约 1mm。SPE 柱和盘式萃取器的主要区别在于床厚度与直径之比，对于等重的填料，盘式萃取的截面积比柱式萃取大 10 倍左右，因而允许液体样品以较高的流量流过。

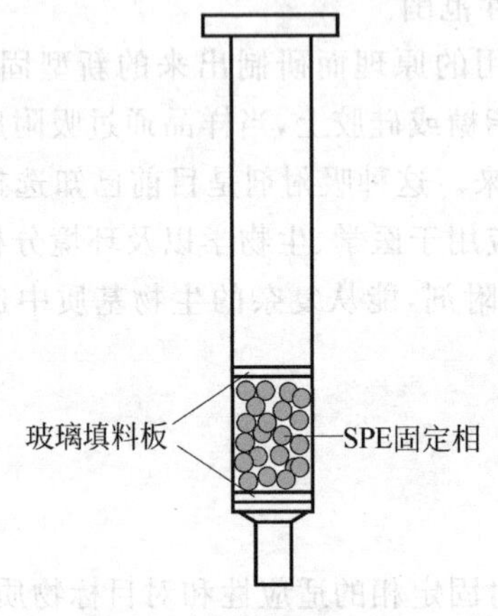

图 10-3　SPE 柱装置示意图

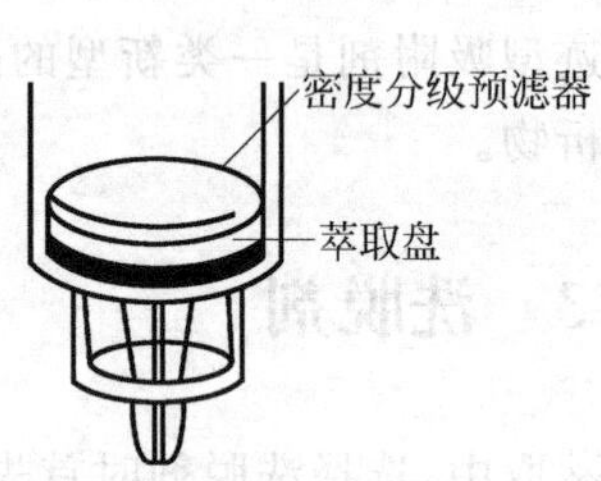

图 10-4　SPE 盘

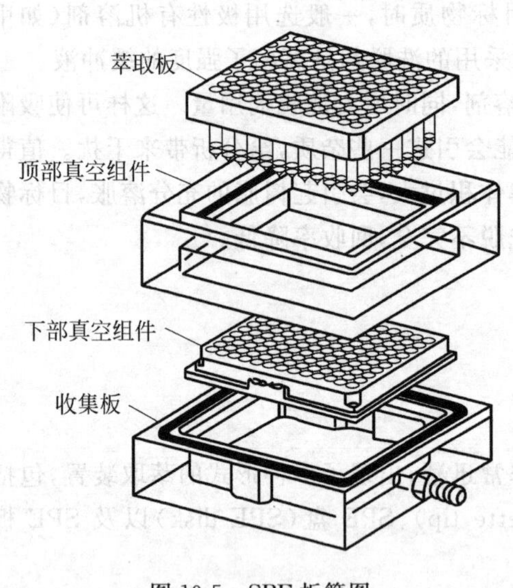

图 10-5　SPE 板简图

当所需处理的样品量较大时，如医药中间体的回收等，可采用板式 SPE 的固相萃取装置。图 10-5 给出了 SPE 板的结构简图，上下两块板上装有多个 SPE 小柱，待处理的液体，依靠重力、压力、真空或离心力的作用，通过萃取板，同时在收集板上进行样品的收集。

David Wells 对板式 SPE 的结构、工作原理及主要应用领域等进行了非常好的综述，有兴趣的读者可以参阅。

2. 固相萃取操作

典型的固相萃取一般分为 5 个基本步骤。

(1) 选择吸附柱：根据检测量的大小，待检物质的化学、物理性质选择合适的吸附柱。

(2) 活化填料：有利于吸附剂和目标物质相互作用，提高回收率。一般采用甲醇来活化，另外，甲醇还能起到除杂的作用。每一活化溶剂的用量为 1～2mL/100mg 固定相。

(3) 进样：使样品流经吸附柱并被吸附。为了保留分析物，尽可能使用最弱的样品溶剂，并允许采用大体积(0.5～1L)的上样量。

(4) 冲洗：用水或者适当的缓冲溶液对吸附柱进行冲洗，将杂质冲洗掉。通常冲洗溶剂体积为 0.5～0.8mL/ 100mg 固定相。

(5) 洗脱：选择适当的洗脱剂进行洗脱，收集洗脱液，然后浓缩、检验，或者直接进行在线检测。洗脱溶剂用量一般为 0.5～0.8mL/100mg 固定相。

10.3.5　固相微萃取

固相微萃取技术(solid phase microextraction，SPME)是 20 世纪 90 年代初提出并发展起来的用于吸附并浓缩样品中目标物质的预处理方法。这种方法几乎克服了传统样品处理方法的所有缺点，无需有机溶剂、简单方便、测试快、费用低，集采样、萃取、浓缩、进样于一体，能够与气相或液相色谱仪联用。

固相微萃取技术采用涂(或键合)有固定相的熔融石英纤维来吸附、富集样品中的目标组分。均匀涂渍在硅纤维上的圆柱状吸附剂涂层在萃取时既继承了 SPE 的优点，又有效克服了在采用固相萃取的操作繁琐、空白值高、易堵塞吸附柱等缺陷。表 10-3 给出了固相微萃取技术与其他几种萃取技术的比较。

表 10-3　固相微萃取法与其他样品处理技术比较

萃取技术	检测限	精确度 RSD/%	费用	耗时	溶剂使用	操作难易程度
吹扫捕集法	10^{-9}	1～30	高	时间长	不需要	复杂
同时蒸馏萃取法	10^{-12}	3～20	高	时间长	不需要	复杂
顶空法	10^{-6}		低	时间短	不需要	简单
液液萃取法	10^{-12}	5～50	高	时间长	约 1000mL	简单
固相萃取法	10^{-12}	7～15	中等	时间中等	≤100mL	简单
固相微萃取法	10^{-12}	1～12	低	时间短	不需要	简单

1. 固相微萃取技术的工作原理

在固相微萃取操作过程中，样品中或顶空中目标组分与涂布在熔融硅纤维上的聚合物中吸附的目标组分间达成平衡。萃取平衡时与萃取前目标组分的总量应保持不变，因此目标组分被涂层吸附的量可表示为

$$N = \frac{K_{f_s} V_1 C_0 V_s}{K_{f_s} V_1 + V_s} \tag{10-4}$$

其中，C_0 是样品中待测物质的初始浓度；K_{f_s} 为目标组分在涂层与样品基质间的分配系数；V_s 和 V_1 分别是样品的体积和涂层的体积。

式(10-4)表明涂层吸附的目标组分的量与样品中该物质的初始浓度呈线性关系，即待测物质在样品中原始浓度越高，达到吸附平衡时涂层中被吸附的量越大。SPME 中使用的涂层物质对于大多数有机化合物都具有较强的亲和力，K_{f_s} 值越大，意味着 SPME 具有的浓缩作用越强，对待测物质检测的灵敏度越高。由于 $V_s \gg K_{f_s} V_1$，因此可近似地认为，涂层萃取的目标组分量与样品的体积无关，而与其初始浓度成正比：

$$N = K_{f_s} V_1 C_0 \tag{10-5}$$

对于特定的 SPME 装置，$K_{f_s} V_1$ 可认为是一常数，以 K 表示，则

$$N = K C_0 \tag{10-6}$$

式(10-6)即为固相微萃取的定量关系式。

2. 固相微萃取装置及操作步骤

SPME 装置由手柄(holder)和萃取头(fiber)两部分构成(见图 10-6),形状类似于色谱注射器,萃取头是一根涂有不同色谱固定相或吸附剂的熔融石英纤维,接不锈钢丝,外套细的不锈钢针管(保护石英纤维不被折断及进样),纤维头可在针管内伸缩,手柄用于安装萃取头,可永久使用。

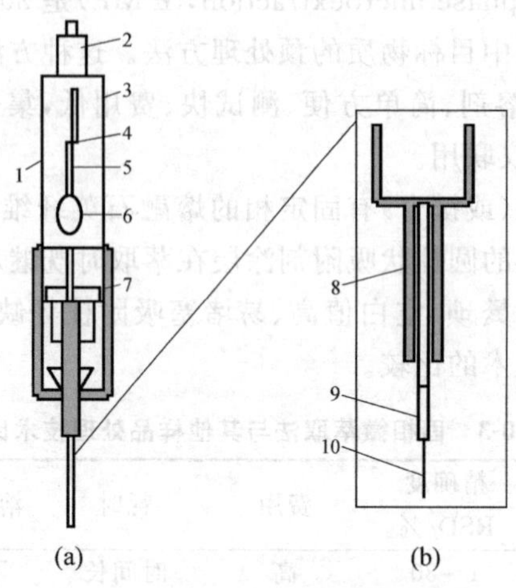

图 10-6 固相微萃取装置示意图

1—手柄;2—活塞;3—外套;4—活塞固定螺杆;5—Z 型沟槽;6—观察窗口;7—可调节针头导轨/深度标记;8—隔垫穿孔针头;9—纤维固定管;10—弹性硅纤维涂层

在样品萃取过程中首先将 SPME 针管穿透样品瓶隔垫,插入瓶中,推手柄杆使纤维头伸出针管,纤维头可以浸入水溶液中(浸入方式)或置于样品上部空间(顶空方式),萃取时间 2~30min。然后缩回纤维头,再将针管退出样品瓶,迅速将 SPME 针管插入 GC 仪进样口或 HPLC 的接口解吸池。推手柄杆,伸出纤维头,热脱附样品进色谱柱或用溶液洗脱目标分析物,缩回纤维头,移去针管。

由不同固定相所构成的萃取头对物质的萃取吸附能力是不同的,故萃取头是整个 SPME 装置的核心,包括固定相和其厚度的选择两个方面。萃取头的选择由欲萃取组分的分配系数、极性、沸点等参数共同确定。

一般,纤维头上的膜越厚,萃取的目标组分越多,厚膜可有效地从基质中吸附高沸点组分,但是解吸时间相应要延长,并且被吸附物可能被带入下一个样品萃取分析中。薄膜纤维头用来确保分析物在热解吸时较高沸点化合物的快速扩散与释放。膜的厚度通常为 10~100μm。

3. 固相微萃取条件选择

1) 萃取时间的确定

萃取时间主要是指达到或接近平衡所需要的操作时间。影响萃取时间的主要因素有萃取头的选择、分配系数、样品的扩散系数、顶空体积、样品萃取的温度等。萃取开始时萃取头固定相中物质浓度增加得很快,接近平衡时速度极其缓慢,因此一般的萃取过程不必达到完全平衡,因为平衡之前萃取头涂层中吸附的物质量与其最终浓度就已存在一个比例关系,所以在接近平衡时即可完成萃取操作。视样品的情况不同，萃取时间一般为2～60min。延长萃取时间也无坏处，但要保证样品的稳定性。

2）萃取温度的确定

萃取温度对吸附采样的影响具有双重性，一方面，温度升高会加快样品分子运动，导致液体蒸气压的增大，有利于吸附过程，尤其对于顶空固相微萃取（HS-SPME）；另一方面，温度升高也会降低萃取头吸附分析组分的能力，使得吸附量下降。实验过程中还要根据样品的性质而定，一般萃取温度为40～90℃。

3）样品的搅拌程度

搅拌样品可以促进萃取并相应地减少萃取时间，特别对于高分子质量和高扩散系数的组分。一般有磁力、高速匀浆、超声波等搅拌方式。选择搅拌方式时一定要注意搅拌的均匀性，不均匀的搅拌比没有搅拌的测定精确度更差。

4）萃取方式、盐浓度和pH

SPME的操作方式有两种，一种为顶空萃取方式，另一种为浸入萃取方式。实验中采取何种萃取方式主要取决于样品组分是否存在蒸气压，对于没有蒸气压的组分只能采用浸入方式来萃取。在萃取前于样品中添加无机盐可以降低极性有机化合物的溶解度，产生盐析，提高分配系数，达到增加萃取头固定相对分析组分的吸附。一般添加无机盐用于顶空方式，对于浸入方式，盐分容易损坏萃取头。此外，调节样品的pH值可以降低组分的亲脂性，大大提高萃取效率，注意，pH值不宜过高或过低，否则会影响固定相涂层。

10.4　膜分离

膜分离技术是国际上公认的20世纪末至21世纪中期最有发展前途的前沿技术。膜分离技术以选择性透过膜为分离介质，当膜两侧存在推动力时，原料组分可透过选择膜，实现对混合物的分离、提纯、浓缩。膜分离作为一种新型的分离方法，与传统的分离过程，如过滤、精馏、萃取、蒸发、重结晶、脱色、吸附等相比，具有能耗低、单级分离效率高、设备简单、无相变、无污染等优点。因此，膜分离技术广泛应用于化工、食品、医药医疗、生物、石油、电子、饮用水制备、“三废”处理等诸多领域，并将对21世纪的工业技术改造产生深远的影响。

10.4.1　膜分离原理

膜分离所采用的膜可以是固相、液相或气相，膜的结构可是均质或非均质的，膜可以是中性的或带电的，但必须具有选择性通过物质的特性。它的工作原理分为两类：一是根据混合物物质的质量、体积、大小和几何形态的不同，用过筛的方法将其分离；二是根据混合物的不同化学性质分离开物质。物质通过分离膜的速度（溶解速度）取决于物质进入膜内的速度和进入膜的表面扩散到膜的另一表面的速度（扩散速度）。而溶解速度完全取决于被分离物与膜材料之间化学性质的差异，扩散速度除与物质的化学性质有关外，还与物质的分子量有关，速度越大，透过膜所需的时间越短。混合物各组分透过膜的速度相差越大，则分离效率越高。

10.4.2 膜的分类

目前广泛应用的分离膜是高聚物膜，但具有各种特殊分离功能的膜发展迅速，种类繁多。膜的形态结构决定了膜分离的机理，同时也决定了其可能的应用领域，按形态可将其分为固膜和液膜。固膜又分为对称膜(柱状孔膜、多孔膜、均质膜)和不对称膜(多孔膜、具有皮层的多孔膜、复合膜)；液膜又分为存在于固体多孔支撑层中的液膜和以乳液形式存在的液膜。

不同的膜材料具有不同的化学稳定性、热稳定性、机械性能和亲和性能。目前已有数十种材料用于制备分离膜，分别为有机材料的纤维素类、聚酰胺类、芳香杂环类、聚砜类、聚烯烃类、硅橡胶类、含氟聚合物等；无机材料的陶瓷(氧化铝、氧化硅、氧化锆等)、硼酸盐玻璃、金属(铝、钯、银等)；天然物质改性或再生而制成的天然膜。

按膜分离的作用机理可将膜分为有吸附性膜(多孔膜、反应膜)、扩散性膜(高聚物膜、金属膜、玻璃膜)、离子交换膜、选择渗透膜(渗透膜、反渗透膜、电渗析膜)、非选择性膜(加热处理的微孔玻璃、过滤型的微孔膜)等。

10.4.3 膜分离过程的类型及特点

膜分离过程可分为微滤、超滤、纳滤、反渗透、电渗析、透析、膜蒸馏、渗透蒸发等类型，常见膜分离的特点列于表10-4。

表10-4 主要膜分离过程

特点	微滤	超滤	纳滤	反渗透	电渗析	透析
膜类型	对称微孔膜	不对称微孔膜	不对称微孔膜	复合膜(不对称膜)	离子交换膜	对称或不对称微孔膜
推动力	压力差	压力差	压力差	压力差	电位差	浓度差
截留粒径	0.02～10μm	0.001～0.01μm	2nm	0.1～1nm		
机制	筛分	筛分	筛分	溶液-扩散	电子迁移	筛分加扩散度差
膜材料	纤维素类、聚酰胺、聚偏氟乙烯、聚砜、聚丙烯腈、聚丙烯、聚碳酸酯、聚四氟乙烯、氧化铝和氧化锆制备的陶瓷膜、玻璃、金属	纤维素类、二醋酸纤维素、三醋酸纤维素、氰乙基醋酸纤维、聚砜、磺化聚砜、聚砜酰胺、聚偏氟乙烯、聚丙烯腈、聚酰亚胺、甲基丙烯酸甲酯-丙烯腈共聚物	醋酸纤维素、醋酸纤维素-三醋酸纤维素、磺化聚砜、磺化聚醚砜、芳香聚酰胺复合材料	醋酸纤维素、芳香聚酰胺-酰肼、聚苯砜酰胺、聚苯并咪唑、聚苯并咪唑酮、芳香聚醚酰胺、芳香聚酰胺	聚乙烯、聚丙烯、聚氯乙烯、聚砜、磷酸锆、钒酸铝	硝酸纤维素、再生纤维素、赛璐玢、纤维素、乙烯-乙烯醇共聚物、甲基丙烯酸甲酯、聚丙烯、聚碳酸酯
膜组件		平板式、管式、卷式、中空纤维式	管式、卷式、中空纤维式	平板式、管式、卷式、中空纤维式		
应用对象	除菌、澄清、细胞收集	大分子物质分离、纯化和浓缩	小分子物质分离	小分子溶质浓缩	离子和大分子分离	小分子有机物和离子的分离，也可分离气相混合物

10.4.4　膜分离技术存在的问题及解决方法

1. 浓差极化

浓差极化是指分离过程中，料液在压力驱动下透过膜，溶质被截留，于是在膜与本体溶液界面或膜界面区域浓度越来越高，引起渗透压增大，在膜表面形成沉积或凝胶层，增加透过阻力，改变膜的分离特性，使膜发生溶胀或恶化膜的性能，导致结晶析出，阻塞流道。

2. 膜污染

膜污染是指处理物料中的微粒、胶体粒子或溶质分子与膜发生物理化学作用或因浓度极化使某些溶质在膜表面浓度超过其溶解度及机械作用，引起在膜表面或膜孔内吸附、沉积，造成膜孔径变小或堵塞，使膜产生透过流量与分离特性的不可逆变化。

3. 膜清洗

膜在长期运行中，膜污染问题必然产生，因此必须采取一定的清洗方式，使膜面或膜孔内污染物去除，达到透水量恢复，延长膜寿命的目的。

对膜清洗多见为物理法和化学法或两者结合。物理清洗借助于高流速液体流动所产生的机械力将膜面上的污染物冲洗掉，或海棉球机械擦洗和反洗等，其特点是简单易行，不引入新污染物。化学清洗常用清洗剂有酸、碱、酶(蛋白酶)、螯合剂、表面活性剂、过氧化氢、次氯酸盐、磷酸盐、聚磷酸盐等。另一种是生物清洗，即借助微生物、酶等生物活性剂去除膜表面及膜内部的污染物。后两种清洗都存在向系统引入新污染物的可能性，运行与清洗之间的转换步骤较多。

10.5　衍生化技术

与气相色谱法相比，HPLC 的主要缺点是缺少灵敏度高、通用性好的检测器。紫外吸收和荧光检测器尽管在高效液相色谱中得到广泛应用，但是仍有一部分样品无法检测，因为它们没有紫外生色团或荧光团。对于这些样品只有经过紫外或荧光化学衍生化才能进行检测。当然，衍生化方法的应用不限于以上两种检测器，它同样也可用于电化学检测器、化学发光检测器等。通过化学衍生化可以改变组分的色谱分离性质，也可以利用生成特殊衍生物以增加对检测器的灵敏度。

10.5.1　衍生化作用与反应要求

衍生化技术就是通过化学反应，将样品中难以分析检测的目标化合物定量地转化成另一易于分析检测的化合物，通过后者的分析检测可以对目标化合物进行定性或定量分析。按衍生化反应发生在色谱分离之前还是之后，可将衍生化分为柱前衍生化和柱后衍生化。

衍生化在色谱分析中的作用包括：

(1) 提高检测灵敏度。

(2) 改变化合物的色谱性能,改善分离效果。

(3) 适合于进一步做化合物的结构鉴定。利用衍生化反应可以帮助化合物结构的鉴定,这在使用色谱-质谱、色谱-红外光谱和色谱-核磁共振波谱等联用方法确定化合物结构时,作用更加明显。

(4) 扩大色谱分析的应用范围。

用于色谱分析的化学衍生化反应必须满足以下条件:

(1) 反应能迅速、定量地进行,反应重复性好,反应条件不苛刻,容易操作。

(2) 反应的选择性高,最好只与目标化合物反应,即反应要有专一性。

(3) 衍生化反应产物只有一种,反应的副产物和过量的衍生化试剂应不干扰目标化合物的分离与检测。

(4) 衍生化试剂应方便易得,通用性好。

选择化学衍生化反应(衍生化试剂)首先要考虑的最重要问题是待测化合物的结构和化学性质,根据这一点可以找出可能合适的衍生化反应及相应的分离和检测方法。其次,还要考虑样品基质和可能存在的干扰物质的影响,有时可能要进行适当的分离或净化后才能进行衍生化反应,最后,还要考虑随后采用的色谱方法是否与之匹配。

10.5.2 柱前衍生化

柱前衍生是在色谱分离前,预先将样品进行衍生化反应,然后根据衍生产物的性质进行色谱分离并检测的方法,其优点是通常无需考虑衍生反应的动力学因素(反应速率),衍生化试剂、反应条件和反应时间的选择不受色谱系统的限制,衍生化后的样品能用各种预处理方法进行纯化或浓缩,也不需要附加特殊的仪器设备。缺点是操作过程较繁琐,容易影响定量分析的准确性,且衍生反应形成的副产物可能对色谱分离造成较大干扰,从而影响分析结果。由于使用柱前衍生化方法衍生效率高,所以柱前衍生仍是目前最常用的样品衍生化方法。

10.5.3 柱后衍生化

柱后衍生是将混合样品先经色谱柱分离,再进行荧光标记,最后进入检测器检测的方法,是液相色谱中比较常用的一种样品衍生化手段。在分离柱和检测器之间连接一个小型反应通道,反应混合物以恒定的速度流过,使得衍生反应的操作简便、重现性好,并且可连续反应,便于实现分析自动化。但由于反应是在色谱系统中进行,对衍生试剂、反应时间和反应条件均有限制,需要通过控制反应通道的尺寸、流动相的流量以及反应通道的温度,来实现在特定温度下特定时间内的衍生反应,所以常将其与 HPLC 结合以满足上述要求。图 10-7 给出了柱后衍生化过程的示

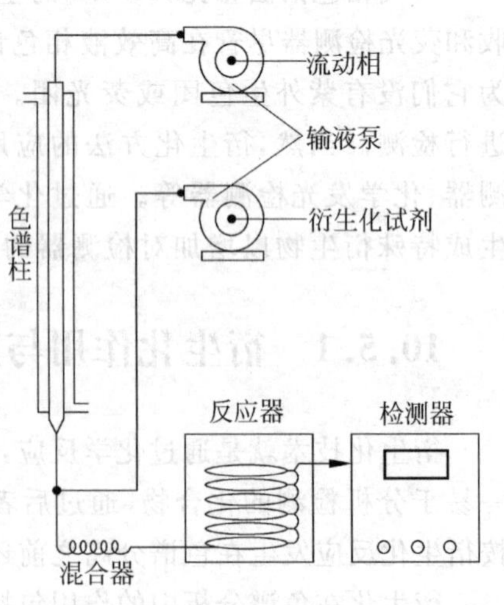

图 10-7　柱后衍生化过程示意图

意图。

柱后衍生化必须满足的条件：

(1) 衍生化试剂足够稳定，对检测器的响应可以忽略，不产生干扰。

(2) 衍生化试剂溶液与色谱流动相能互相混溶，混合后不产生沉淀或分层，而且色谱流动相适宜作衍生化反应的介质。

(3) 衍生化试剂与色谱柱流出液的速度要匹配，混合迅速且均匀，以免产生噪声。

(4) 衍生化反应必须迅速和重现性好，反应器的设计要合理，以尽可能减少峰扩展。

10.5.4 紫外衍生化

液相色谱使用最多的是紫外检测器，为使一些无紫外吸收或紫外吸收很弱的化合物能被紫外检测器检测，往往需要通过衍生化反应在这些化合物中引入具有强紫外吸收的基团，使其能够利用紫外检测器检测。表 10-5 列出了一些常用的紫外衍生基团及其特征参数。

表 10-5　常用紫外衍生基团

基团名称	结构式	最大吸收波长 λ_{max}/nm	摩尔吸光系数 ε_{254}
2,4-二硝基苯	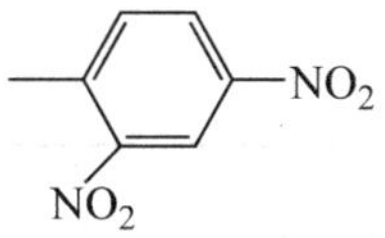 NO_2, NO_2		$>10^4$
苯甲基	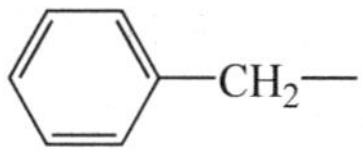 CH_2—	254	200
对硝基苯甲基	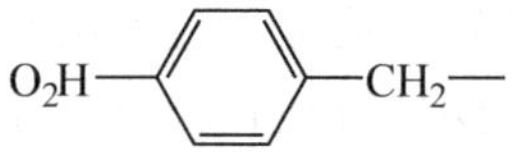 O_2H—, CH_2—	265	6200
3,5-二硝基苯甲基	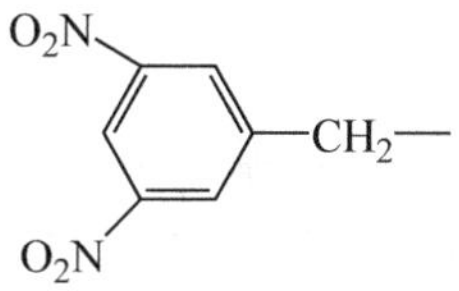 O_2N, CH_2—, O_2N		$>10^4$
苯甲酸酯	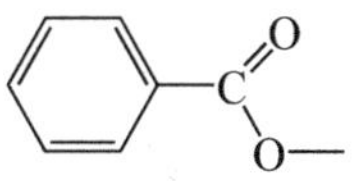 C, O, O—	230	<1000
对甲苯酰	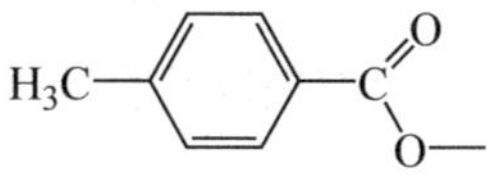 H_3C—, C, O, O—	236	5400
对氯苯甲酸酯	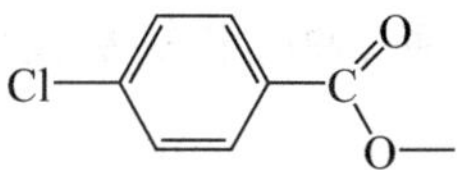 Cl—, C, O, O—	236	6300

续表

基团名称	结构式	最大吸收波长 λ_{max}/nm	摩尔吸光系数 ε_{254}
对硝基苯甲酸酯	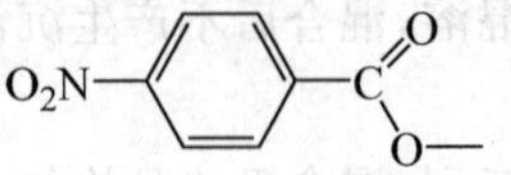 $O_2N-C_6H_4-C(=O)-O-$	254	$>10^4$
对甲氧基苯甲酸酯	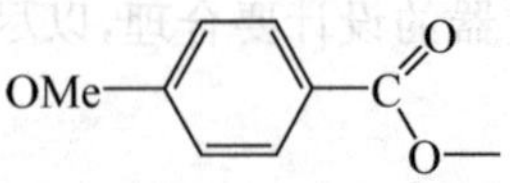 $MeO-C_6H_4-C(=O)-O-$	262	16 000
苯甲酰甲基	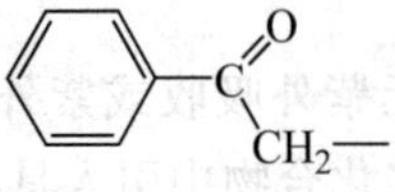 $C_6H_5-C(=O)-CH_2-$	250	约 10^4
对溴苯甲酰甲基	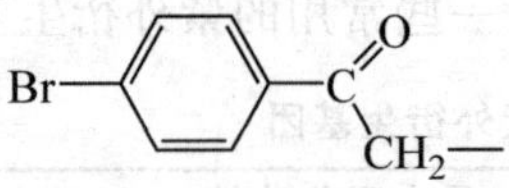 $Br-C_6H_4-C(=O)-CH_2-$	260	18 000
α-萘甲酰甲基	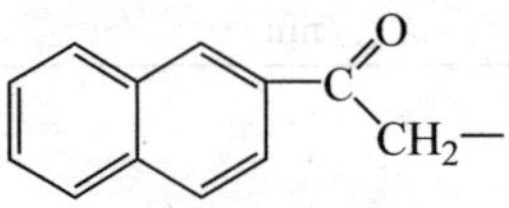 $C_{10}H_7-C(=O)-CH_2-$	248	12 000

大多数紫外衍生反应来自经典的光度分析和有机定量分析,新的衍生化反应和衍生化试剂是随液相色谱的发展而发展的,这些反应的原理都来自有机合成,所以就要求操作者对有机合成有所了解。但由于衍生化是为色谱分析准备样品,处理样品的量(mg 级)和所用的反应器皿(小型和微型)又不同于常规的有机合成,而是类似于近年来发展的微量有机合成。紫外衍生化反应要选择反应产率高,重复性好的反应。过量试剂和试剂中的杂质如果干扰下一步的色谱分离和检测,则在色谱进样前要进行纯化分离。还要注意反应介质对紫外吸收的影响。下面给出一些常用的紫外衍生化反应。

1. 苯甲酰化反应

苯甲酰氯及其衍生物——对硝基苯甲酰氯、3,5-二硝基苯甲酰氯以及对甲氧基苯甲酰氯都可以与胺、醇和酚类化合物发生反应,反应通常在碱性条件下进行,生成具有强紫外吸收的苯甲酸酯类衍生物。反应如下:

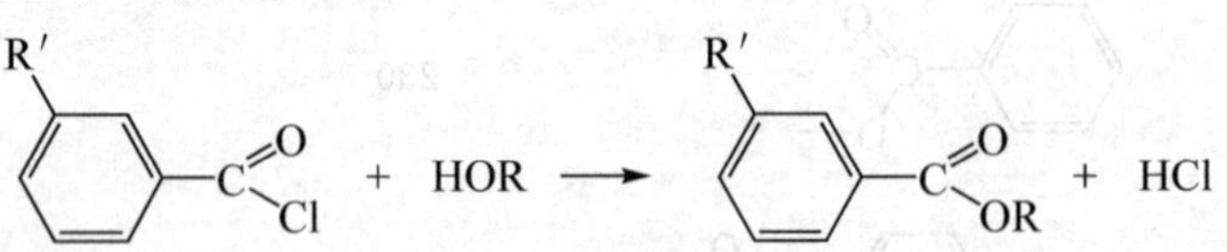

$$R'-C_6H_4-C(=O)Cl + HOR \longrightarrow R'-C_6H_4-C(=O)OR + HCl$$

过量试剂可以通过水解除去,反应产物可用有机溶剂提取后直接进样分离分析。

2. 2,4-二硝基氟代苯(DNFB)的反应

DNFB 与醇的反应产率很低,但可与大多数伯胺、仲胺和氨基酸反应,生成具有强紫外吸收的苯胺类衍生物:

$$\text{1-F-3,5-}(NO_2)_2C_6H_3 + RNH_2 \longrightarrow \text{1-(RNH)-3,5-}(NO_2)_2C_6H_3 + FH$$

3. 苯基异硫氰酸酯(PITC)的反应

PITC可与氨基酸反应，生成苯基己内酰硫脲衍生物——PTH氨基酸：

$$H_2N{-}CH(R){-}COOH \xrightarrow{RITC} C_6H_5{-}NH{-}C(=S){-}H_2N{-}CH(R)COOH$$

苯基异氰酸酯与醇类反应生成苯基甲酸酯：

$$C_6H_5{-}N{=}C{=}O + HOR \longrightarrow C_6H_5{-}NHC(=O)OR$$

4. 苯基磺酰氯的反应

苯基磺酰氯可与伯胺和仲胺反应：

$$C_6H_5{-}C(=S){-}Cl + RNH \longrightarrow C_6H_5{-}C(=S){-}NHR + HCl$$

甲苯磺酰氯可与多氨基化合物反应，不仅能提高它们的检测灵敏度，还可改变HPLC的分离度。

5. 有机酸的酯化反应

有机酸很容易与酰溴基反应生成酯，常用的酰溴基试剂有苯甲酰溴、萘甲酰溴、甲氧基苯甲酰溴、对溴基苯甲酰溴和对硝基苯甲酰溴等。如：

$$C_{10}H_7{-}C(=O){-}CH_2Br + HOOCR \longrightarrow C_{10}H_7{-}C(=O){-}CH_2{-}O{-}C(=O){-}R + HBr$$

酯化反应应在极性溶剂(如乙腈、丙酮或四氢呋喃)中进行，有时需加催化剂，如冠醚加钾离子、三乙胺或*N*-二异丙基胺等。

6. 羰基化合物的反应

醛类和酮类中的羰基可与2,4-二硝基苯肼(DNPA)反应，生成苯肼衍生物，反应在弱酸性条件下进行：

$$O_2N{-}C_6H_3(NO_2){-}NHNH_2 + R_1{-}C(=O){-}R_2 \longrightarrow O_2N{-}C_6H_3(NO_2){-}NH{-}N{=}C(R_1)R_2$$

10.5.5 荧光衍生化

液相色谱中荧光检测器的灵敏度要比紫外检测器高出几个数量级，但是液相色谱能分离的对象多数没有荧光，主要依靠荧光衍生化试剂通过衍生化反应在目标化合物上接上能发出荧光的生色基团，以实现进行荧光检测的目的。荧光检测器的灵敏度比紫外检测器高约 3 个数量级，尤其适合于痕量分析。对痕量高级脂肪酸、氨基酸、生物胺、甾体化合物及生物碱的检测，可进行荧光衍生化处理，进而进行荧光检测。

参考文献

[1] 傅若农.色谱分析概论[M].2版.北京：化学工业出版社，2005.

[2] 卢佩章，戴朝政，张祥民.色谱理论基础[M].2版.北京：科学出版社，1998.

[3] 张祥民.现代色谱分析[M].上海：复旦大学出版社，2004.

[4] 许国旺.现代实用气相色谱法[M].北京：化学工业出版社，2004.

[5] 史景江.色谱分析法[M].重庆：重庆大学出版社，1994.

[6] 朱明华.仪器分析[M].3版.北京：高等教育出版社，2000.

[7] 方惠群，于俊生，史坚.仪器分析[M].北京：科学出版社，2002.

[8] 高向阳.新编仪器分析[M]. 2版.北京：科学出版社，2004.

[9] 曾泳淮，林树昌.分析化学(仪器分析部分)[M].2版.北京：高等教育出版社，2004.

[10] 何华，倪坤仪.现代色谱分析[M].北京：化学工业出版社，2004.

[11] 邹汉法，张玉奎，卢佩章.高效液相色谱法[M].北京：科学出版社，1998.

[12] 王俊德，商振华，郁蕴路，等.高效液相色谱法[M].北京：中国石化出版社，1992.

[13] 于世林.高效液相色谱法及应用[M].2版.北京：化学工业出版社，2005.

[14] 李浩春.气相色谱法[M].北京：科学出版社，1993.

[15] 朱彭龄，云自厚，谢光华.现代液相色谱[M].兰州：兰州大学出版社，1989.

[16] 吴烈钧.气相色谱检验方法[M].2版.北京：化学工业出版社，2005.

[17] 汪正范.色谱定性与定量[M].2版.北京：化学工业出版社，2007.

[18] 何丽一.平面色谱方法及应用[M].2版.北京：化学工业出版社，2005.

[19] Kennety A R，Judith F R.现代仪器分析[M].影印版.北京：科学出版社，2003.

[20] 周同惠，高鸿，曾云鹗，等.纸色谱和薄层色谱[M].北京：科学出版社，1989.

[21] 王立，汪正范.色谱分析样品处理[M].2版.北京：化学工业出版社，2006.

[22] 云自厚，欧阳津，张晓彤.液相色谱检测方法[M].2版.北京：化学工业出版社，2005.

[23] 刘虎威.气相色谱方法及应用[M].2版.北京：化学工业出版社，2005.

[24] 森德尔 L R，柯克兰 J J，格莱吉克 J L. 实用高效液相色谱法的建立[M].张玉奎，王杰，张维冰，译.北京：华文出版社，2001.

[25] 李浩春，卢佩章.气相色谱法[M].北京：科学出版社，1993.

[26] 斯奈德 L R，柯克兰 J J. 现代液相色谱法导论[M].高潮，陈新民，高虹，译.2版.北京：化学工业出版社，1988.

[27] 陈义.毛细管电泳技术及应用[M].2版.北京：化学工业出版社，2006.

[28] 苏皮纳 W R. 气相色谱填充柱[M].詹益兴，译.长沙：湖南科学出版社，1981.

[29] Voegtle F，el al. Supramolecular Chemistry[M]. John & Sons，1991.

[30] Giddings J C，Keller R A. Advaces in Chromatography：Vol. 2. New York：Marcel Dekker，1966.

[31] 傅若农，顾俊龄.近代色谱分析[M].北京：国防工业出版社，1988.

[32] Dallage J，Beens J，Brinkman U A. Comprehensive two dimensional gas chromatography：a powerful and versatile analytical tool[J]. J Chromatogar A，2003，1000(1-2)：69-108.

[33] Wilson I D，Brinkman U A. Hyphenation and Hypernation[J]. J Chromatogar A，2003，1000(1)：325-356.

[34] Majors R E. New Chromatography Columns and Accessories at the 2004 Pittcon Conference，Part I [J]. LC-GC North Am，2004，22(3)：230-242.

[35] 邹汉法，张玉奎，卢佩章．离子对高效液相色谱法[M]．郑州：河南科技出版社，1994.
[36] 傅若农．毛细管气相色谱用固定液的进展[J]．色谱，1990，8(1)：16.
[37] 师治贤，王俊德．生物大分子的液相色谱分离和制备[M]．2版．北京：科学出版社，1996.
[38] 汪正范．色谱联用技术[M]．北京：化学工业出版社，2003.
[39] 张玉奎．现代生物样品分离分析方法[M]．北京：科学出版社，2003.
[40] 卢佩章，张玉奎，梁鑫森．高效液相色谱及其专家系统[M]．沈阳：辽宁科学技术出版社，1992.
[41] 张玉奎，张维冰，邹汉法．分析化学手册：第六分册 液相色谱分析[M]．2版．北京：化学工业出版社，2003.
[42] 刘国诠．色谱柱技术[M]．北京：化学工业出版社，2001.
[43] Kaliszan R. Quantitative Structure-Chromatographic Retention Relationship [M]. New York: Wiley, 1987.
[44] 李彤，张庆合，张维冰．高效液相色谱仪器系统[M]．北京：化学工业出版社，2005.
[45] Katz E. Quantitative Analysis Using Chromatographic Techniques[M]. New York: Wiley, 1987.
[46] Keith L H, Walker M M. Handbook of Air Toxics: Sampling Analysis and Properties[M]. CRC Lewis Publisher, 1995.
[47] 张庆合，张维冰，杨长龙，等．高效液相色谱实用手册[M]．北京：化学工业出版社，2008.
[48] 师治贤，刘梅，杨月琴，等．液相色谱分析进展[J]．分析试验室，2003，22(5)：99-108.
[49] 陈猛，袁东星，许鹏翔，等．固相微萃取研究进展[J]．分析科学学报，2002，18(5)：429-435.
[50] 何执静，朱彤阳，任蕤，等．HPLC在研究人工核酸酶中的应用[J]．药物分析杂志，2001，18(6)：381-383.
[51] 白泉，葛小娟，耿信笃．反相HPLC对多肽的分离纯化和制备[J]．分析化学，2002，30(9)：1126-1129.
[52] 王静，王晴，向文胜．色谱法在糖类化合物分析中的应用[J]．分析化学，2001，29(2)：222-227.
[53] 孙守为．气相色谱和高压液相色谱及其与质谱联用技术发展近况[J]．现代仪器，2003，9(1)：36.
[54] 张绍原，成启刚，寇登民．气相色谱仪器的新发展[J]．现代仪器，2003，9(4)：1-4.
[55] 吴大平．新型气相色谱检测器研制[J]．理化检验-化学分册，2004，40(1)：51-53.
[56] 苏婷，王锐，宫红．GC/FTIR联用技术及其在化学反应研究中的应用进展[J]．现代仪器，2004，10(4)：28-30.
[57] 许国旺，路鑫，孔宏伟，等．色谱专家系统的应用和发展[J]．色谱，2005，23(5)：449-455.
[58] 傅若农．国内气相色谱近年的发展[J]．分析试验室，2003，22(2)：94-107.
[59] 傅若农．近两年国内气相色谱的应用进展(I)[J]．分析试验室，2005，24(4)：75-92.
[60] 傅若农．近两年国内气相色谱的应用进展(II)[J]．分析试验室，2005，24(5)：79-92.
[61] 胡胜水，曾昭睿，廖振环，等．仪器分析习题精解[M]．2版．北京：科学出版社，2006.
[62] Rita Cornelis, Monica Nordberg. Handbook on the Toxicology of Metals [M]. 3rd Edition. Elsevier, 2007.
[63] Sanford P Markey. Principles of clinical pharmacology [M]. Second Edition. Elsevier Science & Technology Books, 2007.
[64] Anant V Jain. Beverly Veterinary Toxicology: Arnold. Basic Concepts of Analytical Toxicology[M]. Academic Press, 2007.
[65] Walt Boyes. Instrumentation Reference Book[M]. Third Edition. Butterworth-Heinemann, 2002.
[66] West S D, Yeh L-T, Turner L G, et al. Determination of spinosad and its metabolites in food and environmental matrices. 1. High-performance liquid chromatography with ultraviolet detection[J]. J Agric Food Chem, 2000, 48(11): 5131-5137.
[67] Hernandez F, Ibanez M, Sancho J V. Comparison of different mass spectrometric techniques combined with liquid chromatography for confirmation of pesticides in environmental water based on the use of

identification points[J]. Anal Chem,2004,76(15): 4349-4357.

[68] Merken H M, Beecher G R. Measurement of food flavonoids by high-performance liquid chromatography: A Review[J]. J Agric Food Chem,2000,48(3): 577-599.

[69] Vanessa R Reid, Robert E Synovec. High-speed gas chromatography: The importance of instrumentation optimization and the elimination of extra-column band broadening[J]. Talanta,2008,76(4): 703-717.

[70] Bischoff R, Hopfgartner G, Karnes H T. Summary of a recent workshop/conference report on validation and implementation of bioanalytical methods: Implications on manuscript review in the Journal of Chromatography B[J]. Journal of Chromatography B,2007,860(11): 1-3.

[71] Jana Hajšlová, Tomáš Čajka. Gas chromatography-mass spectrometry (GC-MS) [M]. Elsevier,2006.

[72] Maervi Rokka, Marika Jestoi, Susanna Eerola. Liquid chromatography with conventional detection [M]. Elsevier,2006.

[73] Mark Guinn, Ronald Bates, Benjamin Hritzko. Isolation methods II: Column chromatography [J]. Separation Science and Technology,2004,5: 231-248.

[74] Merodio M, Campanero M A, Mirshahi T. Development of a sensitive method for the determination of ganciclovir by reversed-phase high-performance liquid chromatography[J]. Journal of Chromatography A, 2000,870(1): 159-167.

[75] Chelius D, Bondarenko P V. Quantitative profiling of proteins in complex mixtures using liquid chromatography and mass spectrometry[J]. J Proteome Res,2002,1(4): 317-323.

[76] Gibson C R, Staubus A E, Barth R F. Electrospray ionization mass spectrometry coupled to reversed-phase ion-pair high-performance liquid chromatography for quantitation of sodium borocaptate and application to pharmacokinetic analysis[J]. Anal Chem,2002,74(10): 2394-2399.

[77] Baaliouamer A, Boudarene L, Meklati B Y. Use of local lagrange interpolation for calculation of retention indices in linear temperature-programmed gas chromatrography [J]. Chromatographia, 1993,35(1): 67-72.

[78] Sylvie Thelohan, Jadaud P, Wainer L W. Immobilized enzymes as chromatographic phases for HPLC: The chromatography of free and derivatized amino acids on immobilized Trypsin [J]. Chromatographia,1989,28(12): 551-555.

[79] Jfin Kehr , Mikulfi Chavko. Separation of nucleotides by reversed-phase high-performance liquid chromatography: Advantages and limitations[J]. Fresenius Z Anal Chem,1986,325: 466-469.

[80] Harold M McNair, Ernest J Bonelli. Instrument diagnosis by chromatogram analysis in gas chromatography[J] . Chromatographia. 1968,(1): 169-172.

[81] Gennaro M C, Abrigo C. Separation of food-related biogenic amines by ion-interaction reversed-phase high performance liquid chromatography: tyramine, histamine, 2- Phenylethylamine, tryptamine and precursor aminoacids application to red wine[J]. Chromatographia,1991,31(8): 381-385.

[82] Petrovif S M, Kolarov Lj A. Solvent selection in liquid-solid chromatography of steroids [J]. Chromatographia,1984,18(3): 145-148.

[83] Jonker K M, Poppe H, Huber J F K. Speeding-up of the determination of amino acids by means of high pressure liquid chromatography with reaction photometric detection using ninhydrin reagent[J]. Fresenius Journal of Analytical Chemistry,1976,279(2): 154-155.

[84] Tan S C, Jackson S H D, Swift C G. Enantiospecific analysis of ibuprofen by high performance liquid chromatography: Determination of free and total drug enantiomer concentrations in serum and urine [J]. Chromatographia,1997,46(1): 23-32.

[85] Odham G, Tunlid A. Mass spectrometric determination of selected microbial constituents using fused silica and chiral glass capillary gas chromatography [J]. Chromatographia,1982,16: 83-86.

[86] Jinno K,Noda H. Construction of small data base for liquid chromatography[J]. Chromatographic, 1984,18(6): 326-329.

[87] Monte E J Q,Kintzinger J R,Trendel J M,Poinsot J. Mixture of closely related isomeric triterpenoid derivatives: Separation and purification by reversed-phase high-performance liquid chromatography [J]. Chromatographia,1997,46(5): 251-255.

[88] Masahiko Shimmo,Aana Jantti,Pasi Aalto,et al. Characterisation of organic compounds in aerosol particles from a Finnish forest by on-line coupled supercritical fluid extraction-liquid chromatography-gas chromatography-mass spectrometry[J]. Anal Bioanal Chem,2004,378: 1982-1990.

[89] Shu-Cai Liang, Hong Wang, Zhi-Min Zhang. Determination of thiol by high-performance liquid chromatography and fluorescence detection with 5-methyl-2-(m-iodoacetylaminophenyl) benzoxazole [J]. Anal Bioanal Chem,2005,381: 1095-1100.

[90] Riedmann M. Elution strength and selectivity of the mobile phase in reverse phase high performance liquid chromatography (HPLC) [J]. Z Anal. Chem,1976,279 (2): 154.

[91] Steffen Ehlert,Ulrich Tallarek. High-pressure liquid chromatography in lab-on-a-chip devices[J]. Anal Bioanal Chem,2007,388: 517-520.

[92] Brandt G,Matuschek G,Kettrup A. Determination of carbonate traces in high-purity water by means of ion-chromatography fresenius[J]. Z Anal Chem,1985,321: 653-654.

[93] Porter N A,Wolf R A,Nixon J R. Separation and purification of lecithins by high pressure liquid chromatography[J]. LIPIDS,1978,14(1): 20-24.

[94] Calam D H,Davidson J. High-performance size exclusion chromatography of biological products[J]. Chromatographia,1982,16: 79-82.

[95] Patterson P L. New uses of thermionic ionization detectors in gas chromatography [J]. Chromatographia,1982,16: 107-111.

[96] De Jonghe W,Adams F. Gas chromatography with flame ionization detection for the speciation of trialkyl lead halides[J]. Fresenius Z Anal Chem,1983,314: 552-554.

[97] Bertoni G,Ciccioli P,Severini C. The use of gas-liquid-solid chromatography in environmental and trace analysis[J]. Chromatographia,1978,11(2): 55-58.

[98] Tuulia Hyotylainen, Marja-Liisa Riekkola. Approaches for on-line coupling of extraction and chromatography[J]. Anal Bioanal Chem,2004,378: 1962-1981.

[99] Min D B. Analyses of flavor qualities of vegetable oils by gas chromatography[J]. JAOCS, 1983,60 (3): 544-545.

[100] Kraak J C,Oostervink R,Poppel H. Hydrodynamic chromatography of macromolecules on 2μm non-porous spherical silica gel packings[J]. Chromatogratohia,1989,27(11): 585-590.

[101] Coker R D,Jewers K,Tomlins K I. Evaluation of instrumentation used for high performance thin-layer chromatography of aflatoxins[J]. Chromatographia,1988,25(10): 875-880.

[102] Hernández-Arteseros J A, Barbosa J, Compaño R. Optimisation of mobile phase pH in liquid chromatography. Application to fluorimetric detection of series of quinolones[J]. Chromatographia, 1998,48 (4): 251-257.

[103] Bächmann K, Göttlicher B. New particles as pseudostationary phase for electrokinetic chromatography[J]. Chromatographia,1997,45: 249-254.

[104] Zapušek A, Marsel J. Measurement of the composition of gas desorbed from coal by gas chromatography[J]. Chromatographia,1998,48(2): 154-155.

[105] Van de Vaart F J, Indemans A W M. The application of chromatography to the analysis of pharmaceutical creams[J]. Chromatographia,1982,16: 247-250.

[106] Ganzera M,Moraes R M,Khan I A. Separation of podophyllum lignans by micellar electrokinetic

capillary chromatography (MECC) [J]. Chromatographia, 1999, 49(9): 552-556.

[107] Kathleen Payne-Wahl, Ronald D Plattner, Gayland F Spencer. Separation of tetra-, penta-, and hexaacyl triglycerides by high performance liquid chromatography [J]. LIPIDS, 1979, 14(7): 601-605.

[108] Granados M, Encabo M, Compañó R. Determination of tetracyclines in water samples using liquid chromatography with fluorimetric detection[J]. Chromatographia, 2005, 61(9): 471-477.

[109] Furuya K, Ohki N, Inoue H. Determination of pheophytinatonickel (II) by reversed-phase high-performance liquid chromatography[J]. Chromatographia, 1988, 25(4): 319-323.

[110] Jinno K. Effect of the alkyl chain length of the bonded stationary phase on solute retention in reversed-phase high-performance liquid chromatography [J]. Chromatographia, 1982, 15(10): 667-668.

[111] Crommen J, Schill G, Herné P. Indirect detection in liquid chromatography. II. Response models for reversed-phase non-ionic systems[J]. Chromatographia, 1988, 25(6): 397-403.

[112] Shibukawa M, Ohta N. A new method for the determination of mobile phase volume in normal and reversed-phase liquid chromatography[J]. Chromatographia, 1988, 25(4): 288-294.

[113] Pawel K Zarzycki, Peter E Wall. Thin-layer chromatography: A modern practical approach[J]. Anal Bioanal Chem, 2006, 386: 204-205.

[114] Ohta H., Saito Y, Jinno K. Temperature effect in separation of fullerene by high-performance liquid chromatography[J]. Chromatographia, 1994, 39(8): 453-459.

[115] Dębowski J, Sybilska D, Jurczak J. The resolution of some chiral compounds in reversed-phase high-performance liquid chromatography by means of β-cyclodextrin inclusion complexes [J]. Chromatographia, 1982, 16: 198-200.

[116] Szücs R, Vindevogel J, Sandra P. Sample stacking effects and large injection volumes in micellar electrokinetic chromatography of ionic compounds: Direct determination of iso-acids in beer[J]. Chromatographia, 1993, 36: 323-329.

[117] Liu G, XinRetention Z. Study on silica gel in high-temperature liquid chromatography (HTLC) [J]. Chromatographia, 1998, 47(5): 278-284.

[118] Schmid A. Sample injection in liquid chromatography[J]. Chromatographia, 1979, 12(12): 825-829.

[119] Jupille Th, Burge D, Togami D. High-speed analysis for acid-rain anions by single-column ion chromatography (SCIC) [J]. Chromatographia, 1982, 16: 312-316.

[120] Ischi E, Haerdi W. Supercritical fluid extraction-high performance liquid Chromatography on-line coupling: Extraction of some model aromatic compounds[J]. Chromatographia, 1995, 41(3): 238-242.

[121] Volkov S A, Sultanovich Yu A, Sakodinskii K I. Gas chromatography with programming the mobile phase flow rate[J]. Chromatographia, 1979, 12(5): 271-276.

[122] Ettre L S. Preparative liquid chromatography: History and trends-supplemental remarks[J]. Chromatographia, 1979, 12(5): 302-304.

[123] Grant D W. Some observations on the use of dimethyldioctadecylammonium bentonite as a stationary phase in gas chromatography[J]. Chromatographia, 1973, 6(5): 239-240.

[124] Mellor N. Faster Analysis by reversed-phase high-performance liquid chromatography [J]. Chromatographia, 1982, 16: 359-363.

[125] O'Brien A P, McTaggart N G. The analysis of light aromatics in aqueous effluent by gas chromatography[J]. Chromatographia, 1982, 16: 301-303.

[126] Schomburg G. Problems and achievements in the instrumentation and column technology for chromatography and capillary electrophoresis[J]. Chromatographia, 1990, 30(9): 500-508.

[127] Mutton I M. Use of short columns and high flow rates for rapid gradient reversed-phase chromatography[J]. Chromatographia,1998,47(5): 291-298.

[128] Yu X D,Lin L,Wu C Y. Synergistic effect of mixed stationary phase in gas chromatography[J]. Chromatographia,1999,49(10): 567-571.

[129] Goosens E C,de Jong D,de Jong G J. On-line sample treatment-capillary gas chromatography[J]. Chromatographia,1998,47(5): 313-345.

[130] Ośćik-Mendyk B, Rózyło J K. Molecular interactions in adsorption liquid chromatography with mixed mobile phase[J]. Chromatographia,1988,25(4): 300-306.

[131] Šlais K, Kouřilova D. Electrochemical detector with a 20 nl volume for micro-columns liquid chromatography[J]. Chromatographia,1982,16: 265-266.

[132] Matisová E, Krupčik J, Garaj J. Contribution of adsorption to rentension data in capillary gas chromatography Part II. Non-polar stationary phases[J]. Chromatographia,1982,16: 169-171.

[133] Crowther J B, Hartwick R A. Chemically bonded multifunctional stationary phases for high-performance liquid chromatography[J]. Chromatographia,1982,16: 349-353.

[134] Mellor Faster N. Analysis by Reversed-Phase High-Performance Liquid Chromatography [J]. Chromatographia,1982,16: 359-363.

[135] Chizhkov V P, Varivonchik N E. Principles and theory of two-cycle circulation liquid chromatography[J]. Russian Chemical Bulletin,1993,42(9): 1467-1471.

[136] Adahchour M,Beens J,Vreuls R J J. Application of solid-phase micro-extraction and comprehensive two-dimensional gas chromatography (GC×GC) for flavour analysis[J]. Chromatographia,2002, 55(5): 361-367.

[137] Xie Minggao, Zhou Chunfeng, Yang Xiaohong. Computer optimization of separation in gas- solid chromatography: Optimization model and computer-modified mapping procedure[J]. Chrornatographia, 1989,28(5): 274-278.

[138] D'alonzo R P,Kozarek W J,Wharton H W. Analysis of processed soy oil by gas chromatography [J]. JAOCS,1981,(3): 215-227.

[139] John Hubble. A Simple model for predicting the perfdrmance of affinity chromatorgaaphy columns [J]. Biotechnology Techniques,1989,3(2): 113-118.

[140] Nikolov R N. Two problems in the solution of the generalized equation for the integral retention effect in gas chromatography[J]. Chromatographia,1971,4(12): 565-571.

[141] Tsuda T,Nomura K,Nakagawa G T. Open-tubular microcapillary liquid chromatography with electroosmosis flow using a UV detector[J]. Journal of Chromatography,1982,248(2): 241-247.

[142] Tsuda T. Electrochromatography using high applied voltage[J]. Analytical Chemistry,1987,59(3): 521-523.

[143] Tsuda T. Chromatographic behavior in electrochromatography[J]. Analytical Chemistry, 1988, 60 (17): 1677-1680.

[144] Tsuda T,Muramastu Y. Electrochromatography with continuous sample introduction[J]. Journal of Chromatography A,1990,515: 645-652.

[145] 许国旺,石先哲. 多维色谱研究的最新进展[J]. 色谱,2011,29(2): 97-98.

[146] 许国旺,叶芬,孔宏伟,等. 全二维气相色谱技术及其进展[J]. 色谱,2001,19(2): 132-136.

[147] 吴剑威,匡莹,赵润怀,等. 多维气相色谱及其在中药领域中的研究进展[J]. 中国农学通报,2010, 26(15): 319-322.

[148] Lu X,Cai J L,Kong H W,et al. Analysis of cigarette smoke condensates by comprehensive two-dimensional gas chromatography/time-of-flight mass spectrometry [J]. Anal Chem, 2003, 75: 4441-4451.

[149] 武建芳，路鑫，唐婉莹，等. 全二维气相色谱/飞行时间质谱用于连翘挥发油的研究[J]. 中国天然药物，2003，1(3)：150-154.

[150] 李智宇，冒德寿，徐世娟，等. 全二维气相色谱-飞行时间质谱分析香紫苏油中的挥发性成分[J]. 香料香精化妆品，2011，6(12)：1-7.

[151] 郑月明，冯峰，国伟，等. 全二维气相色谱-四极杆质谱法检测植物油脂中的脂肪酸[J]. 色谱，2012，30(11)：1166-1171.

[152] 邹汉法，刘震，张玉奎，等. 毛细管电色谱法[M]. 北京：科学出版社，2000.

[153] 施维，邹汉法，张玉奎，等. 毛细管电色谱柱性能的理论与应用[J]. 色谱，1997，15：388-391.

[154] Tsuda T. pH gradient capillary zone electrophoriesis using a solvent program delivery system[J]. Anal Chem，1992，64(4)：386-390.

[155] 刘翻，高方圆，唐涛，等. 高效液相色谱-激光诱导荧光法分析水样中的胺类物质[J]. 色谱，2013，31(11)：1112-1115.

[156] 蒋小良，黄慧贤，李达光，等. 高效液相色谱-氢化物发生原子吸收光谱法塑料食品包装材料中的有机锡[J]. 化学分析计量，2015，24(6)：15-18.

[157] 沈聪文，陈意光，罗海英，等. 气相色谱-质谱法测定食品模拟物中 8 种有机锡化合物[J]. 食品工业科技，2014，35(24)：67-71.

[158] 韩超，沈浩，刘鸿鹏，等. 气相色谱-质谱法同时测定皮革制品中 10 种有机锡化合物[J]. 分析科学学报，2013，29(3)：401-404.

[159] 林殷，王璨，黄帅，等. GC-MS 法同时测定聚合物材料中 19 种有机锡化合物[J]. 塑料科技，2015，43(4)：96-100.

[160] 冷桃花，陈贵宇，段文锋，等. 高效液相色谱-电感耦合等离子体质谱法分析水产品中有机锡的形态[J]. 分析化学，2015，43(4)：558-563.

[161] 范洋波，吴坚，郑云峰，等. 液液萃取-高效液相色谱-电感耦合等离子体质谱法联用检测黄酒中的有机锡[J]. 酿酒科技，2014，35(11)：90-94.

[162] 郭岚，雷晓康，潘萍萍，等. 微波辅助提取-电感耦合等离子体质谱法测定海产品中总有机锡[J]. 分析科学学报，2013，29(2)：179-182.

[163] 邓爱华，庞晋山，彭晓俊，等. 高效液相色谱-氢化物发生原子荧光法同时测定塑料制品中的 3 种有机锡[J]. 分析测试学报，2014，33(8)：928-933.

[164] 刘华琳，赵蕊，韦超，等. 高效液相色谱-在线消解-氢化物发生原子吸收光谱联用技术研究[J]. 分析化学，2005，33(11)：1522-1526.

[165] 何崇慧，吴晶，王廷海. 激光二极管激光诱导荧光检测器的研制[J]. 分析科学学报，2015，31(4)：554-559.

[166] 李昌厚. 现代科学仪器发展现状和趋势[J]. 分析仪器，2014，45(1)：119-122.

[167] 刘翻，孙元社，唐涛. 新型激光诱导荧光检测器的研制及评价[J]. 现代仪器，2008，14(6)：55-57.

[168] 刘翻，于淑新，唐涛，等. 新型三维可调共聚焦激光诱导荧光检测器的研制与评价[J]. 色谱，2011，29(9)：896-900.

[169] 薛敏，赵连海，孙元社，等. 液相色谱用 LED 诱导荧光检测器的研究[J]. 分析科学学报，2014，30(2)：269-271.

[170] 李昌厚. 高效液相色谱仪器及其应用[M]. 北京：科学出版社，2014.

[171] 梁慧敏，欧妮. 高效液相色谱-电喷雾检测器法测定贞芪扶正颗粒中黄芪甲苷含量[J]. 中国药业，2016，25(6)：57-58.

[172] 李效宽，张艳海，冯天辉，等. 在线固相萃取法结合电雾式检测器测定黄芪及其复方中黄芪甲苷的含量[J]. 分析化学，2014，42(12)：1791-1796.